서양건축의 세 가지 공간개념

Architecture and the Phenomena of Transition
the three space conceptions in Architecture

역자 박성형

성균관대학교 건축공학과 졸업하고, 동 대학원에서 '한국건축의 벽전(甓甎: 벽돌) 사용과 그에 따른 건축특성에 관한 연구' 로 석사학위를 받았다.
2009년에는 제1회 심원건축학술상을 수상하였고, 저서로는 『벽전(甓甎) : 우리나라 벽돌건축의 조영원리』가 있다.
현재는 대한민국 건축사(建築士)로, ㈜정림건축종합건축사사무소에서 건축실무를 하고 있으며,
대표작으로는 한국지방행정연구원 본원, 대치동 루첸타워 등이 있다.

서양건축의 세 가지 공간개념
건축과 전이현상
Architecture and the Phenomena of Transition
the three space conceptions in Architecture

:: 2017년 3월 3일 1쇄 발행
:: 2022년 1월 3일 2쇄 발행
:: 저자 Sigfried Giedion
:: 역자 박성형
:: 발행인 | 김기현 | 발행처 Spacetime · 시공문화사
:: 등록 | 1993.3.12 제 1-1493
:: 인쇄 | 예림인쇄사
:: 제본 | 서정바인텍
:: 용지 | (주) 대림지업사

:: 03733 서울시 서대문구 독립문공원길 13 극동프라자 5층
:: 전화 02-3147-1212 · 2323 | 팩스 02-3147-2626
:: spacetime@korea.com | www.spacetime.co.kr
:: ISBN 978-89-5592-375-9

정가 25,000원

서양건축의 세 가지 공간개념
건축과 전이현상

Architecture and the Phenomena of Transition
the three space conceptions in Architecture

저자 : 지그프리드 기디온

역자 : 박성형

Spacetime

서언(Preface)

이 책은 『영원한 현재(*The Eternal Present*)』 II권의 결말부분에서 언급했던 건축의 세 가지 공간개념에 대해 다루고 있다.

첫 번째 공간개념은 최초의 고대문명인 이집트와 메소포타미아에서 발생하여 그리스까지 지속되었다. 그리스 건축은 첫 번째 공간개념의 최종 단계를 전형적으로 보여주며, 동시에 개인을 강조하는 새로운 유럽 민주주의 생활양식을 구체화시켰다.

두 번째 공간개념은 로마에서 구체화되어 전 유럽으로 퍼져나갔고, 르네상스와 바로크 시대에 그 기본 개념들이 재발견 되었다. 그러나 역사라는 것은 직접적으로 되풀이 되거나 단순히 지속(continuation)되는 것은 아니다. 이방적인(barbarian) 배경에서 싹튼 중세는 그리스 · 로마의 사상과는 뚜렷한 대조를 이루었고, 고딕성당은 많은 비판에도 불구하고 낭만주의자(Romantics)들과 그 이후 19세기 후반의 엔지니어 건축가들에 의해 재발견되었다.

세 번째 공간개념은 이제 막 시작되었고, 그 개념이 어느 방향으로 전개될지는 아무도 장담하지 못한다. 『공간 · 시간 · 건축(*Space, Time and Architecture*)』에서 언급했던 것과 같이, 그 개념은 이성과 감성을 재결합하였다가 19세기에 다시 분리되는 준비단계를 거쳐, 그 다음 단계에서는 현대 삶에서 발생했던 변화에 대한 날카로운 인식을 통해 사회의 집단적 영역과 개인적 영역 사이의 필수적인 구분을 발생시키게 되었다.

감사의 글(Acknowledgments)

포룸 로마눔(Forum Romanum)의 감독관인 Gianfilippo Carettoni 교수와 렙시스 마냐(Lepcis Magna)를 발굴한 Giovanni Joppolo 교수 그리고 티볼리(Tivoli) 하드리아누스 빌라(Hadrian Villa)에 대해 많은 조언을 주신 독일고고학회(German Archaeological Institute) 로마지부의 Friedrich Rakob 박사의 호의를 절대 잊지 않을 것이다. 또한 로마에 위치한 미국학술원(American Academy)의 Mrs. Inez Langobardi 사서와 많은 도움을 주신 Principessa Margherita Rospigliosi, Frank Brown 교수께도 감사드린다. 폼페이(Pompeii)의 최근 발굴 상황을 답사할 수 있도록 도와 준 나폴리의 최고 권위자 Alfonso de Franciscis 교수에게도 많은 빚을 졌다. 특히 로마에 있는 Fototheca Unione의 Ernest Nash 박사는 방대한 지식을 바탕으로 다양한 관점들을 제시해 주어 더욱 특별한 감사의 말을 전한다. 마지막으로 나의 연구활동과 이 책의 출판을 위해 많은 도움을 주었던 Brigitte Zehmisch와 번역을 도와준 Christian Casparis, Jaqueline Tyrwhitt에게도 감사한다.

이 책의 순서

도판 Ⅰ. 아테네 아크로폴리스(Acropolis). 그룹디자인의 구성요소로서 수평면을 가장 인상적으로 사용한 것은 돌출된 인공언덕 위에 있는 작은 니케(Nike) 신전의 위치이며, 아크로폴리스에 접근하는 모든 사람들의 눈을 사로잡고 있다.

도판 II. 기원전 14세기, 미케네(Mycenae)의 아트레우스의 보고(寶庫 : Treasury of Atreus)라고 불리는 유적.
(위) 장엄한 포물선 형태의 내부 볼트. (아래) 입구통로와 출입문. 출입문 상부에는 거대한 거석 상인방과 부조판이 있었던 삼각형 개구부가 있다.

도판 III. 기원전 4세기 초, 델포이(Delphi), 아테나 프로나이아(Athena Pronaca)의 성스러운 구역에 있는 토로스(tholos). 셀라(cella)는 20개의 도리아(Doric) 기둥으로 둘러싸여 있었고, 이 중 3개의 기둥이 다시 세워졌다.

도판 IVa. 기원후 3세기, 바그다드(Baghdad) 근처의 크테시폰(Ctesiphon)에 위치한, 거대한 배럴 볼트(높이 30m, 넓이 25m)로 축조한 샤푸르 1세(Shapur I) 왕궁의 접견실.

도판 IVb. 크테시폰(Ctesiphon)의 배럴 볼트 전경. 경사진 여러 층의 벽돌이 지지벽체에 기대어 어떻게 축조되었는지를 보여준다.

도판 Ⅴ. 2세기 초반에 축조된 티볼리(Tivoli)에 있는 하드리아누스 황제의 별장(Hadrian's villa) 벽체의 오푸스 레티쿨라툼(opus reticulatum). 벽체가 파괴된 부분에서는 정방형 화산암 석재를 피라미드 형태로 가공하여 그 뾰족한 부분이 어떻게 콘크리트에 박혀있는지 볼 수 있다. 그 표면에서는 다이아몬드와 같은 그물망 형태를 이루고 있다.

도판 VI. 로마의 도무스 아우구스타나(Domus Augustana). 기원후 81~96년에 건설된, 도미티아누스(Domitian) 개인 정원의 북동측 전경. 이 4개 층 높이의 아치 뒤로는 황제가 거주하는 사적인 방들로 연결되는 통로가 있다.

도판 Ⅶ. 판테온(Pantheon)의 내부공간 디자인은 원통형과 반구형이라는 두 가지 기초적인 형태 구성요소로 간단하게 정리할 수 있고, 기타 모든 요소들은 배경 속으로 밀려난다. 벽감 사이에 설치된 여러 제단(altar)들 앞에는 기둥들이 배치되었다. 1750년경, 조반니 파올로 파니니(Giovanni Paolo Panini)의 이 그림을 통해서는 광대한 공간에 대한 개념을 알 수 있다.

도판 VIII. 폼페이(Pompeii)에 있는, 기원후 1세기 초반의 마르쿠스 파비우스 루푸스 빌라(Villa of Marcus Fabius Rufus). 이 교외주택에는 바다를 조망할 수 있는 6개의 대형 창 개구부가 있는, 돌출된 반원형 베이(bay)가 있다.

도판 IX. 기원후 130년, 티볼리(Tivoli) 아드리아나 빌라(Villa Adriana)의 세라페이온(Serapeum). 반원형의 엑세드라(exedra) 앞에는, 본래 아치로 연결되었던 얇은 기둥들이 열을 이루어 서 있다. 기둥들은 121.40m의 카노푸스(Canopus) 수로 바로 옆에 열지어 서 있고, 그 기둥들 사이에는 그리스 조각상을 대리석으로 복제한 작품들이 모두 세라페이온 쪽을 향해 서 있었다.

도판 X. 로마 콜로세움(Colosseum)의 경기장 레벨 밑에는 12m 높이의 하부구조가 노출되어 있는데, 여기에는 통로용 복도를 포함하여 공연에 사용되는 각종 기계장치와 사나운 동물들의 우리가 있었다.

도판 XI. 트라야누스 시장(Mercatus Traiani). 세 번째 레벨에 있는 비베라티카 가도(Via Biberatica)에는 양쪽에 상점이 있고, 넓은 경사로로 접근할 수 있었다. 거대한 볼트로 축조한 아우라 코페르타(aula coperta)가 오른쪽에 보인다.

도판 XII. 1916년, 알렉산더 아키펜코(Alexander Archipenko)의 '앉아 있는 사람(Seated Figure, 청동, 높이 55cm)'. 음각과 양각 볼륨의 상호작용.

서문(Introduction)

이 작업에 결정적인 영향을 준 것은 공간을 새롭게 해석하여 시지각(視知覺)의 역사를 넓힌 현대 예술가들이었다. 따라서 나는 현재를 출발점으로 하여 이 역사를 추적해 왔다.

첫 번째 연구는, 어떻게 고전주의(Classicism)가 두 가지 다른 형태를 취할 수 있었는가에 대한 의문점을 가지고 박사논문으로 연구하였던, 「후기 바로크와 고전 낭만주의(*Spätbarocker und Romantischer Klassizismus*)」(Munich, 1922)에서 이 주제를 탐구하였고, 고전주의라는 우산이 서로 다른 두 시대에 피난처를 제공했다는 사실을 알 수 있었다. 그 결론으로 인해 우리 현 시대에 대한 뿌리를 탐구하게 되었고, 지금까지도 계속되고 있다.

나는 1925년에 파리를 방문하여 미술공예(Arts and Crafts) 국제 전시회장의 가장 외곽에 건설한 신정신관(Pavilion de L'Esprit Nouveau)을 르 꼬르뷔제(Le Corbusier)와 함께 둘러보았다. 이 건축물은 전시회의 다른 어떤 건축물보다 약동하는 힘을 가지고 있었고, 실현되지 않은 그의 고층빌딩 중 하나로부터 추출된 개념을 단순하게 적용한 아파트먼트(apartment)로 생각되었다. 이를 계기로 르 꼬르뷔제와는 CIAM (International Congresses of Modern Architecture)에서 공동연구를 진행하기도 했다. 또한 현대건축의 원류이자, 이 국제 전시회에서 가장 크게 부각되었던 19세기 철골구조 건축에 대해서는, 르 꼬르뷔제와 나눈 대화 및 그의 책 『건축을 향하여(*Vers une architecture*)』로 인해 큰 관심을 가지게 되었고, 『프랑스 건축(*Bauen in Frankreich*)』(Leipzig, 1928)에서 처음 규정하려고 시도했다. 또한 찰스 엘리엇 노턴 강연회(The Charles Eliot Norton Lectures, 1937~38)*1)는 이 주제에 대한 식견을 넓히고, 초기와 후기 발전 사이의 연관성을 찾을 수 있도록 했는데, 그 결과는 결국 『공간 · 시간 · 건축(*Space, Time and Architecture*)』(Cambridge, Massachusetts, 1941, fifth edition, 1967)으로 출판되었다.

그 이후 수공업에서 대량생산으로 변화한 산업발전의 근원에 관심을 갖게 되어, 19세기 전반에 걸쳐 여러 방면에 넓게 산재해 있는 많은 단서들을 추적해 나갔고, 특히 『기계화의 지배(*Mechanization Takes Command*)』(Oxford and New York, 1948) 집필을 위한 기초자료 수집에는 많은 시간이 걸렸다. 가장 유익한 것 중 하나는 미국특허국(The United States Patent Office)에 있는 자료들로, 기계화되어 가는 건축물의 시작단계를 살펴볼 수 있을 뿐만 아니라, 여러 필수 요건들에 대한 새로운 통찰력을 얻을 수 있었다. 『기계화의 지배』 결론 부분에서는 세계에 대한 이성적 접근이 종결되고 논리의 일방통행로로부터 멀어지고 있음을 지적했으며, 다음과 같이 덧붙였다. "모든 세대는 과거의 짐과 미래에 대한 책임, 둘 모두를 지고 가야만 한다. 현재는 더욱 더 어제와 내일을 단순하게 연결하는 것으로 보여 지고 있다. … 모든 세대는 내 · 외부 실체 사이의 혼돈을 연계하는 것과 같은 동일한 문제들에 대한 다른 해답을 찾아내야만 한다".

이러한 견지에서, 연속성(continuity)에 관한 문제, 기계화의 출현에도 불구하고 변하지 않는 요소들, 19세기 이성과 감성 사이의 비극적인 균열에 대해 관심을 갖게 되었다. 이와 같은 탐구를 통해 예술의 기원에 대해 연구할 수 있었는데, 2권의 『영원한 현재-예술의 기원(*The Eternal Present-the Beginnings of Art*)』(Pantheon, 1962), 『영원한 현재-건축의 기원(*The Eternal Present-the Beginnings of Architecture*)』(Pantheon, 1964)을 통해 그 근본적인 원리들을 밝히려고 시도했다. 가장 중요한 문제는 항상성(恒常性:constancy)과 변화(change) 사이의 관계에 대한 것이다. 항상성이라는 것은 단순한 연속성(continuation)이 아닌, 여러 세대 동안 잠자고 있던 것에 새로운 생명력을 부여하는 인간의 정신적 능력을 함축하고 있는 것이다. 현대 예술에서는 과거 · 현재 · 미래에 대한 구분없이 서로 엮여 있는 것을 파악할 수 있다. 가장 두드러진 특징 중 하나는 기본적인 표현에 대한 요구이다. 예술가들은 인간 경험을 철저히 탐구하고, 예술은 현대인과 원시인의 욕망 사이에 근본적인 유사점을 표현한다. 그 중 추상(abstraction) · 투명(transparency) · 상징화(symbolization)는 선사시대에서부터 현대 예술까지 지속하는 요소라고 할 수 있다.

새로운 전통은 복합적인 문화에서부터 성장해 왔고, 국가와 개인 사이의 관계와 연관되어 있으므로, 그 기원에 대해 다시 연구하였다. 국가가 형성되고 많은 사람들이 한 개인의 의지에 복종하는 시점에 인간에게는 무슨 일이 발생하였는가? 어떻게 이집트와 수메르(Sumer) 고대문명에 선사시대 사람들의 경험과 전통이 지속될 수 있었는가? 이러한 의문들은 건축의 문제까지 포함하고 있는 『영원한 현재』 2권에서의 가장 주요한 의문점들이었다.

모든 시대는 특정한 문제에 전념하게 되는데, 19세기 철학자들은 개인양식(individual styles)에 깊이 몰두하여 집중적인 연구를 진행했다. 이와 같이 양식이 지배하는 시기들 간에 세밀한 대조가 이루어지고, 병치(竝置) 등의 방법을 통해 각각의 특색은 더욱 명확하게 드러나게 되는데, 하인리히 뵐플린(Heinrich Wölfflin)이 쓴 『르네상스와 바로크(*Renaissance und Barock*)』(1888)에서는 이러한 방법의 실질적 사례들을 명확하게 확인할 수 있다.

이와 같은 연구물들이 20세기 학자들에게 근간이 되어, 인류는 각각의 국가와 특정 종교 또는 사회적 계층 사이의 장벽을 뛰어 넘어 폭넓은 관계를 추구하기 시작했고, 지금은 각각의 형태가 어떻게 변화한다 해도 위대한 시기의 공통점에 대해 관심을 갖게 되었다. 현재 우리에게는 각각의 스타일과 그것들의 특정한 성격을 정의하는 것보다는, 지속성(continuity)에 관한 문제가 더욱 중요하다. 다시 말해 과거 인류의 모든 것과 밀접하게 연결되어 있는 현재 우리의 위치를 설정하기 위해서는, 과거 · 현재 그리고 미래를 관통하고 있는 지속성을 이해하는 것이 이전의 다른 어떤 시기보다도 가장 중요하다.

한 시기는 다른 시기에 큰 영향을 미칠 수 있다. 예를 들어 최고의 높이와 리브(rib) 구조시스템을 사용한 고딕건축은 바로크건축의 돔 형성에 큰 영향을 주었는데, 표현 방법은 많이 변화했지만 그 속에는 연속하는 원리가 있다. 그 이후에도 내부공간을 구축하는 로마의 건축개념이 로마네스크와 고딕시기를 거쳐, 로마의 형태를 연구하고 다시 적용시킨 르네상스, 그리고 바로크와 19세기 건축까지도 연속되었다.

20세기에는 모든 시기의 건축적 개념이 혼합된 양상을 경험하고 있는데, 특히 내부공간을 형성하는 전통을 잃어버리지 않고, 공간 속에서 볼륨(volume)이 갖는 역할에 다시 모든 관심이 집중되고 있다.

건축의 세 가지 공간개념(The Three Space Conceptions In Architecture)

『영원한 현재-건축의 기원(*The Eternal Present-the Beginnings of Architecture*)』 마지막 페이지에서 세 가지 건축적 공간개념에 대해 짧게 언급했는데, 이것은 위대한 시대들이 공간에 대해 동일한 태도를 공유한다는 사실을 예시한 것이었다.

건축 역사에서 구분할 수 있는 세 가지 공간개념에는 서로 다른 중대한 차이점이 있지만, 모두 수직성의 권위를 받아들였다는 한 가지 사실을 공유하고 있다. 매우 이른 시기부터 대지를 평평하게 고르기 시작했지만, 지구라트(ziggurat) · 피라미드(pyramid) 그리고 직사각형의 건축물은 모든 역사시기에서 발전하였다. 그러나 선사시대 즉, 선(先) 건축시대(prearchitectural)의 공간 개념은 수직성에 의해 좌우되지는 않았다. 막달레니앙 시대(Magdalenian Age)*2)의 동굴벽화에서는 동물들이 정확한 수평 대지 위에 서 있지 않다. 동굴의 경사진 바위벽에 다양한 각도로 서 있거나 때로는 아래로 떨어지는 것처럼 보이기도 하지만, 예를 들어 에스키모인(Eskimo) 등 원시인의 눈에는 동물들이 단지 서로 가까이 서 있는 것이다. 이렇게 건축의 기원은 수직 · 수평에 대한 감각과 그 결과 등, 질서에 대한 감각의 발전과 밀접하게 연관하고 있다.

첫 번째 공간개념 : 공간을 발산하는 볼륨으로서의 건축. 건축의 발전을 가져왔던 세 시기는 동일하게 취급할 수 없다. 첫 번째 공간개념은 『영원한 현재-건축의 기원』의 주제였고, 지금 이 책은 첫 번째 공간개념의 마지막 단계였던 그리스 건축에서부터 시작한다. 그 이전부터 지속되어 왔던 발전과 그리스 건축의 관계는 전이현상(轉移現狀: the phenomena of transition)의 중요성을 보여주고 있다. 그리스 건축은 유럽의 민주주의적 접근을 표현한 첫 번째 건축이었고, 그보다 선행하는 동양

의 전제군주제의 건축과는 총체적으로 다른 것이지만 동일한 공간개념을 공유하고 있다. 피라미드와 파르테논(Parthenon), 이 둘은 공간 안에서의 볼륨으로서 세워져 있다. 그러나 이 과도기의 건축구성이 공간 안에서의 볼륨과 연계된다 하더라도, 그것은 새로운 민주적인 삶의 방법을 표현하고 있는 것이다.

극동지역에서는 이 새로운 서양의 발전과는 독자적으로 첫 번째 공간개념이 지속적으로 전개되었으며, 동아시아 사원의 조각과 같은 다층 건축물과 탑을 예로 들 수 있다.

내부공간 발전에 기초를 두는 로마건축은 두 번째 공간개념을 시작하여 20세기 초까지 다른 형태로 지속되었다. 로마인들은 그리스 예술을 경탄하며 받아들였지만, 그들만의 공간적 표현을 고집했다. 원형극장은 그리스 오더(order)를 사용하여 파사드를 꾸몄고, 그리스 예술에 매료된 하드리아누스(Pablius Aelius Hadrian, 재위 117~138) 황제는 티볼리(Tivoli)에 위치한 그의 빌라 마당에 그리스 조각의 걸작들을 설치하여 손님들을 대접하는 동안 계속해서 감상할 수 있도록 하였다. 그러나 동시에 과거에 대한 매료로 인해 그의 소중한 빌라에 가장 대담한 볼트 구조의 실험을 구체화했다. 고전 오더와 그리스 조각은 로마 시기 끝까지 지속적으로 발전하며 훌륭한 규범으로서 표현되었다. 또한 이 시기는 풍부한 얼굴표정을 새긴 훌륭한 조각으로도 유명하다.

『영원한 현재-건축의 기원』에서는 이집트의 역사를 추적하며 조각의 발전을 언급하였기에 여기서는 상술하지 않지만, 진정한 로마의 위대함은 바로 내부공간을 창조한 것에 있다. 이 내부공간의 차이를 이끌어 낸 것은 다름 아닌 새로운 구조기술의 발명이었으며, 이 책의 목적은 어떻게 그것이 발생하여 발전할 수 있었는가를 기술하는 것이다.

두 번째 공간개념 : 내부공간으로서의 건축. 로마 · 중세 · 르네상스 그리고 바로크 건축은 그들의 양식적인 차이에도 불구하고 동일한 공간개념을 고수했는데, 이는 로마에서 발생한 이후 서양에서 더욱 더 발전되었기에 서양의 공간개념이라 부를 수 있다. 두 번째 공간개념에서 가장 중요한 것은 창문이라는 도구를 통해 텅 비워 낸 열려진 내부공간이라고 할 수 있다. 내부공간의 형태는 물론 햇빛을 내부로 끌어들이는 것은 로마 판테온에서부터 시작하여 로마 욕장의 거대한 창, 고딕성당의 높은 스테인드글라스 창, 빛으로 넘쳐나는 바로크 시대의 계단과 홀, 그리고 지금 우리 시대의 커튼월에 이르기까지 지속적으로 확장되었다.

각각의 전이 시기에서는 종교적 · 사회적 변화가 새로운 기술의 발명 · 발달은 물론, 건축형태에서의 변화보다도 뒤쳐졌다. 로마 황제는 지금 우리 시대에 다시 나타난 동일한 사회적 문제와 직면했었지만, 그들의 해결책은 또 다른 것이었다. 로마의 거대한 쇼핑센터인 트라야누스 시장(Mercatus Traiani), 플라비우스 왕조의 원형극장(Flavian amphitheater)인 콜로세움(Colosseum) 등, 대중들을 위한 이 기념비적 규모의 건축물들은 현대에도 그 동등한 가치를 갖는 것이 없을 것이다. 또한 로마 통치자들이 도시민들을 위해 건설하고 유지했던 대중목욕탕인 제국욕장(imperial thermae)과 상응하는 건축물은 지금도 없으며, 이러한 고대 로마의 높은 생활수준을 나타내는 거대한 욕장건축은 사회적인 모임 장소로서 역할을 하기도 했다. 이와 같이 재생(再生 : regeneration)을 위해 제공된 시설들은 일반적으로 조직화된 사회의 의무 중 하나로 간주되었으나, 반대로 로마사회는 많은 로마 작가들의 맹렬한 비난에도 불구하고 6층 공동주택의 혼잡하고 참혹한 주거환경에는 관심을 갖지 않았다. 콘스탄티누스 황제(Flavius Valerius Aurelius Constantine, 재위 306~337년) 시대에는 수 백 개의 사설 욕장과는 별도로 11개의 대규모 대중욕장을 운영했다. 이는 육체의 건강과 재생을 위한 복지시설이 아니라 오직 환자들을 위한 것으로, 현대에서도 노력하는 도시 의료 서비스 대책들과 비교될 수 있을 것이다.

기념비적인 고대 로마의 건축물들은 근본적으로 건설기술의 발전과 깊은 연관이 있다. 로마인들은 현대와 유사하게 건축구조를 매우 합리적으로 다루었는데, 이러한 사실은 로마 볼트와 아치 · 벽체의 단면에서 찾아 볼 수 있다. 또한 인간이 최초로 생산한 콘크리트를 벽체와 볼트 등 구조체를 축조하는데 광범위하게 사용하였고, 이는 건설에 고도로 조직화된 분업이 필요했다는 사실을 반증하는 것이다. 그러나 로마 이후에는 내부공간을 형성하는 건축이 크게 발달하였음에도 불구하고, 넓은 창을 내는 건설방법은 사라지고 원시적인 건축구조로 퇴보하게 되었다.

로마의 발전이 중세까지 이어지지 못한 이유는 많다. 로마 및 중세시대와 관련하여, 중세의 생활방식이 원시적 상태로 퇴보하게 된 원인 그리고 대규모의 건설은 오직 대성당뿐이었다는 사실 등에 주목할 수 있다. 고딕시대 말기에도 대성당은 계속 공사 중이었고, 어떤 성당들은 19세기에 와서야 완성되었는데, 일부는 낭만적인 이유로 인해, 다른 한편으로는 건설기술이 발전되었기 때문이었다.

『공간 · 시간 · 건축(*Space, Time and Architecture*)』에서는 르네상스로부터 이어온 건축적 유산에 관한 논의로 시작하였으며, 피렌체 르네상스의 가장 이른 예 중 하나인 산타 마리아 노벨라(S. Maria Novella, 1425년경) 성당에 있는 마사치오(Masaccio)의 프레스코화를 살펴보았다. 이 그림 아래쪽에는 십자가에 못 박힌 예수와 하느님, 그 위쪽에는 로마 콘스탄티누스 바실리카(Roman Basilica of Constantien)의 측면 아일(aisles) 중 하나에서 유래한 코퍼(coffer)로 과도하게 장식한 배럴 볼트(barrel vault)를 배치한 완벽한 구성이 강력하게 지배하고 있다.

이 책의 '르네상스와 바로크에서의 로마 건축개념' 챕터에서는, 어떻게 르네상스에서 고대를 재창조할 수 있었고, 어떻게 로마제국이 그 단서를 제공하였는지에 대해 설명하였다. 또한 '로마와 중세건축의 벽체 천공' 챕터에서는, 기원후 1세기 말에서 2세기에 어떻게 창 개구부가 더욱 더 커지게 되었고, 로마 빌라들에서는 어떻게 외부 풍경에 맞추어 건축물을 축조하게 되었는지를 추적한다. 이러한 경향은 르네상스와 바로크 건축에서도 지속되었는데, 오늘날 우리에게 로마건축이 친밀하게 보이는 이유는 르네상스와 바로크 건축가들이 선택 · 계승했던 건축 특징들을 알고 있기 때문이다. 한 예로 르네상스와 바로크 도시의 전형적인 가로(街路) 보행로는 아케이드로 축조하는데, 이러한 형식은 이미 로마의 오스티아(Ostia)에 존재했었다.

바로크 건축가들에게 영감의 원천을 제공한 것은 로마건축의 볼트와 큐폴라(cupola) 등의 구조뿐만이 아니다. 로마와 바로크 건축의 형태와 공간에서도 유사한 감각을 발견할 수 있다. 특히 바로크 성당의 전형인 자코모 바로찌 다 비뇰라(Giacomo Barozzi da Vignola, 1568~84)의 일 제수 성당(il Gesù)에서 보여 지는 것과 같이, 길이에 상응하는 넓이에 대한 전형적인 평면과 그 공간의 장엄함은 로마건축, 특히 제국욕장과 같은 건축물을 먼저 경험하지 않고는 상상할 수 없는 것이다.

빛이 넘쳐나는 내부공간은 18세기 건축의 특징이었다. 특히 낭시(Nancy) 시청사(1755년)의 웅장한 계단은 그 좋은 예라고 할 수 있는데, 몇 개 층에 걸쳐진 벽체가 유리 속으로 녹아들어 가는 듯하다.(그림 144) 그러나 새로운 건설기술을 갖게 된 19세기 엔지니어들은 평평한 판유리의 산업화된 대량생산이 건축에 영향을 주고 있다는 사실을 깨닫지 못했으며, 이러한 가능성들이 실현화 될 수 있었던 시기는 바로 20세기에 와서였다.

전이(transition). '전이현상 : 재료의 사용' 챕터에서는 『공간 · 시간 · 건축』에서 규정한 세 번째 공간개념의 첫 번째 단계를 개괄적으로 언급하였다. 특히 19세기 산업혁명에 의해 발달한 혁신적인 건설방법이 어떻게 건축에 결정적인 영향을 주었는지를 간략하게 살펴보았는데, 그 방법을 개척한 것은 건축가가 아닌 엔지니어들이었다. 큰 특성 없는 철구조로 시작하여 길이 402.3m($\frac{1}{4}$마일), 106.7m(350피트)를 넘는 단순 스팬 구조의 강철 트러스가 점차 가늘어져 땅에 닿지 않는 것처럼 보이는 기계관(Galerie des Machines)과 에펠탑 등을 건설한 1889년의 파리 박람회에서는 19세기 발전의 절정을 보여주고 있다. 그러나 당시 건축가들은 이 두 구조물을 이해할 수 없었으며, 건설 중이었던 에펠탑을 빛으로 흠뻑 젖은 골격으로 표현한 쇠라(G. Seurat), 그 이후 다시점(多視點)의 표현방법을 고민했던 들로네(R. Delaunay) 등 예술가들의 시각을 통해 번역되어, 비로소 건축가들은 건축으로 전달될 수 있는 투명성과 빛에 대한 디자인 메시지를 찾아 낼 수 있었다.

세 번째 공간개념 : 볼륨과 내부공간으로서의 건축. 기술은 20세기에 더욱 빠르게 발달하였고, 인간의 주거 속에 깊숙이 침투하였다. 이와 유사한 현상은 공화정에서 로마제국으로 변화하는 시기에서도 찾을 수 있는데, 볼트를 축조하는 기술

이 대하수구인 클로아카 막시마(Cloaca Maxima)와 수로 등의 실용적인 구조물로 옮겨가고, 기념비적인 공공건축물을 건설하는데도 사용되어, 건축물에 새로운 표현 방법을 부여하게 되었다.

20세기에 새로운 공간개념으로 이끈 것은 바로 화가들인데, 이들은 불안정하고 깊이가 없던 19세기 후반의 건축과 그림 그리고 아르누보(Art Nouveau)까지 의식적으로 강하게 반대했다.

세 번째 공간개념의 첫 번째 건축은 평평한 표피의 원리에 기초하였고, 그 변화의 예는 파리의 씨테 국제기숙사촌(Cité Universitaire)에 위치한 르 꼬르뷔제의 스위스 파빌리온(Swiss Pavilion, 1930~1932)이다.*3) 세 번째 단계에 있는 건축은 첫 번째 공간개념과 유사한데, 공간을 발산하는 볼륨으로서의 건축이다. 현대에는 다시 공간 속에서 볼륨이 갖는 힘에 관심을 갖게 되어, 마치 조각과도 같은 구조적 볼륨이 공간을 발산한다는 것을 인지할 수 있다.

세 번째 공간개념에서 중요한 볼륨 및 내부공간을 완전하게 통합적으로 표현한 건축물은 아직 상대적으로 적지만, 볼트를 엇갈리게 배열하여 내부에서 보여지는 공간은 물론 외부에서 느껴지는 내부공간이 가장 특징적인 요른 웃죤(Jørn Utzon)의 시드니 오페라 하우스(Sydney Opera House)가 그 예가 될 수 있다. 또한 겐죠 당케(Kenzo Tange)의 1964년 도쿄 올림픽 체육관은 텐트와 유사하게 생긴 조각적인 외관과 내부에 매달려 있는 천장형태를 상호 연계하고 있다.

더 나아가 조각과도 같이 공간 안에서 건축물들을 유기적으로 통합하기 위해서는 '그룹디자인'(group design)*4)에 대한 문제들이 발생하게 된다. 예를 들어 초기 고층 건축물은 도시의 기존 주거지역에 무질서하게 혼재되었기 때문에, 높이가 서로 다른 이 건축물들을 조각과도 같이 유기적으로 통합하기 위해 상호관계성과 (개인적인) 고립이라는 이중 문제를 초래하게 된 것과도 같다.

르 꼬르뷔제의 생디에 시민센터(Civic Center of St. Dié, 1945) 계획안에서 볼 수 있는 것과 같이, 볼륨으로 독립적으로 서 있는 건축물들은 다른 볼륨들과의 적극적인 공간적 상호관계를 만들고 있다. 세 번째 공간개념에서의 그룹디자인은 역동적으로 변화하는 지금의 현상과 밀접한 관계를 가지고 있는데, 각각의 독립적 수평레벨을 연결하는 등 2차원적인 여러 층들을 연속시킴으로써 도시의 초기 3차원적인 개념들을 대체하게 되었다. 또한 교통 흐름의 역동성과 다양하게 변화하고 있는 여러 조건들은 현대 도시 디자인에서 통합되었는데, 예를 들어 1960년 겐죠 당케의 도쿄만을 가로지르는 대규모 도시계획안인 도쿄만(Tokyo Bay) 프로젝트5)에서는 공용시설을 두드러지게 계획하였던 것이다.

세 번째 공간개념에서는 볼륨으로서 공간을 발산하는 힘과 내부공간의 자유로운 분화를 서로 통합하는 것과는 별도로, 질서와 자유를 동시에 추구하는 관점들을 알 수 있는데, 이러한 방향 속에서 위대한 발전의 많은 증거들을 찾을 수 있을 것이다.

첫 번째 공간개념의 마지막 단계:그리스
(THE LAST PHASE OF THE FIRST SPACE CONCEPTION : GREECE)

첫 번째 건축 공간개념은 수메르 · 이집트와 함께 끝맺지 않고, 그리스에서 그 마지막 단계의 꽃을 피웠다.

첫 번째 공간개념을 표현하는 방식은 막 시작된 서양의 민주주의 의식(意識)에 따라 그 마지막 단계로 변화하였다. 첫 번째 고대문명인 이집트 · 수메르의 거대한 사원과 궁궐은 신과 통치자를 위한 독특한 아이덴티티와 특징을 이루었다고 할 수 있다. 그러나 이러한 시설들이 점차 사라진 그리스에서는 이전과 다르게 법률의 제정과 행정에 참여할 수 있는 권리를 개인들에게 주었고, 그리스 건축에서는 한 개인의 중요성을 반영하게 되었다. 또한 이집트와 수메르에서는 통치자를 위해 종교 중심지를 요새처럼 만들었다면, 그리스에서는 공간 안에서 각각의 신전들이 자유롭게 무리지어 대중들이 회합할 수 있는 장소로 변화했다.

그리스 사원은 계단 형태의 기단(stylobate) 위에 세워진 조각 같은 기둥들로 둘러싸여, 예배자들은 그 어두운 안쪽으로 접근할 수 없었다. 그러나 축제가 있는 날에는 셀라(cella)의 무거운 청동문이 열릴 때까지 신전 앞에서 기다렸다가, 아테네 아크로폴리스(Acropolis)의 파르테논(Parthenon)에서라면 아테나(Athena) 여신과 같은 위대한 조각상을 볼 수 있었다. 내부공간에는 숭상의 대상인 신상만을 안치하는데, 때로는 거대한 크기의 것도 있었다. 그러나 그리스 사원에서 내부공간의 마감처리에 무관심하게 된 것은 그 이전의 이집트인들과 결부된다.

그리스와 이집트의 사원들은 동일하게 공간 속에서 볼륨으로서 서있는 것처럼 보이지만, 그림자를 드리우는 그리스 사원의 열주는 물론, 정교하게 조각한 엔타블러처(entablature)와 페디먼트(pediment)가 이집트 사원건축과는 확연히 다르다. 이것은 이집트의 평평한 부조와는 다르게, 여러 곳에서 영향을 받은 그리스 조각상을 보면 그 확연한 차이를 알 수 있다. 이와 같이 첫 번째 공간개념은 공간을 발산하는 볼륨의 힘과 그들 사이에서 발생하는 긴장감과 연관하며, 그 완벽한 예는 공간 안에서 조각적인 볼륨으로 서 있는 파르테논 신전이라고 할 수 있다.

서로 다른 표현방법에도 불구하고 그리스와 이집트 건축의 많은 유사점은 하이포스타일(hypostyle) 홀의 역사에서 이해할 수 있다. 넓고 어두운 홀 안을 마치 숲과 같이 기둥으로 채워 건축한 하이포스타일 홀은 다른 목적을 위해 다른 사람들이 건축하였으나, 첫 번째 공간개념의 핵심이라고 할 수 있다. 또한 그 변형을 통해 서서히 두 번째 공간개념이 발생하였는데, 하이포스타일 홀 내부공간은 로마 건축물들에서 크게 진화하기 시작하여, 그 이후 다른 방향과 다른 형태를 취하며 지속적 발전해 왔다.

그리스 건축은 유럽과 관련이 되는데, 발전된 그리스 건축은 서쪽으로 이동하여 실질적인 유럽 최초의 건축을 형성한다. 폼페이인(Pompeian)들이 그들의 지역 전통에 에트루스칸(Etruscan)*1)과 그리스 건축형태를 접목한 것과 같이, 혼합된 주거형태들이 발생하거나 로마 황제들은 그들의 궁전과 공동목욕탕에도 그리스 조각을 옮겨와 설치하는 등, 이른 시기부터 그리스와 로마의 건축요소들을 혼합하려는 시도들이 있었다.

그리스의 특별하고도 경이로운 업적은 사고과정을 수정같이 맑고 투명하게 정의내리고, 단어와 돌에서 느껴지는 인간의 감정 표현방법을 종합했다는 것이며, 안팎에서 계속되는 반대자들의 방해에도 불구하고 헤라(Hellas)의 민주주의 중심지인 아테네에서 서양문화의 기반을 다졌다.

신화를 만드는 사고(Mythopoetic Thinking)

오늘날 우리를 움직이고 있는 것은 즉각적이고 실재적 관점의 그리스보다는, 끊임없는 상상력으로 자연을 인간화하고 자연에 생기를 불어 넣은 새롭고 완벽한 자연에 대한 그리스의 접근방법이다.

신화를 만드는 사고의 중심, 우주 (The cosmos as the focus of mythopoetic thinking)

이집트를 대표로 하는 첫 번째 고대 문명들에서는 신화를 만드는 사고의 모든 힘이 우주 그 자체에 집중되어 접근방식부터 달랐다고 할 수 있다.*2)

이른 시기부터 별과 그들의 움직임을 정확히 관찰했던 것은 하늘과 인간 사이의 상호 의존성을 설정하기 위한 것이었다. 이것은 계절의 시작을 규명하는 등 실질적인 이유를 위해서도 중요한 것이었는데, 예를 들면 시리우스(Sirius)*3)가 나타나는 것과 나일(Nile) 강의 범람이 일치하는 것이다. 그러나 메소포타미아에서는 특별히 하늘의 별자리와 인간 운명 사이의 관계(점성술)를 찾기도 했다.

수메르인(Sumerians)과 아카드인(Akkadians)*4)들에게는 별이 밝게 빛나는 하늘이 인간의 운명을 새겨 놓은 위대한 도표이기도 했다. 반대로 자연과 완전한 조화를 추구했던 이집트인들에게는 별들의 움직임보다는 태양의 하루 주기가 더 중요했고, 기원전으로 거슬러 올라가는 태양의 도시 헬리오폴리스(Heliopolis)의 전통의식은 플라톤이 그들의 비밀을 처음 접하던 시기*5)에도 여전히 충만한 힘을 발휘하고 있었다. 따라서 이집트 달력은 360일의 태양력, 메소포타미아의 달력은 345일의 태음력에 기초하고 있다.

이집트인들이 신화를 만들었던 모든 생각들은 태양이 떠 있는 낮에 집중되어 있다. 하늘의 여신, 누트(Nut)의 얼굴은 땅을 향한 채 몸을 쭉 뻗어 세상에 존재하는 대지의 동서 양 끝에 손끝과 발끝만을 닿고 엎드려 밤하늘을 가로지르고 있는 모습이다. 지구상 인간의 삶은 신들 중 최고인 태양신, 라(Ra)가 동쪽에서 떠올라 서쪽으로 움직이는 하루 동안의 여정에 의해 지배된다.

그러나 이러한 개념을 그리스인들은 생각할 수 없었다. 그들은 태양의 여정을 위계가 낮은 신들 중 하나인 헬리오스(Helios)에게 맡겼는데, 그는 신마(神馬)를 마치 경주하듯 하늘을 가로지르며 몰고 갔다. 그리스 사상에서는 하루의 모든 시간에 다른 표정을 부여하는 지칠 줄 모르는 우주적 이미지는 없었다.

신화를 만드는 사고의 중심, 풍경 *(The landscape as focus of mythopoetic thinking)*

그리스인들은 산과 바다 · 바위에 정신적 의미를 부여하는 등 종교적 · 정신적 의미를 풍경(landscape) 속에 담았다. 신들은 3,000m(10,000 피트) 높이의 올림푸스(Olympus) 산 위에 살았고, 매우 평범한 파르나소스(Parnassus) 산은 아폴로(Apollo)와 뮤즈(Muses)의 영토였다. 그 산기슭에 있는 작은 협곡은 대지의 어머니, 가이아(Gaea)의 집이었고, 그곳을 지키다 남신(男神) 아폴로에 의해 죽은 거대한 뱀 피톤(Python)은 남성원리의 승리를 상징적으로 표현하는 것이었다. 이 곳은 순례자들이 델포이(Delphic)에서 신탁(神託)하기 전에 마시던 카스탈리아(Castalian) 샘물과 바로 인접해 있었다.

신화를 만드는 역동적인 상상력은 식물에게도 확대되었다. 그 중 올리브 나무는 극적인 사건의 중심이었는데, 아폴로가 사랑에 빠져 쫓아다닌 요정(nymph) 다프네(Daphne)가 올리브 나무로 변신한 것이다. 또 아폴로에게 받쳐진 작은 숲에 심겨진 사이프러스(cypress)는 아폴로의 소중한 친구 키파리소스(Cyparissus)가 우연히 신들이 아끼는 수사슴을 죽여 사이프러스 나무로 변하는 또 다른 극적 사건과 연관되었다.

반신반인(Demigods)들은 바다와 호수, 나무와 숲에 살았고, 아테네 아크로폴리스의 바위 요새에 있는 작은 동굴에도 신들이 살았다. 이렇게 그리스인들은 우리가 돌아보거나 찾는 자연 어느 곳에나 정신적으로 해석한 여러 의미들을 부여했다. 또한 자연 풍경 속의 다양한 사물들을 의인화하여, 자연 풍경을 구성하는 모든 요소들은 의인화된 이미지들을 즉시 떠 올리게 하였다.

그룹디자인(Group Design)

기념비적인 그리스 건축물들의 배치는 볼륨들 상호간에 가장 자유스러운 상호작용을 일으키며, 그 속에서 첫 번째 공간개념이 완성된다. 그룹디자인의 원리는 민주주의 그리스 도시국가들에 광범위하게 응용되어, 이를 통해 개인과 공동체의 권리가 분명하게 구분될 수 있었다.

그룹디자인이란 독립적인 건축물들이 그 자신만의 개별적 형태 특성을 갖으면서, 동시에 각 건축물 사이에서 형성되는 공간적 조화를 의미한다. 또한 시각적 상호작용은 바로 그들의 볼륨 사이에서 창조되는 것이다. 이 용어는 벽으로 둘러싸인 성역(聖域) 안의 신성한 건축물들의 배치, 또는 아고라(agora) 안의 열주들이 있는 스토아(stoa)와 건축물들의 군집을 설명하기 위해 로버트 스크랜턴(Robert L. Scranton)[*6)]이 처음 사용하였다.[*7)] 아테네 아크로폴리스는 5세기 그룹디자인이 어떻게 사용되었는지 확인할 수 있는 가장 좋은 예이다. 입구인 프로필레아(Propylaea) 계단에서는 파르테논과 에렉테이온(Erechtheum)이 언덕 위에 서 있는 완전한 하나의 독립체로서 동시에 보여 진다.

그리스의 도시 계획가인 독시아디스(Constantinos A. Doxiadis)는 "건축물들의 배치는 극좌표 시스템에 따라 입구에서 하나의 덩어리로 읽히도록 균등하게 배치되었다"는 학설을 주장했다.[*8)] 즉, 최초로 보여 지는 시점에서 시야각과 그에 따른 거리에 의해 각각의 건축물들이 배치되었다는 것인데, 어떤 고고학자들은 이 분석에 이의를 제기했지만, 결정적인 단서가 될 수 있다고 생각한다.

젊은 남아프리카 건축가 마르틴센(R. D. Martienssen)[*9)]은 그리스 건축의 "공간 아이디어"를 첫 번째로 연구한 사람 중 한명인데, "그리스 사원건축을 미적인 형태 그 자체만으로 설명할 수 있는 독립된 건축물로 해석하는 경향이 너무 많다"는 사실을 지적하기도 했다.[*10)]

아크로폴리스의 건축물들은 공간 속에 자유롭게 건축되었고, 그 앞쪽에는 끝이 황금빛으로 빛나는 긴 창을 가진 아테나 프로마코스(Athena Promachos)의 거대한 입상을 세워 바다 위의 배에서도 보였다. 이것이 전부가 아니다. 프로필레아에서 서쪽을 바라보면 또 다른 그룹디자인을 경험할 수 있는데, 아크로폴리스 가까이에 위치하면서 서로 다른 높이로 보여 지는, 아테네인들이 바위 언덕 위에서 대중집회를 열던 프닉스(Pnyx), 법정인 아레오파고스(Areopagus), 그리고 다양한 건축물들이 운집한 아테네의 시장인 아고라(Agora)가 그것이다. 이것은 우연히 그 지역의 지형에 따라 배치한 결과가 아닌, 도시 공동체의 생활 중심지들의 중요성을 인식하여, 시각적인 상호작용을 일으킬 수 있도록 하나의 시각 범위 안에 정렬한 결과일 것이다.(그림 1)

아테네는 그리스 그룹디자인의 수많은 예들 중 하나일 뿐이며, 델포이 성지의 건축물 배치를 통해서는 조각적 볼륨들 사이의 상호의존적인 시각 관계를 형성하는 고유의 방법들을 더욱 명확하게 볼 수 있다.

공간 안에서 볼륨 사이의 상관관계를 만드는 것은 단연코 그리스 건축이 탁월하며, 그 기원은 선사시대에 뿌리를 둔다. 키프로스(Cyprus)의 히로키티아(Khirokitia)[*11)], 보이오티아(Boeotia)[*12)]의 오르코메노스(Orchomenus)[*13)]에 건설되었던

4천 년 전 오두막들은 다양한 거류지 내에서 서로간의 관계를 유지하며 특히 원형으로 배치되었는데, 이를 섬세한 예술적 감각을 가진 그리스인들이 개량하고 발전시켜 온 것이다. 이렇게 그들의 성스러운 영역들과 정치적 중심지는 그룹디자인 개념에 의해 배치되었고, 그리스 신화에서 발견할 수 있는 정신적 강렬함을 표현하고 있다.

볼륨과 수평면(Volumes and horizontal planes)

건축역사의 각 시기별로 수평면의 중요도는 달랐지만, 언제나 건축의 중요한 요소로서 자리매김해 왔다. 특히 20세기에 와서는 수평면과 수평면 사이의 상호작용 및 수평면의 역할에 대해 더욱 명확하게 재인식하게 되었는데, 이와 유사하게 첫 번째 공간개념이 지배하는 기간 동안에도 이러한 경향을 매우 강하게 볼 수 있다. 사막 고원에 건설된 피라미드에서 알 수 있는 것과 같이, 공간 안에서 상호관계를 갖는 볼륨들은 공통의 원리를 필요로 한다. 1941년, 마르틴센은 "테라스(terrace)는 … 구조적 형태들을 의도적으로 배열하여 공간의 명료함을 만드는 외적 표현 또는 확장의 요소"라고 했으며,[*14)] 이러한 견해는 작품과 저술을 통해 자신의 생각을 펼쳤던 르 꼬르뷔제에 의해 영향을 받아 발전된 것이었다.

로버트 스크랜턴은 수평면을 그리스 그룹디자인의 구성요소로서 인식했다. 극심한 변화가 많은 조건 속에서도 그리스인들이 언덕 위에 자연적이면서도 인공적으로 만든 수평면인 테라스를 활용하고 처리한 방법에 대해 주목해야 한다. 즉, 아르고스(Argos)[*15)]에 있는 고대 헤라이온(Heraion, 기원전 6세기), 코린트(Corinth)의 아폴로 신전(기원전 540년경), 인간이 만든 테라스가 마치 산 정상과 같이 되어버린 초기 걸작인 아이이나(Aegina)[*16)]의 아파이아(Aphaia) 신전(기원전 500년경), 그리고 세 개의 위대한 테라스들이 있는 델포이 아폴로 성역, 모든 사람들에게 큰 감명을 주는 아테네의 아크로폴리스가 그것이다. 또한 아크로폴리스의 작은 니케(Nike) 신전은 높은 옹벽으로 지지되고 있는 돌출된 인공 언덕 위에 자리 잡고 있어, 아크로폴리스로 올라가는 사람들의 눈을 처음으로 사로잡고 있다.(도판 1)

프닉스(The Pnyx)

건축에 대한 그리스인들의 태도를 가장 인상적으로 나타내는 건축물 중 하나는 아테네 의회 의원들의 집회 장소인 프닉스(Pnyx)이다.

아크로폴리스의 정문인 프로필레아를 통과하는 것은 아테네의 신성한 구역으로 들어가는 것을 의미하며, 나올 때는 오른쪽으로 아레오파구스(Areopagus) 바위 낭떠러지 바로 오른쪽 아래 부분에 위치한 아고라와, 정면으로는 뮤즈(Muses) 언덕

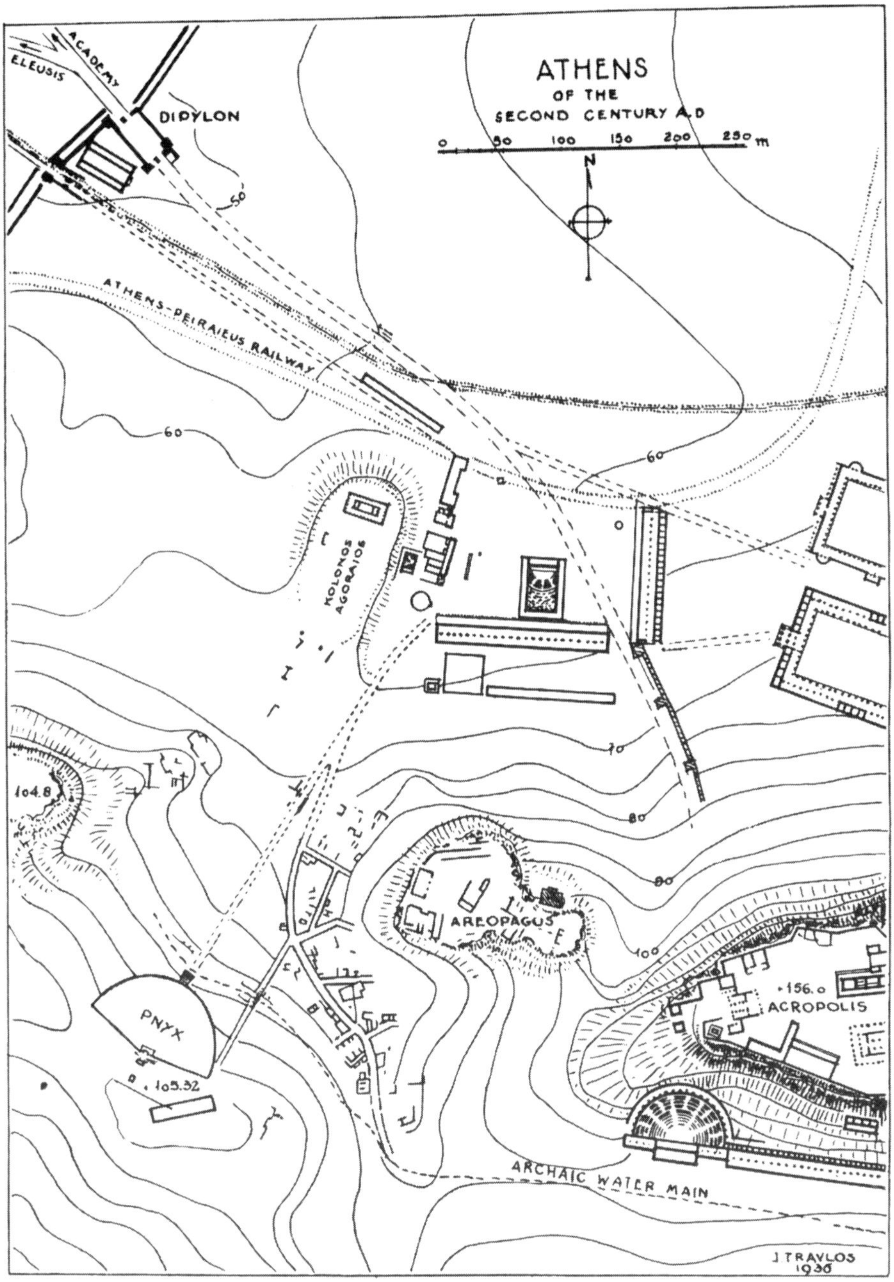

그림 1. 아테네 : 기원전 2세기의 아크로폴리스(Acropolis) 주변지역 배치도. 아크로폴리스 서쪽에 위치한 프로필레아(Propylaea)에서 바라보면, 프닉스(Pnyx) · 아레오파구스(Areopagus), 그리고 그 북쪽에 위치한 아고라(Agora)를 한눈에 볼 수 있다.

으로 가는 길 중간쯤에 위치한 일정한 높이의 바위 언덕 프닉스로 시선이 둘러싸여 진다.(그림 2) 이와 같이 아크로폴리스의 정문에서는 네 곳의 그리스 종교와 도시 중심지들(즉, 아고라 · 프닉스 · 아레오파구스 · 아크로폴리스)이 서로 다른 높이에 펼쳐져 있는 것을 볼 수 있다.

"프닉스 언덕 중심에서 북동쪽에 위치한 경사지는 아테네의 초기 역사에서 대중 집회가 자주 열렸던 곳이다. 당시 이 장소는 당연히 자연적인 상태였으며, …

그림 2. 아테네 : 아크로폴리스 (Acropolis)에서 바라본 프닉스 (Pnyx).

처음 구조물을 건설할 때 … 아직은 완만한 경사도의 원형극장 출현을 알리는 것처럼 거칠게 다듬은 돌을 쌓아 관람석을 만들었다." 이후 최종적으로 새로운 옹벽을 설치함으로써, "거대한 포물선 형태의 곡선"을 갖는 원형극장을 완성하였다.[*17)]

대중 집회를 열기 위해서는 연설하는 정치가와 청중 혹은 유권자들이 있어야 하는데, 이를 명확하게 표현한 것은 아마도 아테네의 프닉스가 유일한 예일 것이다.

연단은 마치 선사시대 거석과도 같이 높고 거대한데, 높은 계단형태의 대 위에서 돌계단을 통해 측면으로 올라가도록 되어 있다.(그림 4) 데모스테네스

그림 3. 아테네 : 프닉스(Pnyx) 에서 바라본 아크로폴리스 (Acropolis).

(Demosthenes)*18)와 같은 정치가들은 이와 같이 좋은 위치에서 힘이 넘치는 웅변을 했고, 프닉스의 반원형 아레나(arena)에 모인 만 명 정도의 청중들은 열광했다. 이렇게 청중들이 모일 수 있는 장소와 높은 연단, 이 둘은 민주적 토론을 위한 중요한 핵심요소이며, 지금은 비어있지만 이 공간을 가로질러 걸어가 보는 것은 경외심을 일으키는 좋은 경험이다.

시민들은 완만한 경사로를 통해 아고라에서 프닉스로 직접 접근할 수 있었다. 프닉스는 이미 기원전 500년경부터 입법을 위한 장소로 운영되기 시작하여, 아크로폴리스 남쪽 경사지에 디오니소스(Dionysus) 극장이 건설되는 기원전 330년경까지 사용되었다.

공간 안에서의 조각, 그리스 사원(Greek temples as sculpture in space)

그림 4. 아테네 : 프닉스(Pnyx)의 연단(演壇).

이집트 사원 및 피라미드와 유사하게, 그리스 사원과 스토아 역시 건축물들이 군집을 이루면서 공간 안에서 조각적인 독립적 개체로서 건립되었다. 그러나 왕과 성직자의 영향 아래 건설된 이집트 사원들과는 달리, 그리스 사원들은 아테네 아크로폴리스, 수니온 곶(Sunion promontory), 그리고 아이이나(Aegina)의 산 등 아득히 먼 곳에서도 눈에 잘 띄는 곳에 건설되었다.

화관(花冠)과도 같이 둘러싼 기둥과 계단식 기단은 순수한 조각적 형태개념을 충분히 표현하고 있다. 또한 수정 결정체와도 같은 홈(fluting)을 조각한 기둥의 주신(shaft) 만큼이나 계단형 주대(柱台, pedestal)가 둘러싸고 있어 그리스 사원건축의 조각적 형태를 더욱 돋보이게 하고 있다.

그리스 사원건축은 축(axis)을 맞추거나 축에 의해 배치되지 않았는데, 이는 이후 로마에서도 마찬가지였으며, 그들 모두 공간 속에서 자유롭게 배치되었다. 밀레투스(Miletus)*19)와 프리에네(Priene)*20)와 같은 그리스 시기의 도시들은 규칙적인 격자 형태를 가지고 있었고, 이는 기자(Giza)의 거대한 피라미드(기원전 2750) 너

머에 있는 죽은 자들을 위한 이집트 도시의 격자형 배치에 기원을 두고 있다. 그러나 헬레니즘 시기의 페르가몬(Pergamum)*21)에서도 주 건축물들은 축적인 배치를 따르지 않았다.

하이포스타일 홀(Hypostyle Halls)

하이포스타일이라는 용어는 기둥이 지붕을 지지하고 있는 홀을 설명하기 위해 기원전 1세기*22)에 디오도루스(Diodorus)*23)가 처음 사용하였다. 기둥의 홀인 하이포스타일 홀은 이집트 · 페르시아(Persia) · 그리스 건축의 첫 번째 공간개념에서 주로 나타난다.

이집트의 하이포스타일 홀(Hypostyle Halls in Egypt)

카르낙(Karnak)의 아문(Amon)신전 하이포스타일 홀. 이집트의 신왕국 시대(기원전 1554~1069)의 하이포스타일 홀은 지름 4m에 달하는 거대한 돌기둥을 매우 조밀하게 세워, 기둥열 사이의 빈 공간이 거의 없는 벽체처럼 보인다.*24) 무엇보다 가장 인상적인 것은 람세스(Rameses) 2세가 카르낙에 건설한 거대한 아문 신전의 하이포스타일 홀이다. 기둥의 지름 3.4m보다 기둥 사이 간격이 작기 때문에, 실제적으로 실내의 공간을 제거한 엄청나게 큰 통로로 느껴진다.

이 거대한 홀 안에서는 종교의식을 거행했는데, 아주 희미하고 약한 불빛 아래에서 바람과 공기의 신인 아문의 음성이 울려 퍼졌다. 신성한 배 속에 안치된 아문의 신상은 어두운 셀라(cella)에 보관되는데, 이 셀라에는 오직 파라오(Pharaoh)와 높은 신분의 성직자만이 들어갈 수 있었고, 특정한 제례시기에는 나일강 반대편에 있는 룩소르(Luxor) 또는 하트셉수트(Hatshepsut) 사원으로 옮겨진다. 때때로 베일로 가려진 아문 신상은 거대한 하이포스타일 홀을 통과하여 옮겨지고, 이 행렬 속에는 파라오 및 신성한 배와 연관된 매의 머리로 어깨를 장식한 성직자가 뒤를 따른다. 이러한 아문 신의 종교적 여행은 거대한 하이포스타일의 남측 벽면에 묘사되어 있다.*25)

천년 후 그리스에서는 신을 셀라 안에 영구적으로 안치하였고, 신상은 기념비적인 규모로 더욱 거대하게 만들었다.

그리스와 페르시아의 하이포스타일 홀(Hypostyle halls in Persia and Greece)

페르세폴리스의 하이포스타일 홀(The hypostyle halls of Persepolis). 그 이후 건설목적

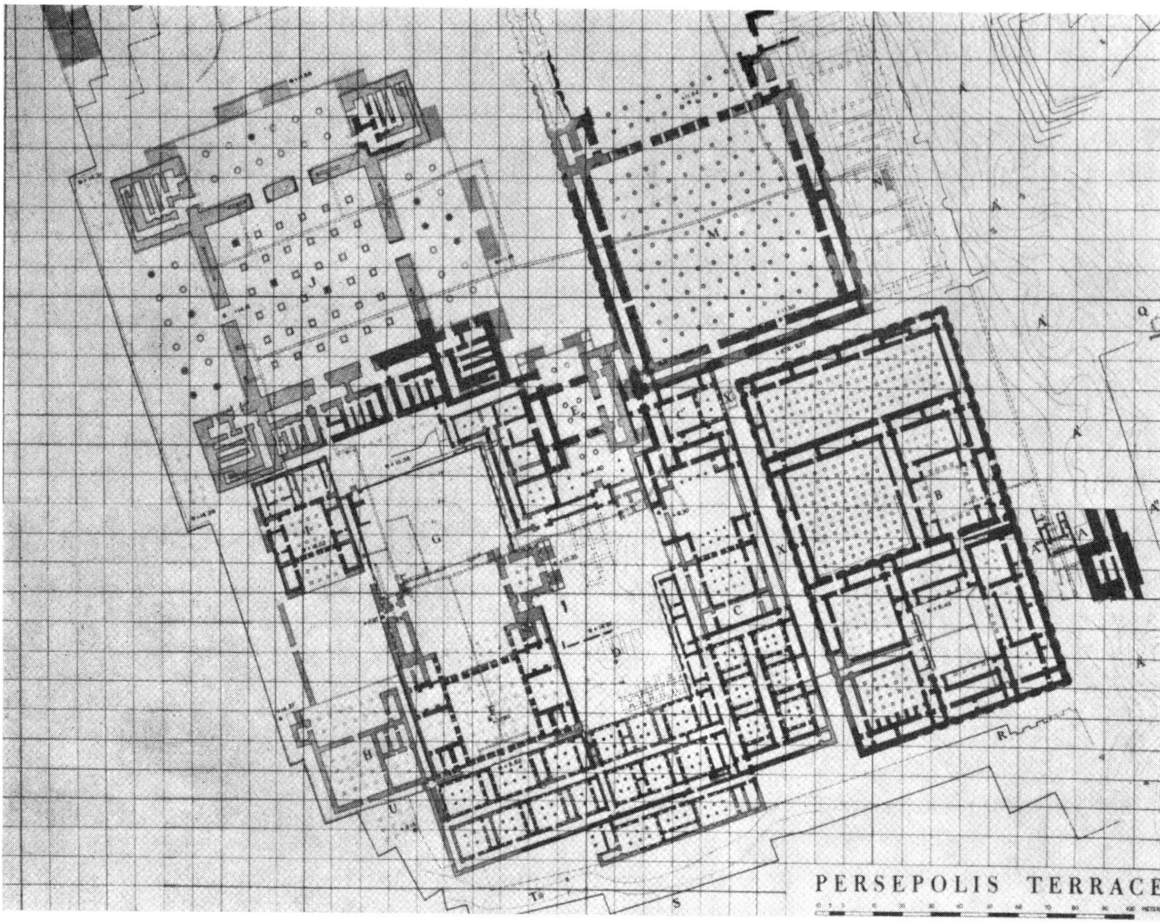

과 평면 · 규모 등에서 하이포스타일 홀은 변화를 거듭하였다. "가장 잘 알려진 아케메네스(Achemenes) 왕조의 수도, 페르세폴리스(Persepolis)*26)는 다리우스 1세(Darius I : 기원전 522~486)가 기원전 518년에 시작하여, 아들 크세르크세스(Xerxes : 기원전 486~465)를 거쳐, 손자 아르타크세르크세스 1세(Artaxerxes I : 기원전 465~424)가 통치했던 기원전 460년경까지, 50년이 넘는 기간 동안 건설되었다." *27)

그림 5. 기원전 518~460년, 페르세폴리스(Persepolis)의 요새화된 궁전 평면도. 다리우스(Darius)와 크세르크세스(Xerxes)의 대규모 하이포스타일 홀(hypostyle halls)은 평면도에서 'J'와 'M'으로 표시되어 있다.

요새(要塞)와도 같이 산 위에 건설한 엘레우시스(Eleusis)*28) 및 페르세폴리스의 두 하이포스타일 홀은 그 건설목적이 전혀 다르지만 매우 밀접한 연관성을 가지고 있다. 이집트 하이포스타일과는 대조적으로 이 두 하이포스타일은 정방형 평면이고, 기둥은 높이 약 19.8m(65피트)에 비해 매우 가늘어 졌다. 페르시아 제국의 통치자들은 이 가느다란 기둥의 숲으로 이루어진 페르세폴리스 하이포스타일 홀을 집회 홀로 사용하였다.(그림 5)

엘레우시스의 데메테르 텔레스테리온(The Telesterion of Demeter at Eleusis). 또한 엘레우시스에 있는 신비의식(神秘儀式)을 올리는 홀, 풍요와 대지(大地)의 여신인 데메테르의 텔레스테리온은 "길이 51.20m, 넓이 51.55m의 거대한 정방형 평면이고, … 7 × 6열로 배열된 42개 기둥이 그 지붕을 받치고 있다." *29)

텔레스테리온은 본래 기원전 460년경, 키몬(Cimon)*30)이 페르시아에 의해 파괴된 기존 유적지에 새로운 건축물을 건립하였다가, 그 이후인 기원전 440년경, 아테네 최고 전성기를 이끈 페리클레스(Pericles)*31)가 파르테논(Parthenon)의 건축가인 이크티노스(Ictinus)*32)에게 의뢰하여 규모를 더욱 확장시켰다. 이크티노스는 키몬이 건축한 직사각형의 긴 건축물 내부를, 중심에 데메테르 감실을 배치한 정방형으로 변형시켰다.(그림 7) 시야 확보를 위해 8m의 기둥간격을 10m로 넓히면서 기둥 수를 줄였고, 의도적으로 기둥 지름을 대략 2.2m로 맞추거나, 또는 카르낙에 있는 하이포스타일 기둥 지름의 절반 정도로 맞추었다.*33) 그러나 이크티노스는 기원전 431년에 흑사병으로 사망하였고, 그 이후 기둥 간격이 불분명한 복잡한 기둥의 숲으로 변했다. 우리는 이크티노스가 과감하게 시도한 기둥 간격이 훌륭했는지, 또는 그가 의도한데로 완성되지 못한 다른 이유가 있는지 알지 못하지만,*34) 모든 자료들을 통해 유추해 보면 이크티노스는 더 자유로운 공간으로 바꾸려 했고, 다리우스와 크세르크세스의 하이포스타일 홀 역시 대체로 동일한 방향에서 변화하고 있었다.

텔레스테리온의 중심에는 지붕이 없는 데메테르의 감실인 아나크토론(anaktoron)이 축조되었고, 그 옆에는 지붕이 있는 데메테르 신비의식의 최고 사제를 위한 성좌(聖座), 하이어로펀트(hierophant)가 있다. 기원전 6세기에서부터 로마시기까지 다른 모든 건축물들은 변화되었어도, 아나크토론은 "초기 상태에서 지속적으로 성장 · 확장 · 변화하는 길고 긴 몇 백 년을 거쳐 오면서도 고정된 중심이 되었다"고 그루벤(G. Gruben)은 강조한다.*35) "지금도 관람석으로 사용될 만큼 넓은 여덟 단의 계단이 감실(naos)의 네 벽면과 평행하게 배열되었고, … 가능한 곳은 어디나 자연석을 깎아 만들었으며, 지금은 이들만이 남아 있다".*36)(그림 6과 8)

텔레스테리온은 제례의식과 완전히 부합하는 건축물이었는데, 그 의식절차를 그루벤이 명확히 설명했다. "길고 긴 밤의 축제 기간 동안, 마치 미로와 같이 복잡한 기둥의 숲으로 이루어진 넓은 중심영역에서는 극적이고 감동적인 신화 속 이야기가 현실세계에 발현되었다. 즉, 제우스와 데메테르의 신성한 결혼식, 그들의 딸 페르세포네(Persephone)를 제우스의 형이자 저승의 신인 하데스(Hades)가 유괴한 사건, 어머니 데메테르가 찾아나가는 과정과 비탄에 빠지는 모습, 그리고 마지막에는 이 모든 사건에 연관된 사람들에게 만들어진 사후세계(死後世界)와 관련한 약속 등의 신화이다. 염원으로 가득한 밤이 지나고, 밤새 밝혔던 횃불이 희미해지는 새벽 무렵, 지붕의 넓은 천창(opaion) 덧문이 열린다. 내려오는 전통으로부터 유추

그림 6. 엘레우시스(Eleusis)의 데메테르 텔레스테리온(Telesterion of Demeter). 계단식 좌석은 후면에 배치되어 있다.

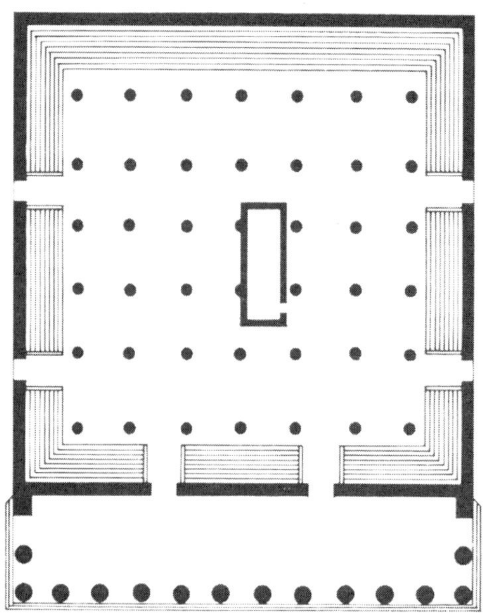

그림 7. 페리클레스(Pericles) 시기에서부터 로마시기까지의 데메테르 텔레스테리온(Telesterion of Demeter) 평면도. 하이포스타일 홀(hypostyle hall)의 중심에는 데메테르 감실이 있고, 그것을 둘러싸고 사방으로 8단의 계단형 좌석열이 있다.

그림 8. 엘레우시스(Eleusis)의 데메테르 텔레스테리온(Telesterion of Demeter) 좌석열.

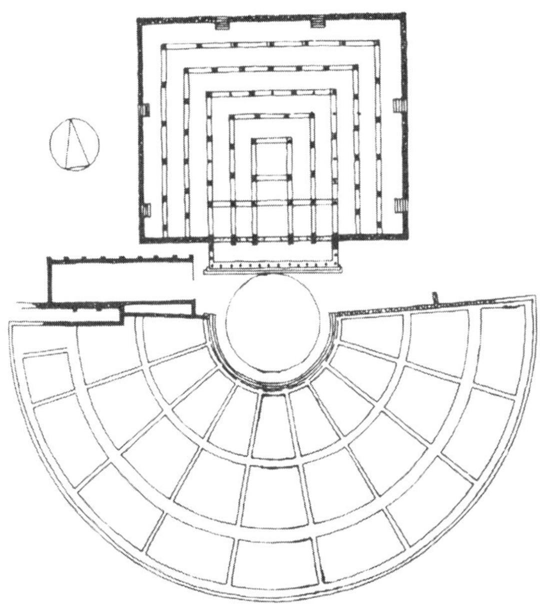

그림 9. 기원전 4세기, 메가로폴리스(Megalopolis)의 테르실리온(Thersilion)과 극장. 하이포스타일 집회 홀은 극장 중심축 선상에 맞추어 건설하였고, 그 입구 정면은 도리스(Doric) 기둥으로 축조하여 무대의 배경이 된다.

하면, 이때 '위대한 빛'이 희미한 여명을 가르며 홀 안으로 쏟아져 들어오고, 깊은 침묵 속에서 데메테르 신비의식의 최고 사제는 구술의 시간을 시작하며 여신의 신성한 선물인 옥수수 이삭을 떠받쳐든다".*37)

메가로폴리스의 테르실리온(Thersilion at Megalopolis). 메가로폴리스(Megalopolis)*38)에 있는 "새로 세운 아르카디아(Arcadian) 국가의 연방의회"*39) 즉, 테르실리온(Thersilion)은 기원전 367년 이후에 넓이 66×52m로 건설되었다.(그림 9) 하이포스타일 홀에는 사이사이에 좌석을 배치한 67개의 정방형 기둥들이 있는데, 모든 좌석은 중앙의 연단이 잘 보일 수 있도록 배치되었다.*40)

건축물은 거대한 외부극장의 축에 맞추어 세워졌고, 입구 로비 외부의 도리스 기둥 열이 극장 무대의 배경이 된다. 또한 하이포스타일 홀은 아르고스(Argos)에 있는 헤라이온(Heraion : 기원전 5세기 중반)에서와 같이 그룹디자인으로 통합되고 있다.

하이포스타일의 소멸(Disappearance of the hypostyle)

두 번째 공간개념에 해당하는 로마건축에서는 더 이상 하이포스타일 홀을 축조하지 않았다. 로마건축은 내부공간의 자유로운 변화를 추구하였기 때문에, 기둥을 균등하게 배치하여 공간을 채우는 것으로 생각하지는 않았던 것이다. 기둥 역시 로마건축의 중요한 요소였지만, 경의(敬意)로운 장소는 아치형 볼트를 사용했고, 그에 따라 벽체가 그 자리를 대신하게 되었다. 그러나 콘스탄티누스 바실리카(Basilica of Constantine)에서와 같이 중앙에 있는 볼트는 기둥이 지지했던 것으로 보인다.

이는 단지 로마에만 해당되는 것이며, 예를 들어 이슬람 건축의 내부공간에는 짧고 굵은 기둥의 숲을 계속해서 축조했다.

전이현상 : 원형(圓形) (PHENOMENA OF TRANSITION : CIRCULAR FORMS)

한 시기에서 다른 시기로의 전이(transition) 현상은 역사 속에서 언제나 있어 왔으며, 그것을 증명해 주는 사실들은 많이 있다. 본질적으로 다른 두 시기 사이에도 유사성은 반드시 있었는데, 예를 들어 첫 번째 고대문명과 그리스의 사회형태가 크게 달랐음에도 불구하고, 동일한 건축적 표현을 사용하고 건축공간의 유사한 의미들을 공유했다. 또한 동유럽을 제외한 유럽은 매우 작은 규모이더라도 개인의 권리와 공동체의 권리, 이 둘 모두를 보호하는 민주주의적 공동체를 성공적으로 확립한 그리스로부터 첫 번째 출구를 찾는데 성공하였다.

로마제국은 마치 동양의 사례를 연상시키는 듯, 신적 존재와 같은 통치자가 제국을 포함하여 그들의 세계를 지배하도록 그 지위를 회복시켰지만, 그리스로부터 물려받은 전통을 계승하여 계속해서 일반 민중들의 요구에 귀 기울였다. 로마의 대중들은 통치자의 명령에 따라 건설한 원형극장(amphitheaters) · 경마장(hippodromes) · 욕장(thermae)과 같은 공공 건축물들을 사용할 수 있었고, 정교한 로마법에서 규정하고 있는 여러 장치들을 통해 개인의 권리를 계속해서 지켜나갈 수 있었다. 그러나 현재까지도 유럽은 민주주의와 절대왕정체제 사이의 분쟁들을 해결해 나가고 있다.

예술의 역사 속에는 예술적 표현의 통일성을 만들어낸 위대한 시기들이 있었는데, 이것은 과거와 현재 · 미래를 혼합해야만 하는 인간 본성의 한 부분이라고 할 수 있다. 예를 들어 19세기의 전이현상은 그 이전 18세기 초보다는 훨씬 명확하게 인지된다. 로마네스크와 르네상스에서는 로마가 미친 영향들을 뚜렷이 볼 수 있으며, 공간개념은 다르다 해도 그리스 예술과 미에 관한 규범(canon)이 언제나 로마에 영향을 주고 있었다. 이와 같이 전이현상은 그 강도만 다를 뿐, 언제나 우리와 함께 하고 있는 것이다.

두 번째 공간개념이 출현하기까지의 길고 긴 시간 동안 수많은 징후들이 나타났다. 그 한 예가 몰타(Malta)의 건축인데, 몰타에서 어떻게 내부공간이 형성되었는지를 청동기 시기까지 거슬러 올라가 살펴볼 것이다. 특히 중심축에서 측면으로 돌출한 넓은 반원형 공간을 만들고 그 사이를 통로로만 연결한 건축형식에 중점을 두는데, 로마에서 더욱 중요해졌던 것은 바로 이 중심축이었기 때문이다.

두 번째 공간개념의 기원을 명확하게 밝힐 수는 없지만, 몰타섬의 지하 현실(玄室 : sepulchers)을 통해 그 징후들을 찾아볼 수 있다. 예를 들어 몰타의 할 사플리에니 지하신전(the Hypogeum of Hal Saflieni)*1)은 지하성소와 무덤으로 사용하는 여러 층의 지하 미궁(迷宮)이고, 미케네(Mycenae)의 둥근 천장식 지하분묘인 토로스(tholos)는 전이과정의 한 형태 범주에 속한다. 이러한 원통형태는 기원전 5,000년경 북 메소포타미아에서 발생하여 아우구스투스(Augustus)와 하드리아누스(Hadrian)의 원형묘당(mausolea), 심지어 로마에 있는 기독교식 성 콘스탄자 영묘(靈廟 : mausoleum of St. Costanza)까지 그 불가사의한 힘을 유지했다.

이렇게 원형(圓形)은 매우 오래 계속되어 왔는데, 특히 유럽에서는 알프스를 중심으로 북쪽이나 남쪽지역 모두 지속적으로 사용했다. 두 번째 공간개념이 발생하기 이전부터, 토로스와 고분(tumulus) 등에서는 원형이 오랜 기간 존재했었고, 내부 공간개념과 밀접하게 연관되어 확대 · 사용되는 중요한 계기들을 거쳐 왔다.

지대한 영향을 주었던 건축물은 하드리아누스의 원형(圓形) 판테온(Pantheon)이었다. 거대한 큐폴라의 독창적 건축구조는 보이지 않도록 완전하게 숨겨져, 고딕시기와는 뚜렷한 대조를 이룬다. 또한 당시에는 하지 못했던 육중함과 무게를 모두 표현하고 상부의 모든 하중을 상징적으로 보여주기 위해 지지구조를 과장해서 표현했다. 고딕건축에서의 상부 하중 전달은 로마의 성 베드로 대성당(St. Peter's)과 피렌체의 성당 등에서 볼 수 있는, 15~16세기의 거대한 돔 외부에 대담하게 표현된 리브(rib)에서 명백하게 나타난다. 로마에서 발전된 원형은 르네상스 건축가들이 다시 적용하였는데, 그 예로는 로마 지아니꼴로(Gianicolo) 언덕 위, 몬토리오(Montorio)에 있는 도나토 브라만테(Donato Bramante)의 원형 사원 교회인 성 베드로 템피에토(Tempietto of St. Peter's)가 있다. 또한 미켈란젤로(Michelangelo)는 로마 성 베드로 대성당의 높고 거대한 돔을 이 템피에토의 원통 형태로 올려놓았다. 이와 같이 서로 다른 문화적 시기에서도 원 형태는 서로 밀접하게 연관되어 있었다.

몰타의 사원들(The Temples of Malta)

신석기 시대, 몰타섬에서는 매우 특별한 공간의 건축이 발전했다. 이 때는 오로지 조각적 성향만을 가진 시기였기에 더욱 놀라운 사실로, 몰타는 역사적으로 매우 신기한 곳이다.

축조시기가 정확하지는 않지만, 몰타 사원들은 당시의 일반적인 발전보다 훨씬 더 특별하다. 에반스(J. D. Evans)*2)는 하가르 킴(Haġar Qim) · 므나이드라(Mnajdra)와 타르젠(Tarxien) 사원, 고초(Gozo) 섬에 있는 므가르(Mġarr) · 그잔티아(Għgantija)를 기원전 2,000년에 건립된 것으로 규정했으나, 베르나보 브레아(L. Bernabò Brea)*3)는 더 이른 시기로 추정했다.*4)

거석구조는 대부분 일정하고 거대한 석재 블록(block)들로 이루어졌다. 북프랑스의 울퉁불퉁한 선돌(menhirs), 이집트 신왕조(New kingdom)의 정교한 오벨리스크(obelisk), 구 왕조 장제전(葬祭殿 : mortuary temples)의 거대하고 매끄러운 판석(板石 : slab) 등, 석재 블록은 이러한 구조물에 매우 적합하다. 이 보다 몇 세기 후인 그리스 ·

미케네 · 티린스(Tiryns)*5)와 오르코메노스(Orchomenus)의 작품들 역시 거석문화에 속한다. 이 거대한 블록은 사용하는 방식에 따라 서로 다른 느낌을 만들어 내기도 한다. 그러나 돌을 거칠게 다듬거나 또는 매우 정교하게 가공한 것과는 상관없이 이집트 피라미드에서 그리스 파르테논에 이르기까지 건축은 개념적으로 조각이었다. 이러한 발전의 연속은 내부공간에 빛이 유입될 수 있도록 견고한 조적벽체에 큰 개구부를 만든 로마까지도 계속되었다.

바다로 고립되어 세계의 여러 사건들과는 동떨어진 외로운 섬, 몰타의 거석건축은 육지의 연속적인 발전과는 다른 양상을 나타내는데, 특히 공간 속에서의 조각적인 볼륨을 중요하게 표현하는 것에는 관심이 없었다. 미케네의 토로스 무덤과 유사한 몰타의 사원들은 전부 흙으로 덮거나 때로는 둘 또는 세 개 사원의 봉분을 외벽으로 완전히 둘러싸 버린다. 즉, 모든 관심은 내부공간에 집중된 것이다.

몰타의 독립적 발전(Malta's isolated development)

완전하게 보존된 몰타의 사원은 없고, 단지 몇몇 코벨(corbel) 볼트 유적들이 남아 있는데, 그림 10의 축소 모형은 직선 보, 돌로 만든 짧은 보, 나무로 된 긴 보와 내쌓은 반원형 방들 사이의 복도를 어떻게 덮었는지를 보여준다. "므가르에서는 석회암으로 만든 모형이 출토되었는데 … 판석이 선명하게 보이고, 지붕은 부분적으로 블록을 층층이 내쌓아 마감되었으나, 수평 부분에서는 판석을 연결하여 완성하였다."*6) 이 사원의 내부공간은 복도에 개구부가 있어 밝았는지, 또는 개구부가 없어 칠흑같이 어두웠는지 지금은 알 수 없다.

어둠은 성스러운 대지모(大地母 : earth mother), 생명의 자궁과 연관된다. 하가르킴과 할 사플리에니에서 발견된 수많은 작은 여성 조각상들(그림 12 · 13) 뿐만 아니라, 타르젠에서 발견된 거대한 여성상(그림 25)은 이러한 사실에 힌트를 주고 있다.

일반적으로 알려진 몰타의 사원과 동굴무덤 사이에는 큰 연관성이 있다. "5개의 벽감(壁龕 : recess)을 가진, 마치 두 개의 콩팥처럼 생긴 평면" 의 동굴무덤 양식이 전형적인 사원형식으로 받아들여지고 있다.*7)

하가르 킴 사원이 발굴된 19세기 초, 많은 사람들은 정교하게 마감한 내부공간과 반원형의 넓은 방에 놀라움을 금치 못했다. 확실히 신석기 시대의 유물이었으나 당시의 다른 것들과 전혀 비교할 수 없는 것이었으며, 이후에 나타나는 속을 비워낸 넓은 내부공간을 만든 로마건축의 발전을 암시하는 것 같기도 하다.

이러한 이유로 루이지 우고리니(Luigi M. Ugolini)*8)와 같은 1930년대의 이탈리아 고고학자들은 로마 볼트에 직접적으로 연결되는 초기 유적을 몰타에서 찾으려고 했다. 즉, “오직 로마만이 … 사용한 전체 재료의 양과 공간을 덮는 방법 사이의 관계 문제를 해결할 수 있었다”. 루이지 우고리니는 그의 책, 『지중해 도시의 기원, 몰타(*Malta, origini della civiltà Mediterranea*)』에서 몰타 사원의 거대함을 같은 시기 또는 그 이후 시기의 동스페인 · 발레아레스 제도(Balearic Islands) · 시실리(Sicily) · 사르디니아(Sardinia)의 기념비적인 건축물들과 비교 · 연구했고, “당시 존재했던 동시대의 다른 문화보다 우수한 조직적 발전이 몰타에서 처음 나타났다”고 언급했다.[*9)]

그 이후 카쉬니츠 바인베르크(G. von Kaschnitz-Weinberg)는 그의 책, 『지중해 고대 예술의 기반(*Mittelmeerischen Grundlagen der Antiken Kunst*)』(1944)에서, 몰타 사원들은 땅속 무덤으로부터 나타났고, 그들을 “건축적인 동굴”, “땅속 풍요의 여신에게 받쳐진 것”이라고 언급했다.

몰타는 당시의 후기 신석기 시대상황과 부합하지 않는, 내부공간을 구체화하는 건축을 발전시키는 독립적인 길을 갔던 것으로 생각된다. 몰타 사원 건축물들의 넓은 벽감은 매우 중요한데, 한 때 로마건축의 내부공간 발전보다 앞서는 것으로 생각되었다. 그러나 지금, 그들을 새로운 시대의 선구자라고 생각하지는 않는다. 사실 그들은 신탁(oracle) 행위를 기념비적 형태로 만든, 석기시대의 후기 전성기였던 것이다. 신탁을 위한 성스러운 방은 석재로 만든 블록에 원형 구멍이 뚫려 있는 상태로 발굴되었다. 전성관(傳聲管 : speaking tube)(그림 21)은 “신탁”이 들려오는 곳과 좁은 통로를 연결하게 된다. 이러한 신탁의 방들은 하가르 킴 · 므나이드라 · 타르젠 신전은 물론 할 사플리에니의 지하신전에서도 발견되었다. 또한 몰타의 신전은 신들에게 제물을 받치는 장소였는데, 타르젠 신전의 가장 성스러운 부분 가까이에서는 제물로 받쳐진 수석(燧石 : flint) 칼날과 함께 수많은 동물 뼈들이 발견되었다.

그러나 그 신전들은 단순히 운명의 예언을 받거나, 신을 달래기 위해 제물을 받치거나, 죽은 이들을 숭배하는 장소는 아니었다. 여기에는 실물보다 매우 크거나 다소 작은 여성상들을 안치했는데, 이 산부(產婦)들은 불룩 솟은 가슴과 큰 엉덩이, 서거나 쪼그려 앉거나 심지어 바닥에 누워 있는 모습이다.(그림 12 · 13) 이 조각상들은 원시시대 후기 즉, 유럽의 후기 구석기인 오리나시안 문화(Paleolithic Aurignacian)에서 구석기 시대의 가장 끝에 위치한 마들렌기(Magdalenian Age)[*10)] 사이에 출현했고, 5,000~4,000년경 메소포타미아와 이집트에서 다시 나타난다. 이 몰타의 조각상들은 틀림없이 원시적 이미지를 기념비적으로 표상하고 있으며, 그 굵은 다리와 풍만한 가슴을 가진 육중한 여성상의 전신은 멀리 오리나시안과 마들렌 시기에서 찾을 수 있다. 메소포타미아와 이집트에서는 신들의 지배력이 높아지면서 이와 같은 상들이 없어졌지만, 몰타에서는 사라지지 않았다. 이후 서양 문화에서도 이러한 상들이 없어지지 않았고, 풍요(다산)를 염원하는 옛 의식에

그림 10. 몰타의 므가르 사원(Maltese temple of Mġarr)에서 발견된, 거석 사원의 석회석 소상(길이 4.4㎝).

그 외형이 남아있다는 것은 흥미로운 일이다.

할 사플리에니 지하신전(The Hypogeum of Hal Saflieni)

할 사플리에니 지하신전은 마치 철저한 암흑을 열망하는 힘을 표현하고 있는 듯, 거의 수직으로 바위를 파낸 구멍 속에 위치한다. 몰타의 수도 발레타(Valletta)에서 멀지 않은, 사람이 거주하는 주거 밑에 위치한 이 사원군은 1902년에 발견되었다. 동굴을 발굴했던 테미스토클 자미트(Themistocles Zammit)[*11]는 "철기 시기 이전에 약 9.1m(30피트) 깊이로 바위를 파낸 동굴들을 연결하여 구성하고 있다"고 언급했다. 또한 에반스(J. D. Evans)는 "이 놀라운 기념비적 건축물은 기본적으로 바위를 잘라 만든 수많은 작은 방들의 군집으로 이루어지는데 … 땅 속에서 홀과 복도 · 계단으로 연결되어 있다"라고 구체적으로 언급한다.[*12]

사람들은 석기를 이용해 몇 백 년간 더욱 깊게 파내려가 결국 전체 3층 규모가 되었다. 가장 위층에는 "아직 들쭉날쭉하고 불규칙한 형태와 비교적 거칠게 마감된"[*13] 방들이 위치하고, 그 안에는 몰타의 많은 자연동굴에서처럼 여러 무덤들이 발견되었다.

그림 11. 몰타(Malta) 할 사플리에니 지하신전(Hypogeum of Hal Saflieni)의 "지성소(holy of holies)" 앞쪽 내부 벽.

그림 12. 할 사플리에니 지하신전(Hypogeum of Hal Saflieni)의 "잠자는 여자"(길이 11.7㎝, 테라코타). 그녀의 두터운 모직 치마와 드러낸 가슴은 수메르(Sumer) 조각상들을 연상시킨다.

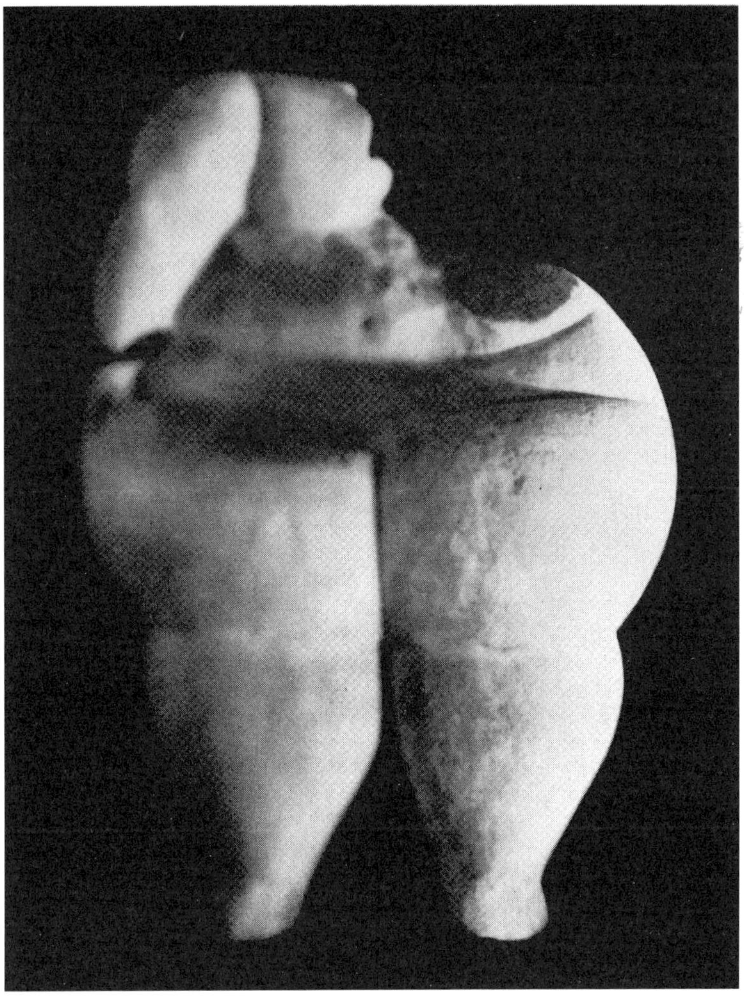

그림 13. 할 사플리에니 지하신전(Hypogeum of Hal Saflieni)에서 발견한 높이 38.6㎝의 석회석으로 만든 여성상.

2층에는 건축적으로 정교한 공간이 있는데, 타르젠의 중간 사원에 있는 것과 유사하여, 대략 같은 시기에 건설된 것으로 추정된다. 곡선으로 휘어진 보와 기둥이 구별되도록, 바위 표면을 정성들여 조각한 내부 정면은 "지성소(至聖所 : holy of holies)" 앞에 위치한다.(그림 11) 또한 다른 사원에서도 발견된, 미래를 예견하는 신탁의 목소리를 들을 수 있는 돌로 만든 전성관(傳聲管)도 발견되었다.

여기서 발견된 비스듬히 기대어 누워 있는 작은 여성상들(그림 12)은 꿈결 속에서 예언적 영감을 기다리는 여성 사제 등 신탁과 관련되는 것으로 추정된다. "지하신전은 … 계획적으로 신탁을 받는데 사용되었다".[*14)] 이와 같이 독립적으로 자유롭게 서 있으면서 신체를 비대칭적으로 강조하여 표현한 다른 사례들은 알려져 있지 않기 때문에, 원시예술에서 이 조각상들이 유일무이하다고 할 수 있다. 또한 타르젠에서 출토된 거대한 조각상(그림 25)을 포함한 이러한 작은 상들은 후기 신석기 시대의 정신을 표현하고 있으며, 인공적으로 넓게 파낸 대규모의 할 사플리에니 동굴은 물론 타르젠의 조각상들은 전반적으로 새로움을 표상하고 있다. 즉, 한편으로는 몰타의 조각상들에서 원시 종교의식에 대한 지속적인 애착을, 다른 한편으로는 초기 고대 문명의 특정한 혼합 양상을 발견할 수 있는 것이다. 색이 화려한 치마와 가슴을 드러낸 복장의 비스듬히 기대어 누워있는 할 사플리에니 조각상은 수메르인들의 의복을 강하게 연상시키기도 한다.[*15)]

몰타 사원의 진화(Evolution of the Maltese temples)

내부공간을 완벽하게 만들기 위해 지속적으로 노력한 몰타의 사원들은 동지중해에서의 모든 다른 발전과는 차별화되고 있다. 여기에는 두 단계가 있는데, 그 첫 번째는 단독이든 또는 연속적이든 방들을 비대칭적으로 배치하는 경향이며, 발레타의 항구 남동쪽에 있는 코라디노(Corradino) 언덕의 사원들(그림 14)에서 볼 수 있다. 16세기부터 부분적으로 요새를 건설한, 독특한 고랑("2륜 경마차 트랙 : cart tracks")이 있는 이 항구 주변에는 많은 신전들이 산재하는데, 현재도 마을 외곽에 몇몇 유적들이 남아있다. 비록 모두 1m 이하로 남은 흔적들과 벽의 기초들만 남겨져 있지만, 당시 발전상황을 유추할 수는 있다. 특히 가장 관심을 끄는 유적들은 동쪽에 남아 있고, "타원형으로 둘러싸여진 네 개의 방들은 중심 복도로 서로 연결되어 남서쪽으로 연속되며, … 주출입구는 북서쪽에 있다".[*16)] 이렇게 얼마 남지 않은 유적을 통해 이후 모든 사원들에서 지켜지고 있는 평면의 원칙을 파악할 수 있다. 아직은 입구 방의 형태가 간결하게 표현되었고, 이후 하가르 킴에서 보여 지는 것과 같이 뒤에 연결되는 모든 방들을 통과하는 좁은 중심 복도가 나타났지만, 아직 완벽하게 대칭적으로 조직화되지는 않았다. 심하게 훼손된 마지막 방은 "오직 0.65m의 작은 틈만 남아 있도록"[*17)] 계단과 칸막이벽으로 구분되어 있으며, 이는 타르젠의 중간 사원과 유사하다. 이 배치의 모든 것은 솟아오른 자연 바위에 의존하고 있다.

고초섬의 그잔티아 사원(The Temples of Ggigantija on the island of Gozo)

1827년, 몰타섬 북쪽에 있는 고초(Gozo)섬에서는 두 사원이 군으로 처음 발굴되었다.(그림 15) 각각의 사원은 동일한 축으로 연속되는 복도 양 측면에 두 쌍의 원형 방이 있다. "두 쌍의 측면 방을 갖춘 이 평면은 이후 몰타의 모든 사원들에서 발견된다".[*18)] 그러나 이와는 다른 특징의 사원들도 있는데, 남쪽에 위치한 더 오래된 사원들에서는 중심축을 따라 두 번째 한 쌍의 방들에 몇 개의 돌출부와 벽감들이 있다.(그림 16 · 17) 그 북쪽으로 이웃한 또 다른 사원의 전체 구성은 이후 구조들과 더욱 일치하는데, 복도의 작은 벽감들과 첫 번째 한 쌍의 방들에 대해 더욱 공간적으로 강조하였다. 반원형 방들을 수평적으로 확장하고, 그에 따라 중앙축이 축소되는 경향은 타르젠과 같은 후기 몰타 사원들에서도 계속 나타난다.

하가르 킴(Haġar Qim)

몰타인들이 진행했던 종교의식을 복원할 수 없듯이, 현재 남아 있는 유적들을 통해 사원 평면구성의 배치 원리를 찾을 수는 없지만, 중요 장소를 완전히 자유롭게 배치하는 예를 하가르 킴을 통해 살펴볼 수 있다.(그림 18 · 19) 두 번째 한 쌍의 방(평면도 중 B 부분)에서 서쪽 측면은 몇몇 타원형의 방들(평면도에서 F, G, H, I 방)에 접근할 수 있도록 열려져 있으며, 서로 다른 지점에서 각 방에 들어갈 수 있도록 계획되어 있다. 이러한 사실을 통해 몰타 사원들이 여전히 원시시대의 자유로운 배치를 유지하고 있지만, 동시에 아직은 동 · 서측을 잇는 축에 대해 의식하지 않았다는 것을 암시하고 있는 것이다.

하가르 킴에서와 같이, 사원의 주진입구는 대부분 곡면 파사드를 통해 들어가는 것이 특징적이다.(그림 20) 진입구 각 측면에는 거대한 판석(板石)을 수직으로 세웠는데, 오른쪽에 있는 것은 "다른 사원들과 마찬가지로 거대한 하나의 돌이며", "두께 61㎝(2피트), 높이 2.7m(9피트), 총 길이는 7m(23피트)이다".[*19)] 이것은 이 건축물이 거석 구조와 어떻게 밀접하게 상응하는지를 명백하게 보여준다. 판석을 두 겹으로 쌓아 만든 수평 지붕은 부분적으로 다시 축조된 것인데, 돌출된 판석은 사원 내부공간으로 들어가는 입구를 암시한다. 첫 번째 한 쌍의 방에서 "양측면의 반원형 공간은 … 중심 공간과 높은 칸막이벽으로 분리 된다".[*20)] 두 번째 한 쌍의 방에서는 오직 동측 방 만이 남아있는데, 신탁의 판결을 듣기 위한 석재 전성관(傳聲管)이 있다.(그림 21) 즉, 판석 중심에는 원형 구멍이 "신탁 의자가 있는 작은 방(평면도의 M)으로 추정되는 쪽으로 뚫려" 있는 것이다.[*21)] 또한 타르젠 서측 사원의 경우와 같이 이 방에 면한 한 쌍의 방은 축조하지 않았거나 또는 파괴되었다. 그 결과로 발생한 약간은 곡선 형태의 넓은 새로운 통로는 하가르 킴의 넓은 네 개의 타원형 방들로 연결되는데, 이 통로는 "내부공간에서 각각 출입하거나 또는 외곽의 벽을 관통하여 들어가는 구분된 출입구 역할을 한다".[*22)]

이전에 축조한 신성한 영역들을 파괴하는 경향이 몰타 사원에서는 자주 보인다. 이는 공간적으로 일정한 방향성을 갖도록 배치하는 것에 대한 무관심은 물론, 과거 유산을 다루는 것에 대한 무관심을 드러내는 것이기도 하다.

비교적 초기 사원인 하가르 킴을 처음 발굴했을 때와는 달리, 지금은 방들이 균형을 갖고 연속된 것을 볼 수 있는데, 이는 1839년에 모든 조각상과 장식품들을 발레타 국립박물관으로 옮겼기 때문이다.

타르젠(Tarxien)

가장 고도로 발달한 몰타 사원의 평면구성은 발레타에서 멀지 않은 곳에 위치한 타르젠에서 볼 수 있다.(그림 22 · 23) 자미트(Zammit)에 의하면 여기서는 서로 다른 시기에 축조한 세 개의 사원들이 발견되었는데, 모두 거석 구조물이고, 그 중 간결해진 세 쌍의 타원형 방을 가진 중간에 위치한 사원이 가장 많은 관심을 받았다.

세 사원 모두로 통하는 주 출입구는 넓은 곡면 파사드를 통과하게 된다. 이 출입구는 서측 사원으로 직접 연결되는데, 좌 · 우측의 넓은 반원형 방은 아직 대칭으로 병치되지는 않았다. 또한 사전에 만들어 설치한 많은 요소들이 있는데, 오른쪽 방에는(그림 24 · 25) "거대한 몰타 풍요의 신 조각상이 있고 … 원본 조각상은 적어도 2.4m(8피트) 높이였다는 것에는 의심이 없다". 서지중해 지역에서 이 사원

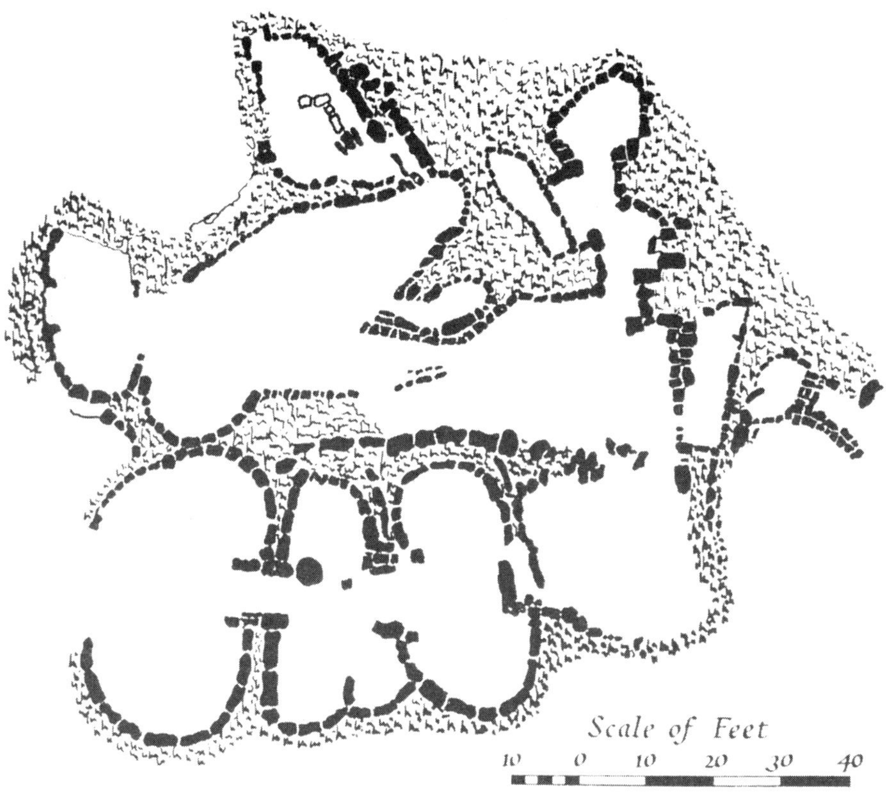

그림 14. 몰타의 수도, 발레타(Valletta) 인근의 코라디노(Corradino) 언덕에 위치한 사원군의 평면도. 이 사원군 동측의 반원형 방들은 좁은 양쪽 통로를 따라 배열되어 있다.

들을 장식한 많은 기념비적인 조각들과 견줄만한 것이 없다고 워드-퍼킨스(Ward-Perkins)[*23]는 기록했다.[*24]

서측 사원의 축은 아직 입구 복도와 정확하게 정렬되지 않았다. 또한 두 번째 한 쌍의 방은 다소 불규칙적인 형태로 특히 오른쪽 방이 심한데, 그 이유는 이후 주된 사원 건축물을 연접하여 축조하면서 부분적으로 파괴되었기 때문이다. 이 사원의 마지막 부분이라 할 수 있는, 긴 중심 복도의 끝에는 완전히 열린 방이 있는데(그림 26, 그림 22의 E), “정교하게 다듬은 문지방과 측면의 두 판석이 있고, 그 가운데 트릴리톤(trilithon)[*25]으로 정교하게 축조한 감실이 있다”.[*26]

다른 사원과 마찬가지로 가운데 위치한 사원은 기념비적인 문을 통해 들어간다. 자미트가 서술한 것과 같이 가장 큰 첫 번째 한 쌍의 타원형 방에는 “표면을 매우 균질하고 매끄럽게 다듬은 판석”을 이용해 바닥을 깔았고, 두 번째와 세 번째 한 쌍의 방들은 흙바닥으로 마감하였다. 첫 번째 한 쌍의 방은 직사각형의 입구 홀에 의해 구분되고, 그 중심에는 4m(13피트) 넓이의 원형 화로가 입구에서 일직선상에 배치되었다.

두 번째와 세 번째 방을 통과하는 일직선의 통로는 폭이 좁기는 하나 대단하게 보여 진다. 자미트에 의하면 첫 번째 방과는 높은 판석으로 차단되고, 두 번째 한 쌍의 방 중심에는 지름 약 1.2m(4피트), 깊이 약 30㎝(1피트)의 더 작은 원형 화로가 있다. “몰타에서 발견된 다른 명확한 증거들이 없기”[*27] 때문에, 이 화로가 몰타에 살던 청동기 시대 사람들이 주검을 화장(火葬)하기 위해 사용한 것인지, 또는 인간을 제물로 바치기 위해 사용했던 것인지는 정확히 알 수 없다. 다만 더 큰 원형 화로의 경우는 주검의 유해를 흙으로 만든 용기에 담기 전, 소각하는데 사용되었던 것으로는 생각할 수 있다.

세 번째 한 쌍의 방으로 가면서 계속 좁아지는 축선상의 통로는 제단 감실에서 끝이 나며, 이 감실은 사원으로 들어가는 입구의 일직선상에 위치한다.

대칭적으로 배치된 이 중심 사원의 우측에는 독립적인 입구를 가진 더 작고 불규칙적인 세 번째 사원이 위치하는데, 이 사원의 북동쪽 방(그림 22의 BB)에는 또 하나의 전성관이 발견되었다.

루이지 우고리니(L. M. Ugolini)는 세 개의 방을 갖는 후기 사원의 도식화된 간략한 평면도를 제시했는데,(그림 31) 완만하게 오목한 곡선의 입구 파사드가 처음 나타나고, 그 뒤로 크기가 차츰 줄어드는 세 개의 타원형 공간이 배치되며, 각각의 공간에는 반원형으로 구획된 실이 두 개가 있다. 이와 같이 후기 사원들의 이상적인 평면에서는 원형으로 구획된 실을 구분하는 수직의 판석들을 연속적으로 배치하면서 축의 연속을 강조하고, 가장 끝에 위치한 제단 감실의 방향성 역시 강조하고 있다.

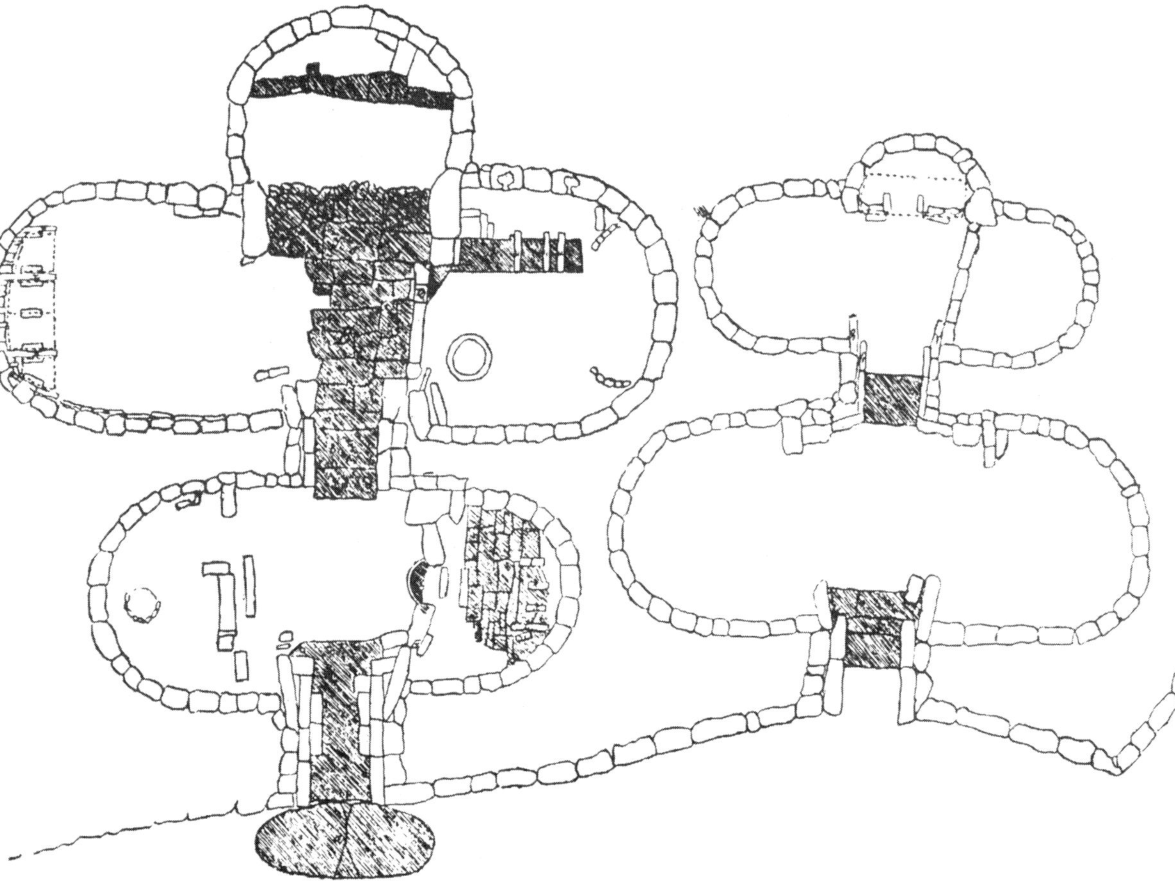

그림 15. 고초(Gozo) 섬, 그잔티아(Ggigantija)의 북측과 남측 사원 평면도. 각 사원에는 두 쌍의 반원형 방들과 중심 통로가 있다.

그림 16. 1827년, 발굴 직후에 그린, 그잔티야(Ġgigantija) 남측 사원의 첫 번째 우측 방 스케치.

그림 17. 그잔티야(Ġgigantija) 남측 사원의 첫 번째 우측 방의 최근 모습.

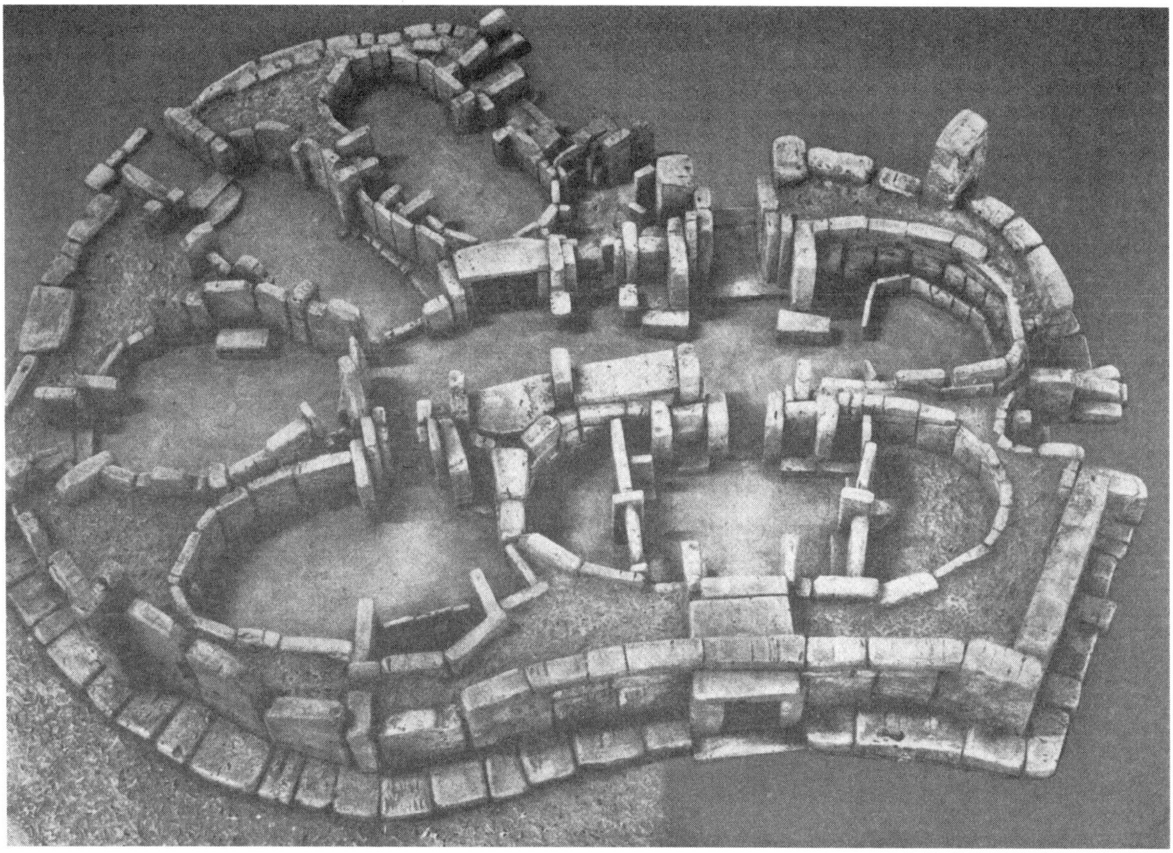

그림 18. 하가르 킴(Haġar Qim) 사원의 모형 사진.

그림 19. 하가르 킴(Haġar Qim) 사원군의 평면도. 초기 선사시대의 자유로운 방 배치를 볼 수 있다.

그림 20. 하가르 킴(Haġar Qim) 주출입구 앞의 곡면 파사드. 부분적으로 복원하였으나, 사원군의 거석구조를 잘 보여준다.

그림 21. 하가르 킴(Haġar Qim) 동측 방(그림 19의 B). 신탁의 음성이 들려오는 전성관(傳聲管)이 보인다.

선사시대와의 연관성(Connections with prehistory)

이와 같이 그 기원은 알 수 없으나, 몰타사원들은 선사시대 발전의 가장 마지막 단계를 표상하고 있으며, 이와 관련한 여러 증거들은 아직도 많이 남아 있다. 몰타에서는 동양의 고도로 발달한 문명의 흔적은 물론, 원시적 개념의 흔적들을 계속해서 발견할 수 있다.

수메르와 이집트는 몰타보다 약 천년 정도 이른 시기에 고도로 조직화된 문명을 발전시켰고, 남성권위와 신들의 위계를 구별하여 상징화시켰다. 사랑스런 하토르(Hathor) 여신과 토속 신들 옆에 배치된 입체적인 멘카우라(Mycerinus) 왕의 입체적인 부조상은 기원전 약 2,450년에 만들어 졌으나,[*28] 5세기의 그리스 조각을 이미 암시하고 있다.

이와는 대조적으로 초기 선사시대에서는 생각할 수도 없었지만, 인체를 비대칭적으로 강조한 몰타의 조각상들은 거대한 팔다리와 부푼 가슴을 가진 오리나시안(Aurignacian) 시기의 풍요의 여신을 기념비적으로 표상하는 것이다. 이집트 4왕조 시대에는 수많은 거대한 조각상들을 만들었는데, 신을 의인화하여 새롭게 구성한 만신전(萬神殿 : pantheon)을 표상하는 것이었다. 그로부터 약 천년 후, 몰타 타르젠의 거대한 석기시대 조각상인 풍요의 여신에 어떤 영향을 줄 수 있었는지는 추측만이 남는다.

타르젠 입구의 곡면 파사드 좌측, "그리고 사원의 다른 부분에서도 … 직경 5~7.6㎝(2~3인치) 크기의 많은 돌로 만든 공(stone ball)들이 무더기로 발견되었다".(그림 27) 자미트가 기록한 것과 같이 "이 공들은 먼 채석장에서 판석들을 끌거나 이동하기 위해 바퀴로 사용하였던 것으로" 추측되는데, 실제로 큰 돌 공들이 거대한 판석 밑에서 발견되기도 하였다. "대칭적 배열과 그 수로 판단할 때, 많은 경우에 둥근 돌들은 불가사의한 의미를 가졌던 것이며",[*29] 이와 유사한 돌공들의 기원은 유럽의 중기 구석기 시대인 무스테리안(Mousterian) 시기까지 거슬러 올라간다.

『영원한 현재』에서 지적한 것과 같이, 선사학자 그루엣(M. Gruet)은 1952년, 제2회 범 아프리카 선사학회에서 튀니지 엘 게타(El Quettar) 마을 가까이 있는, 지금은 막힌 찬정(鑽井 또는 자분정(自噴井) : artesian well) 근처에서 직경 4~18㎝ 정도의 60여개 돌 공으로 만들어진, 직경 1.5m, 높이 0.75m의 돌무더기를 발견했다고 발표했다. 따라서 나는 다른 지역에서 발굴된 돌 공들과 비교할 때, "규칙적으로 쌓아 올려진 공들은 열망의 실현을 진심으로 간절히 원하는 … 공물(供物)들로 건축한 제단을 구성했던" 것으로 결론 내렸다.(I. 131)

몰타 사원에 사용된 석재 표면에는 원형으로 오목하게 파낸 수많은 흔적을 자주 발견할 수 있는데, 특히 초기 몰타 사원인 므나이드라(Mnajdra) 입구 주변의 거

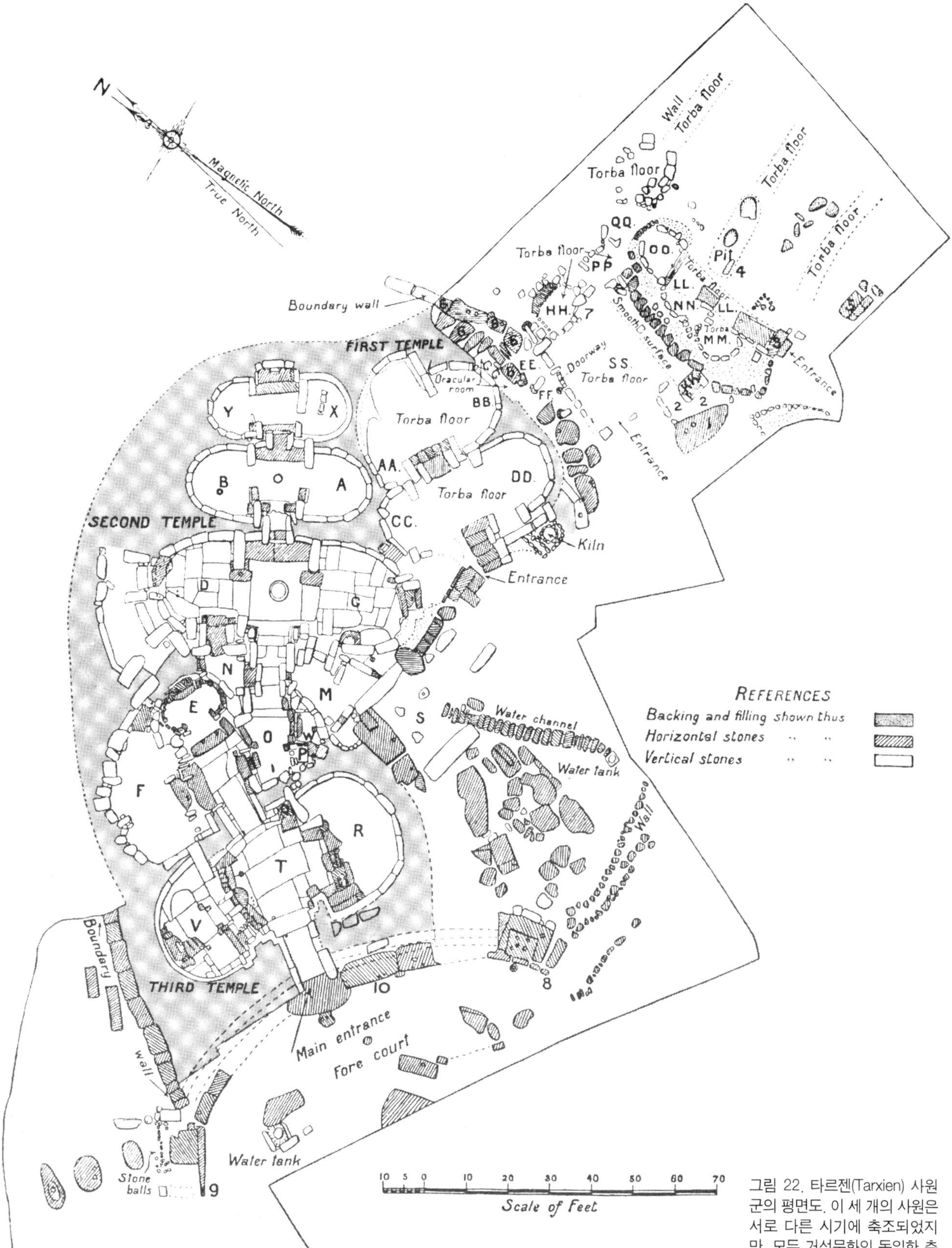

그림 22. 타르젠(Tarxien) 사원군의 평면도. 이 세 개의 사원은 서로 다른 시기에 축조되었지만, 모두 거석문화의 동일한 축조원리를 따르고 있다.

그림 23. 타르젠(Tarxien) 사원들의 항공사진. 타원형으로 쌍을 이루고 있는 세 개의 방을 가진 중앙 사원은 정확하게 중심축을 따라 배치되었고, 넓고 오목한 곡선의 서측 사원 입구 파사드를 명확하게 볼 수 있다.

대한 판석들 전체에서 볼 수 있다.(그림 29) 우리가 알고 있는 한, 이러한 움푹 들어간 수많은 흔적은 이후 다시 나타나지 않는다. 그 기원은 매우 이른 시기로 거슬러 올라가는데, 라 페라시(La Ferrassie)*30)에 있는 무스테리안(Mousterian) 시기의 무덤을 덮는 석회암 판석 밑바닥에서 처음 발견된다. 그것을 발견한 프랑스 고고학자는 다음과 같이 서술했다. "이 석재들을 면밀히 관찰한 결과, 무스테리안 시기 이후부터 인간은 석재에 이와 같은 자국들을 만들었는데, 그 이후인 오리나시아(Aurignacian) 시기와 구석기 · 신석기 유적에서 발견한 석재들과도 정확히 일치한다. 이 구멍들의 형태는 물론 그 위치를 통해 판단해 볼 때, 어떠한 것에 대한 신호 혹은 상징, 심지어 종교의식의 기능을 가진 것으로도 보인다".*31) 므나이드라 사원 입구에서 발견된, 일정한 간격으로 퍼져나가는 작은 자국들은 아마도 예전부터 내려오는 종교의식 형태를 반복적으로 도식화한 것이라 해도 과언이 아닐 것이다.

마치 빨판과도 같은 더욱 큰 구멍들이 몰타 사원들의 많은 수직 판석에서 발견되는데, 이것은 이집트 아케나톤(Akhenaton) 왕과 그의 가족을 조각하기 위해 그 시기에 재사용된, 고대 중심기둥(stele)의 본래 표면에서 발견된 구멍들을 연상시키는 것이다.[*32] 이와 같이 사람이 만든 구멍들은 신석기 · 청동기 · 철기 시대의 바위벽과 선돌에서 두드러지게 자주 나타난다.

타르젠 사원 입구 파사드의 바로 우측(그림 28)에는 "측면에는 둥근 3개의 판석이 수평으로 돌출되고, 약간 낮은 가운데 판석에는 깊이 30㎝(1피트) 정도의 원추형 구멍 6개가 깊게 파여져 있다.[*33] 이와 유사한 반구형 구멍이 있는 큰 판석들은 스칸디나비아(Scandinavian) 및 알프스 산맥(Alpine)과 인접한 지역을 포함한 수많

그림 24. 타르젠(Tarxien) 서측 사원의 첫번째 우측방 내부공간 (그림 22의 R). 거대한 풍요의 여신상이 우측에 있다.

은 선사시대 유적에서 발견되고 있다. 1864년, 스위스 고고학자 트루아용(F. Troyon)은 구멍이 있는 판석들은 "제단(altars)이 확실하고, 이 판석의 구멍들은 신들에게 술을 받치기 위한 것이라고" 주장했다.*34) 이와 유사한 구멍은 린데(Linde), 베스트만란드(Västmanland) 근처 등 스웨덴의 특정 지역에서 여전히 사용하고 있는데, 아픈 아이들을 치료하기 위해 아이를 상징하는 인형을 구리스(Grease)로 가득 찬 구멍이 있는 돌에 올려놓는 것이다. 타르젠 판석에 있는 6개의 원추형 구멍 역시 이와 유사한 목적을 갖고 있는 것으로 추정된다. 이와 같이 의미심장한 컵과 유사한 구멍의 기원은 원시시대까지 거슬러 올라가고, 선사시대에서 지속되고 있었다.

그림 25. 타르젠(Tarxien) 풍요의 여신상. 실제 크기는 적어도 2.44m에 이른다.

몰타사원의 형태와 두 번째 공간개념의 차이

(Difference between Maltese forms and the second space conception)

두 번째 공간개념에서 내부공간은 중심 홀 또는 긴 중심 복도 등, 중심 공간과의 관계 속에서 조직화되었다. 그러나 몰타사원에서는 그렇지 않았으며, 항상 반원형 또는 타원형 방에서 측면으로의 확장에만 주안점을 두었다.

최초에는 한 쌍의 방을 넓은 중심 공간으로 서로 연결하다가, 삼엽형(三葉形 : trefoil) 구성에서는 세 번째 작은 방까지 연결하였던 것으로 보인다. 여기에 두 번째 또는 때때로 세 번째 반원형 방들의 쌍이 더해지면서, 중심 공간은 크기가 작아진다. 몰타 사원이 특정한 방향성 없이 배치된 것은 초기 및 후기 이집트 사원들과 구별되는 요소이다. 타르젠 중간 사원의 3쌍으로 짝지어진 방들은 이전에 건립된 두 사원들과의 특정한 관계성 또는 방향성을 무시한 채 아직도 남아 있지만, 새로운 건설과정 속에서 파괴된 유적지에 건립되었다. 또한 하가르 킴(Hâgar Qim)과 므가르(Mġarr) 등, 초기 사원들에서도 이러한 태도를 명확하게 볼 수 있다.

중심화 된 건축물에 대한 로마 개념의 기원

(Origins of the Roman concept of a central building)

이탈리아 고고학자들은 몰타의 사원들이 위대한 로마볼트의 전조가 되었다는 사실을 찾기 위해 노력하고 있다. 선사시대에는 전체적으로 흙을 봉분처럼 쌓아 계란 형태의 외관을 감추고, 내부공간을 완전히 텅 비워 강조한 다른 사례는 확실히 없기 때문이다. 그러나 몰타와 로마에서 유사하게 나타나는, 내부공간을 비우게 된 근원적 원인을 조사해 보면 완전히 다른 이유에 의한 것임을 알 수 있으며, 더 나아가 서로 다른 공간형태로 표현하고 있다.

몰타사원의 평면이 갖는 가장 큰 특징은 둥글고 넓게 확장된 측면의 방들이다. 이 분리된 한 쌍의 방들은 협소하지만 중요하게 인식되는 복도 축에 의해 연결되며, 그 복도는 축소된 모형(그림 10)에서 볼 수 있는 것과 같이 수평 보로 지붕을 덮었다. 그러나 로마의 내부공간은 이와는 매우 다르며, 중심화 된 공간개념에서 시작했다. 이는 사르디니아(Sardinian) 돌탑 건축*35)뿐만 아니라 시실리(Sicily) · 발레아레스(Balearic) 제도 · 동 스페인 · 남 이탈리아 · 그리스 그리고 싸이프러스(Cyprus) 등, 특히 거석시대 동안 지중해 근처에 많이 축조되었던 로툰다(rotunda)가 그 근원이었다.

그리스에서 더욱 정교하게 만들지 못했던, 토로스(tholos) 형태 또는 로툰다는 선사시대에 매우 넓게 퍼져 있었다. 디카이오스(P. Dikaios)는 싸이프러스에서 4천

그림 26. 타르젠(Tarxien) 서측 사원의 마지막에 위치한 감실 (그림22의 E).

년 전으로 추정되는 오두막 수백 개의 거주지를 발견했는데, 이들 중 48개가 완전한 형태로 발굴되었고, 내부는 2층의 원형 평면에 돔(dome) 지붕으로 축조하였다.[*36] 이 고대 그리스 청동기 시대(Helladic)의 주거지 형태는 그리스 본토인 오르코메노스(Orchomenus)[*37]에서도 나타났다.

이 원추형 돔으로 축조한 오두막 형식은 지중해 지역에서 다시 나타나는데, 특히 기원전 2,000년에서 4세기까지 거슬러 올라가는 사르디니아(Sardinia) 섬의 누라게들(Nuraghi[*38])에서 두드러진다. 누라게를 축조했던 사람들은 모서리에 요새를 축조하여 방어가 강화된 영역, 독립된 타워와 주거 건축물에서도 원추형 돔으로 축조한 원형 형태를 고수했다. 또한 고통 받는 민중을 위해 또는 (기원전 8세기에) 곡선의 외곽성을 짓고 그 안에 원형 오두막들로 구성된 거주지를 확장하는데도 코벨 볼트(corbeled vaults)를 사용하였다. 제르보스(C. Zervos)[*39]의 『사르데냐의 문명(*La Civilization de La Sardaigne*)』에 수록된 휴고 헤르데그(Hugo Herdeg)의 감명 깊은 사진은 누라게 구조에 대한 범상치 않은 섬세한 식견을 보여주고 있다.

또한 몰타, 특히 섬의 남동쪽 부분에는 "심하게 훼손된 원형 타워가 남아있다. 가장 잘 보존된 것은 … 완전한 원형인데 … 직경 14.5m 정도이다".[*40] 이후 건축

그림 27. 타르젠(Tarxien) 곡면 입구 파사드의 서측에서 발견한 직경 5~7.6㎝(2~3인치)의 석회석 공.

그림 28. 타르젠(Tarxien) 입구 파사드의 가장 우측에 있고, 깊은 원추형 구멍이 있는 석조 "제단(altar)". 인간이 만든 구멍이 있는 거대한 판석들은 많은 선사시대 유적지에서 발견되었고, 신들에게 술을 받치기 위한 초기 제단으로 추정된다.

적 발전에서 중요한 역할을 한 원형 로툰다는, 몰타의 신성한 건축물들에서는 전혀 사용되지 않았는데, 몰타 사원의 형태는 중심화 된 공간과 관계없이 연속적인 종교의식 절차로부터 발전되었기 때문이다.

지중해 지역에서 중심화 된 건축물의 기본 아이디어는 넓은 볼트로 축조한 네이브(nave) 또는 원형 돔(dome) 구조로 표현되던 일반적인 토로스(tholos) 구조에서 기원하였다는 것은 확실하다. 로마건축의 원천은 판테온(Pantheon)으로 대표되는 로툰다(rotunda)와 콘스탄티누스 바실리카(Basilica of Constantine)의 바실리카(basilica), 이 둘에 있다. 로마 내부공간의 개념은 원시적인 원형 홀에서부터 발전했고, 누라기 불리타스(Nuraghi Bullitas)(그림 30)에서 보는 것과 같이 앱스와 유사한 작은 돌출부가 덧붙여졌다. 죠반니 핀짜(Giovanni Pinza)가 1901년에 밝힌 것과 같이, *41) 세 개의 작은 벽감들은 코벨(corbel) 돌으로 덮힌 큰 중앙 홀에서 축에 맞추어 돌출되었고, 이 홀은 중심 축선상의 긴 출입 통로로 접근한다. 핀짜가 기술한 것과 같이 스페인의 로스 미라레스(Los Millares)*42) 무덤의 배치는(그림 32) 누라게의 배치와 일치한다. 로스 미라레스의 중심 공간은 전체 복합체의 가장 특징적인 공간인데, 오목한 입구 파사드와 입구를 덮는 것은 몰타 사원들과 유사하지만, 내부공간은 원형의

그림 29. 표면에 작은 자국이 있는 므나이드라(Mnajdra) 주출입구 옆에 서 있는 거대 판석. 이와 같은 인간이 만든 자국의 기원은 무스테리안(Mousterian : 유럽의 중기 구석기 시대) 시기까지 거슬러 올라간다.

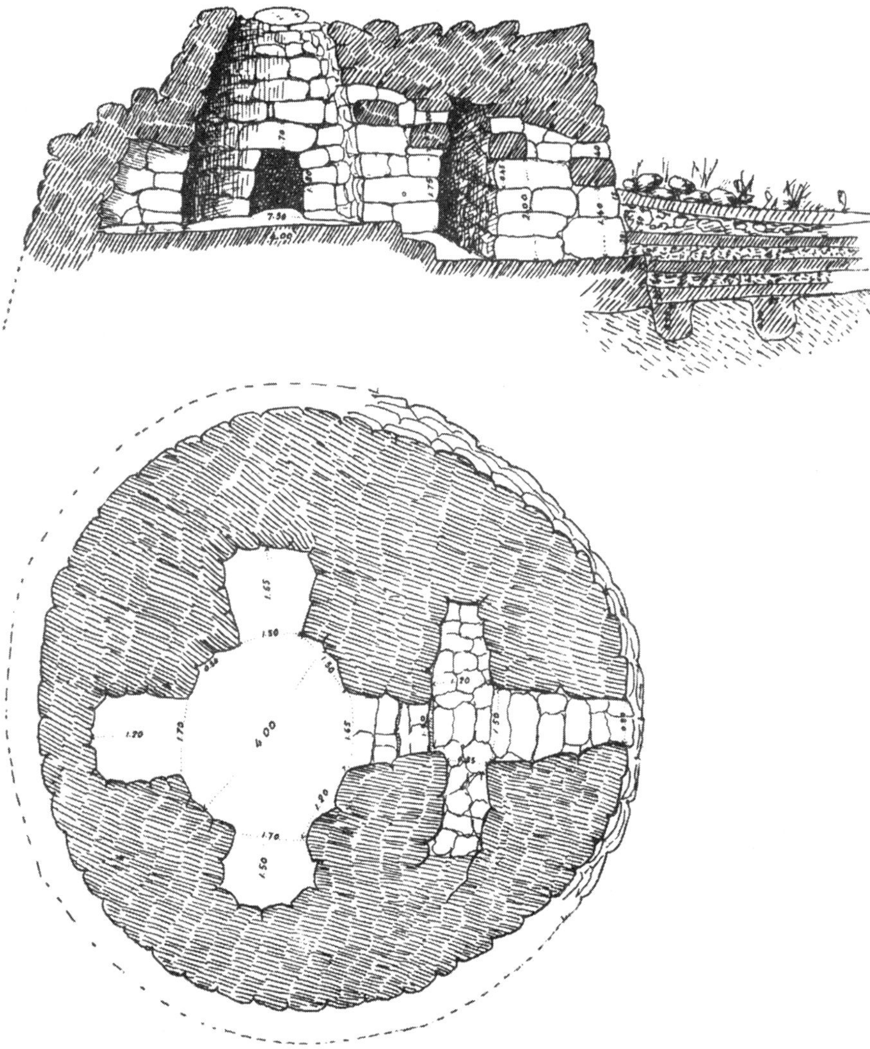

그림 30. 사르디니아(Sardinia)의 누라기 불리타스(Nuraghi Bullitas)의 평면도와 단면도. 넓은 중앙홀은 높은 코벨(corbel) 쌓기로 지붕을 축조하였고, 주 진입구와 대칭으로 배치한 3개의 작은 앱스(apse) 및 유사한 돌출부를 가지고 있다.

중심 공간에 완전히 집중화되어 있다.

원형 주거의 전통은 오늘날까지 계속 유지되고 있는데, 남 이탈리아 아풀리아(Apulia)의 코벨 지붕 주택인 트룰리(trulli)에서 잘 볼 수 있다. 더 오래된 형식들은 "안과 밖, 평면과 단면에서 모두 원형이다. 한 겹의 곡면 코벨 구조는 경사가 급한 포물선 형태를 가지면서 지면에서부터 쌓았고 … 외부형태는 내부공간을 반영하고 있는 것"으로 묘사된다.*43) 이러한 탁월한 시스템은 오늘날에도 코벨 지붕이 시작되는 어깨 높이까지는 수직 벽이고 모서리는 둥글게 축조한 정방형 주택들에 사용되고 있다. 한스 쉐더(Hans Soeder)*44)는 피렌체 고고학 박물관에 있는 베툴로니아(Vetulonia) 출토 무덤 등을 통해, 기원전 7세기의 에트루리아(Etruscan) 묘실(墓室)과 이 트룰리 사이의 연관관계를 밝히고 있다. 대부분의 트룰리 주택은 이중의 곡

그림 31. 몰타 사원(Maltese temple)의 이상적인 평면도. 수평으로 확장된 반원형 방들을 강조하고 있으며, 방들은 축선상의 복도에 의해 연결되고 있다.

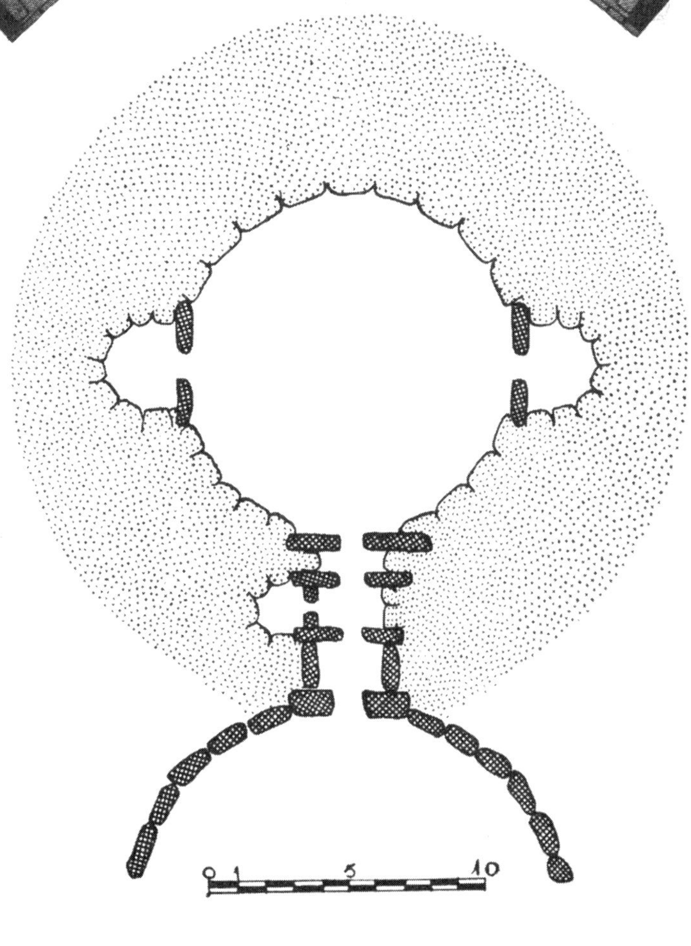

그림 32. 스페인의 로스 미라레스(Los Millares) 무덤 평면도. 가운데 원형의 방을 집중해서 강조하고 있다.

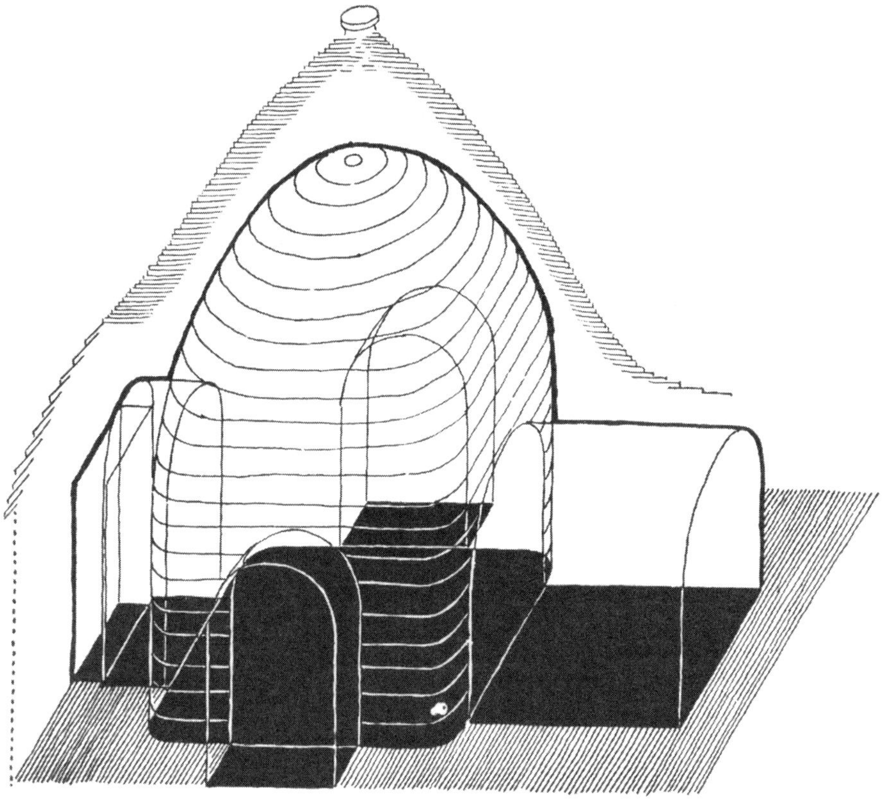

그림 33. 이중 곡면 구조(double shelled construction)의 코벨(corbel) 쌓기로 축조한 알베로벨로(Alberobello)에 있는 트룰리(Trullo) 주택 그림.

면을 갖는데, 바깥쪽은 원추형, 안쪽은 포물선 형태이다. 배럴 볼트(barrel vaults)는 로마 사원과 기독교 교회들에서와 같이 주된 원형 공간을 분할하고 있다. 그림33에서 흥미로운 건축적 디테일은 모서리가 둥근 정방형에서 상부로 갈수록 원형 돔으로 변형되는 부분인데, 펜덴티브(pendentives) 또는 스퀸치(squinches)를 사용하지 않는 이런 직접적인 변형은 오직 작은 규모에서만 가능하다. 비록 작은 부분들로 이루어져 있지만, 이 구조에서 공간의 입체적 표현방식은 대단히 중요한 의미를 전달하고 있다.

로마의 발전은 측면으로 돌출되는 몰타 사원들의 형태에서가 아니라 중심화된 원형 형태를 갖는 원시적인 토로스에서 발생하였다. 한스 쉐더(Hans Soeder)의 『서양건축문화의 원형*(Urformen der Abendländischen Baukunst)*』(1964)에서는 에트루리아의 코벨 무덤뿐만 아니라 타르퀴니아(Tarquinia) 근처의 뾰족 지붕으로 축조된 에트루리아식 주택들, 사르디니아의 누라게 그리고 아풀리아의 트룰리 등 자연발생적 코벨 돔으로 축조한 다양한 건축물들의 형태들에 대해 충분히 설명하고 있다. 원시적인 돔으로 축조한 이러한 주거들이 로마의 기념비적인 건축물들로 발전되는 한편, 그 자체는 북쪽으로는 사살-메이슨(Sassal-Masone)*45)과 1870년경에 만들어진

그림 34. 메소포타미아(Mesopotamia), 우르(Ur)에 있는 PG/789 무덤의 3천 년 전 벽돌 볼트. "사용된 벽돌은 일반적인 것이지만 연결부위를 방사형으로 처리하여, 그 축조방법은 진정한 아치였다"(Woolley, 『Ur excavations』, p.63.).

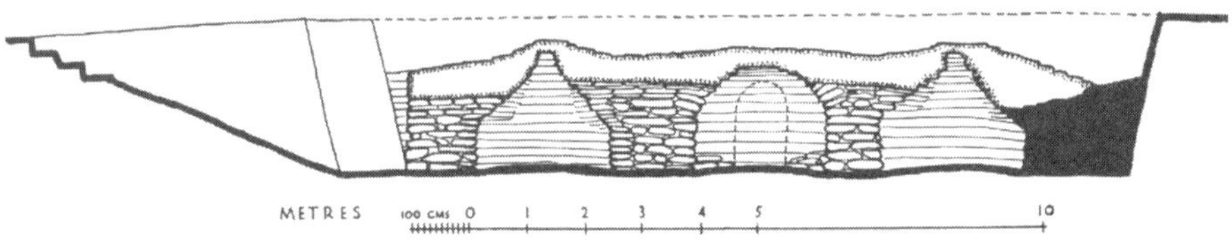

그림 35. 3천 년 전, 우르(Ur)의 왕족 묘지(Royal Cemetery) 중, 가장 큰 무덤인 PG/779의 단면도. 코벨쌓기의 지붕은 석회암 파편을 사용하였다.

베르니니 패스(Bernini pass)*46)에 위치한 돌으로 축조한 주택 등, 남 프랑스와 이탈리아에서 양치기들을 위한 은신처로 지금까지 유지되고 있다.

토로스 (The Tholos)

원(圓)은 근원적인 형태로서, 그 원형적(原型的 : archetypal)인 이미지는 바로 태양면(sun's disk)이다. 인간이 구(球) 형태를 이용한 것은 먼 옛날로 거슬러 올라가는데, 심지어 무스테리안(Mousterian) 시대에도 다양한 크기의 붉은 원들을 만들었고, 돌 공과 반구형 구멍들은 노르웨이에서부터 몰타까지 넓은 지역에서 발견되고 있다.

건축에서 원은 상징성을 갖지 않고 사용하기 시작하여, 5천 년 전의 메소포타미아의 원형 주거를 시작으로 남・북쪽 모두에 많은 예들이 남아있다.*47)

주거 하부에 주검을 매장하는 풍습이 중단된 이후, 크레타 섬(Crete) 파이스토스(Phaistos)*48)에서와 같이 주거지역 외곽에는 독특한 원형 오두막들이 축조되었다. 미케네(Mycenae) 귀족가문에서는 두 겹의 판석을 세워 둘러싸고 흙으로 덮은 넓은 원주형(圓柱形 : shaft) 무덤을 축조하였다.(그림36) 하인리히 슐리만(Heinrich Schliemann)*49)이 황금가면(the golden death masks)*50)과 손상되지 않은 다른 미케네 보물들을 발견한 곳이 바로 이곳이다. "건축적으로 원주형 무덤들은 발전 가능성을 표상하지 않는다. … 일찍이 기원전 15세기 또는 심지어 기원전 16세기 말부터, 미케네는 물론 그리스에서도 예술적 창조력이 풍부한 형태인 돔형 무덤으로 변화가 시작되었다. 이는 그리스 땅에서 나타난 가장 놀라운 건축적 창조물로 인정할 수 있다".*51)

장엄한 입구와 코벨 쌓기로 축조한 높은 내부공간을 가진 기념비적인 토로스 무덤은(도판 II) 토로스를 원형 건축물 및 영웅들의 사당(祠堂)이 될 수 있도록 그 가능성을 열어 주었다. 이 발전을 통해 원형 형태는 주검과 관련되는 제례의식들과 결부되었다. 그러나 원형 건축은 융통성이 있는 형태였으므로, 이후에는 실용적 목적에 적합한 공간을 만드는데도 사용되었다. 그 예로 아우구스투스(Augustan) 시대의 폼페이(Pompeii) 로툰다와 안토니니안-세베리안(Antoninian-Severian) 시대의 포츠올리(Pozzuoli) 로툰다가 있다. 기둥으로 둘러싸인 이 두 거대한 로툰다는 상점들로 둘러싸인 넓은 직사각형 시장 중심에 세워졌고, "생선장수들은 토로스 지붕 아래의 물웅덩이에서 생선을 씻고 버렸으며, 바구니들을 진열했었다".*52)

토로스와 고분(tumulus)과의 연관관계는 명백하게 밝혀지지 않았지만, 의심할 여지없이 유사한 점을 갖고 있다. 이 둘은 처음부터 주로 죽은 자의 집으로 건설되었다. 대량의 고분이 있는 에트루리아(Etruscan) 매장지는 도시가로망과 함께 조직되었다.(그림 45) 고분들은 원형 벽체와 흙으로 덮힌 원추형의 봉분이 있고,(그림 43) 하나의 방에 한 명을 안치하거나,(그림 44) 또는 다른 종파(宗派)를 위해 별도의 출입구로 접근할 수 있는 넓은 방들을 설치했다. 또한 내부에 있는 각종 부장품들은 에트루리아의 생활 방식을 반영한다.

에트루리아의 고분 형태는 로마의 통치자와 그 가족들을 매장하기 위한 가장

그림 36. 기원전 1570~1520년, 미케네(Mycenae)의 원형 무덤. 넓은 원주형(圓柱形) 무덤은 두 겹의 판석을 세워 둘러싸고 흙으로 덮어 축조했다.

적정한 모델로 고려되었다. 이 발전된 고분들로 인해, 아우구스투스의 영묘(靈廟 : the mausoleum of Augustus)(그림 49)와 하드리아누스(Hadrian) 무덤(그림 52)에서는 황제의 장엄함을 만들어 낼 수 있었으며, 승리의 클라이맥스와 승리의 피날레를 성취하게 되었다.

원형 형태는 첫 번째 그리고 두 번째 공간개념에서 다양한 의미를 갖고 지속되었지만, 주된 기능은 항상 종교와 밀접한 관련을 맺고 있었다.

그리스에서 원형 형태들은 상대적으로 거의 없었고, 파우사니아스(Pausanias)*53)는 오직 6개의 토로스 구조물만을 설명했다. 바이아(Baiae)의 욕장(thermae) 등, 종교와는 관계없이 로툰다가 세속적인 중요성을 갖게 된 것은 바로 로마에서였으며, 주로 실용적인 건축물에 사용되었다. 그러다 마침내 하드리아누스의 판테온(Pantheon of Hadrian)(도판 VII)과 같은 예배 장소에 로툰다가 사용되어 매우 중요한 성장을 이루었다고 할 수 있으며, 여기서 그 진행과정을 자세히 살펴보기로 한다.

토로스의 원 형태(The Circular form of the tholos)

종교적인 신전과 무덤에서 죽은 자를 다루는 방법, 특히 무덤에서의 여러 흔적들을 통해 토로스의 건축적 기원을 추적할 수 있는 흥미로운 자료들을 발견할 수 있다.

토로스의 형태는 건축 형식으로서 특별한 생명력을 갖는데, 북 메소포타미아의 테페 가우라(Tepe Gawra)*54) 가장 깊은 층에서 발견된 5천 년 전의 토로스 형식에서부터, 세례당(baptisteries) · 영묘(mausolea) 그리고 넓은 로툰다 교회 등 그 공간적 변환을 통해 기원후에도 계속되었다.

상부에 큐폴라 돔(cupola dome)을 축조하는 원통형의 로툰다는 로마시대부터 알려졌다. 첫 번째 고대문명의 건축에서는 직사각형 평면이 우세하였고, 특히 이러한 특성을 바탕으로 상부의 하중을 명확하게 지지하는 표현에 기초한 그리스 건축은 원통 형태에 전적으로 반대하지는 않았지만, 많이 사용하지도 않았다. 페르난드 로버트(Fernand Robert)가 기술한 것과 같이, 이 형태를 사용할 때는 심혈을 기울여 다루었다.*55)

"로툰다의 개념 또는 하다못해 둥근 평면은 처음부터 토로스의 형태와 연결된다. 따라서 원형 형태는 모든 집회 장소와 모든 종교 건축물을 위한 기본 형태로 생각할 수 있다."*56)

토로스의 중요성은 죽음 및 사후세계의 개념과 결합된 기념비적인 구조물로 광범위하게 분류할 수 있지만, 그 중요성을 더욱 명확하게 밝히기에는 어려운 점이 많다. 아마도 인간의 첫 번째 주거가 둥근 형태였기 때문에, 원형 평면을 가진 토로스의 형태는 총체적으로 중요한 두 가지 사항으로 종합할 수 있다. 하나는 삶이고 다른 하나는 죽음이다. 아테네 아고라에 있는 원로원 의원들의 원형 식당홀인 프리타네움(prytaneum)*57)과 같이, 토로스 구조물은 장엄한 집회 장소들을 포함한 삶과 연관된다. 죽음과의 연관성은 이 책에서 특별히 관심을 가지고 있는 부분인데, 볼트로 축조한 천장의 발전과 밀접하게 연관된다.

토로스의 기원(Origins of the tholos)

토로스의 기원과 중요성에 대해서는 데오도르 필(Theodor Pyl)*58)의 『신 · 영웅숭배와 관련된 그리스의 원형 건축(*Die Griechischen Rundbauten im Zusammenhang mit dem Gottes und Heroenkultus erläutert*)』(1W1) 이후, 여러 세기에 걸쳐 많은 학자들이 연구를 진행했으나, 명확한 결론을 짓지는 못했다. 1939년, 『티멜레(Thymélè)』*59)에서 페르난드 로버트는 많은 문헌학적 · 고고학적 참고사항들을 포함하여 그 당시까지

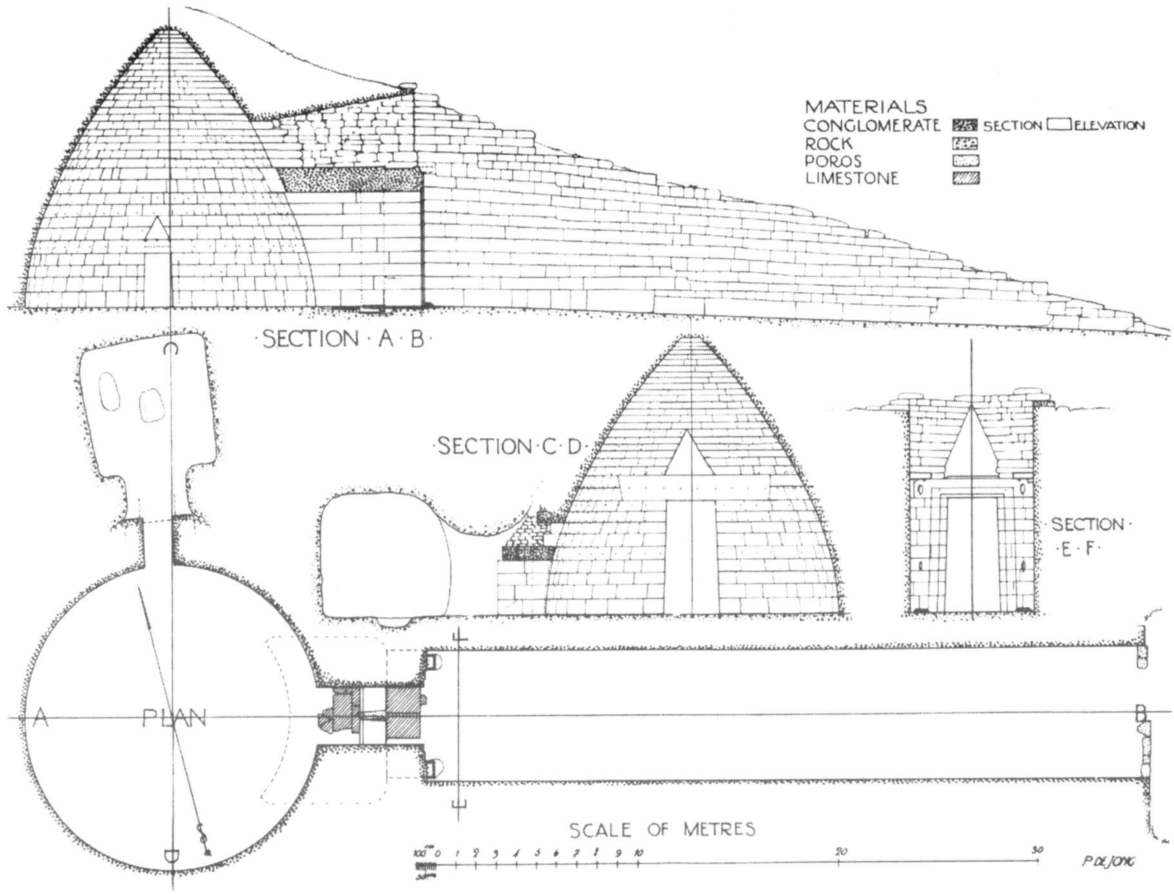

그림 37. 미케네(Mycenae), 아트레우스의 보고(寶庫 : Treasury of Atreus)의 평면도와 단면도.

많은 논의들을 포괄한 그림을 제시했다. 그는 영웅 및 신들과 연관된 제례의식에서 토로스의 중요성을 초기에 인식한 데오도르 필에게 많은 빚을 졌다고도 언급하고 있다.

1960년, 후드(M. S. F. Hood)는 에게해(Aegean) 지역에서 토로스 구조물들의 분포에 대한 절대적 확실성은 없다고 지적했다. 그는 파이스토스(Phaestus)*60)와 가까운 메사라(Mesara) 평원에 벌집같이 생긴 토로스들을 인용하면서, 토로스 형태는 크레타 섬의 영향에 기인한다고 언급한다.*61) 이 크레타 섬의 구조물들은 땅 위에 서 있고, 미케네의 화려한 코벨 무덤과는 다르게 공동체를 위해 사용되었다. 몇 천년 전 유적들인 키프로스(Cyprus) 히로키티아(Khirokitia)의 원형 오두막과 아르파키예(Arpachiyeh)의 메소포타미아 주택들과 같이, 크레타 섬의 토로스는 원형의 석재 기초 위에, 점토 또는 점토 벽돌로 만든 포물선 형태나 코벨 돔으로 축조되었다. 메사라의 형식과 미케네 토로스 무덤들 사이의 직접적인 연관관계는 완전하게 밝혀지지는 않았지만, 후드는 발전에서부터 "도약(leap)" 이라고까지 주장했다. 그러나 지하 토로스 무덤의 매장 의식(埋葬儀式)은 동 스페인은 물론 메소포타미아 갈데아의 우르(Ur of the Chaldees), 신석기 아일랜드(Ireland)의 뉴그레인지(New Grange)*62)까지 넓게 확산되어 있다.

기원전 14세기, 미케네의 기념비적인 왕족 무덤들에 앞서는 것은 바로 우르(Ur)의 볼트구조 지하 현실(玄室 : sepulchers)들이다.(그림 34 · 35) 가장 완전하게 보존된 이 돔 무덤들은 소위 아트레우스 보고(寶庫 : Treasury of Atreus)(도판 II)라고 불리는데, "미케네 건축의 가장 훌륭한 창조물들" 중 하나이다.*63) 길고 넓은 입구 통로인 드로모스(dromos)는 거대한 거석 상인방(lintel)을 올리고 부조판이 있었던 삼각형 개구부가 있는 큰 입구로 연결된다. 토로스는 높이 13.20m, 직경 14.50m의 코벨 쌓기로 축조한 볼트로 이루어져 있는데, 정확한 포물선 곡선으로 축조되었다.(그림 37) 이렇게 이례적으로 정교하게 구축한 구조물은 미케네시기에 죽은 자에 대한 종교의식의 중요성이 높아졌다는 것을 보여주는 것이다.

신비적인 결속(The chthonic bond)

페르난드 로버트는 "로툰다의 신비적인 성격"은 개인적인 생각이 아닌, "지금까지 발견된 어떤 사례를 통해서도 예견하지 못했던" 과학적 사실이라고 진술했다.*64) 대지의 여신(earth mother)과 신비적인 또는 악마와도 같은 결합은 선사시대 그리스(pre-Hellenic) 종교에 깊은 뿌리를 두고 있는데, 풍요 · 번영 그리고 부활을 강조하였고, 원형으로 둘러싸고 있는 형태를 통해 이를 건축적으로 표현하고 있는 것이다.

토로스의 본래 지붕은 나무 가지를 견고하게 연결하여 만들었는데, 이것이 "토로스(tholos)"의 명칭을 만들게 했다. 돌로 지붕을 만들게 되면서 꽃과 같은 형태로 마무리하여, 고분들은 식물 성장의 근원을 상징하게 된다. 또한 원추 형태의 아우구스투스 영묘(mausoleum of Augustus)에는 아폴로(Apollo)와 연관된 싸이프러스 나무를 심은 것으로 전해진다.

옴파로스(The omphalos)

헤르만(H. V. Herrmann)이 기술한 것과 같이 옴파로스는 매장 고분 · 제대 · 남근상 · 풍요의 여신의 음문 등 많은 의미를 가지고 있다.*65) 옴파로스의 서로 다른 고대 의미들 중, 여기서 살펴봐야하는 가장 흥미로운 점은 선사시대 그리스(pre-Hellenic) 종교와의 밀접한 연관성이며, 그 중 다산에 대한 상징은 선사시대까지지도 거슬러 올라간다.

가장 잘 알려진 현존하는 것은 헬레니즘 시대까지 거슬러 올라가는, 델포이(Delphi) 아폴로 신전 앞의 옴파로스이다.(그림 38) 이 신전에서 가장 성스러운 방인 지성소(至聖所 : adytum)에서는 피톤(Python)이 델포이 신탁 무녀(巫女)에게 말하는 능력을 주었다. 아폴로가 풍요의 여신에 대한 예배의식을 폐지한 곳도 바로 델포이였다. 일찍이 1859년, 바흐오펜(J. J. Bachofen)*66)은 아폴로가 대지의 여신인 가이아(Gaea)의 힘을 인계받을 때, 예언의 힘을 가진 옴파로스 돌 또한 받았다고 주장했다.*67) 또한 어떤 전설에 의하면, 옴파로스는 아폴로에 의해 죽임을 당한 피톤의 매장 고분을 표상했고, 그 형태에는 "생명을 가져다주는 풍요의 여신의 육체를 마음

그림 38. 델포이(Delphi), 아폴로 신전(Temple of Apollo) 앞에 있었던 헬레니즘(Hellenistic) 시대의 옴파로스(omphalos). 봉분 · 제대 · 다산의 상징 등, 옴파로스에는 수많은 의미들이 담겨 있다.

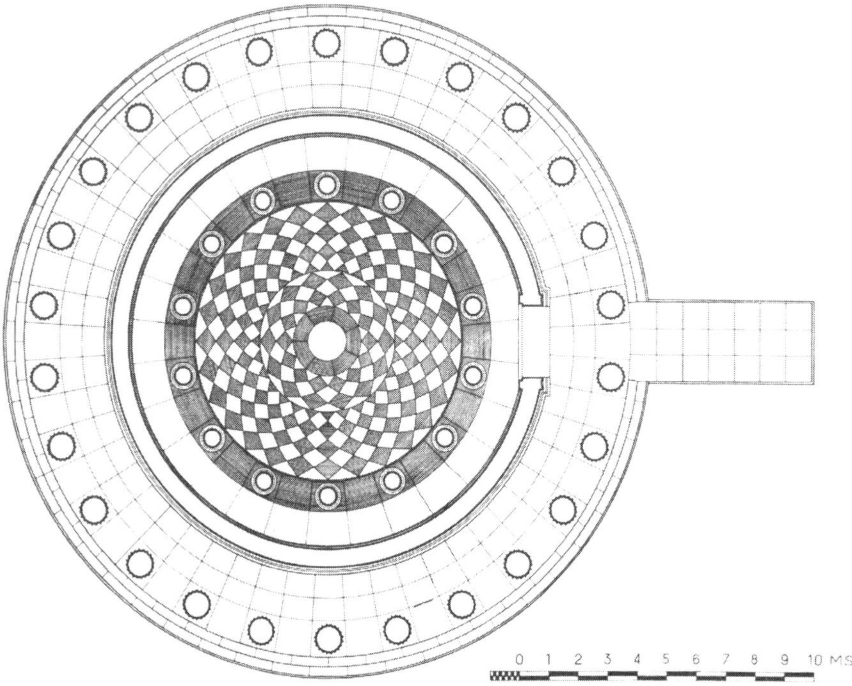

그림 39. 그리스 남부, 아르골리스(Argolis)의 고대 소도시였던, 에피다우로스(Epidaurus)의 아스클레피오스 토로스(tholos of Asclepius) 항공사진. 의술의 신인 아스클레피오스를 경배하기 위해 기원전 360~330년에 건설한 이 위대한 토로스의 미로와도 같은 기초를 확인할 수 있다.

그림 40. 아스클레피오스 토로스(tholos of Asclepius)의 지상층 복원도. 장식적인 바닥 패턴을 볼 수 있다.

그림 41. 아스클레피오스 토로스(tholos of Asclepius)의 기초 부분.

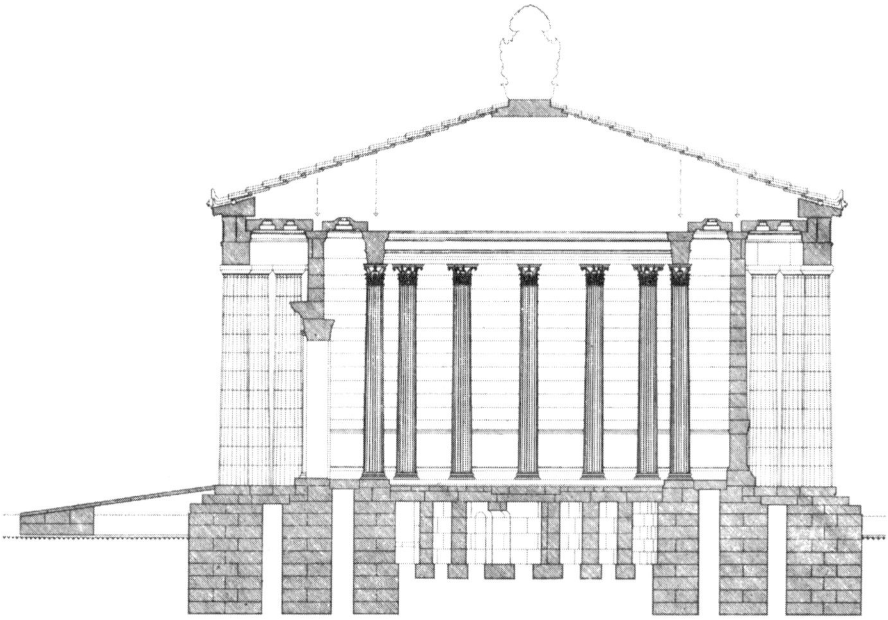

그림 42. 아스클레피오스 토로스(tholos of Asclepius)의 단면도. 원통형 셀라(cella) 외부에 26개의 도리스(Doric) 기둥들이 환상형으로 배열되어 있고, 내부에는 14개의 독립된 코린티안(Corinth) 기둥들이 원형으로 서 있다.

속에 그려보고, 죽음 이후에 새로운 생명을 주는 그녀의 자궁으로 되돌아간다"는 것을 상징한다고 한다. 더 나아가 옴파로스는 "지하 동굴(the χάδμαΥῆς)로 들어가는 입구, 신비적인 신전, 풍요의 여신의 방을 덮는 덮개를 표상했으며, 그 형태가 미케네 토로스 무덤들의 지하 볼트들에 반영된 것이다".*68)

옴파로스와 같은 둥근 돌 앞에 봉헌물을 놓는 행위는 선사시대로 거슬러 올라간다. 델포이에 있는 가장 초기 신전인 아테나 프로나이아(Athena Pronaea) 신전 바로 아래에서, "2천 년 전의 봉헌물이 있는 층이 발견되었다. 여기서는 이 대지의 첫 번째 여주인(女主人 : mistress)인, 팔을 밖으로 뻗은 여신의 200여 개 테라코타 신상이 발견되었고, 8세기 또는 7세기에 제물을 받치던 가장 초기의 장소는 굽은 벽체로 둘러싸였다".*69)

그리스와 그리스 이전 시기에는 희생물을 넣는 구덩이인 보드로스(bothros)에 피의 제주(祭酒 : libations)를 받쳤다. 측면이 솟아오른 이 원형의 저장소는 미케네의 원주형 무덤 위에 형성된 거대한 규모의 환상형 제단과 같이(그림 36), 벽돌로 쌓아 올린 원형 제단으로 발전했다. 영웅숭배(토로스)에 집중되어 있던 그리스 예배의식은 무덤에서의 봉헌물들과 연관되며, 그 무덤의 형태는 원형이었던 것이다.

청동기 시대 후기에 발전한 토로스의 형태는 이러한 모든 초기의 개념들을 통해 발달해 왔고, 기원전 4~3세기 그리스에서 그 최종적인 형태를 완성했다. 그러나 타소스(Thasos)*70)에서 최근 발견된 헤로움(heroum)—헤르만(Herrmann)은 심지어 기원전 7세기에 속하는 것으로 생각했다—과 델포이의 시코니안 보고(Treasury of Syconians 또는 Sikyonian)에서 발견된 기원전 6세기의 다른 유적들과 같이, 그 초기 형태는 긴 시간에 걸쳐 일어난 이 마지막 형태로의 발전을 보여준다. 비트루비우스(Vitruvius)(IV, 8)가 설명했던 것과 같이, 토로스의 고전적인 형태는 한 줄의 원형 기둥으로 둘러싸인 사원, 기둥으로 둘러싸인 원형 셀라이며, 이 형태는 기원전 4~3세기 그리스 토로스로부터 기원한 것이다.

반신반인(半神半人) 또는 영웅들의 사당, 토로스 : 헤로움

(The tholos as a shrine for demigods or heroes : the heroum)

영웅 또는 신격화된 통치자의 사당인 헤로움으로서의 토로스는 의학과 치료의 신인 아스클레피오스(Asclepius)의 제례의식과 매우 밀접한 연관관계가 있다. 기원전 360~330년, 아스클레피오스에게 봉헌된 에피다우로스(Epidaurus)*71)에 있는 토로스가 특히 유명하고,(그림 39 · 40) 그 자신을 신의 혈통이라 주장했던 아스클레피아데스(Asclepiads) 가문의 유명한 고향이자 히포크라테스(Hippocrates : 약 460~380)의 고향인, 소아시아 근처의 코즈섬(Cos 또는 Kos)에 있는 아스클레피온(Asclepion) 역시 매우 유명하다.

아스클레피오스는 보통 인간과 아폴로의 결합에 의한 반신반인(半神半人) 태생을 가지고 있다. 은으로 만든 활을 가진 아폴로는 죽음과 치료법을 주었고, 아스클레피오스는 이 특징들 중 하나인 치료의 힘을 받았다. 그는 반인반마(半人半馬 : centaur) 케이론(Chiron)에 의해 양육되었는데, 케이론은 위대한 약초의(藥草醫 : herbalist)였고, 어린 아스클레피오스에게 약초의 비밀을 교육시켜, 아스클레피오스는 후에 신이 되었다. "그러나 올림푸스 산의 신은 아니었다. 수염이 있고, 자애로우며, 존경받는다는 그에 대한 설명 방식(art-type)은 제우스(Zeus)를 모델로 한 것이지만, … 개인보다는 그가 보유한 능력에 중심을 두었기 때문에 절대 올림푸스 산의 신(Olympian)이 될 수는 없었다. 그는 언제나 치료하는 구원자(Saviour-Healer)였다".[*72)]

에피다우로스에서 치료는 인간 의사가 가진 기술의 결과가 아닌, 성스러운 환경 속에서 수면(睡眠)을 유도함으로써 신, 그 자신이 직접 행하여 얻어지는 것이었다. 이것은 "'인간' 의사보다는 '성령 또는 천국'의 의사로부터 나오는 치료법이 있는 순례지(巡禮地)"의 환경과도 같았다.[*73)]

아스클레피오스의 제례의식에서는 언제나 지옥을 상징하는 뱀이 가장 중요한 역할을 한다. 뱀은 단순히 그의 지팡이에 자신을 감고 있는 것이 아니라, 그의 분신이다. 에피타우로스의 아스클레피오스 신전에서 출토된 부조에는 아스클레피오스와 그 뒤에 새겨진 성스러운 뱀이 있으며, 크기나 위엄에서 그와 동격이다. 신성한 뱀들은 치료된 곪은 상처와 환자들의 발에 혀를 날름거린다. 아스클레피오스가 의식이 없는 죽음과 지하세계를 관장하는 플루토(Pluto)의 머리를 만지는 동안, 두 뱀들은 그의 눈꺼풀에 혀를 날름거린다.[*74)]

기원전 291년, 로마가 전염병으로 시달릴 때, 대표위원들을 에피다우로스에 파견함으로써 신성한 뱀과 함께 아스클레피오스의 제례의식을 확립하였다. 신전은 티베르(Tiber) 강에 있는 섬에 배와 같은 형태로 세워졌다.[*75)] 케레니이(Kerényi)[*76)]는 아스클레피오스가 로마의 사절(使節)로 방문하여, 그들에게 "자비로운 말"로 연설한 내용을 담은, 오비디우스(Ovid)[*77)]의 『변신이야기(*Metamorphoses*)』의 한 구절을 인용한다.

> 두려워 말아라. 여기에 허깨비를 하나 만들어 세워놓고 내가 가리라.
> 내 지팡이를 감고 있는 이 뱀을 자세히 보아두어라.
> 이 뱀을 잘 보아두면 나를 알아볼 수 있으리라.
> 나는 뱀으로 둔갑해서 너희에게 나타날 것이다만,
> 이 지팡이의 뱀보다는 훨씬 클 것이다.
> 그래야 둔갑한 신의 위의(威儀)에 어울리지 않겠느냐.[*78)]

아스클레피오스의 영광을 기리기 위해 조각가 폴뤼클리토스(Polyclitus)*79)가 에피다우로스에 화려한 토로스를 건설하였는데, 미로(迷路)와도 같은 기초부분이 현재도 남아 있고,(그림 41) 일부분은 에피다우로스 박물관에 보관되어 있다. 이 기초를 통해 웅장했었던 토로스의 내부와 외관에 대한 생생한 감동이 전해진다. 그들은 장식적인 바닥 패턴을 가지고 있는데,(그림 40) "검은색과 하얀색 마름모꼴들이 나선형으로 회전하는 움직임을 표현하였고, … 이러한 형식의 최초의 것이다". 셀라의 외곽에는 26개의 도리스(Doric) 기둥이 환상형으로 배열되었고, 안쪽에는 14개의 독립된 코린티안 기둥들이 원형으로 서 있다.(그림 42) 미로의 순환로 중간 바닥 밑에는 좁은 나선형 계단이 있었는데, "삼중으로 그 방향이 바뀌며, 원형 통로를 따라 더듬더듬 앞으로 나가야 하는 중심부부터, 가장 바깥 원의 막다른 곳까지 연결되었다".*80)

미로의 중요성은 아직 명확하게 밝혀지지 않았지만, 헤로움이 만들어지기 이전에도 존재했었다. 페르난드 로버트는 동심원(同心圓) 벽체가 지하세계에 받쳐지는 제물을 절정에 다다르게 하는 역할을 했다고 믿었고, 그루벤은 "지금까지 전해지는 명문(銘文)에서 '티멜레(thymele)' 라는 명칭은 지하에(chthonic) 매장하는 의식을 함축하는 것으로 보인다"고 주장했다.*81) 그러나 이 지하의 복도들은 아스클레피우스의 신성한 뱀들이 거주하던 장소였을지도 모른다.

대부분의 헤로움 토로스들이 반신반인 또는 영웅들에게 봉헌되었다는 증거는 없다. 가장 아름다운 것은 아마도 델포이의 아테나 프로나에아(Athena Pronaea) 신성 구역 안에 건립되었던 것인데,(도판 III) 포카이아(Phocaea)*82)의 건축가 테오도러스(Theodorus)가 기원전 4세기 초에 건설하였고, 이 업적에 대한 책을 썼다고 전해진다. 셀라는 3단의 원형 기단 위에 20개의 도리스 기둥으로 둘러싸여 건축되었는데, 기둥 3개는 다시 재건되었다. 날렵한 구조와 그 기품, 모든 건축 요소들의 섬세한 디테일 등을 볼때, 전체적으로 매우 뛰어난 토로스였다고 할 수 있다.

대부분의 로마 헤로움 토로스 역시, 반신반인 또는 영웅들을 위해 봉헌되었다는 증거는 없으나, 베스타(Vesta) 사원과 같이 대다수는 우연한 이름들을 가지고 있다.

제왕의 사당, 토로스(The tholos as a shrine for the monarch)

이미 기원전 4세기부터 군림했던 제왕들은 그들의 가족들과 그 자신들을 위해, 또는 이해하기 어려운 신기한 제의적 목적을 위해 기념물들을 건립하였는데, 여기에 사용된 형태가 토로스였다.

그 첫 번째 예는 마케도니아 필리포스 2세(Philip II of Macedon)가 기원전 338년, 카이로네이아(Chaeronea) 전투에서의 승리를 축하하기 위해 올림피아(Plympia)에 건설을 시작한 필리페움(Philippeum 또는 필리페이온(Pilippeion))이며, 그의 아들 알렉산더 대왕(Alexander the Great)이 완성했다. 이 토로스는 세 단의 기단 위에 외곽 18개 이오니아(Ionic) 기둥, 안쪽에는 12개의 열주를 원형으로 축조하였다. 셀라의 중심에는 조각가 레오카레스(Leochares)*83)가 만든 금색과 아이보리색의 알렉산더 대왕, 필리포스 2세와 그의 가족들의 조각상이 있었다.

로마 황제들은 이러한 전례를 따르는데 주저하지 않았고, 아테네 아크로폴리스에는 아우구스투스(Augustus, 재위 기원전 27~기원후 14)가 자신과 가족을 위해 토로스를 건설하기도 했다.

종교집회 장소, 토로스(The tholos as a place of ritual assembly)

또한 토로스 형태에는 비종교적인 제례의식의 중요성을 가지고 있었는데, 아테네 아고라에 있는 원형의 프리타네움(prytaneum)은 원로원 의원들이 식사를 하고, 강좌를 하거나, 총회가 오랫동안 열릴 때는 숙소로도 사용되었다.

프리타네움은 열주로 둘러싸인 사다리꼴 정원이 있던 부정형의 6세기 구조물을 대신하기 위해 기원전 465년경에 건설되었고, 페르시아인들에 의해 파괴되었다. 외곽에는 기둥이 없지만, 안쪽에는 6개의 기둥이 원형으로 배열되어 있는 로툰다였으며, 몇몇 내부기둥의 밑동들은 여전히 남아 있다. 이 건축물은 많은 역사적 사건을 간직하고 있었으나, 마침내 하드리아누스 황제가 상부를 돔으로 덮고 내부 기둥 열주를 없애는 등 "로마식으로 변경"하게 되었다.*84)

로마 토로스(The tholos in Rome)

로마인들은 아스클레피오스를 위해 기원전 3세기, 티베르강 섬에 건설된 토로스에 대해 알지 못했지만, 로마에서는 한 줄의 기둥으로 둘러싸인 그리스 헤로움 토로스의 형태를 응용하였다. 강과 가까이 있는 보아리움 포룸(Boarium Forum)에는 토로스 하나가 있는데, 지금은 베스타(Vesta) 신전이라는 어울리지 않는 이름을 갖고 있다. 흰 대리석 블록으로 만든 셀라의 구조는 아우구스투스 시대에 건설된 것이 아님을 나타내고 있다. 실제로 로마 고고학자인 이오포로(G. Ioppolo)는 기원전 3세기에 이 베스타 신전에 있었던 것으로 추정되는 비문을 발견했다.*85)

로마의 신성한 구역, 라르고 아르젠티나(Largo Argentina)에는 기원전 1세기에 축조된 것으로 추정되는 토로스가 있는데, 16개의 높은 트래버틴(travertine : tufa) 기둥이 한줄로 둘러싸고 있고(페립테로스 : peripteros), 셀라는 오푸스 인케르툼(opus incertum : 난층(亂層) 쌓기)*86)으로 축조하였다. 술라(Sulla : 기원전 82~79)*87)시기로 거슬러 올라가는 티볼리(Tivoli)의 또 하나의 원형 베스타(Vesta) 사원에서는 셀라 벽체에 콘크리트가 사용되었다. 그리스 형태에서 변화된 것은 셀라에 두 개의 창을 추가로 설치한 것이며, 그 중 하나가 아직도 남아 있다.

토로스의 완성된 형태는 로마 발전에 중요한 역할을 하지 않았지만, 결정적인 것은 판테온(Pantheon)(도판 VII)에서와 같이 원형의 셀라가 화려한 내부공간으로 변화한 것이다. 이러한 내부공간의 강조는 당연히 화환처럼 둘러싸고 있는 기둥을 포기하였다는 것을 의미하는데, 남겨진 것은 인상적으로 변화된 순수한 로툰다 형태가 전부이고, 아테네 아고라에 있는 프리타네움(prytaneum)에서는 품위 있는 형태로서 남겨져 있다. 기원전 27년(완성은 기원전 25년), 아그리파(Agrippa)*88)가 마르스 광장(Campus Martius)에 첫 번째 판테온을 건설한 시기에는 직경 43.5m의 공간을 볼트로 덮는 기술은 없었고, 하드리아누스 시기에 와서야 가능해졌다. 로마건축에서 가장 중요한 발전의 핵심은 실제적인 형태를 가진 토로스가 아니라, 돔을 이용한 로툰다였다.

고분(The Tumulus)

토로스의 복합적인 의미와 비교하면 고분의 의미는 명확하다. 고분은 언제나 변함없이 명백한 무덤이었다. 고분은 원형 벽체로 지지하고 그 위에 흙을 쌓아 올려 둔덕을 만듦으로서, 상징적인 장례를 의미하고 있다. 한스 쉐더(H. Soeder)는 고분을 "원통형 벽체 위에 원추 형태 지붕의 오두막을 얹어 만들어진, 때로는 상당한 규모를 갖는 원형 주택" 으로부터 발생했다고 생각했다.*89)

체르베테리(Cerveteri)*90)에 있는 카판나(Capanna) 무덤과 같이, 에트루리아(Etruscan)의 공동묘지에서는 바위를 전체적으로 또는 부분적으로 파내어 만든 죽은 자들의 안식처를 둥근 벽체가 둘러싸고 있다.*91) 내부에 있는 왕좌와 같은 좌석, 부조(浮彫)와 사치스러운 벽화, 돌침대 등이 대부분 호화로운 인상을 준다. 이 무덤들은 죽은 영혼들을 위해 살아있었을 때의 환경과 유사하게 만드는 오랜 시대의 전통을 따른 것이다. 죽은 자를 위한 이 고분 주택들의 거대한 도시는 전(前)로마 문화의 매우 귀중한 증거로서 보존되어 왔다. 이들 공동묘지(necropolises) 중 가장 큰 것은 체르베테리 인근에 있는, 고대에는 카에레(Caere)라 불렸던 반디타치아(Banditaccia) 공동묘지이며, 로마에서는 북쪽으로 38.6㎞(24마일) 떨어져 있다.(그림 45)

죽은 자의 공적인 삶과 개인적인 삶, 이 둘 모두에 대한 총체적 상황을 돌로 재현한 가장 훌륭한 예가 이집트의 사카라(Saqqara)에 있다. 에트루리아 이전인 2천년 전, 이집트 조세르(Zoser : 기원전 2,650(?)~2,575(?)) 왕은 자신의 사후 삶을 향유하기 위해 이 거대한 무덤 복합체를 건설하였다.*92) 그러나 이어지는 제4왕조 기간에는 지상의 상황을 재현하는 개념이 없어져 버려, 조세르 왕의 무덤은 그와 같은 유형의 마지막 무덤이었다. 제4왕조의 피라미드 복합체들은 엄격한 성직자의 의식을 기반으로 조직화되었다. 이와 유사한 변형이 고분의 발전에서도 일어났는데, 후기 공화정 및 아우구스투스 · 하드리아누스 시기의 원형묘당(mausolea) 내부에서는 더 이상 지상의 삶을 반영하지 않았다.

에트루리아 문화의 두드러진 특색이 되는 고분의 형태는 미케네(Mycenaean)의 토로스 무덤으로 거슬러 올라간다. 그 이후 그리스 · 발칸지역(Balkans) · 소아시아 그리고 북아프리카 지역에서는 고분이 드물게 사용되었지만 완전히 사라지지는 않았다. 그러나 에트루리아에서처럼 한층 더 정성들여 만든 곳은 없었다.

고분은 언제나 죽음과 지하세계, 삶과 부활의 직접적 연결을 표상해 왔다. 땅은 대지의 여신 가이아(Gaea)처럼 생명을 가져가고, 다시 되돌려 준다. 생명의 부활은 원형 벽체와 정성들여 만든 내부 공간뿐만 아니라, 흙으로 원추형 봉분을 만들고 그 위에 녹색식물을 덮는 형태에 의해서도 표현된다.(그림 43) 이 초목은 토로스와의 직접적인 관계를 보여주는데, "상부에 잔가지들을 함께 엮어 만든 지붕의

그림 43. 기원전 7~5세기, 체르베테리(Cerveteri)의 반디타치아 공동묘지(Banditaccia necropolis) 입구에 있는 2기의 에트루리아 고분(Etruscan tumulus).

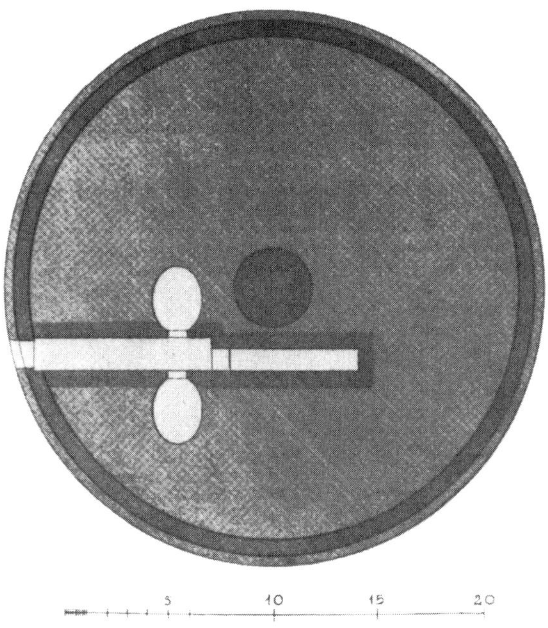

그림 44. 에트루리아 고분(Etruscan tumulus)의 개략 평면도. 죽은 자를 위해 부장품을 안치한 긴 복도 양 편에 두 개의 원형 방이 있다.

그림 45. 체르베테리(Cerveteri), 반디타치아의 에트루리아 공동묘지(Etruscan necropolis of Banditaccia)의 십자로.

형태는 … 이후에 석조건축으로서 모방되어" 기원전 4~3세기의 "원형 기념비로 특별하게 사용되었다".*93)

고분의 기념비적인 형태(The monumental form of the tumulus)

그리스와는 다르게 로마인들은 원형(圓形)에 대해 호감을 가지고 있었고, 계속해서 그들의 고분을 발전시켜 결국 가장 위대한 성장을 이루어 내었다.

로마황제 영묘의 원형(原型 : prototype)은 아피아 가도(街道 : Via Appia)*94)에 기원전 30년경에 세워진 세실리아 메텔라(Caecilia Metella)의 무덤이었다.(그림 46) 이 무덤은 정방형 기단 위에 직경 20m의 트래버틴으로 마감한 콘크리트 원통을 세우고 봉토(封土)에 식물을 심었다. 중심에는 매우 높은 볼트 천장이 있는 작은 무덤방이 있는데,(그림 47) 형태는 미케네의 아트레우스 보고(寶庫)를 연상시키지만 접근통로는 크게 발전하지 못했다. 즉 단순하게 고분으로 통하는 통로로, 사르디니아(Sardinia) 누라게(Nuraghi)의 통로와 더욱 유사하다.(그림 30)

그러나 여기에서 근본적인 기술적 변화가 일어났다. 봉토 내부에 판석으로 쌓은 코벨 볼트 대신, 외부는 석재, 내부는 벽돌로 마무리한 원통형 콘크리트 몸체를 지금도 볼 수 있다. 오랜 시간동안 로마인들은 외벽에 벽돌 사용을 삼가게 되

그림 46. 기원전 30년경에 축조된 로마 아피아 가도(Via Appia)의 세실리아 메텔라 무덤(Tomb of Caecilia Metella). 트래버틴(travertine)으로 마감한 높은 콘크리트 원통형 구조는 정방형 기단 위에 세워졌다. 이 무덤은 원래부터 식물을 심은 봉토로 덮었다

어, 아우구스투스 시기까지도 상용화되지 않았다. 세실리아 메텔라 무덤과 연관해서 메리온 엘리자베스 브레이크(Marion Elizabeth Blake)*95)는 "벽돌산업이 아피아 가도 주변에서 시작된 사실"에 주목했다.*96)

이 무덤에서는 원통형 벽체, 원추형 봉토와 그 상부에 식물을 심은 것 등, 이후 모든 고분이 가지고 있는 주요한 초기 성격들을 잘 보여주고 있으며, 이후 고분은 아우구스투스와 하드리아누스 영묘에서 기념비적인 규모로 크게 축조되었다.

아우구스투스 영묘(The mausoleum of Augustus)

기원전 28년경, 아우구스투스는 자신과 가족을 위해 직경 87m의 웅장한 영묘

그림 47. 세실리아 메텔라 무덤(Tomb of Caecilia Metella)의 단면도. 볼트로 축조한 매우 높은 지붕을 갖는 중심의 작은 방은 콘크리트로 만든 원통형 통로로 접근할 수 있다.

를 건설했다.(그림 48) 이것은 그 이후 티베르 강 반대편에 건설된 하드리아누스 영묘보다도 훨씬 컸다. 아우구스투스 영묘는 강과 가까운 마르스 광장(Campus Martius)의 북쪽 경계에 위치하고, 기원전 13~9년에 그가 건설한 평화의 제단, 아라 파치스(Ara Pacis)의 본래 부지와도 멀지 않다. 중심에는 높이 44.65m(150 Roman feet), 직경 12m의 매우 큰 원통형이 있고, 아우구스투스 황제의 조각상을 꼭대기에 설치함으로써 이 규모가 충분한 효과를 발휘하도록 했다. 또한 안과 밖 모두를 트래버틴 판으로 마감하였다.(그림 48)

12m 원 중심에 아우구스투스의 납골함을 묻고, 원추형 트래버틴 덮개로 덮었으나 지금은 사라졌다. 이 고분은 높고 거대하며, 경사각이 매우 급하고, 다른 모든 내부공간이 매우 좁고, 다섯 겹의 벽체가 같은 중심점을 갖고 연속된다는 것에 의해 중심점에 대한 집중화는 더욱 강화되었다.(그림 50) 네 번째 벽체의 폭은

그림 48. 기원전 28년경에 건설된 로마 아우구스투스 영묘(mausoleum of Augustus)의 단면도. 중심 원통은 직경 12m, 높이 44.65m(150 로마 피트)이며, 상부에 아우구스투스 조각상을 설치했다.

그림 49. 남측에서 바라본 아우구스투스 영묘(mausoleum of Augustus). 높은 배럴 볼트로 만든 출입 통로가 보인다.

그림 50. 아우구스투스 영묘(mausoleum of Augustus)의 지상층 평면도. 5개의 동심원(同心圓) 벽체가 매우 높은 중심 원통을 감싸고 있다. 검게 칠해진 부분은 지금도 남아있는 영역을 나타낸다.

그림 51. 사진의 좌측은 아우구스투스 영묘의 가장 안쪽 원형 벽체. 애석하게도 중심의 원통은 붕괴되어 더 이상 높이 쌓지 못한 상태이다.

2.38m(8 Roman feet), 세 번째 벽체는 2.98m(10 Roman feet)이다. 두 번째와 가장 외곽의 벽체에는 "중심에서 칸막이 벽체로 구분되는 반원형 벽감"이 연속하여 설치되었다.*97)

남쪽에는 배럴 볼트를 높게 설치한 주출입구가 3개의 동심원 벽체를 일직선으로 뚫어 관통하는데, 벽체는 전적으로 구조적이면서 오푸스 레티쿨라툼(opus reticulatum : 그물 쌓기)*98)으로 축조되었다. 주출입구가 통과하는 첫 번째와 세 번째 벽체 사이의 공간은 이집트 제1왕조의 마스타바(mastaba)에서와 같이 황제의 시종(侍從)을 위한 무덤으로 계획된 것은 아니었다.*99) 일직선의 입구 복도는 네 번째 벽체에서 끝이 나고, 오른쪽과 왼쪽의 큰 두 개구부는 마지막 동심원으로 연결되며, 원통형 납골당으로 들어가는 입구는 4단 내려간 축선상에 놓여 있다.

동일한 중심을 갖는 원형 회랑이 4층의 계단형태로 연속되어 고분의 급한 경사를 만들고 있고,(그림 48) 식물을 심기 위해 흙으로 전체를 덮기 전에 보여 지는 외관은 계단식 피라미드와도 같다. 흙 위에 심은 식물은 가장 외곽의 벽체와 만나는 면까지 연속된다.

아우구스투스 영묘로 들어가는 입구부분에는 아우구스투스 통치 기간 동안 이루어낸 공적을 종합한 업적록(res gestae)을 설치했다.

이 거대한 아우구스투스 영묘는 단순한 에트루리아 고분을 고도로 발달된 석조 시스템으로 변화시킨 결과였다.

하드리아누스 영묘(The mausoleum of Hadrian)

하드리아누스(재위 117~138)는 죽음이 다가올 무렵 그의 영묘를 짓기 시작했고, 안토니우스 피우스(Antonius Pius, 재위 138~161) 재위기간 중인 139년에 축성되었다. 하드리아누스가 했던 모든 업적과 동일하게, 그것도 기념비적인 것이었다. 당시 뛰어난 장인들의 솜씨 덕분에, 구조 코어는 여전히 원형(原型) 그대로 남아 있고, 현재에는 산 안젤로 카스텔(S. Angelo castle)로 알려져 있다.

이 영묘는 티베르 강기슭 위에 위치하여 도시 전체에서 가장 중요한 랜드마크가 되었다.(그림 52) 영묘에서 둘러보면 기원후 136년에 건설된 다리에서부터, 기원전 33년경 아그리파가 조성하기 시작한 도시의 아름다운 구역인 마르스 광장까지 이어지는 경관이 펼쳐진다. 영묘는 세실리아 메텔라(Caecilia Metella)의 무덤에서 완성된 모델에 따라 축조되었는데, 말 네 필이 이끄는 2륜 전차인 쿼드리가(quadriga)를 꼭대기에 설치하였을 것이고, 식물을 심은 봉토, 석재로 마감한 직경 64m(210피트)의 높은 원통형, 정방형 포디움(각 83.8m(275피트)) 등이 그것이다.

배럴 볼트로 축조된 높은 통로는 주검을 안치한 현실(玄室)까지 점진적으로 올

그림 52. 139년에 축조되어 지금은 산 안젤로 카스텔(S. Angelo castle)이라 불리는 로마의 하드리아누스 영묘(mausoleum of Hadrian). 거대한 석재로 마감한 지름 64m의 원통 구조 등 훌륭한 솜씨로 축조되어 지금까지 건재하다. 세실리아 메텔라 무덤(Tomb of Caecilia Metella)과 같이 정방형 포디움과 원통형 벽체, (본래는) 식물을 식재한 봉토가 있었다.

라가며 연결된다. 쿠푸(Khufu)왕, 첩(Cheop)의 피라미드 중심 방은 넓은 경사 통로인 대회랑(Grand Gallery)으로 연결되지만,*100) 하드리아누스 영묘의 경사로는 건축물의 중심에 이르기 전에 나선형으로 회전하는 형태이다. 황제의 현실은 이집트 파라오(Pharaoh)의 현실과 같이 하늘을 가로지르는 하루 여정의 시작점도, 하드리아누스 그 자신만 사용하는 것도 아니었다. 하드리아누스 영묘 또한 아우구스투스 영묘의 관습을 지켜 그의 후계자의 납골함을 넣어 두었다. 하드리아누스의 이 웅장한 무덤은 고분 발전의 결과일 뿐만 아니라 그 절정기였음을 보여주고 있다.

고분 형태의 의미(The significance of the form of the tumulus)

선사시대 그리스(pre-Hellenic)와 그리스, 로마시기의 원형(圓形) 건축물에 대한 본질과 그 중요성에 대해 많은 책이 저술되어 왔다. 각 연구들의 추측들을 검토하여 만들어진 종합적인 개념들이 맞다고 결론 내린다면, 하나의 일반적 요인이 드러난다. 즉 삶과 죽음의 관계이다. 미케네의 볼트 무덤, 그리스의 토로스 신전, 에트루리아의 고분, 로마의 영묘 등에서 감싸안는 듯한 원형 형태는 삶과 죽음은 물론 장례와 풍요를 위한 제의(祭儀)가 서로 연결된다는 것을 효과적으로 나타낸다. 또한 기독교에서는 죽은 자를 위한 기념물이나 기독교인의 삶의 시작을 표현하는 건축물을 만들기 시작하였을 때에도 원형에서 도움을 받았는데, 죽은 자를 위한 영묘와 믿음으로 태어나는 세례당이 그것이다.

콘스탄티나 영묘(The mausoleum of Constantina)

콘스탄티누스(Constantine) 황제의 딸, 콘스탄티나의 무덤은 기원후 350년경, 로마의 노멘타나 가도(Via Nomentana)에 건설되었는데, 현재의 산타 코스탄차 성당(S. Costanza)이다. 언뜻 보기에는 로툰다가 있고, 원추형 지붕에, 본래부터 있었던 원형으로 배열된 외곽 기둥들로 인해 토로스의 형태를 유지하고 있는 것으로 보인다.(그림 119) 그러나 그 내부의 공간구성은 새로운 발전을 표현하고 있는데, 언젠가 천창(oculus)이 있었던 돔은 내부에서 땅과 분리된 것으로 보여 진다. "이 건축물의 가장 중요한 점은 기둥 아케이드에 의해 지탱되고 있는 드럼(drum)이 직경 약 11m(36피트)의 반구형 돔을 지지하고 있는 최초의 사례라는 것이다"라고 로버트슨(D. S. Robertson)*101)은 언급한다.*102) 즉 내부를 볼트로 축조한 건축물을 땅으로부터 자유롭게 표현하고자 하는 열망이 명확하게 표현된 최초의 건축물인 것이다. 물론 아직은 건축물의 중심 코어에 한정된 매우 실험적인 성과였지만, 필로티(pilotis : Le Corbusier)를 통해 땅에서 들어 올린 모든 건축물은, 바로 지금 시대인 세 번째 공간개념에서나 볼 수 있다.

콘스탄티나 영묘의 또 다른 혁신은 방사형으로 배열된 12쌍의 짧은 기둥이 내부 로툰다를 지지하고 있기 때문에, 내부공간 구조체를 천공할 수 있었다는 것이다.*103) 이것은 콘스탄티나 영묘보다 앞서 313년에 완공되었고, 대담하게 2개 층으로 창 개구부를 설치한 콘스탄틴 바실리카(Basilica of Constantine)(그림 142)에서 발전된 것이다. 내부공간에 개구부를 설치하는 것은 라벤나(Ravenna)의 성 비탈레 성당(St. Vitale : 546~548)과 비잔티움(Byzantium)의 성 세르지오스 · 바커스 성당(St. Sergios and Bakchos : 525년경), 이 두 가지 사례에서 더욱 발전되었다.*104) 또한 비잔틴(Byzantine) 건축의 중요 특징이 된 천개(天蓋 : 발다키노(Baldachino) 또는 낮은 캐노피(canopy))의 개념이 콘스탄티나 영묘에서 전반적으로 나타나고 있다.

두 번째 공간개념(THE SECOND SPACE CONCEPTION)

정교한 체제를 가지고 있던 로마 건축산업은 훨씬 이후 시기에서 계속되는 발전을 예고하고 있기 때문에, 이 책의 주된 주제는 서양건축의 발전을 이끌었던 로마의 건축재료와 건축기술 간의 관계라고 할 수 있다. 직접적인 연관이 있는 로마 이후 시기의 건축은 로마제국의 동·서부에서 매우 다르게 발전하였다. 비잔티움의 수도였던 동부의 내륙지역은 인류의 첫 번째 고도 문명의 중심지였으므로, 잠재된 관례의 흔적이 지속되고 있었다.

사산 왕조(Sassanian kings)는 바그다드(Baghdad) 남동쪽, 크테시폰(Ctesiphon)*1)에 수도를 건설하였다. 지금도 샤푸르 1세(Shapur I : 기원후 240~272) 왕궁의 거대한 접견실을 덮었던 높은 배럴 볼트의 한 부분이 남아있다.(도판 IV) 지지벽체에 기대어 경사진 견고한 벽돌층을 여러 겹으로 축조한 볼트는 지진과 화재 그리고 약탈의 모든 참화에서도 버텨왔다.(도판 IV) 이러한 기술은 사카라(Saqqara)에 있는 이집트 제1왕조의 무덤에서부터 테베(Thebes) 근처의 람세스 2세(Rameses II) 창고에 이르기까지 이집트에서 사용하였고,*2) 기원후 3세기에도 높이 30m, 스팬 25m의 이 기념비적인 규모를 견고하게 축조하는 데에도 사용되었던 것이다.

비잔티움에 있는 성 소피아 성당(St. Sophia)의 거대한 돔은 확실히 로마의 판테온(Pantheon)과는 다른 사조와 다른 환경에서 만들어진 것이다. 동양문명의 정제(精製)된 문화 영향력은 비잔티움을 거쳐 러시아와 근동(近東 : Near East) 지역까지 퍼져나갔고, 이슬람 건축에도 그 흔적을 남겼다. 동·서 로마제국의 건축적 발전의 차이는 정치적 사건만 원인이 된 것은 아니다. 동로마제국의 노력 뿐만 아니라 이전 문화유산의 충만한 결과로서 비잔티움의 영향력은 이후 천년 동안 거의 단절되지 않고 연속되었지만, 서로마제국의 영향력은 6세기경에 완전히 사라졌다. 유럽은 근동지역 만큼이나 로마 식민제국의 한 부분이었지만, 발전된 문화의 비옥한 토양이 부족했다. 로마가 몰락하고 샤를마뉴 대제(Charlemagne, 재위 771~814)가 번영하던 4백 년 간의 유럽건축은 거의 알려져 있지 않다. 샤를마뉴 대제와 그의 총리(chancellor) 아인하르트(Einhard)*3)는 로마제국의 멸망 이전에 존재했던 기술문명들을 배우고 로마의 유적들을 연구하기 위해 장인들을 파견하였으나 결국 성공하지 못했다. 따라서 유럽은 수 백 년 동안 로마건축의 세련된 구조 방법을 진척시키지 못했고, 완전히 새롭게 다시 시작해야만 했던 것이다.

우리는 이 책에서 서양 건축에 근본적으로 영향을 미쳤던 로마의 다양한 관점에 대해 탐구하고 있다. 로마에서 점진적으로 발전하였던 에너지의 원천은 지금까지도 다시 나타나지 않고 있는데, 과도기에 완전히 다른 기준을 적용했기 때문이다. 고딕건축은 로마형식에 기반을 둔 르네상스·바로크와는 전혀 관계없이, 북프랑스에서 골격구조(skeleton construction) 시스템으로 나타나 19세기의 대담한 철제 구조물들을 발생시켰다. 로마 유산에 대한 관심은 르네상스와 바로크시기에 다시 타올랐지만, 고도로 조직화된 로마의 건설방법이 서유럽에서 직접적으로 연속성을 갖기까지는 많은 시간이 걸렸다. 로마의 과학은 전통적인 벽체 축조방법을 개선하는데 그 기반을 만들었는데, 예를 들어 철근(iron reinforcing rods)의 도입은 수직, 특히 수평으로 연결하는 축조방법에 많은 변화를 가져왔다.

두 번째 공간개념의 초기 형태(Early forms of the second space conception)

두 번째 공간개념은 거대한 돔 구조를 가진 로마제국의 내부공간이 나타나면서 완전한 성공의 절정에 다달았다. 이 놀라운 사건을 이해하기 위해서는 기원전 4천 년의 메소포타미아(Mesopotamia)로 거슬러 올라가, 두 번째 공간개념의 기원을 추적해야 한다. 수메르(Sumer)에서는 예배자들을 위한 넓은 내부공간의 중요성을 보여주는 사원들을 건설하였다. 그러나 이러한 발전은 3천 년 전에 갑작스런 종말을 맞았는데, 그 당시 점점 엄격해지는 사회계급 시스템에 의해 대중들의 사원 출입이 금지되었기 때문이다. 이 때부터 사원은 전적으로 신의 조각상을 안치하는 오로지 신의 거처로서만 생각되었고, 복잡한 배치의 바빌로니아 · 이집트 사원에서부터, 첫 번째 공간개념의 마지막에 위치하는 유기적인 질서를 갖는 고대 그리스 신전으로까지 이어지는 발전의 경향을 이해할 수 있다. 특히 그리스에서 창이 없는 벽체를 둘러싸는 열주는 사람들을 접근하지 못하도록 막는 울타리와 같은 역할을 했고, 사원을 받치고 있는 기단에 설치한 경사진 계단이 더욱 접근을 어렵게 만들고 있다.

메소포타미아의 초기 내부공간은 3단계를 거쳐 기원전 4천 년에 발전하기 시작하였다. 즉, 3,500년경 북메소포타미아의 테페 가우라 8층(Tepe Gawra XIII)의 아크로폴리스에 있는 북측 사원(northern temple), 기원전 3,000년 경의 우루크(Uruk)*4) D 사원(Temple D), 기원전 2,800~2,600년 남메소포타미아 우루크에 있는 백색 사원(White Temple)이 그것이다.*5)

테페 가우라의 작지만 적당한 크기의 북측 사원은 내 · 외부 벽체 모두 섬세한 입체적 표현(surface modeling)으로 유명한데, 이후 우루크 D 사원에서 이러한 개념을 정교하게 수용하여 꽃을 피우게 된다. 우루크 백색 사원은 테페 가우라 8층의 북측 사원과 밀접하게 연관되는데, 높은 기단 위에 세워졌고, 벽체는 테페 가우라보다 훨씬 두꺼우며, 네 개의 문(정면에 2개, 후면에 하나, 남측면에 하나)을 통해 들어갈 수 있다.

우루크에 있는 D 사원은 초기의 가장 완벽한 창조물이었다고 할 수 있다.(그림 53) T자형 내부공간 구성에서 보여 지는 것과 같이, 사용된 모든 디테일은 숙련된

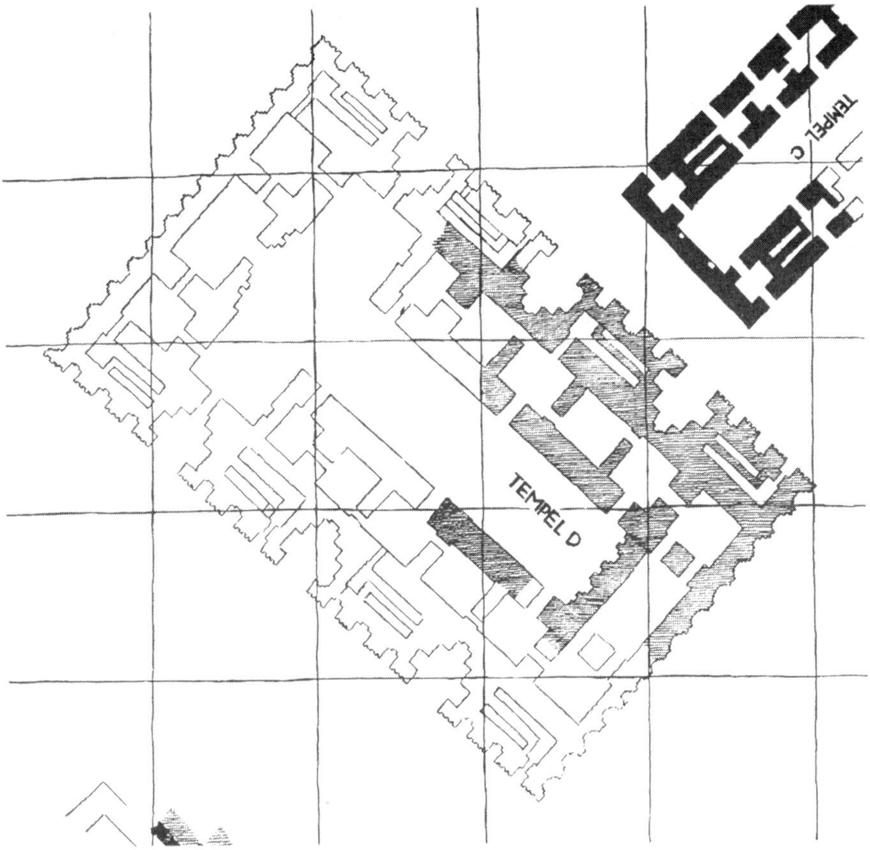

그림 53. 기원전 3,000년, 메소포타미아(Mesopotamia) 우루크(Uruk)의 D 사원(Temple D) 평면도. 50×80m로 실측되어 수메르 사원 중 가장 큰 규모이다. 내·외부 공간 모두 입체적 표현의 완벽한 솜씨를 보여주고 있다.

처리능력을 보여주고 있다. 이 사원은 가장 큰 수메르 사원(50×80m)으로, 내부와 특히 외벽의 처리에서 완벽한 솜씨를 보여주고 있다. 두꺼운 벽체를 깊게 조각한 벽감에서는 육중하게 보이는 것 보다는, 가볍게 보이고자 한 의도를 살펴볼 수 있다. 또한 건축물의 볼륨을 가볍게 하기 위해 속을 텅 비게 하는 것은 고딕건축이 발생하기 전까지는 경험할 수 없는 것이다.

내부공간의 발전은 역사시대 시작부터 확인된다. 점진적으로 일반 대중들과 신을 분리하여 강조하는 모든 것이 이미 이 시기에 완성되었다. 여러 개의 문들을 대체하여 셀라의 가장 끝에 문 하나를 설치하였고, 내·외부 분리를 위한 벽체를 추가하거나, 안테셀라(antecella) 및 내부 중정을 만드는 등, 이 모든 것들이 신의 조각상이 있는 내부 셀라의 단절을 강조하는 것이다. 아카드(Akkad)의 사르곤(Sargon) 대왕 때부터 메소포타미아의 아시리아(Assyrian)·바빌로니아(Babylonian)의 통치자들 시기까지, 한 편의 성직자들과 왕실, 다른 편의 대중들, 이 둘 사이의 간격은 더욱더 벌어졌다. 이렇듯 사원의 구성은 당시 사회 상황을 반영하고 있다.

적어도 천년 이후, 지중해 서측—예를 들어 몰타—의 원시적이고 퇴보적인 문화에서 다소 복잡한 형태의 발전된 내부공간을 발견할 수 있다는 것은 놀라운 것이다. 여기에 대성당과 같은 내부 공간 구성을 취하여 많은 예배자들이 모일 수 있도록 한 우루크 D 사원과의 공통점은 없다. 그러나 몰타 사원에서는 조각상들과 신탁을 위한 방의 위치로 유추해보면, 대중들이 종교적 의식에서 배제되지 않았던 것으로 보여 진다. 메소포타미아의 신전들이 직각형태를 취한 것에 반해, 몰타의 사원은 원시적 원형 형태를 가지고 있는데, 서로 다른 근원에서 발생한 이 형태가 이후 로마건축의 공간 기본원리가 되었다.

건축과 양식(Architecture and Order)

로마인들은 단순명쾌한 삶의 접근방식으로 인해, 그 당시 알려진 세계 안에서 창시자이자 동시에 지배자가 될 수 있었다. 로마인의 창조력은 대담하지만 현실적이었고, 실제적인 조직적 활동능력을 보유하고 있었다. 특히 인간행위의 규제를 담은 로마의 법령으로 인해, 유례가 없는 완벽한 수단들을 만들어 낼 수 있었다. 그들은 행정의 전문가들이었다. 그러나 로마 말기에는 조직문제가 아닌 토착 주민들을 군인으로 보충하였기 때문에 로마 군대가 패배하기 시작했다.

거대한 볼트로 축조한 대수로(大水路), 클로아카 맥시마(Cloaca Maxima)에서 볼 수 있는 것과 같이, 에스퀼리노(Esquiline) · 비미날리스(Viminal) · 퀴리날리스(Quirinal) 등 로마 주변의 언덕에서부터 이어지는 배수로를 축조한 방법을 통해, 실제적인 문제들을 해결하는 로마인들의 타고난 재능을 볼 수 있다. 또한 기원전 4세기 초에 건설한 아피아 수로(水路 : Aqua Appia)에서 알렉산데르 세베루스 황제(Alexander Severus, 재위 기원후 222~235년)가 건설한 알렉산드리아나 수로(Aqua Alexandriana)까지, 위대한 급수 시스템 건설에 6백 년 동안 유사한 방법들을 사용해왔다.[*6] 로마에 건설한 다리에서도 매우 뛰어난 구조의 견고함을 볼 수 있는데, 몇몇 다리들은 지금까지도 사용하고 있고, 특히 리미니(Rimini)와 앙코나(Ancona) 사이를 연결하는, 아우구스투스가 건설한 다리는 지금도 많은 교통량을 소화하고 있다. 또한 로마와 유럽의 주요 도시 및 소도시들은 포장도로의 광대한 연결망으로 이어졌고, 이러한 구조물들은 지금까지도 매우 훌륭하게 남아 있다.

이 모든 사례들을 통해, 외부에서 유입된 사상들을 내부적으로 소화하여, 주어진 문제들을 해결하려는 로마인들의 적극적인 의지의 표현들을 볼 수 있을 것이다.

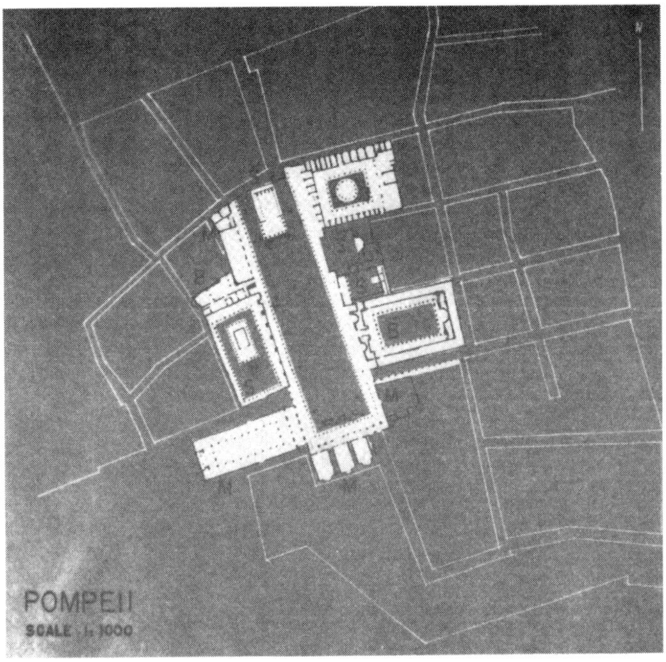

그림 54. 폼페이(Pompeii)의 포룸(Forum) 평면도. 카르도(Cardo)와 테쿠마누스(Decumanus)의 남 · 북축에 맞추어, 축이 교차하는 곳에 배치되었다. 대중들의 집회장소와 성소의 위치도 함께 보여준다.

그림 55. 폼페이(Pompeii) 포룸 북측 출입구에 설치한 두 개의 석재 볼라드(bollard). 폼페이 공동체 생활의 중심에는 교통통행이 금지되었다.

그리스와 로마건축의 관계(Roman relations with Hellenistic architecture)

그리스 건축, 특히 소아시아에서 발전된 형태는 로마제국에 중대한 영향을 미쳤다.

이탈리아 본토에 있는 파에스툼(Paestum)*7)은 물론, 그리스 식민지였던 시칠리아 섬(Sicily)의 셀리누스(Selinus)*8)에 남아 있는 초기의 사원들 등, 완벽한 형태의 도리스식 사원들은 모든 사람들이 쉽게 볼 수 있는 곳에 위치한다. 고대 그리스의 성과를 확인할 수 있는 이 보다 더 좋은 사례는 없을 것이다. 그러나 로마는 처음부터 이러한 형식들을 거부했다. 오히려 사원 입구 끝에만 기둥과 페디먼트(pediment)를 설치하는, 더욱 간략화 된 에트루리아 사원들을 선호하였다. 페리스타일(peristyle)이 있는 고대 그리스 사원은 사면이 조각적으로 발전되고 공간에서 자유롭게 발산하는 오브제로서 인식되었는데, 이것은 로마의 정신과는 반대되는 것이었다. 에트루리아 형식을 따르는 로마사원은 주 출입구와의 관계 속에서 하나의 축선상에 조직화되었다. 그리스 사원은 네 면의 파사드를 갖지만, 로마 사원은 오직 하나였던 것이다.

그러나 특히 소아시아에 있는 후기 그리스 건축은 인접한 로마가 더욱 발전시켜 영향을 주었던 요소들을 가지고 있었다. 기록에 남아 있는 로마제국의 건축가들 대부분이 소아시아 출신인 것은 우연이 아니며, 엄청난 권한을 위임 받은 사람들이었다.

축대칭(軸對稱)의 발전(The development of axial symmetry)

소아시아 도시들 중 가장 부유한 도시의 하나로 거론되는 페르가몬(Pergamum)에서는, 각기 다른 레벨 위에 건축물들이 자유스럽게 배치 · 건설되어 여전히 그리스의 정신을 찾아볼 수 있다. 그렇지만 페르가몬은 그리스의 조각적인 건축을 직접적으로 계승한 마지막으로 기록된다.

그리스의 "그룹디자인(Group design)"에서 축을 이용하거나 엄격한 대칭의 질서를 이용하게 된 변화과정은 점진적으로 이뤄졌다. 건축적인 볼륨들을 공간 속에서 자유롭고 조화롭게 배치하는 경향은 첫 번째 공간개념이 끝남과 동시에 없어졌고, 로마시기까지 모든 것은 축의 지배에 종속되었다. 포장된 넓은 가로(街路)의 개념은 로마에서 고안된 것이었고, 그리스의 가로는 공공장소로 연결되는 장엄한 접근로를 제외하고는 협소하고 포장도 하지 않았다. 그리스의 주거지역은 좁은 길로 연결되고, 집들은 모두 길을 등지고 안쪽으로 향해, 개인적인 내부중정 주위에 조직되어 있다. 로마 도시의 중심에서 서로 직각으로 교차되어 도시 전체를 4

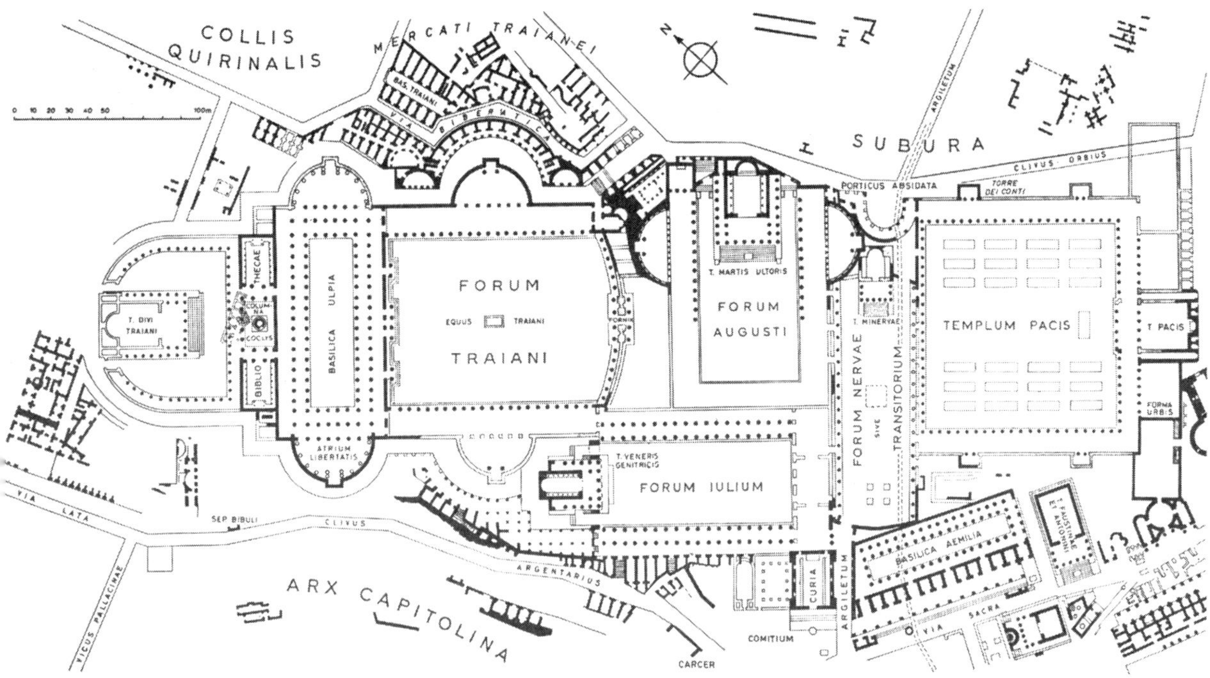

그림 56. 로마 황제들의 포룸(Imperial Fora)의 평면도. 각 개별 포룸들은 축의 원리에 의해 배치되었다. 또한 경계벽으로 영역을 확보하고 열주들로 내부의 틀을 잡고 있는데, 내부 마감은 내부공간과 같이 느껴지도록 구성되었다.

등분하는 가장 중요한 두 대로인 카르도(Cardo)와 데쿠마누스(Decumanus)에서는 완고할 정도로 이성적인 축성(軸性 : axiality)을 추구했던 로마인들의 기질을 가장 잘 확인할 수 있다. 이것은 주요 도시 또는 병영도시 등 어디에서나 관찰할 수 있고, 심지어 현재에도 로마가 건설한 도시라는 것을 인식할 수 있다. 프라이네스테(Praeneste)*9)에서 로마의 황제들의 포룸(Imperial Fora)까지, 트라야누스(Trajan) 욕장에서부터 콘스탄티누스(Constantine) 욕장까지, 모든 로마 건축물의 배치에서는 강력한 축을 느낄 수 있다. 이러한 축의 강조는 건축은 물론 수직성과 이를 보완하는 수평성을 강조하는 예술작품과도 밀접한 관계가 있으며, 이집트보다 더 강하게 강조한 곳은 없을 것이다.*10)

오스티아(Ostia) · 폼페이(Pompeii)(그림 54) 그리고 팀가드(Timgad)(그림 57)에서 볼 수 있는 것과 같이 로마 도시의 중심 공간인 포룸(forum)은 카르도와 데쿠마누스의 교차점에 위치한다. 그 중에서도 축에 맞추어 계획하는 로마의 시스템은 로마에 있는 황제들의 포룸(Imperial Fora)에서 가장 잘 살펴볼 수 있는데,(그림 56) 줄리어스 시저(Julius Caesar) 포룸에서 트라야누스(Trajan) 포룸까지 모두 축에 따른 원리에 의해 설계되었다. 테두리를 열주가 둘러싸고 있는 아우구스투스 포룸 내부에서는 한 쌍의 반원형 공간을 대칭적으로 확장할 수 있었다. 또한 포룸 외부를 경계벽으로 에워싸고 있어, 축에 맞추어 설치된 출입구를 통해서만 들어갈 수 있는데, 트라야누스 포룸에서와 같이 기념비적인 개선문으로도 나타날 수 있다. 요약하면 브란

그림 57. 기원 후 2세기에 건설된 로마의 병영도시인 알제리(Algeria), 팀가드(Timgad)의 항공사진. 앞쪽에 있는 개선문은 성곽도시의 서측 출입문이다. 열주가 늘어선 데쿠마누스(Decumanus)는 카르도(Cardo)와 수직으로 교차하며(사진의 왼쪽 부분) 이어지고 있다.

켄하겐(P. H. von Blanckenhagen)*11)이 언급한 것과 같이, 포룸은 내부공간인 것 처럼 취급되었는데,*12) 바로 이것이 매우 중요한 특징이라고 할 수 있다.

각 포룸들이 어떻게 독립된 영역을 형성하고, 미네르바(Minerva : Nervae) 포룸과 아우구스투스 포룸에서 볼 수 있는 것과 같이 서로에 대해 각각 평행하게 위치하는지, 또는 아우구스투스 포룸과 줄리어스 시저 포룸(Julium)에서와 같이 각각에 대해 수직으로 위치하는지는 황제들의 포룸 전체 평면도를 통해 알 수 있다. 포룸들의 장식 없는 외벽과 내벽을 처리한 마감 구성 모두 명확하게 내부공간처럼 인식될 수 있도록 하는데, 이후 베르니니(Bernini)가 성 베드로 광장(St. Peter's Piazza)을 둘러싸는 열주를 건설할 때에도 동일한 방법을 사용했다.

각각의 포룸들은 그 내부에서 축을 통해 조직화되었다. 카르도와 데쿠마누스의 구조와 같이, 포룸들은 확장한 넓은 반원형 공간인 엑세드라(exedra)*13)에 의해 표출되는 교차축들을 가지고 있었는데, 특히 트라야누스 포룸의 엑세드라가 웅장하다. 바실리카 울피아(Basilica Ulpia)는 트라야누스 포룸의 북서측에서 직각으로 만나며, 외곽 열주가 끝나는 양끝에 위치한 반원형 앱스(apse)는 벽에 반쯤 묻힌 기둥으로 둘러싸여 있다.(그림 56) 따라서 황제들의 포룸 전체 단지(團地)는 상호의존성이 강한 건축적 형태들을 통해 엮여 있던 것이다.

포르마 우르비스 로마에(The Forma Urbis Romae)[14)]

몇몇 황제들이 시행하려고 노력했었지만, 고대 로마에는 마스터 플랜(master plan)이 없었다. 로마는 황제들의 포룸과 마르스 광장(Campus Martius)과 같은 각각의 매우 중요한 여러 중심들로 이루어져 있었는데, 이 중심들이 만들어 내는 관계성은 치빌타 로마나 박물관(Museo della Civiltà Romana)에 소장된 거대한 도시 모형을 통해 검토할 수 있다. 가장 좋은 자료는 완벽한 도시지도에서 도출할 수 있으나, 포르마 우르비스 로마에는 아직도 흩어진 단편들로 남겨져 있고, 전체가 정연하게 맞춰지지는 못하였다.

셉티미우스 세베루스(Septimius Severus) 황제의 재위시기였던 기원후 193~211년, 후기 로마의 도시를 대리석 위에 새긴 지도가 포르마 우르비스 로마에이다. 그 첫 번째 조각이 1562년에 발견되었고, 1673년에는 벨로리(G. P. Bellori)[15)]가 그때까지 발견된 조각들의 도판들을 출간했으며, 죠단(E. H. Jordan)이 처음으로 과학적인 방법으로 정리하여 1874년에 출판되기도 하였다. 또한 14년 후에는 637개의 추가 조각들이 팔라초 파르네제(Palazzo Farnese)의 정원 벽에서 발견되었고, 카렛토니(G. Carettoni)는 1960년에 전체 자료를 편집하여 출판했다.[16)] 이와 같은 기록물들이 고대 로마의 도시 형태에 관한 새로운 정보를 제공하고 있다.

세베루스 지도(Severan Marble Plan)에는 도시의 주요 시설 배치를 1:240 축척으로 표현했다. 이 대리석 석판들은 파시스 포룸(Forum Pacis)의 남동측 벽체에 설치되었으나, 이후 산티 코스마 에 다미아노(Sts. Cosma and Damiano) 교회의 북동측 벽체가 되었으며, 몇 개의 조각들은 아직도 남아있다. 황제들의 포룸 남동쪽 끝에 있는 파시스 포룸은 "중심에 평화의 신전이 있고, 그 주위로 건축물들이 열 지어 늘어서서"[17)] 하나의 경계를 만들고 있다. 큰 축척으로 대리석에 지도를 새겨 넣었기 때문에, 각 건축물들의 구분은 물론 개별 방들의 구분까지도 표현 가능했고,(그림 58) 당시의 큰 건축물은 물론 고대의 건축물까지도 세부 묘사로 표현되어 있다. 이 지도는 위대하고 혁신적이었던 주요 도시(metropolis)를 실제 크기로 자랑스럽게 기록하려 했던 것이고, 로마 황제가 특별히 건축물들을 보존하기 위해 관심을 가졌던 목록을 표현한 것이기도 하다.

로마가 남긴 도시 디자인의 영향력을 보기 위해서는 폼페이 · 오스티아 · 팀가드(그림 57) 및 지중해 해안을 면하고 있는 북아프리카의 여러 도시 등, 다른 문화가 중첩되지 않은 도시들을 검토해야 하는데, 이 도시들의 격자형 배치가 로마의 질서원리(Roman Principle of order)를 명확하게 증명하고 있기 때문이다.

여기서 이야기하는 로마의 질서원리는 그리스의 그룹디자인과는 다른 것으로, 심지어 기원전 7세기에 건설된 그리스 코린트의 식민도시였던 시실리 섬의 셀리누스 역시, 고대 이탈리아의 카르도와 데쿠마누스의 원리를 이어받았다.*18) 셀리누스 등의 시실리 도시들과 파에스툼에 있는 사원들은 그룹디자인에 의해 배치된 것이 아닌, 서로 평행하게 배치하는 것이 전형적인 특징이었다. 이러한 축에 따른 배치(axial cross)는 소아시아 그리스 도시들에서 볼 수 있었던 격자 배치(gridiron layouts)인 히포다미안(Hippodamian)에서 파생되었지만, 그리스 본토에는 영향을 미치

그림 58. 로마 세베루스 지도(Severan Marble Plan)인 포르마 우르비스 로마에(Forma Urbis Romae) 파편에서 올레아 갈배(Horrea Galbae) 및 포르티쿠스 아에밀리아(Porticus Aemilia)로 알려진 거대한 창고단지를 볼 수 있다. 포르티쿠스 아에밀리아의 길고 평행하게 배치된 아케이드를 지지하는 반복되는 교차 볼트의 정방형 기둥들은 다른 것들보다 약간 높게 돋을새김 되어 있다. 또한 가는 기둥으로 받쳐진 열주랑(portico)으로 각각 둘러싸인 긴 직사각형 중정에 창을 설치하고, 배럴 볼트로 축조한 올레아 갈배의 방들이 줄지어 있는 것 역시 이 지도에서 확인할 수 있다.

지 않았던 반면, 로마인들은 축성(axiality)에 대한 강조를 결코 버리지 않았다. 이후 축에 따라 배치하는 것은 17세기까지도 지속되며 정교하게 발전되었고, 베르사이유(Versailles) 궁전과 정원의 바로크식 배치에서 최고의 절정에 이르렀다.

건축과 상징주의(Architecture and Symbolism)

건축물을 행위의 관점에서 분석할 때, 초기 건축의 내재된 속성을 파악할 수 있다. 고대에는 건축 행위를 신성한 일로 간주했다. 이집트 사원에서는 기초석을 놓음으로써 명확한 종교의식절차가 시작되었다. 슈브리에(Henri Chevrier)는 아멘호텝 3세(Amenhotep Ⅲ : 기원전 1,400~1,362년)의 파일론(pylon) 기초 부분에서 그 이전에 설치된 13개의 표지석(標識石)들을 발견했는데, 잡석이나 또는 신을 모독하는 파괴행위로 간주되지 않도록 정성들여 안치하고 그 부조들을 매우 세심하게 보존했다.[*19] 이 초기 건축물의 파편들은 그 이후에 건설했던 사원에 마치 씨앗과도 같이 상징적으로 다시 설치된 것이 분명했다. 알렉상드르 바릴(Alexandre Varille)[*20]이 회원인 프랑스 고고학자들의 모임에서는 부조(浮彫)의 주제(主題)를 포함하여, 이집트 사원에서 부조로 마무리한 석재의 재사용에 대한 상징성에 대해 연구를 진행했는데,[*21] 부조를 재사용한 주목적은 이전 신전들의 어떤 힘을 새로운 사원에 부여하기 위한 것으로 결론지을 수 있었다.

단지 실용적 목적에 의해 사용되었던 이전 형태들이 로마의 기념비적 건축에서는 상징적 의미가 부여되어 다시 사용된 여러 사례들을 지속적으로 볼 수 있다. 전적으로 실용적이었던 구조 형태가 갑자기 중요해진 것이다. 이것은 심지어 건축물 재료에서도 마찬가지였는데, 석회와 모래 또는 포졸라나(pozzolana)를 섞은 모르타르(mortar)와 깬 석재를 함께 응고시켜 만든 거대한 덩어리인 로마의 콘크리트는 대규모 건축에서 반드시 필요한 것이었다. 예를 들어 기원전 117년의 카스토르(Castor) 사원과 기원전 121년 콩코르디아(Concordia) 사원의 포디움(podium) 코어를 축조하는 기본 건축재료로 콘크리트가 사용되었다. 오랫동안 기초와 지지벽체에 사용되어 온 이 일체형 재료(monolithic material)는 기존에 알려진 것과는 다르게 볼트로 축조한 넓은 경간(span)을 축조하는 수단이 되었고, 이후 모든 건축구조의 시초가 되었다. 우리도 최근 유사한 발전을 경험했는데, 이전에는 순수하게 실용적인 목적으로 사용되었던 철(iron)과 철근콘크리트(ferroconcrete)가 19세기 후반에 들어 급작스럽게 새로운 공간개념을 표현하는 도구가 되었던 것이다.

가장 이른 것은 기원전 4세기,[*22] 로마 하수구(sewers)에 축조된 배럴 볼트가 새로운 상징적 표현을 갖는 매우 중요한 건축의 첫 번째 시작을 나타낸다. 그 다음 단계는 기원전 193년 티베르 강기슭에 있는 대규모 시장 홀인 포르티쿠스 아에밀리아(Porticus Aemilia) 근처의 거대한 창고인 올레아 갈배(Horrea Galbae)에서 볼 수 있다. 아케이드와 열주랑(porticos) 앞에 위치하는, 볼트로 축조한 이 창고 건축은(그림 58) 오스티아 항구로부터 나오는 곡물을 저장하였다. 이 때부터 볼트의 축조는 더욱 더 중요하게 되었고, 이후 여기서 파생된 것들이 기독교 수도원의 수도실(cells)과 회랑(cloisters) 등이다. 로마의 배럴 볼트는 제국욕장(Imperial thermae)과 콘스탄티누스 바실리카(Basilica of Constantine)에서 그 절정을 이루었다.(그림 141)

로마의 상수도(water supply)는 수 킬로미터에 걸쳐 아케이드로 축조된 수로(aqueducts)에 의해 공급되었고, 기원전 144~140년의 마르티아 수로(Aqua Martia)와 같이 수로 위에 다른 수로가 겹쳐 축조되기도 하였다. 공화정 시기에 시작된 이 구조적 형태는 기원전 13~11년 아우구스투스가 건설한 마르켈루스 극장(Theater of Marcellus)과 기원전 55년 폼페이에 건설한 극장과 같이, (흔히 초기) 극장의 반원형 파사드를 형성하는데 사용되었다. 아케이드는 플라비우스 왕조(Flavians)의 원형 경기장인 콜로세움(Colosseum)에서 매우 장엄하게 축조되었는데, 외장에 부착된 그리스식 기둥들은 서로 다른 층을 유기적으로 연관 짓기 위해 첨가되었다.

아치(arch) 구조 역시 동일한 과정을 따랐는데, 도시 성벽(city wall)을 통과하는 출입구에 처음 사용되었다. 이후 아치는 수월하게 방어할 수 있는 도시 성문으로서의 본래 목적은 없어지고, 그것을 통과함으로써 장군과 그의 군대가 적을 살인한 죄로부터 깨끗해지는[*23)] 종교 의식적 의미와 밀접한 관계가 있는, 로마의 중요한 상징인 개선문(triumphal arch)을 통해 독립적으로 건설되었다.

앞에서 살펴본 것과 같이, 원형(圓形) 구조는 원시 원형 오두막으로부터 여러 중간 단계를 거쳐 토로스의 원통형 로툰다로 변화하였다. 원형 구조는 특이한 생명성과 서로 다른 여러 의미들을 가진 형태이며, 본래는 신비적인(chthonic) 힘들과도 관계되었다. 이러한 원형은 로마에서 더욱 발전하여, 발산하는 형태인 큐폴라 돔(cupola dome)을 거쳐 우주(cosmos)와도 연관 지어 졌다.

네로(Nero) 황제는 기원후 64~68년, 그의 황궁과 도무스 아우레아(Domus Aurea)의 한 부분에 건설한 원형 식당인 세나티오 로툰다(cenatio rotunda)에서 하늘과 땅의 상징적 관계를 표현하기 위해 원형을 사용하였다. 우주의 지배자로서 황제의 지위를 표현하기 위해 황제는 홀의 중앙에 앉았다. "그것은 페르시아(Persia) 왕의 우주를 닮은 천막(cosmic tents) 또는 50개의 황금빛 기둥이 받치고 있는 훌륭한 솜씨로 천계(天界:firmament)를 모방한 알렉산더 대왕(Alexander the Great)의 천막을 생각나게 하는 것인가?"[*24)]

로마의 벽체(The Roman Wall)

콘크리트가 발명되기 전에는 매우 넓은 경간을 갖는 거대한 로마의 구조물들을 건설하는 것이 불가능했다. 로마인들은 2세기에 걸쳐 이 합성재료인 콘크리트에 대해 지속적으로 실험했고, 점차 기술적인 성취들을 얻어나갔다. 콘크리트의 사용과 발전과정을 추적하기는 어렵지 않으며, 특히 블레이크(M. E. Blake)*25)는 『이탈리아에서의 고대 로마 건축기술—선사시대부터 아우구스투스 시대까지(*Ancient Roman Construction in Italy from the Prehistoric Period to Augustus*)』(1947)에서 면밀하게 기술했다. 이 책에서는 주로 로마제국 초기부터 외면을 벽돌로 마감하여 지지벽체와 대경간을 만들었던 아치의 기능과, 이 기능을 콘크리트가 이어받아(그림 66) 중대하게 영향을 미쳤던 사례들은 물론, 건축적인 발전을 보여주는 사례들도 살펴보고 있다. 마천루가 철골구조의 발명에 의해 발전한 것과 같이, 넓은 경간의 발전은 콘크리트의 발명에 의한 것이었다.

전형적인 로마 벽체는 중심 콘크리트에 내·외부 표면을 조적으로 마감하였다. 즉 "대규모 로마 건축물들의 벽체는 전체를 조적으로 쌓은 것이 아니었다. 조적은 단순히 콘크리트를 감싸는 마감재료였다. … 내부에는 모르타르와 함께 작은 석재와 도기(陶器) 파편 등을 채워 넣었다. 모르타르는 항상 $\frac{2}{3}$ 정도가 혼합재료였다".*26) 여기서 빈켈만(Winckelmann)*27)이 18세기에 언급했던 모르타르는 로마 구조물의 중심부인 콘크리트 층이었다.

콘크리트(Concrete)

오늘날의 콘크리트와 같이 로마의 콘크리트 역시 일체형 재료였다. 콘크리트의 특성을 다시 인식하게 된 것은 18세기 중반이었고, 로마 콘크리트의 방수 특질을 재발견한 것은 또 다른 반세기 이후였다. "가장 최근에 발견된 포틀랜드(Portland) 시멘트가 나올 때까지, 어떠한 현대적 모르타르 또는 콘크리트도 고대의 우수한 특성을 가지지 못했었다".*28) 로마 콘크리트는 거친 잡석으로 이루어 졌고, 재료들을 혼합하여 거대한 덩어리로 만들어지며,(그림 67) 내구성은 전적으로 혼합된 재료들의 질에 의존하게 된다.

포졸라나(Pozzolana). 로마가 번창했던 지역은 화산이 많아 콘크리트의 발견이 촉진되었다. 로마인들은 화산지역의 화산 모래인 포졸라나를 사용함으로써, 그리스와 동양에서 이어졌던 석회와 모래 모르타르를 물에서 굳어지는 재료로 변환시킬 수 있었다. 포졸라나를 발견한 지역의 이름을 딴 포졸라나(pulvis Puteolanus)는

40~60% 규산염(silicates)과 15~25%의 석회로 이루어진 화산재의 퇴적물로, 가장 특별한 혼화재(混和材 : binding)임이 증명된 것이었다.

포졸라나의 놀라운 특성은 매우 일찍부터 알려졌었는데, 기원전 1세기에 비트루비우스는 다음과 같이 서술하였다. "또한 자연적 원인으로부터 생산된 놀라운 결과가 바로 이러한 종류의 가루이다. 그것은 바이아(Baiae) 근처와 베수비오(Vesuvius) 산 근방의 도시지역에서 발견된다. 석회와 거친 잡석을 섞은 이 물질은 여러 종류의 건축물을 강하게 할 뿐만 아니라, 바다에 교각을 건설할 때에도 물속에서 견고하게 만들어 진다" (II, VI).

로마제국의 자연과학자인 대(大) 플리니우스(Gaius Plinius Secundus 또는 Pliny the Elder : 기원후 23~79) 또한 다음과 같이 언급했다. "지구상의 물질 중 가장 열등한 것이라는 사실이 매우 의아스럽지만, 포츠올리(Pozzuoli) 언덕에서는 먼지라고 불렀으며, 바다의 파도를 만나도 곧 물에 가라앉아 파도의 공격을 견뎌내고, 매일매일 더욱 강해져 하나의 돌덩어리로 변한다".*29)

18세기에는 고전에 대한 연구가 시작되어, 고대에 대한 이해를 통해 전반적으로 다시 돌아보는 계기가 되었다. 따라서 자연스럽게 고대 그림과 조각에 관심이 집중되었고, 예술 역사가인 요한 요하임 빈켈만(Johann Joachim Winckelmann)은 특히 로마 건축물들의 거대한 구조에 대해 관심을 가졌다. 빈켈만의 관심은 로마에 대한 조언자 역할을 했던 알레산드로 알비니(Alessandro Albini)*30) 추기경에 의한 것이었는데, 알비니는 로마와 간돌포 성(Castel Gandolfo)에 있는 그의 건축물들에 포졸라나를 사용하는 등, "과거 로마의 기술을 실험적으로 사용했던" 사람이다.*31)

18세기의 연구자들에게 큰 충격을 준 것은 바로 "거의 바위와도 같은 강도를 가진 모르타르" 였다. 지글러(Ziegler)는 로마 건축물들의 견고함 · 내구성의 원인과 방법들을 밝히기 위한 경연대회를 열었고, 그 출판물에서는 로마 건축물 축조에서의 포졸라나 기능에 대해 광범위하게 다루었다. 그는 "포졸라나는 … 모래를 대신하면서, 습기를 빨아들이는 *다공질(多孔質 : porous)*이었기 때문에 석회를 빠르게 결합시킨다" 라고 기술했다.*32)

18세기의 위대한 엔지니어들 중 한명인 존 스미턴(John Smeaton)*33)은 대략 동시기에 에디스톤 등대(Eddystone Lighthouse : 1759)를 건설했다. 그 위치는 바다의 거대한 힘에 노출되어 있었고, 기존 등대는 폭풍에 의해 파괴되었다. 이에 스미턴은 석구조를 극도로 접착력이 강한 하나의 구조물로 만드는 축조 시스템을 사용했는데, 석재들을 결합시키고 기초와 재료들을 견고하게 연결하기 위해 생석회(quicklime)와 점토 · 모래 · 쇠찌꺼기(slag) 분쇄물을 섞은 혼합물인 콘크리트를 사용하였다. 이것이 우리가 알고 있는 한, 로마시기 이후 처음으로 콘크리트를 사용한 예일 것이다.

빈켈만의 연구(Winckelmann's research.) 골동품 연구자이자 그리스와 로마 골동품의 충실한 큐레이터*(Delagato supra la conservazione della antichità di Rome)*였던 빈켈만은 "현학적인 작은 엔지니어가 진짜 비트루비우스였다"라는 권위에 대해 명확한 의구심을 가지고,*34) 로마 도서관들에서 원문들을 조사하고 연구했다. "그는 1465년, 코린트(Corinth)의 다각형 벽체를 그린 쥴리안 상갈로(Julian Sangallo)의 그림을 바르베리니(Barberini)에서 발견했고, … 바티칸에서는 피로 리고리오(Pirro Ligorio)가 올림피아(Olympia)의 쥬피터 사원(temple of Jupiter)의 거대한 기둥을 측량한 필사본을 … 알바니안(Albanian) 박물관에서는 고화(古畵) '파우스티나의 목욕(The Bath of Faustina)' 의 칼라 채색본을 … 무엇보다 가장 주목할 만한 것은 스토시(Stosch)가 고대 건축물을 측량하기 위해 소유하고 있던, 라파엘(Raphael)이 그린 것으로 추정되는 건축화첩을 발견한 것이다".*35) 빈켈만은 로마 주변지역에서 피라네시(Piranesi)와 유사하게 로마 폐허에 대해서도 연구했다. 그는 클라우디아 수로(Aqua Claudia)와 마르티아 수로(Aqua Martia) 등, 수로(conduits)에 대한 면밀한 조사에 대해 다음과 같이 설명한다. "더욱 내 마음대로 올라갈 수 있도록, 완전히 드러난 모든 구멍들을 기어 다닌다".*36)

빈켈만이 저술한 책, 『고대 건축에 대한 고찰*(ANMERKUNGEN ÜBER DIE BAUKUNST DER ALTEN)*』(1762)의 첫 번째 장에서는 "벽돌 · 석재 · 모르타르 특히 포졸라나" 등 로마 건축재료들에 관한 언급으로 시작한다. 빈켈만은 특히 포졸라나에 대해 관심이 많았는데, "모르타르는 고대 고마인들에 의해 준비되었고, 현대에 와서 포졸라나로 완성되었다. 이 흙은 고대 명칭인 '풀비스 푸테오라누스(pulvis Puteolanus)' 그대로 지금까지 불리고 있으며, 특히 수중 구조물에 사용되고 있다". 또한 빙켈만은 "함께 섞이는 실제 돌보다도 더 강한 … 돌로 변하는 것과 같은" 모르타르의 변화특성에 주목했고, 로마인들은 "언제나 돌보다 모르타르를 더욱 많이 사용했고, 모든 고대 볼트구조는 이러한 방법으로 축조되었다는 사실"에 강한 인상을 받았다. 그는 또한 "재료들을 미리 섞고, 여러 명의 능숙한 작업자들이 축조하면, 큰 볼트도 단 하루면 완성할 수 있는" 빠른 축조 방법에 주목했다.*37) 이러한 방법들은 오직 최근 백년 사이에 재발견되고 진척된 연구 결과이다.

축조기술의 표준(Standards of Construction)

혼합적 특징을 갖는 로마 벽체는 고도로 발달된 건축기술을 의미하는 것이다. 고대 로마에서 기념비적 구조물을 건설하였다는 것은 높은 기술 수준의 장인들을 보유한 전문 건설업자들의 큰 조직이 필요했다는 것을 의미한다. 예를 들어 콜로세움(Colosseum : 기원후 76~80년경)과 관련한 건축가의 이름은 찾아볼 수 없으므로, 전

그림 59. 장 뒤뷔페(Jean Dubuffet)의 "분할된 지형(Topograph aux decoupes, 1959, 70×91㎝)". 뒤뷔페와 같은 예술가들은 개성 없는 가로(街路)와 벽체의 구조적 외관의 아름다움을 분명하게 보여준다. 오늘날 우리는 로마 거장들의 벽체와 볼트 축조기술에서도 강한 느낌을 받지만, 구조적 요소들을 서로 잘 어우러지게 만드는 효과에 끌리게 된다.

문 건설업자의 승리였다고 할 수 있다. 현대 미국에서와 같이 고대 로마에서도 매우 강력한 사업이었던 것이다. 이 거대한 건축물이 놀랍도록 짧은 기간에 축조된 것은 오직 각각의 팀들이 각기 다른 지점에서 동시에 작업을 시작하는 공동작업(teamwork)으로만 설명될 수 있다. 빈켈만은 이 효율적 조직화에 더해, 목표한 기간 내에 빠르게 건설하기 위하여 로마의 볼트 축조기술이 반드시 필요했었다는 사실에 주목하였다. 하드리아누스 황제의 별장(Villa of Hadrian) 볼트들에서 비계(飛階)의 흔적을 발견한 이후, 빈켈만은 "볼트를 축조하는 이 빠른 방법은 더이상 관습적인 것이 아니었다"라고 언급한다.*38)

또한 로마인들이 연구했던 특징 중 하나는 경량화(輕量化)이다. 즉 "볼트 축조에서 경량화는 로마인들에게 매우 중요한 것이었고, 그들은 심지어 아치 벽체 속에 빈 독(pot)을 끼워 넣기도 했다".*39)

그림 60. 기원전 80년경, 프라이네스테(Praeneste)의 포르투나 프리미제니아 신전(sanctuary of Fortuna Primigenia) 하부지지벽체의 다각형 석재 쌓기.

규격화(Standardization)

합리화된 로마 건설산업에서 벽돌 크기는 세 가지로 구분되는데, 일률적 크기의 재료를 생산한다는 것은 여러 이점을 갖게 된다. 로마 벽돌은 정방형이고, 두께는 정방형 크기에 비해 매우 얇다. 일반적으로 사용된 벽돌의 세 가지 크기는 비페달레스(bipedales : 61㎝(2피트)의 정방형), 세스퀴페달레스(sesquipedales : 45.7㎝($1\frac{1}{2}$피트) 정방형) 그리고 베사레페달레스(besalepedales : 20.3㎝(8인치) 정방형)이다. 여기서 추가되는 크기의 벽돌은 중앙의 선을 따라 절반으로 쪼개어 얻을 수 있었다. 즉, 정방형인 세스퀴페달레스는 두 개의 직사각형으로 쪼개고, 다시 4개의 정사각형으로 쪼갠다. 또한 이 벽돌은 16개의 삼각형으로도 나눌 수 있는데, 이 삼각형 벽돌은 긴 밑변을 콘크리트 벽체 표면과 평행하게 쌓음으로써 벽체를 축조할 수 있고, 동시에 반대쪽 뾰족한 부분은 못과 같이 콘크리트 벽체 속에 박히게 된다. 삼각형 벽돌은 쪼개는 과정에서 모두 똑같은 모양이 되지는 않지만,[*40] 이것이 생동감 있는 로마 벽체의 표면을 만들 수 있는 원인이 된다.

소성 벽돌과 같이 단단하고 깨지기 쉬운 재료를 가지고 생동감 넘치는 하나의 완전한 통합체를 만드는 방법에서는 로마인들의 유연하면서도 풍부한 창의력을 잘 볼 수 있다. 벽체 표면을 생기 있게 표현하여 그 역할을 돋보이게 한 것은 어떠한 문명에서도 찾아 볼 수 없는 것이었다. 또한 로마인들의 풍부하고 창의적인 구조 시스템은 더욱 놀라게 한다. 제국시기 내내 벽체의 처리 방법은 지속적으로 변했으며, 결코 하나의 방식을 유지하거나 고정시키지는 않았다. 벽돌과 다른 재료들을 다양하게 조합하는 방법들은 개발할 여지가 무궁무진했었던 것으로 보인다.

에스더 보이쉬 반 디맨(Esther Boise Van Deman)*41)과 메리온 엘리자베스 브레이크(Marion Elizabeth Blake), 이 두 미국인은 로마의 건축 재료와 그 사용에 대해 연구하였다. 디맨은 두 아티클(1912)과 책(1934)을 통해 기초적인 연구를 진행하였고, 1937년 그녀 사후에 브레이크가 연구를 계속 진행하였다. 그녀의 연구결과는 2권의 책(1947년과 1959년)으로 출판되었는데, 선사시대부터 기원후 100년까지의 모든 로마 축조방법을 자세하게 기술하고 있으며, 동시에 로마의 가장 중요한 대건축물의 건설에 대해서도 논의하고 있다.

두 권의 『로마의 건축기술(*LA TECNICA EDILIZIA ROMANA*)』(1957)은 30년간 로마의 건설기술에 대한 쥬세페 루리(Giuseppe Lugli)*42)의 연구 결과이다. 특히 두 번째 책의 도판들에서는 구축과정에서 나타나는 로마 벽체의 풍부한 다양성을 잘 보여주고 있으며, 첫 번째 책의 도입부에서는 이 분야의 다른 연구와 조사들에 대해 종합적으로 설명하고 있다.

각 건축물들의 건립연대를 알려주는 가장 신뢰할만한 단서는 로마 벽돌들에 새겨진 벽돌 제작자의 이름 또는 전문 건설업자의 이름을 새긴 압인(押印 : stamp)이다.(그림 61) 브로크(H. Bloch)는 이 벽돌 압인 수집물들을 『압인 벽돌과 로마건축의 역사(I Bolli Laterizi e La Storia deilizia Romana)』(1947)로 출판하기도 했다.

그림 61. 스위스 빈도니사(Vindonissa : 현재의 윈디쉬(Windisch))에서 발견된, 압인(押印)을 새긴 기원후 1세기의 벽돌. '제21 군단(軍團)의 병사들(XXI Legion : Rapax)' 이라고 새겼다.

각각의 로마 벽체는 독자적인 방법으로 처리되었는데, 일반적으로 그 표면은 거칠면서도 생명력으로 가득하다. 접합부는 불규칙적으로 나타나며, 서로 겹치기도 한다.(그림 66) 벽돌의 길이면과 마구리면을 반복적으로 번갈아 쌓아 기계적 통일성을 갖는 현대 벽돌쌓기와 로마 벽체의 표면처리와는 공통점이 전혀 없다. 다양한 건축 축조기술을 논의하면서, 익명의 로마 벽체 표면의 아름다움을 고려 대상으로 삼지 않을 수 없는 것이다. 장 뒤뷔페(Jean Dubuffet)와 같은 예술가들의 작품(그림 59)은 체계적인 구조분석에 대한 기회를 주고, 대지와 벽체 표면의 추상적 구조와 미적인 내용을 일깨워 준다.

로마 축조물의 다른 많은 요소들과 같이, 불에 구운 소성벽돌은 욕장의 바닥을 따뜻하게 데우는 온돌인 하이포코스트(hypocausts) 등, 실용적인 목적에 따라 처음 사용되어 졌다. 하이포코스트는 61㎝(2피트) 높이의 베사레페달레스(besalepedales)로 만든 벽돌기둥(pillars)들을 세우고, 바닥 슬라브의 아래는 세스퀴페달레스(sesquipedales), 그 위는 더 큰 비페달레스(bipedales)를 이용하여 만든 이중바닥이다. 기둥들은 61㎝(2피트) 비페달레스로 덮을 수 있도록 적당한 사이 간격을 맞추어 설치했다.*43)

아우구스투스 시대의 벽돌 벽은 여전히 "새로운 축조방법"으로 생각되었다.*44) 비트루비우스가 『건축10서*(DE ARCHITECTURA)*』를 집필하고 아우구스투스 황제에게 헌정했던 시기는 대략 기원전 25년이었는데, 이 책 II권 VIII장에서는 햇빛에 말린 어도비 벽돌(sun-dried brick)에서 불에 구운 소성벽돌로 변화했던 시기에 대한 통찰력을 주고 있으며, 오래 동안 보존되어 온 것에 대한 의문, 새로운 기술에 대한 모든 제한사항들도 설명하고 있다.

벽체 축조의 형식(Types of walling)

서로 다른 종류의 모든 원재료를 사용하는 로마인들의 타고난 재능에 계속해서 놀라지 않을 수 없다. 불규칙한 석재를 사용한 오푸스 인케르툼(opus incertum)과 그 이후에 나타난 햇빛에 말린 어도비 벽돌 또는 구운 소성벽돌을 사용한 오푸스 라테리쿰(opus latericum)*45)은 내부 콘크리트 코어인 오푸스 캐멘티움(opus caementium)*46)의 외장을 마감하는데 사용되었다. 외장의 패턴은 건축물의 종류에 따라 더욱 복잡하거나 또는 더욱 단순해지는데, 이것은 아마도 콘크리트 코어를 보호하는 외장 재료의 주요 목적에 따른 것이었다.

초기 방법은 다각형의 석회암 또는 화산암(tufa 또는 lava) 블록들을 불규칙적으로 사용하는 오푸스 인케르툼이었고,(그림 62) 그 이후 공화정 시기에서부터는 피라미드 모양으로 깎은 돌을 사용하여 그물 모양의 표면을 만들었다. 오푸스 레티쿨라

그림 62. 기원전 80년경, 오푸스 인케르툼(opus incertum)으로 축조한 테라치나(Terracina)의 쥬피터 앙크수르 사원(Temple of Jupiter Anxur)의 하부 아케이드 기둥. 불규칙한 오푸스 인케르툼 블록들과 정방형으로 가공된 모서리 석재들 모두 석회석(limestone)이다.

툼(opus reticulatum)을 처음 사용한 것은 기원전 55년의 폼페이우스 극장(Theater of Pompey)에서였다.[*47] 피라미드 모양의 블록 끝은 콘크리트에 꽂히고, 그 정방형 표면은 벽체 표면에 다이아몬드 형태로 설치된다.(도판V 및 그림 63) "작은 석재는 전체적으로 쐐기 모양의 화산암이고, 표면은 정방형이며 … 고대에서부터 이 벽체 형식을 오푸스 레티쿨라툼이라고 불렀는데, 석재들의 배치가 마치 그물 조직과 같은 패턴을 갖기 때문이었다".[*48] 비트루비우스가 폼페이우스 극장 완성 직후에 쓴 "건축물 벽체의 축조방법"이라는 장에서는 다음과 같이 시작한다. "벽체는 두 가지 형식이 있다. '오푸스 레티쿨라툼'은 현재 모든 사람들이 사용하고, 고대의 형식은 '오푸스 인케르툼'이라고 불린다".

수평적으로 또는 수직적으로 벽체를 더욱 강하게 만들기 위해, 로마인들은 각기 다른 외장 축조기술을 혼합하는 오푸스 믹스툼(opus mixtum)[*49]을 사용했다. 이 쌓기 방법은 바이아(Baiae)에 있는 베누스 사원(Temple of Venus)에서 볼 수 있는 것과 같이 기원후 2세기에 시작되어 매우 발전하였는데,[*50] 오푸스 레티쿨라툼 쌓기 위에 수평으로 쌓은 벽돌 층을 번갈아 쌓아 수직적인 구조성능을 강화하는 시스템이다. 사실상 철로 만든 수평 연결지지대(rod)를 사용하지 않고 일종의 골격구조

그림 63. 기원후 1세기, 테라치나(Terracina) 카피톨리움(capitolium)＊에 있는 다양한 색의 오푸스 레티쿨라툼(Opus reticulatum).

＊카피톨리움(capitolium)은 본래 로마의 카피톨리노 언덕을 가리킨 것이었으나 쥬피터 신전(카피톨리노의 쥬피터 신전) 자체를 지칭하는 경우도 있다. 로마의 지배권 확대와 더불어 많은 식민도시인 폼페이 · 두가 · 툴루즈 · 사브라타 등지에 쥬피터 · 유노 · 미네르바의 3신을 모신 신전이 건설되었는데, 이것들도 카피톨리움이라 한다. (미술대사전-네이버))

에 의해 벽체를 보강하는 첫 번째 시도였던 것이다.(그림 65)

로마인들은 석재와 벽돌을 사용했던 그들의 과거 경험을 기반으로 한 위대한 능력을 보여주었다. 판테온(Pantheon)의 노출된 벽체에서는 외벽 전체의 평형을 유지하기 위해 사용된 분리 아치들(relieving arches)을 발견할 수 있는데, 로마인들의 이 깊은 통찰력에 감탄하게 된다.(그림 94) 때로는 단순한 반원형 아치를 사용하기도 하고, 때로는 이중 아치를 사용하거나, 심지어 3겹의 비페달레스(bipedales) 벽돌을 방사형으로 축조한 아치도 있었다. 로마의 바로크 건축가들은 고대 로마건축을 미적인 관점으로만 모방하지 않았는데, 예를 들어 프란체스코 보로미니(Francesco Borromini)의 마지막 미완성 건축물인 성 안드레아 델라 프라테(S. Andrea della Fratte) 아치창에서는 로마의 분리 아치를 이용하여 방사형 벽돌 층을 3겹으로 사용하였다.*51)

아우구스투스의 계승자인 제2대 황제 티베리우스(Tiberius Claudius Nero, 재위 기원후 14~37) 통치시기에는 구운 소성벽돌의 사용이 로마 전역에 퍼지기 시작했다. 이것은 매우 늦은 것이었는데, 메소포타미아(Mesopotamia)에서는 지구라트(ziggurats)의 표면을 안정시키기 위해 매우 이른 기원전 2,000년에 소성벽돌을 사용했다. 또한

그림 64. 기원후 81~96년, 로마 도무스 아우구스타나(Domus Augustana)의 상층 테라스 서측 벽체. 문 상인방 위의 벽체는 콘크리트 벽체에 삽입된 비페달레스(bipedales)로 만들어진 분리 아치들(relieving arches)로 인해 더욱 튼튼하게 축조되었다.

그림 65. 로마 라티나 가도(Via Latina)에 있는 2세기 초반의 빌라 셋테 밧시(Villa Sette Bassi)의 오푸스 믹스툼(Opus mixtum) 벽체. 오푸스 레티쿨라툼(opus reticulatum) 벽체에 여러 수평의 벽돌층을 섞어 쌓음으로 인해 더욱 튼튼하게 되는데, 이것은 철로 만든 연결지지대를 사용하지 않고 보강하는 방법 중 하나이다.

로마에서 표준화된 정방형 벽돌이 완전히 사용되기 시작한 것은 바로 도미티아누스(Titus Flavius Domitian, 재위 기원후 81~96) 통치시기에서였다. 도무스 아우구스타나(Domus Augustana)의 상부 벽체(그림 64)에는 비페달레스로 축조한 분리 아치들이 콘크리트 벽체에 깊숙이 파묻혀 있어, 매우 견고하게 축조된 것을 알 수 있다. 또한 이 사진에서는 전체적인 변화 속에서도 서로 다른 너비를 갖는 많은 요소들을 통합하는 독특한 성격의 로마 벽체 축조능력을 보여주고 있다.

그림 66. 기원후 2세기 후반에 축조된 오스티아(Ostia)의 세테 사피엔티 욕장(Bath of Sette Sapienti)의 벽돌로 외장을 마감한 벽체. 여기서는 벽돌로 마감한 콘크리트 구조물을 명확하게 볼 수 있었으나, 1960년에 파괴되었다.

로마의 아치(The Roman Arch)

로마건축에서의 반 고전적 성향(The anti-classic vein in Roman architecture)

로마건축의 반(反) 고전적 성향에 따른 혁명적 성취가 시작된 것은 바로 아치에서부터이다. 여기서 이야기하는 고전적 성향이란, 도리스(Doric) 사원에서 완벽하게 보여주었던 하중과 이를 지지하는 상반된 특성을 가시적으로 분류하고 즉각적으로 이해할 수 있도록 한 것을 의미한다. 예를 들어 아키트레이브(architrave)와 기둥은 하중과 그에 대한 지지의 수평-수직적 관계를 명백히 보여주고 있다.

수평과 수직의 직접적인 상관관계는 수메르 및 이집트에서부터 그리스까지, 첫 번째 공간개념 전체에 고루 퍼졌 있었다.

기둥 사이의 공간은 아키트레이브와 보 등, 하나로 구성되는 거대한 요소들의 허용 가능한 길이에 의해 엄격히 조절된다. 즉, 석재로 만든 보의 휨 모멘트(bending moment)에 의해 어쩔 수 없이 제한될 수 밖에 없는 것이었다.

서로 다른 크기를 갖는 개별 요소들에 따라 만들어지는 기둥 사이의 좁은 간격은 매우 다른 표현의 가능성들을 만들어 낼 수 있었다. 카르나크 신전(temple of Karnak)의 하이포스타일(hypostyle) 기둥들은 직경 4m인데, 이 기둥들을 연결하는 석재 보의 길이는 자연스럽게 제한될 수 밖에 없다. 게다가 기둥들은 매우 가까이 모여 채워져 있으므로 전체 공간을 흡수하는 효과를 주고 있다.

그러나 그리스에서 기둥들은 이러한 과대망상증적인 표현을 보이지 않았다. 게다가 어쩔 수 없는 아키트레이브의 길이로 인해 여전히 제한적이기는 하지만, 기둥 사이의 공간들은 더 넓어졌고 매우 먼 거리에서도 인지가능하다. 기둥은 더욱 얇아졌고, 시각적으로 각각의 존재감을 얻었다. 그러나 아직도 내부공간을 응축적으로 표현하던 조각적인 열주를 외부로 형상화하거나, 하중과 지지의 직접적 관계를 표현하는 것에 근거하고 있었다.

그리스 사원은 아키트레이브와 기둥 사이, 수직과 수평 사이의 간단한 관계를 명확하게 표현하고 있다. 그러나 앞에서 살펴 본 것과 같이 하중과 지지 사이의 관계는 오로지 완벽한 합리적 조화 속에서 전체 사원을 통합하는 것에서부터 시작한다.

아마도 펜텔릭(Pentelic) 대리석*52)과 같은 우수한 재료를 사용했기에 가능했던 정밀함으로 인해, 지금까지 비교대상이 없을 만큼 정교한 건축적 비율(modulation)을 얻을 수 있었다.

완벽하고도 충실하게 자연법칙에 기반을 두어야 완전한 조화를 이룰 수 있다. 휴먼 스케일은 모든 것에 결정적인 영향을 미친다. 그러나 규모가 거대해지자 소아시아 그리스 사원들과 같이 감동적이었던 통일성은 사라졌다.

또한 이러한 규준들은 아치와도 연관되어 있지만, 아치로 인해 하중과 지지를 구별하는 냉혹한 정확성이 없어졌다. 아치와도 특정한 상관성을 갖는 비례는 지금까지 지켜져 왔던 규칙에 의해 결정되지는 않았다. 새로운 목적에 맞는 새로운 자유가 있다. 이것은 기존의 원형(原型 : prototype)이 없는, 어느 정도 새로운 규모에 대한 시도를 의미한다. 따라서 하중과 지지를 즉각적으로 인지할 수 있게 하는 관계성을 없애고, 새로운 표현방법을 도입할 수 있는 새로운 구성요소가 요구되었다. 이것이 바로 아치였던 것이다.

초기 아치의 사용(Early uses of the arch)

조적식 아치의 사용에 따라 하중과 지지 사이의 가시적 관계가 없어진 것은 긴 역사를 갖는다. 현재까지 알려진 가장 초기의 아치는 메소포타미아(Mesopotamia) 에리두(Eridu)*53)에 축조된 소규모의 코벨 쌓기 아치이다. 그것은 4,000년 전, 지구라트 단지(團地)에 어도비 벽돌로 만든 첨두아치(pointed arch)이다. 그러나 첫 번째 고대문명에서 아치는 거의 발전이 없었고, 첫 번째 공간개념의 건축요소로도 인식되지 못했다.*54)

아치가 그 중요성을 획득하게 된 것은 에트루리아-로마(Etruscan-Roman) 시기에 와서였으며, 한번 얻은 중요성은 결코 없어지지 않았다. 승리한 장군들의 기념 행렬과 검투사들의 전투 등, 다른 많은 경우에서와 같이 에트루리아의 영향은 부정할 수 없는 것이다.

에트루리아의 납골함(Etruscan funerary urns). 도시로 들어가는 성문의 수평 상인방을 대신하여 원형의 아치문이 어떻게 사용되었는지는 에트루리아의 납골함에서 볼 수 있다.(그림 68) 지금은 피렌체(Firenze)의 고고학 박물관에 소장되어 있는, 기원전 4세기 또는 3세기에 돌로 만든 이 납골함 정면에는 가장 특징적인 아치 출입구가 "지배자의 저택"과 같은 형태로 새겨져 있다.55) 이와 유사하게 강조된 표현을 스위스 엥가딘(Engadine)에 있는 석조주택 아치 출입구에서도 찾아볼 수 있다.

매사추세츠(Massachusetts)의 우스터(Worcester) 박물관에 소장되어 있는 2세기의 납골함은 추이시(Chuisi) 지역에서 발견되었으며, 아치로 축조한 아케이드가 이 시기에 일반적으로 사용되었음을 보여주고 있다. 석조 상자의 긴 정면에도 아치 사이에 이오니아 기둥들이 첨가되어 있어, 아치로 만든 아케이드를 표현하고 있다. 그 상부에는 공물용기(供物容器 : offering vessels)들과 트리글리프(triglyph)들이 번갈아 새겨진 프리즈(frieze)가 있다. 이방인들과 그리스인들의 투쟁은 기둥 사이에서 넘나든다. 한프만(G. M. A Hanfmann)*56)은 이 납골함에 대해 다음과 같이 자세히 기술했다. "여기서는 고전 그리스 건축의 가구식(架構式 : post-and-lintel) 구조가 아케이

그림 67. 기원후 306~310년, 로마의 콘스탄티누스 바실리카(Basilica of Constantine) 측면 아일(aisles)에 사용되었던 코퍼(coffer)로 장식한 배럴 볼트의 콘크리트 블록.

드 · 돔 · 볼트로 축조한 로마제국의 건축으로 변화할 수밖에 없는 중대한 발전의 초기 실험들을 훑어 볼 수 있다. … 예술적이고 상징적이었던 건축물 외관에서 아케이드로 축조한 건축물로 보편화되는 발전의 결정적인 단계는 이것들을 절충하는 것이었다. 즉, 그리스의 기둥과 엔타블러처(entablature)가 있는 파사드에 아케이드가 결합되는 것이다".*57)

이 두 에트루리아 납골함에 새겨진, 아치로 축조한 아케이드와 가구식 구조를 조합한 열주는 술라(Sulla) 시기의 공문서 보존관인 타불라리움(Tabularium)에서부터 아우구스투스 시기와 그 이후의 개선문 · 극장 · 원형경기장까지, 로마의 모든 공공 건축물의 기본적인 파사드를 본질적으로 표현하고 있다.

그림 68. 에트루리아 납골함(Etruscan funerary urn). 기원전 4~3세기의 납골함과 같은 이 상자는 이미 이른 시기부터 가구식 구조의 열주와 아치로 축조한 아케이드를 조합하여 사용하였다는 사실을 보여준다.

실용적인 건축물에서의 초기 아치 사용(Early uses of the arch in utilitarian buildings)

포르티쿠스 아에밀리아(Porticus Aemilia). 포르티쿠스 아에밀리아는 폰즈 서브리쿠스(Pons Sublicus) 근처, 티베르(Tiber) 강 동쪽 기슭에 강과 평행하게 축조되었다. 이 유적은 실용적인 구조물에서 사용되는 배럴 볼트로 축조한 아케이드 초기 사례로서, 계곡을 가로질러 독립적으로 축조된 아치 수로(水路) 건설 이전인 기원전 193년(기원전 174년에 재건)에 시작된 것이다.

포르티쿠스 아에밀리아는 오늘날 사용하는 것과는 그 형태가 다르지만 오스티아 항구에서 운반된 곡물들을 저장하기 위해 건설된 거대한 곡물저장고, 즉 사일로(silo)이다. 평행한 아케이드들을 옆쪽으로 연속하여 축조하였고, 강을 따라 487m 길이로 뻗어 있다.[*58)] 각각의 교차볼트(cross-vaulted)로 축조된 아케이드는 조

그림 69. 기원후 135년, 아테네의 하드리아누스 아치(Hadrian's Arch). 에트루리아 납골함(Etruscan urn)과 같이, 로마 아치 상부에 하중과 지지의 직접적인 관계를 가진 순수한 그리스 건축이 축조되어, 로마와 그리스 건축요소들의 조합을 잘 보여주고 있다.

그림 70. 기원전 80년경, 테라치나(Terracina)에 있는 쥬피터 앙크수르 사원(Temple of Jupiter Anxur)의 테라스. 이 거대한 테라스는 전체적으로 기둥으로 높이 받쳐진 그 비례와 12개의 큰 지지 아치들을 통해서 그리스답지는 않은, 완전한 로마인들의 것임을 알 수 있다.

금씩 높게 축조되어, 강 쪽으로 열려진 아치창 형태의 개구부를 통해 빛과 공기가 내부공간으로 유입될 수 있다. 바로 이 아치창 형태의 개구부가 미래에 위대한 역할을 하게 된다.

60m 깊이의 내부공간에서는 곡식을 저장하기 위한 현명한 해법을 볼 수 있는데, 바로 "볼트는 단단한 벽체가 지지하는 것이 아닌, 뚫려짐(perforated)이 지지하고" 있는 것이다. 게다가 각각의 구획된 저장고 칸은 사방으로 열려있다.(그림 58) 맥도날드(W. L. MacDonald)*59)는 이 구조물에 대한 초기 연구에서 다음과 같이 요약했다. "이 구조물에서 처음 나타났던 아니던 간에, 격자형 평면 위에 아치형태의 지지체와 배럴 볼트를 조합한 것은 볼트로 축조한 완성된 건축물로 발전하는 중요한 단계였다. … 결과적으로 초래된 공간의 상호관입은 용적(volumetric)을 복합적으로 구성할 수 있는 가능성들에 대한 관심이 나타났다는 것을 의미하고 있다".*60)

기념비적인 건축물에서의 초기 아치 사용(Early uses of the arch in monumental buildings)

로마 건축을 형성해 나가던 기원전 1세기에는 기념비적인 건축물과 실용적인 건축물이 상호 의존적으로 발전했기 때문에 명확하게 구분하는 것은 불가능하다.

그림 71. 쥬피터 앙크수르 사원(Temple of Jupiter Anxur)의 아치로 축조한 테라스 하부 아케이드. 아케이드 바깥쪽은 테라스의 길이 방향으로 축조된 낮은 배럴 볼트에 의해 뚫려 있다.

기념비적인 건축물의 특징적인 형태는 술라의 통치기간(Sullanum Regnum)인 기원전 82~79년에 확립되었다. 그 중 오직 3개만이 현존하고 있는데, 티볼리(Tivoli)의 헤라클레스 사원(temple of Hercules), 테라치나(Terracina)의 쥬피터 앙크수르 사원(Temple of Jupiter Anxur)과 프라이네스테(Praeneste)에 있는 재건된 포르투나 프리미게니아 신전(sanctuary of Fortuna Primigenia)이 그것이다. 로마의 공문서 보존관(Roman Hall of Records)인 타불라리움(Tabularium)은 술라의 통치기간 동안 건설되었으나, 그 마지막 형태는 술

그림 72. 티볼리에 있는 기원전 1세기 초반의 헤라클레스 신전(sanctuary of Hercules) 테라스. 고대 티부르티나 가도(Via Tiburtina)가 이 하부 구조물을 통과했다. 사원은 계단으로 연결되는데, 포르투나 프리미게니아 신전(sanctuary of Fortuna Primigenia)에 있는 것과 유사하다. 루이지 로씨니(Luigi Rossini)의 판화.

라가 사임하는 기원전 79년, 바로 다음 해인 기원전 78년에 만들어진 것이다.

테라치나의 쥬피터 앙크수르 사원(The temple of Jupiter Anxur, Terracina). 술라는 테라치나를 정복·파괴한 이후에 군사들에게 분할하여 나누어 주었고, 그는 현재 산 안젤로(St. Angelo)라 불리는 산 정상에 요새와 쥬피터 앙크수르 사원이 복합된 건축물을 건설했다. 로마에서 남쪽으로 122㎞(76마일)에 위치하는 테라치나의 이 바위투성이의 곶(串)은 바다 쪽으로 돌출하였고, 200m 밑으로 바다가 있다. 이 곶을 중심으로 동쪽으로는 낫(sickle) 모양의 넓은 가에타(Gaeta) 만(灣)이 뻗어 있고, 서쪽으로는 이 보다 더 작은 만이 치르체로(Circeo) 절벽에서 끝이 난다. 이 사원에서는 사방으로 명확한 시야가 확보되어, 방이를 위한 훌륭한 요충지에 위치한 것이었다.

사원의 남은 부분은 거의 없지만, 바위가 많은 정상부 위에 거대한 테라스가 남아 있으며, 그 밑의 평지에서도 명확하게 보인다.(그림 70) 기둥으로 높게 받쳐진 그 비례와 12개의 큰 지지 아치들, 이 두 가지를 통해서도 이 위대한 테라스가 전체적으로 그리스의 것이 아닌, 명백한 로마의 것임을 알 수 있다. 아치들은 바다 쪽으로 면해있다. 전체 구조물은 오푸스 인케르툼으로 축조되었고, 코너에만 정

그림 73. 헤라클레스 신전(sanctuary of Hercules)의 테라스를 지지하는 아케이드 내부. 벽체와 배럴 볼트의 천장은 거친 사각형 트래버틴 블록과 작은 오푸스 인케르툼(opus incertum)의 벽기둥으로 마감하였다. 루이지 로씨니(Luigi Rossini)의 판화.

방형 석회암 블록을 사용하였다. 바깥쪽 아케이드의 배럴볼트 측벽은 테라스 전체 길이에 걸쳐 길게 축조된 낮은 배럴볼트 통로에 의해 뚫려진다.(그림 71) 신전 출입구로 사용되는 이 긴 통로 안에서는 계속해서 바다와 하늘을 널리 바라볼 수 있어, 내부공간과 외부공간의 상호작용이 일어난다. 이 건축물의 힘은 그것이 건설되었을 때와 같이 현재에도 명백하며, 쥬세페 루리(Guiseppe Lugli)가 이에 대해 면밀하게 연구하였다.*61)

티볼리의 헤라클레스 신전(The sanctuary of Hercules, at Tivoli). 기원전 1세기 초반에 건설된 이 신전 역시 육중한 인공 테라스 위에 축조되었다.(그림 72 · 73) 신전 자체는 오늘날 보이는 것보다 더욱 훌륭한 환경을 가졌었다. 2개 층 높이의 열주와 관계되는 축에 따른 배치는 프라이네스테의 포르투나 프리미게니아 신전(sanctuary of Fortuna Primigenia)의 축적 배치와 건축적으로 연관되는 것으로 보인다.

테라치나와 티볼리의 신전은 구축적인 요소들과 기념비적 표현 사이에서 앞으로의 통합에 대한 징후를 보여주고 있다. 테라치나에 있는 쥬피터 앙크수르 사원은 육중한 하부구조와는 아직 직접적으로 연결되지 않았다. 즉, 기단 역할을 하는

그림 74. 기원전 1세기, 프라이네스테(Praeneste)에 있는 포르투나 프리미게니아 신전(sanctuary of Fortuna Primigenia)의 모형. 정확한 축에 따른 테라스와 계단의 구성은 성소(valley sanctuary) 영역의 최상부 반원형(半圓形) 사원까지 이어지고 있다.

거대한 플랫폼과 사원이 서로 비스듬하게 서 있는 것이다. 그러나 계곡에 축조된 신전에서부터 산 정상에 건설된 반원형(半圓形)의 포르투나 사원(temple of Fortuna)까지 이어지는 프라이네스테의 웅대한 계획뿐만 아니라 헤라클레스 사원에서도 구축과 축적인 구성 사이의 연속적인 관계성을 가지고 있다.

프라이네스테의 포르투나 프리미게니아 신전(The sanctuary of Fortuna Primigenia, Praeneste). 또한 기원전 1세기에 건설된 포르투나 프리미게니아 신전은 명백하게 두 부분으로 구분된다. 밑 부분은 본래 가늘고 긴 바실리카였는데, 오늘날 신학교로 사용하기 위해 세분되었기 때문에 겨우 알아볼 수 있다. 그 뒤 한편으로는 여자 예언자, 시빌(sibyl)의 동굴이 있고, 그 위 수직 절벽의 표면에는 붙박이 기둥이 정면을 이루고 있는 오푸스 인케르툼(opus incertum)으로 축조한 아치가 있다. 그 상부 단지(그림 74)로는 대칭으로 설치된 두 개의 경사로(그림 75 · 76)를 통해서 접근이 가능한데, 경사로는 가파른 로마 계단에 의해 연결되고 있는 여러 테라스들 중 첫 번째 테라스에 연결되어 있다.

경사로로 접근하는 첫 번째 테라스는 특징적인 로마의 것으로, 우리 관점에서 가장 중요하다. 심지어 오늘날에도 가파른 경사지형을 극복하는 그 기술에 경탄하게 된다. 항상 그런 것처럼, 이것은 원형 아치들과 조적식 지지방법들에 의해 축조될 수 있었다.(그림 78) 특히 대칭적으로 오른쪽 · 왼쪽에 자리한 기념비적인 두 엑세드라(exedra)가 가장 인상적인데, 코퍼(coffer)로 장식된 배럴 볼트로 지붕을 덮고,(그림 77) 양쪽 측면에서 지지하는 아치가 연속되어 평행한 볼트로 확대된다.

축을 이루는 가파른 계단(그림 79)은 두 번째 테라스로 연결되는데, 여기서는 더 작은 지지 아치들이 연속하여 상부의 주 마당(court) 외곽을 떠받치고 있다. 이중(二重) 열주랑(portico)으로 3면을 둘러 싼 거대한 플랫폼(platform)(그림 74)인 세 번째 테라스는 계곡의 전체 전경이 내려다보이는 위치에 있다. 큰 축제가 열리는 날이면 "사원 앞에서 공물을 받치려는 군중들과, 그 앞에서 성직자가 행하는 종교의식에 참가하기 위해",[*62] 수많은 군중들이 모여들었던 것을 알 수 있다. 이 곳은 그리스

그림 75. 포르투나 프리미게니아 신전(sanctuary of Fortuna Primigenia)의 좌측 경사로. 축에 따른 배치계획은 첫 번째 테라스로 연결되는 대칭의 긴 두 경사로에 의해 강조되고 있다.

그림 76. 포르투나 프리미게니아 신전(sanctuary of Fortuna Primigenia)의 경사로를 지지하는 벽체로, 다각형의 석회암으로 축조되었다.

그림 77. 포르투나 프리미게니아 신전(sanctuary of Fortuna Primigenia)의 첫 번째 테라스에 있는 동측 엑세드라(exedra). 코퍼(coffer)로 장식된 배럴 볼트 지붕을 볼 수 있다.

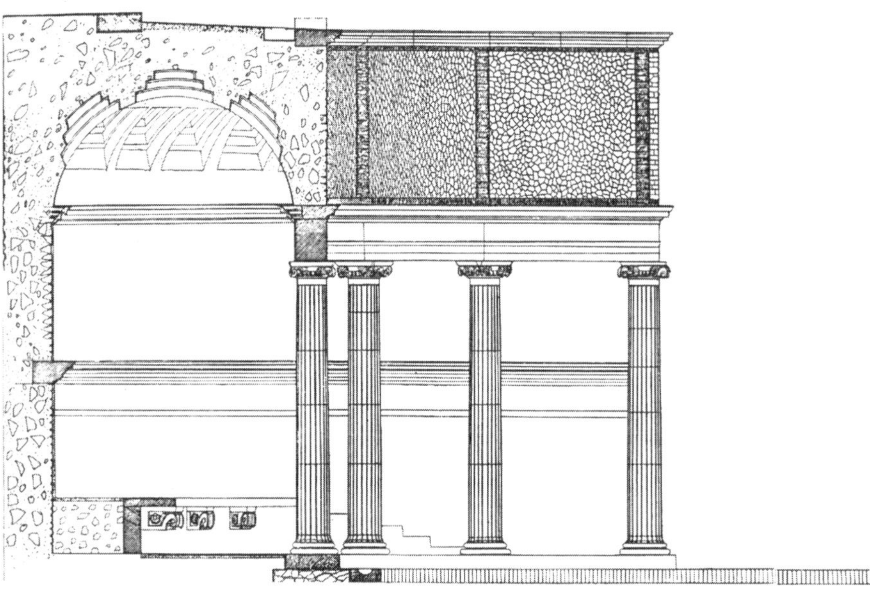

그림 77a. 동측 엑세드라(exedra) 단면도.

그림 78. 포르투나 프리미게니아 신전(sanctuary of Fortuna Primigenia)의 첫 번째 테라스 동쪽 끝 부분. 거대한 엑세드라(exedra)의 양 측면에는 윗 쪽 테라스를 지지하고 있는 배럴 볼트 열이 있다. 그 위쪽에서는 주 마당을 지지하고 있는 더 작은 아치들을 볼 수 있다.

건축과 매우 유사한 것 같지만, 반원형 열주로 둘러싸인 반원형 계단(그림 80)이 있는 가장 최상층 테라스로 올라가면서 바뀌게 된다. 이 페리스타일(peristyle) 안쪽 기둥열의 기초부분이 바르베리니 궁 박물관(Barberini Palace Museum) 온실 안에 보존되어 있다. 이 박물관은 현재 단이 진 반원형을 따라 메인 파사드가 있고, 이 테라스를 사용하고 있다. 또한 박물관 내에는 오푸스 인케르툼의 반원형 지지 벽체가 드러나 있는데, 이것이 운명의 여신, 포르투나 프리미게니아 조각상을 안치했던 작은 원형 사원의 플랫폼을 형성했다.

사원은 계곡 성소(valley sanctuary)로부터 엄격하게 유지되는 축에 정확하게 놓여 있고, 긴 두 경사로에 의해 특별히 강조된다.(그림 74) 2백 년 후에 이 비탈면의 강한 축성(axiality)은 팔라티노(Palatine)에 있는 도미티아누스(Domitian) 황제의 도무스 아우구스타나(Domus Augustana) 형태를 결정할 만큼 명확한 원리가 되었다. 대칭적으로 위치한 두 개의 측면 경사로 또는 계단에 의해 강조되는 유사한 축은 더 이른 시기인 우르(Ur)의 지구라트(Ziggurat)에서도 발견할 수 있지만, 그리스 또는 헬레니즘 건축에서는 발견할 수 없다. 자연을 정복하는 듯 표현된 프라이네스테 배치는, 자연환경에 감정을 이입하고 자연환경과의 관계 속에서 결과적으로 건축물들을 자

그림 79. 포르투나 프리미게니아 신전(sanctuary of Fortuna Primigenia)의 축에 맞추어 배치된, 최상부의 원형(圓形) 사원으로 연결되는 계단. 계단의 윗쪽 부분에 보이는 것이 본래 원형(圓形) 사원이었으나, 바로크 시기에 바르베리니 궁(Barberini Palace)으로 변경되었고, 지금은 박물관으로 사용되고 있다.

유롭게 배치하는 그리스와는 매우 대조되는 또 다른 특징을 보여주고 있다.

프라이네스테에 있는 포르투나 프리미게니아 신전 중, 특히 주된 상층 테라스에서는 의심할 여지없이 헬레니즘 건축의 몇 가지 요소들을 가지고 있다. 하지만, 하부 건축에서는 로마의 아치 축조방법을 매우 강하게 혼합한 것과, 특히 건축물 전체에 고루 영향을 미치는 엄격한 축에 그 다른 점이 있다.

또한 티볼리에 있는 하드리아누스 황제의 빌라에서는 축에 맞춰 물이 흐르는 카노푸스(Canopus), 오로 광장(Piazza d'Oro), 그리고 포에칠레(Poecile) 등 각각의 요소들이 축에 의해 조직화 되었지만, 전체적으로는 축에 따른 배치를 떨쳐 버렸다.

그림 80. 이 반원형으로 단이 진 계단은 포르투나 프리미게니아 신전(sanctuary of Fortuna Primigenia)의 인상적인 출입구를 형성하고 있다. 원래 이 계단은 지붕이 있는 반원형의 열주들로 둘러싸여져 있었으나 지금은 파괴되었다. 안쪽 기둥열의 기초가 바르베리니 궁 내부에서 발견되기도 하였다.

로마의 타불라리움 또는 공문서 보존관(The Tabularium or Hall of Records, Rome). 기원전 160~140년의 에트루리아 납골함(그림 68)에 묘사되었던 건축 형식은 기원전 78년 타불라리움을 통해 매우 발달하게 되었다. 로마의 공문서 보존관은 카피톨리니(Capitoline) 언덕의 측면에 건설되었고, 오푸스 콰드라툼(opus quadratum)[*63)]으로 축조한 전형적인 로마의 높은 하부구조에 의해 지지된다. 긴 외곽면은 벽기둥(pilaster)으로 구획하고 그 안에 키 큰 아치들을 축조하였다.(그림 81) 타불라리움의 이 면은 포룸 로마눔(Forum Romanum)의 위엄 있는 서측 배경으로서 역할을 하고, 그 반대쪽은 카피톨(Capitol)과 연결되어 있다. 지금도 포룸 로마눔과 면한 기념비적 규모의 타불라리움 입면에 감동받을 수밖에 없다. 기둥의 절반을 부착하여(attached half-columns) 마무리하는 아케이드 형식의 파사드는 기원전 1세기까지 로마에서 견고하게 뿌리를 내렸고, 기원전 13~11년 아우구스투스 통치하에 완성된 마르켈루스 극장(Theater of Marcellus)과 콜로세움(Colosseum)과 같은 더욱 큰 규모에서도 사용되었다.

타불라리움은 로마건축의 지속적인 발전 과정을 잘 보여주고 있다. 앞서 사용된 하수구 · 수로 · 지지 기초 등의 실용적인 구조형태에, 헬레니즘 건축의 몇 가

그림 81. 남측에서 바라본 로마의 타불라리움(Tabularium). 기원전 78년에 카피톨리니(Capitoline) 언덕 측면에 건설된 타불라리움 또는 로마의 공문서 보존관은 포룸 로마눔(Forum Romanum)의 위엄 있는 배경으로서 역할을 하고 있다. 로마에서는 반원형 벽기둥이 있는 아케이드로 장식한 파사드가 기원전 1세기경에 확고하게 정착되었다.

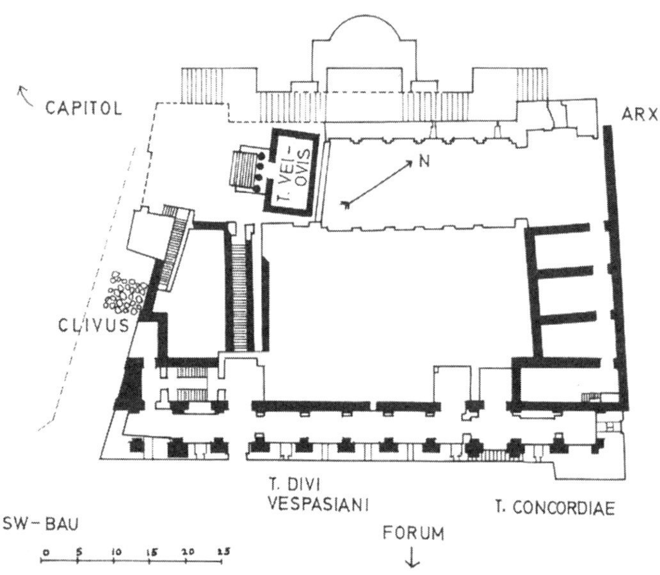

그림 81a. 후에 증축된 부분을 포함한 타불라리움(Tabularium) 평면도.

그림 82. 타불라리움(Tabularium)의 아케이드. 아케이드를 따라 있는 각 실들은 교차 배럴 볼트로 축조되었다. 결과적으로 최초로 네 지점에 위치한 코너 기둥들이 구분되어, 집중적으로 강조되고 있다.

지 요소들을 부가하여 매우 발전된 형태들을 얻은 것이다. 하인리히 뵐플린(Heinrich Wölfflin)은 어떻게 헬레니즘 건축 요소들이 로마 개선문의 비례를 만들었는지 보여주었다.*64) 기존의 하중과 지지의 관계를, 부착된 기둥들과 아키트레이브(architrave)를 연속적으로 배열하여 표현한 기원전 175~164년, 밀레투스 아고라(Miletus agora)에 있는 불레우테리온(Bouleuterion)*65)의 파사드에서 볼 수 있는 것과 같이,*66) 헬레니즘의 특징들은 로마에서 단순한 장식적 요소가 되어 버렸다.

타불라리움에서는 외부 아치가 연속되면서 내부 볼트 시스템을 부분적으로 표현하고 있기 때문에, 로마의 특징을 명확하게 표현하고 있다고 할 수 있다. 또한 아케이드를 따라 구획된 각각의 방들은 서로 교차하는 두 배럴 볼트로 구성된다.(그림 82) 공공 건축물에 적용된 이 초기의 실용적인 구조 시스템은 맥도날드(W. L. MacDonald)의 책에서 더욱 잘 설명하고 있다.*67)

중층(重層) 아케이드(Multistoried arcades)

건축물의 내・외부 모두에 사용되었던, 볼트로 축조한 여러 층의 복도는 로마 발전의 전형적인 예로서, 비교적 이른 시기인 기원전 1세기부터 나타났다. 이는 그리스 건축과 강하게 대조되는 특징으로, 이후 중세발전의 발단이 되었다.

로마의 첫 번째 위대한 군 집정관(military dictator)인 술라(Sulla)는 로마의 많은 건축물에 그의 특징들을 각인시켰고, 앞에서 살펴본 것과 같이 기념비적인 건축물에서의 초기 아치 사용은 주로 그의 통치시기와 일치한다. 특히 폼페이 원형 경기장의 구조는 술라의 통치와 관련되는 모든 특징들을 잘 보여주고 있다.

폼페이 원형극장(The Amphitheater of Pompeii). 헬레니즘의 특징들을 결합했던 그 이후의 원형극장 건축과는 대조적으로, 대규모의 폼페이 원형극장은 최상부 좌석까지 연결되는 장식 없는 높은 지지 아치들로 둘러싸여져 있고, 출입계단은 높이에 따라 점차 변하는 크기의 아치에 의해 지지된다.(그림 83) 이 시기에는 나무로 축조한 원형극장만 있었다고 생각되었지만, 크레마(Luigi Crema)에 따르면 이 원형극장은 기원전 89~75년에 축조되었다고 하며, 마이우리(A. Maiuri)는 기원전 79년으로 간주하기도 했다.*68) 폼페이 원형극장에서는 후기 원형극장의 모든 요소들이 나타나기 시작했는데, 경기장(arena)과 좌석은 계란형 평면이고, 외곽을 둘러싸는 지지 아치들 외곽에 위치하는 계단은 최상층 좌석까지 연결된다.

아우구스투스 시대(기원전 27~기원후 14)까지 원형극장의 모든 층 바깥 면은 지지 아치들에 덧붙여진 그리스식 벽기둥으로 장식되었다. 줄리어스 시저(Julius Caesar, 기원전 100~44)에 의해 시작되어 아우구스투스에 의해 기원전 13~11년에 완성

그림 83. 폼페이(Pompeii) 원형극장(amphitheater)의 서측 벽. 기원전 89~75년에 건설된 이 원형극장은 장식이 없는 높은 지지 아치들로 둘러싸여져 있다. 이후 원형극장에 사용된 모든 요소들이 여기서 나타나고 있다. 즉, 경기장(arena)과 좌석은 계란형 평면이고, 지지 벽체 바깥에 위치한 계단은 최상층 좌석까지 연결된다.

된 마르켈루스 극장(Theater of Marcellus)에서는 도리스와 이오니아 오더들을 사용하였다. 또한 기원후 70~76년에 시작하여 기원후 80년, 티투스(Titus, 재위 기원후 79~81)에 의해 완성된 플라비우스(Flavians) 왕조의 원형극장인 콜로세움에서는 이오니아와 코린티안 오더를 발견할 수 있다. 그러나 이것들과는 다르게 그들의 구조시스템과 전체적 구성은 순수한 로마의 것이었다.

로마의 줄리어스 시저 포룸(The Forum of Julius Caesar in Rome). 최초 황제들의 포룸(Imperial Fora) 건설은 기원전 51년에 시작되었는데, 고대 자료들에 의하면 이것은 특정 사업을 위한 것이 아닌, 법을 집행하기 위한 목적이었다. 남동측 면에서는 여전히 상인방(lintel) 아치들에 의해 구분되는 2개 층의 아치들을 볼 수 있다.(그림 84 · 84a) 이후 플라비우스 원형극장 등 다른 경기장과 동일하게 일정한 간격으로 다이아몬드 형태의 조각들을 삽입함으로써, 이 높은 지지체들을 더욱 강화시켰다.

클라우디아 수로(The Aqua Claudia). 또한 키 큰 아치들은 수로를 축조하는데도 사용되었는데, 로마 동쪽의 클라우디아 수로(그림 85)는 기원후 38년, 제3대 황제인 칼

그림 84. 로마, 줄리어스 시저 포룸(Forum of Julius Caesar)의 남동측 전경. 열주랑 기둥들 뒤쪽에 있는 높은 아치들은 평평한 상인방 아치들에 의해 2개 층으로 구분되었고, 모두 업무 공간으로 사용되었다.

그림 84a. 줄리어스 시저 포룸(Forum of Julius Caesar) 1층 부분의 평평한 상인방 아치.

그림 85. 로마 동쪽에 건설된 클라우디아 수로(The Aqua Claudia). 키 큰 아치들이 수로를 지지하는데 사용되어, 로마인들의 발달된 공학기술을 증명해주고 있다.

리쿨라(Caligula, 재위 37~41)가 축조를 시작하여, 기원후 52년 제4대 황제 클라우디우스(Claudius, 재위 41~54)에 의해 완성되었다. 프론티누스(Frontinus : 40~103)*69)는 『로마의 상수도론(*DE AQUIS URBIS ROMAE)*』에서 "클라우디아 수도는 두 번째로 높다"라고 하여, 최고조에 이른 로마의 수력(水力 : hydraulic) 공학기술의 발달을 보여주는 것으로 생각한다. 디오클레티아누스 황제(Gaius aurelius Valerius Diocletian, 재위 284~305) 및 하드리아누스(Hadrian) · 셉티미우스 세베루스(Septimius Severus) 황제의 재위기간 중에는 몇몇 아치 하부에 추가로 아치를 보강하였는데, 이는 지진을 대비하기 위한 것이었다. 실제로 이 수로를 재건했다는 기록이 없으므로, 현재의 것이 로마시대 원형 그대로인 것으로 봐야한다고 애쉬비(Ashby)는 부가하여 설명한다.*70)

바이아 근처의 피쉬나 미라비리스(The Piscina Mirabilis, near Baiae). 가에타(Gaeta) 만 남쪽 끝에 있는 로마 해군항, 미세눔(Misenum)으로부터 멀지 않은 곳에는, 로마 함대를 위해 담수를 담는 저장소, 피쉬나 미라비리스가 높고 좁은 수많은 아치들에 둘러싸여 있다.(그림 86 · 87) 화산암으로 이루어진 언덕 면을 15m 파내고, 아치로 축조한 5개의 긴 회랑(gallery)과 직교방향의 13개 회랑으로 구성된 내부공간에는 물로 채워졌다. 또한 모든 기둥들과 외곽 벽체는 구멍이 많은 화산암으로 만든 시멘트 층으로 덮어 물의 침투를 막을 수 있었다. 측면의 긴 벽체 윗부분은 빛과 공기가 통할 수 있도록 창들을 설치했는데,*71) 마치 로마네스크 교회처럼 높은 아치들이 서로서로 연속되어 하늘을 향해 치솟아 있다. 따라서 이 저장소는 아우구스투스 시대에 가장 대담한 구조 중 하나라고 할 수 있다.

로마의 도무스 아우구스타나(The Domus Augustana, Roma). 기원후 81~96년, 팔라티노(Palatine) 언덕에 축조된 호화로운 기념비적인 건축물인 도미티아누스(Domitian)의 도시 궁궐, 도무스 아우구스타나에서도 키 큰 아치들이 사용되었다. 이 아치들은 정방형 수조(pool) 양쪽 측면을 따라 열 지어 이어지는데,(그림 89) "님파에움(nymphaeum)*72) 앞에는 고대 로마의 양어지 또는 저수조인 피쉬나(piscina)를 포함하는 정방형 마당이 있고, … 두 열의 벽감(niches)이 있는 반원형 앱스의 형태를 가지고 있다".*73) 크기가 점점 줄어드는 아치들에 의해 경계 지어진, 서측과 평행한 계단은 아래층에 위치한 넓은 정원 및 도미티아누스의 개인 숙소에서 바로 상부로 이어진다.(그림 149) 정원 측면에 있는 아치들(도판 VI, 그림 90)은 플라비우스(Flavian) 궁궐의 공식 접견실이 있는 팔라티노 언덕 평탄지의 전체 높이인 12m로 솟아있다.(195~200쪽을 볼 것)

또한 그 옆에 있는 셉티미우스 세베루스(Septimius Severus, 재위 193~211) 궁궐의 하부구조는 팔라티노 언덕 평탄지를 확장하면서 건설되었는데, 여기서 하나의 아치 위에 또 하나의 아치를 이중으로 축조한 구조물을 확인할 수 있다.(그림 92) 셉티미우스 세베루스는 이 거대한 고원(Plateau) 위에 2층의 궁궐을 건설하였으나, 이후에 파괴되었다.(212~215쪽을 볼 것)

구조적 요소로서의 아치(The arch as a structural element)

단층 아치(The recessed arch). 거의 모든 구조적 요구들을 만족시킬 수 있는 아치의 확대사용은 로마건축을 구성하는 요소들이 어떻게 형성되었는지를 보여준다. 둥근 아치 · 분절된 아치 · 평평한 아치들은 모두 콘크리트 벽체 속에 삽입되어 조적 외장재와 같은 높이에서 마감되었다. 포츠올리(Pozzuoli)에 있는 원형 경기장 하부구조에서는 구조를 더욱 강화하는 도구로서 사용된 아치의 다양한 사례를 살펴볼 수 있다.(그림 93) 티베리우스(Tiberius) 황제 시대인 기원후 14~17년부터는 화산암에 이어 소성벽돌이 외장재료로 선호되었고, 아치는 로마의 벽체를 강하고 견고하게 만들기 위한 구조의 한 부분으로 자리잡았다.*74)

수평적으로 강화시키는 다른 수단이 없던 로마건축에서 단층 아치는 그 무엇보다 중요했다. 처음에는 아치가 대리석 마감재 뒤로 숨겨졌으나 이 방식은 곧 일반적 유용성이 없어져, 결국 단층 아치가 개구부로서 대담하게 외부로 나타났다.

그림 86. 예전에는 밀폐되어 있던, 바아이(Baiae) 근처에 위치한 거대한 해군 담수 저장소인 피쉬나 미라비리스(Piscina Mirabilis). 화산암 언덕을 15m 깊이로 파서 만들었고, 전체 크기는 70×25.5m이다. 표면에 시멘트를 바른 15m 높이의 아치들로 축조한 5개의 긴 회랑과, 직교방향의 13개 회랑으로 구성되었다. 1786년, 포츠올리의 기존 고대 유적(Avanzi della Antichita esistentia Pozzuoli)의 판화.

Baptista Natali del. Joan Volpato scul. Ven

luta interiore d'una conserva d'acqua
etta volgarmente Piscina ammirabile

Aquarum receptaculi quod vulgo dicitu
Piscina admirabilis interior Prospectus

그림 87. 피쉬나 미라비리스(Piscina Mirabilis)의 긴 회랑 전경.

이는 한 겹 또는 두 겹의 비페달레스(bipedales) 벽돌로 단층 아치를 축조하여 견고한 벽체를 만든 판테온(Pantheon)의 원통구조(cylinder)에서 잘 살펴 볼 수 있다.(그림 94) 판테온 내부 큐폴라(cupola)를 결합시키는 복잡한 브레이싱(bracings)은 여러 층으로 사용된 분리 아치(relieving arched)와 동일한 원리에 의해 축조되었다고 알려져 있다.

또한 같은 벽체 내에서도 매우 다양한 형태의 아치들을 결합하여 사용할 수 있었다. 원형 아치(round arches)는 일반적으로 큰 벽돌인 61㎝(2피트) 정방형의 비페달레스로 축조했다. 이것이 충분하지 않으면 바로 그 위에 두 번째 아치를 설치하

그림 88. 툴루즈(Toulouse), 생 세르냉(St Sernin) 대성당의 중심 아일(aisles). 12세기 초반의 로마네스크 대성당의 중심 아일은 피쉬나 미라비리스(Piscina Mirabilis)의 공간적 표현과 볼트 축조 기술을 연상시키며, 로마의 영향이 남프랑스에서 어떻게 지켜져 왔는지를 보여준다.

거나 또는 상인방 아치(lintel arch) · 활꼴 아치(segmental arch) 등 다른 아치를 추가하였는데, 튼튼한 콘크리트 벽체를 효과적으로 보강하기 위해 사용된 이러한 수단들에 놀라지 않을 수 없다. 분리 아치를 설치하는 주된 목적과 그 역할에 대해서는 여러 학설이 있지만 그 중 가장 설득력 있는 것은, 콘크리트 코어가 제 자리에 충분히 경화될 때까지 벽체 구조를 지탱하기 위한 것이라는 학설이다.

로마 구조에서 중요한 이 요소에 대해서는 쥬세페 루리(Guiseppe Lugli)가 가장 명확하게 조사 · 연구하였는데, 벽체 구조에 아치를 통합한 형식이 확산된 시기는 기원후 1세기 말에서 2세기 초 사이라고 언급하고 있다.[*75)]

그림 89. 로마의 도무스 아우구스타나(Domus Augustana). 공식 접견실이 있는 고원의 전체 높이인 12m로 축조된 아치들이 정원 둘레에 배치되어 있다.

그림 90. 로마의 도무스 아우구스타나(Domus Augustana). 그림 89에서 보이는 높은 아치 뒤쪽의 통로 모습으로, 그림 149에서 보이는 계단에서 정원 건너편에 있다.

그림 91. 기원후 310년경에 축조된 트리어(Trier)의 제국 바실리카(Imperial Basilica) 외부벽체 전경. 온전한 높이의 둥근 아치들은 아우구스타나 궁전(Domus Augustana)의 도미티아누스(Domitian) 숙소를 연상시키지만, 트리어의 아치들은 벽체 구조와 통합되어 있다.

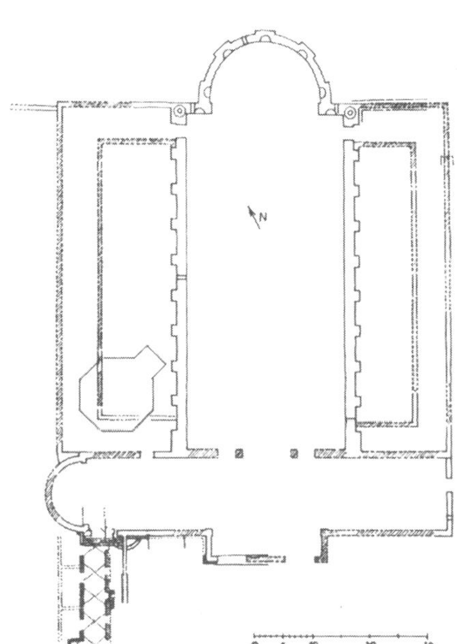

그림 91a. 트리어(Trier), 제국 바실리카(Imperial Basilica)의 평면도.

그림 92. 기원후 193~211년에 축조된, 로마의 셉티미우스 세베루스(Septimius Severus) 궁의 하부구조. 높은 조적 기둥들은 2중의 아치들에 의해 연결되고 있다.

상인방 아치(The lintel arch). 수평 브레이싱 시스템은 철골구조가 발전하고 보강 콘크리트 구조가 가능하게 된 19세기에 발전하였고, 로마건축에서는 효과적인 시스템이 발전되지 못했었다. 골조구조(skeleton construction) 개념이 어떻게 고딕건축에 기원을 두고 있는지 이 책 후반부에서 언급하겠지만, 고딕건축의 벽체는 하중을 지지하는 특성이 거의 나타나지 않고 피어(piers)와 리브(ribs)들을 통해 하중전달 시스템을 조절했다.

로마 대중들을 위해 건설된 원형극장과 욕장 등의 기념비적 건축물들은 삶의 즐거움과 높은 생활수준을 보여주는 것으로, 로마 이후 시기 심지어 현재에도 이러한 수준에 미치지 못하고 있다. 볼트 구조를 결합하여 이 육중한 구조를 축조한 것은 고도로 발달된 기술을 요구하는 것으로, 수백 년간 심지어 어떤 것은 지금까지도 건재하다.

초기 시카고 마천루가 유럽에서 온 방문객들을 놀라게 한 것과 동일하게, 몇몇 건축물들의 거대한 높이는 현재에도 강한 인상을 준다. 여기서 수직적 높이는 큰 문제가 되지 않는다.

로마의 건설 산업에서 어려웠던 점은 바로 수평적인 규모였다. 어떤 형태든 어떤 재료를 사용하든 그들의 유일한 수단은 계속해서 숙달되어 왔던 아치였고, 원형 아치에서 활꼴 아치 그리고 수평의 상인방 아치로 계속해서 그 실험을 이어갔던 것이다.

상인방 아치는 사실은 쐐기 형태의 부재들로 이루어진 수평보라고 할 수 있다.(그림 95) 석재로 이루어진 수평 아키트레이브(architrave)는 작은 측면 압축력에 더욱 잘 견딜 수 있지만, 상인방 아치는 쐐기 형태로 분할됨으로 인해 특정한 탄성을 부여할 수 있다. 상인방 아치는 벽체 속에 삽입되어 매우 강한 강성을 주기도 하는데, 때때로 이를 더욱 확장하여 벽체의 처음부터 끝까지 전체 길이를 가로질러 설치되기도 하였다. "외부를 벽돌로 마감한 콘크리트 건축물에서, 분리 아치로 보호되는 상인방 아치로 개구부를 만드는 것이 가장 일반적인 방법이었다". "그러나 플라비우스(Flavian) 시기 이전까지는 분리 아치를 사용하여 축조하는 것이 뚜렷한 구조적 특징은 되지 못하였다".*76)

팔라티노(Palatine) 언덕 위에 축조된, 도무스 아우구스타나(Domus Augustana) 상부에 있는 도미티아누스(Domitian) 정궁(正宮 : official palace)의 노출된 벽체에서는 플라비우스 시기에 사용된 벽돌 마감 벽체의 매우 훌륭한 안정화 기술을 볼 수 있다.(그림 64) 창 개구부 윗부분에는 평평한 상인방이 있고 그 상부에 활꼴 아치를 삽입하였는데, 지금까지도 유지되고 있는 안정화된 벽체를 어떻게 축조할 수 있었는지 보여주는 좋은 사례가 되고 있다.

그림 93. 포츠올리(Pozzuoli)에 있는 플라비우스 원형극장(Flavian Amphitheater)의 하부 구조. 이 1세기 후반의 원형극장에서는 구조를 강화하는 수단으로서 사용된 다양한 아치를 확인할 수 있다. 뒤쪽의 홍예석 아치(voussoir arch)는 거대한 트래버틴 블록으로 만들어졌다. 우측에는 트래버틴 기둥(pillar)이 있고, 비페달레스(bipedales)로 만들어진 여러 개의 단층 아치(recessed arch)들이 연결되어 있다. 올라가는 계단의 경사는 긴 활꼴 아치(segmental arch)가 보강하고 있으며, 역시 비페탈레스로 만들어졌다.

홍예석 아치(The voussoir arch). 로마인들은 쐐기 모양으로 생긴 개별 블록 또는 홍예석으로 상인방 아치들을 축조하였다. 기원전 51년에 축조되기 시작한 줄리어스 시저 포룸(Forum of Julius Caesar)에서는 하부 층 거리상점(tabernae)의 상인방 아치가 무거운 트레버틴(travertine) 블록으로 만들어 졌다.(그림 84) 앞에서 언급한 것과 같이 홍예석 아치는 구조 시스템에 특정한 탄성을 제공하는데, 오랜 세월에도 불구하고 건재하고 있다.

홍예석 아치를 사용한 가장 유명한 예는 아마도 플라비우스 원형극장(Flavian Amphitheater)의 하부 기초일 것이다.(그림 95-96) 13층 건물 높이에 해당하는, 약 50m 콜로세움(Colosseum)은 기초를 만들기 위해 땅을 파지 않아도 가능했다. 네로(Nero) 황제가 그의 황궁, 도무스 아우레아(Domus Aurea) 앞에 만든 인공 호수의 화산암 바닥이 충분하게 단단한 기초를 형성하였기 때문이다. 하부기초에는 노예들과 우리 안에 있는 야생 동물들이 이용하는, 테두리를 연결하는 두 개의 지하 통로가 있었고, 방사상 모양의 통로뿐만 아니라 중심 통로도 있었다. "이 중심통로는 외곽을 트래버틴 벽체로 만든 2개 층의 두 측면 통로로 자유롭게 통행할 수 있도록 전략적인 지점에서 뚫려 있다."*77) 2층은 상인방 아치에 의해 지지되며, 그들 중 몇 개는 현재도 남아있다.

거대한 로마건축물들에서 구조적인 심각한 문제들은 아치를 통해 해결할 수 있었다. 반면에 그리스 극장들은 지붕이 없는 조개형태이고, 좌석들은 이를테면 바위 언덕으로부터 자라났다. 따라서 그리스인들은 콜로세움과 같이 수많은 좌석과 출입구, 지붕이 있는 계단과 경사로를 지탱해야 하는 복합 구조 건축물을 건설하기 위한 고도의 전문 기술이 필요하지 않았던 것이다.

그림 94. 기원후 118~119년에 축조를 시작하여 125년과 128년 사이에 봉헌된, 로마 판테온(Pantheon) 남측 벽체의 창 개구부. 벽체 하부는 비페달레스(bipedales)로 축조한 단층 · 활골 아치(recessed segmental arch)로 보강되었다.

그림 95. 기원후 70~76년에 시작하여 80년에 축조된, 로마 플라비우스 원형극장(Flavian Amphitheater)의 거대한 트레버틴(travertine) 블록으로 만든 홍예석 아치(voussoir arch). 수평 아치(flat arch)를 쐐기형태의 조각으로 나누어, 측면 힘(lateral thrust)에 대응하는 충분한 탄성을 만들어 낸다.

그림 96. 로마 플라비우스 원형 극장(Flavian Amphitheater) 하부구조의 중앙 복도. 로마인들은 콜로세움(Colosseum)의 육중한 기둥들을 지지하기 위해, 수평의 상인방 아치(lintel arch)에서 증명된 유용성을 지하에서도 사용하였고, 부분적으로 가운데 블록(central block)을 보강하였다.

개선문 : 속죄와 승리, 신격화의 상징

(The Triumphal Arch : Symbol of Expiation, Triumph, Apotheosis)

승리한 장군이 그의 승리를 축하하기 위해 통과하는 거대한 문의 기원은 공화정 시기로 거슬러 올라가는 초기 종교의식과 관습에 그 뿌리를 두고 있다. 그러나 이러한 전통이 기원전 196년으로 거슬러 간다 해도, 초기 개선문의 흔적은 남아 있지는 않다.

노아크(Noack)가 추정한 것처럼 본래의 아치형 입구(archway)는 승리한 장군과 병사들이 살인죄로부터 깨끗해지기 위해 통과하는 일종의 멍에인 "두 개의 기둥과 수평 막대"로 이루어졌었을 것이다. "군대의 행렬이 좁은 아치 밑을 통과하는 것은 좁은 구멍을 통과하는 것으로 비교되어 왔다". "이러한 통과의식을 지켜왔던 사람들은 어떤 상태에서 새로운 다른 상태로 통과한 것으로 이야기되어 왔다".*78)

앞에서 살펴본 것과 같이, 곡선형태의 아치형 입구는 초기 에트루리아(Etruria)에서 나타났다. 브레이크(M. E. Blake)는 볼테라(Volterra)*79)에 있는 에트루리아 시기의 알라르코 문(Porta all'Arco)으로 연대를 추정했는데, 기원전 4세기 또는 3세기에 볼테라(술라(Sulla) 시기에 로마의 통치영역이 되었다) 도시성벽의 문은 "6세기의 벽체와 같은 시대인, 알 수 없는 형태의 아치로 대체되었다"라고 서술했다.*80) 그러나 전형적인 승리의 아치형 입구 형태는 로마에서 발전되었다. 장군과 그의 병사들은 키르쿠스 막시무스(Circus Maximus)와 카피톨(Capitol)로 이어지는 개선행진을 위해, 도시 외곽의 마르스 광장(Campus Martius)에서 대기해야 했다. 개선문은 특정 개인과 연관되어 건설되지 않은, 종교적 중요성을 가지고 있던 것으로 보이는데, 개선문을 통과하는 것은 부활의 관념에서 면죄를 의미했다고 노아크는 쓰고 있다. 첫 번째 봉헌물은 개선문 앞에 놓이는데, "승리는 신에게 헌납하고, 전쟁을 시작하기 전에 했던 모든 맹세들을 다시 찾는 것이다".*81)

개선문에 대한 수많은 연구들 중, 두 저서가 가장 주목할 만한데, 젊은 시절 하인리히 뵐플린(Heinrich Wölfflin)은 자연 형태에 대한 심오한 예술적 감성을 가지고 개선문의 발전과정을 추적했고, 노아크는 특히 개선문의 기원과 그 장식의 도상학(iconography)적 함축의미를 연구했다.*82)

아치로 축조한 문에 대한 여러 방면의 관점들 중, 여기서는 초기에 나타나는 투박함에서 점차 위대한 공간적 중요성을 갖는 후기의 형태 발전에 대해 집중적으로 살펴본다.

그림 97. 기원후 81년에 축조된 로마 티투스 아치(Arch of Titus)의 서측면 전경. 이 문은 로마에 남아 있는 하나의 개구부를 가진 가장 오래된 개선문이다. 육중한 상부구조와 거대한 파일론(phylons)은 헬레니즘(Hellenistic)의 디테일과 비례로 인해 가볍게 보인다.

통로가 하나인 아치형 문(The single archway)

통로가 하나인 승리의 아치형 문은 첫 번째 로마 황제인 아우구스투스(Augustus : 기원전 28~기원후 14)에 의해 여러 번 건설되기 시작하여, 티투스(Titus) 황제와 그의 형제 베스파시아누스(Vespasian, 재위 70~79) 황제를 위해 도미티아누스(Domitian) 황제가 약 100년 후에 건설한 티투스 아치(Arch of Titus)에서 절정에 다다랐다.(그림 97) 이 개선문은 하중과 지지의 헬레니즘적 표현과 육중한 로마의 구조를 종합한 그 탁월함으로 인해 많은 논의의 주제가 되어왔다. 기단과 기둥, 엔타블러처(entablature)로 볼륨을 분할하는 헬레니즘 시스템을 사용하여, 기념비적으로 봉헌된 명문이 새겨진 육중한 상부구조와 거대한 파일론(pylons : 塔門)을 더욱 가볍게 보이도록 만들었다. 뵐플린은 "결론적으로 가장 특징적이고 중요한 처리방법에서 다른 점은 엔타블러처를 지지하는 구조체와 아치 사이에서 일어난다"라고 언급한다. 건축적으로 하중과 지지에 대한 그리스 시스템은 미묘하지만 결정적으로 아치와 구별되어 왔다. "상호간에 서로 경쟁하는 두 개의 유사한 형태는 더 이상 없다. 모든 수단

들은 구성요소들을 시각적으로 분리하기 위해 사용된다".*83)

그림 98. 로마에 있는 셉티미우스 세베루스 아치(Arch of Septimius Severus). 기원후 203년, 포룸 로마눔(Forum Romanum)의 서측 끝에 위치한 삼중 개선문(triple triumphal arch). 입면의 구성 및 4개의 큰 대좌(pedestal)에서 돌출된 기둥을 설치한 방식 등은 공간을 담기 위해 사용되었고, 건축가들이 큰 규모를 다루는데 익숙해졌다는 것을 나타낸다. 1826년, 루이지 로씨니(Luigi Rossini)의 판화.

극장과 원형극장의 파사드 보다는 티투스 아치에서 그리스와 로마의 건축요소들이 더욱 완벽하게 통합되었다. 파사드에서 각각의 층을 그리스의 고전 오더(order) 요소들로 구분하여 마감하는 이와같은 시도를 통해, 원형 아치 주변을 둘러싸는 이 거대한 구조물에 리드미컬한 표현을 부여할 수 있었다.

티투스 아치의 천장은 마치 내부공간인 것과 같이 코퍼로 치장되었는데, 이것은 개선문이 점진적으로 공간적 형태를 획득해 가는 발전의 시작을 의미하였다. 그 효과는 예루살렘(Jerusalem)으로부터 가져온 티투스 황제의 승리의 전리품들을 보여주는, 그 유명한 부조를 설치한 대담한 위치에 의해 두드러진다. 즉, 그의 아치문 외부 벽체가 아닌, 내부 통로 전체 벽체에 설치한 것이다.(그림 97)

그림 99. 로마, 셉티미우스 세베루스 아치(Arch of Septimius Severus)의 내부공간. 중앙 아치의 측벽을 천공하는 것은 대규모 내부 공간을 창조하고자 하는 열망을 암시하고 있다, 루이지 로씨니(Luigi Rossini)의 판화.

통로가 세 개인 아치형 문(The triple archway)

아우구스투스 황제는 중앙의 아치가 우뚝 솟은, 통로가 세 개인 아치형 문을 포룸 로마눔(Forum Romanum)에 이미 건설했었다. 이 아치형 문을 복원하는 과정에서는 실험적인 특징들을 느낄 수 있다. 즉, 통로가 하나인 아치형 문은 안토니우스(Antony)와 클레오파트라(Cleopatra)의 악티움(Actium) 해전에서 아우구스투스의 승리를 축하하기 위해 기원전 29년에 건설되었다. 그 이후 파르티아(Parthians)가 로마의 깃발과 포로들을 되돌려보내 준 것을 축하하기 위해 두 번째 개선문이 기원전 19년에 건설되었다. 이것은 중앙의 높은 아치와 양 측면의 낮은 두 아치를 축조한 형태였는데, 여전히 강하게 헬레니즘의 영향을 받던 시기였으므로 양쪽의 아치는 도리아(Doric) 기둥이 지지하는 수평 상인방을 가지고 있었다. 이 아치 문을 확인할 수 있는 여러 증거들이 있는데, 그 중 기원전 17~15년에 제작된 동전[*84)]에서는 중앙아치 상부에 4마리 말이 이끄는 2륜 전차, 쿼드리가(quadriga)가 장식되었

그림 100. 기원후 3세기, 리비아(Libya), 렙시스 마냐(Lepcis Magna)의 카르도(Cardo)와 데쿠마누스(Decumanus) 교차점에 위치한 셉티미우스 세베루스 아치(Arch of Septimius Severus)의 복원도. 테트라필론(tetrapylon)의 4면 모두에서 헬레니즘(Hellenistic)의 입면이 반복되고 있다. 내부 큐폴라(cupola)는 4개의 파일론(pylons : 塔門)에 의해 지지되었으나, 지금은 볼 수 없다.

그림 101. 렙시스 마냐(Lepcis Magna)의 셉티미우스 세베루스 테트라필론 아치(tetrapylon Arch of Septimius Severus). 테트라필론은 배럴 볼트를 직각으로 교차하여 축조했다. 중심 공간은 교차볼트(cross vault) 대신 큐폴라(cupola)로 덮었는데, 이것은 하나의 사건이었다.

고, 파르티아의 조각상이 양 측면 아치 위에 설치된 것을 확인할 수 있다.

이러한 형식이 지속적으로 발전되면서 헬레니즘식 장식물의 설치는 중단되었고, 트리움팔리스 문(Porta Triumphalis)에서부터는 공간적 실체를 만들기 위한 로마인들의 본능이 더욱더 분명해져 갔다. 이러한 경향은 포룸 로마눔의 서쪽 끝에 축조한 셉티미우스 세베루스의 개선문에서 명백하게 증명된다. 이 세 개의 아치를 가진 개선문은 파르티아와 아랍(Arabs) 전투의 승리, 셉티미우스 세베루스의 통치 10주년을 축하하고, 그와 그의 아들 카라칼라 황제(Caracalla, 재위 211~217)를 기념하기 위해, 기원후 203년에 건설되었다.(그림 98) 현재에도 훌륭한 상태로 남아 있는 것은 중세에 구조를 보강하였기 때문인데, 대략 높이 22.9m(75피트), 너비는 24.4m(80피트)인 그 규모에 주목할 만하다. 공간을 담기 위해 큰 주대(柱台 : pedestal) 위에 두드러지게 돌출한 네 개의 기둥을 축조한 형식, 엄격하게 조직화된 파사드의 구성방식은 건축가들이 큰 규모를 다루는데 익숙해졌다는 것을 반증하고 있다. 특히 이 시기는 대규모 제국욕장을 축조하던 시기이다.

그림 102. 4세기 초의 로마 테트라필론(tetrapylon). 이 테트라필론은 키르쿠스 막시무스(Circus Maximus) 근처, 로마 인근의 두 구역인 보아리움 포룸(Forum Boarium)과 벨라브룸(Velabrum)*의 교차점에 축조되었다. 2개 층의 아치로 된 벽감들이 반복되는 이러한 장식은 이후 거의 정형이 되어버렸다. 1771년, 조반니 바티스타 피라네시(Giovanni Battista Piranesi)의 판화.

*벨라브룸(Velabrum)은 팔라티노 언덕의 서측 경사면인 Capitoline 언덕과 Forum Boarium이 있는 Forum을 연결하는 로마도시의 낮은 계곡이다. (Wikipedia)

무엇보다 흥미로운 것은 중앙 아치의 양 측면 벽을 뚫어 얻게 된 공간적 발전이다. 뵐플린(Wölfflin)은 "직교하는 횡통로를 추가한 것은, 세 개의 곧은 통로에 만족하지 않고 중앙의 피어들을 뚫어 내부공간으로 만든 것이다"[*85]라고 언급하여 그 중요성에 대해 강조하고 있다. 그러나 이 새로운 개구부는 그 기능적 의미가 없었기 때문에, 1826년의 로씨니(Rossini)[*86] 판화(그림 99)에서 이 측면 개구부를 지나치게 강조하고 있는 것이다.

개선문은 도시 성벽의 한 부분으로 계속되어 왔던 본래의 의미와는 다른, 기념비적이고 상징적 성격을 부여한 출입구이다. 이 독립적이고 조각과도 같은 개선문의 목적은 신성한 행렬을 위해 통로를 제공하는 것이었는데, 이 통로에 우수한 내부공간을 만들기 위해 노력했던 사실들이 로마제국 건축의 전형이라고 할 수 있다.

테트라필론(The Tetrapylon)

개선문에서의 내부공간은 4중(重) 아치 또는 테트라필론(tetrapylons)에서 더욱 명백해지는데, 로마신화의 군신(軍神) 마르스(Mars)와 연관되는 전쟁의 신 퀴리누스(Quirinus)의 이름을 따서 "야누스 퀴리니(Janus Quirini)"라고 불렀다.[*87] 테트라필론은 직각으로 교차하는 두 개의 배럴 볼트로 천장을 축조한다. 그 네 면의 파사드는 보통 가장 중요한 두 개의 길이 교차된다는 것을 나타내는데, 두 배럴 볼트의 교차는 로마의 교차볼트(cross vault)를 형성하고, 네 개의 아치 사이에서 형성되는 공간은 큐폴라(cupola)로 축조되었을 것이다.

테트라필론은 기원후 163년, 마르쿠스 아우렐리우스(Marcus Aurelius, 재위 161~180) 황제에 의해 트리폴리(Tripoli)에 건설되었으며, 계속해서 순수한 개선문의 기본 요소들이 이어졌다. 이들의 평면은 아직 정사각형이 아닌 직사각형이었고, 두 개의 메인 파사드만이 피어(pier) 측면에 벽감(niches)을 가진 기둥들로 구성되었다.[*88] 트라야누스(Trajan) 황제(Marcus Ulpius Nerva Trajanus, 재위 98~117)는 북 아프리카 도시, 렙시스 마냐(Lepcis Magna)[*89]에 테트라필론을 건설하였다. 1층이 진정한 정사각형 평면이고, 네 개의 피어 내부 모서리에 4개의 코린티안 기둥들을 설치하여 교차하는 배럴 볼트를 지지하고 있으며, 네 면의 모든 파사드는 두 개의 기둥들을 각각 설치하는 등 동일하게 처리했다.[*90]

또한 렙시스 마냐에는 그 지역 출신인 셉티미우스 세베루스(Septimius Severus, 재위 193~211) 황제를 위해 건설한 테트라필론이 있고,(그림 100 · 101) 그의 사후인 기원후 214년, 그와 그의 가족을 위해 테베사(Tebessa)와 알제리(Algeria)에도 테트라필론을 축조 · 헌정하기도 했다. 이 테트라필론은 "기둥이 가장 많고, 모든 개선문 중 가장 화려했다".[*91] 네 면의 파사드에는 4개씩 16개의 돌출된 코린티안 기둥이 있

그림 103. 4세기의 독일 트리어(Trier)에 있는 포르타 니그라(Porta Nigra). 이 도시 성문은 요새보다는 궁궐처럼 보인다. 그러나 구조물의 중앙부 보다 위로 솟아 있는 코너부의 원형(圓形) 타워는 외곽지역을 넓게 조망할 수 있었다. 또한 도시 성벽을 따라 연결되는 통로와 내부 정원 주위의 회랑은 방어를 목적으로 건설하였다.

고, 아치형 문 천장은 코퍼(coffer)로 장식한 배럴 볼트, 그 가운데에는 큐폴라를 축조하였다. 동쪽 파사드는 셉티미우스 세베루스 신(Septimius Severus Divus)에게 헌정되었고, 서쪽은 그의 부인, 남쪽은 그의 아들 카라칼라, 그리고 북쪽은 카라칼라에게 살해된 셉티미우스 세베루스의 다른 아들 게타(Publius Septimius Geta, 재위 209~211년) 황제에게 헌정되었다.

삼중 테트라필론(triple tetrapylon)은 디오클레티아누스(Diocletian) 황제 통치시기인 기원후 300년경에 살로니카(Salonica : 그리스의 테살로니키(thessaloniki))에 건설되었다. 이 축조물은 8개의 정방형 피어에 메인 가로(街路)를 가로지르는 세 개의 아치로 축조되었는데, 중앙의 아치는 "부조로 장식된 네 개의 피어로 지지되는 큐폴라" *92)로 덮혔고, 그 좌우에 직교하여 아치형 문들이 설치되었다. 이 삼중 테트라필론은 갈레리우스 황제의 궁궐(palace complex of Galerius)과도 연결되었는데, 갈레리우스 황제(Valerius Maximianus Galerius, 재위 305~311)는 로마제국의 동부 및 다뉴브(Danube) 강변을 담당하는 디오클레티아누스 황제의 개인적인 부황제(副帝 : caesar)였다. 거대한 테트라필론의 남쪽을 향하고 있는 좁은 측면은 궁으로 들어가는 입구를 형성하는데, 그 반대편 아치형 문은 원 형태의 갈레리우스 예배소(heroum) 또는 영묘(mausoleum)가 있는 궁궐을 직접적으로 연결하는 아름다운 거리를 향해 열려졌다.

로마에 있는 셉티미우스 세베루스의 개선문에서 본 것과 같이,(그림 98) 삼중 아치형 문(triple archway)의 내부 벽체를 뚫는 것은 여기서 그 절정에 다달았다. 갈레리우스 삼중 테트라필론의 천공은 모든 로마건축, 특히 2세기의 특징이었던 내부공간을 외부로 열어 젖히려는 동일한 욕망을 증명하고 있는 것이다.

키르쿠스 막시무스(Circus Maximus) 인근에 있는 보아리움 포룸(Forum Boarium)에 건설된 테트라필론은 콘스탄티누스(Constantine) 황제 통치시기인 4세기에 건설되었다.(그림 102) 그러나 아치로 만든 벽감을 두 개 층에 걸쳐 반복하는 것은 틀에 박힌 양식으로 지금은 지루한 것이 되었다.

도시 성문이 내부공간을 얻다(City gates acquire an interior space)

아치형 문 안에서 공간을 확장하려는 경향은 후기의 도시 성문들에서 더욱 강해졌다. 4세기경 또는 더 이른 시기에 축조된 것으로도 추정되는, 독일 트리어(Trier)에 있는 포르타 니그라(Porta Nigra)(그림 103)에서는 외부 아치들이 도개교(portcullises)에 의해 닫히고 다른 방어수단들을 가지고 있었지만, 모서리 부분의 타워들과 길게 줄지어 있는 창 개구부들로 인해 궁궐과 더욱 유사하게 보인다. 직사각형의 내부 정원은 중세시대에 교회로 사용될 정도로 충분한 넓이를 가지고 있었다. 또한 상부의 회랑은 정원 내부 주위에 건설되어 도시 성벽과 연결되었는데, 방어를 위한 일반적인 시스템 중 하나였다. 더욱 높게 축조된 모서리의 타워는 외곽지역을 넓게 조망할 수 있는 위치에 있다.

후기의 개선문(The triumphal arch in later periods)

기원후 810년에 작고한 아인하르트(Einhard)의 성유물함(聖遺物函 : reliquary) 그림에서는 하나의 아치가 있는 개선문의 형태를 보여준다. 이 예술품은 본래 세밀화로 그려졌으나 원본은 사라졌고, 파리 국립도서관에 소장되어 있는 17세기 사본에서는 화려한 무늬를 장식하고 로마의 복식 형대를 돋을새김으로 묘사한 은제 그릇을 확인할 수 있다.*93) 이것은 로마 예술과의 연관관계를 다시 발전시키려 했던 서로마 제국의 샤를마뉴 대제(Charlemagne) 시기에 추구한 바램들을 나타내고 있다. 로마의 고대 건축물들과 그들의 조적식 축조방법을 측량하기 위해 로마로 장인들을 보낸 사람은 바로 샤를마뉴 대제의 총리(chancellor)이자, 아헨(Aachen)의 궁궐 주인이었던 아인하르트였다.

독립적으로 축조하는 개선문은 중세시대에 와서 완전히 사라졌지만, 세 개의 아치형 문은 남프랑스에 있는 생 질 드 갸르(St. Gilles du Gard) 교회 등 교회 주출입구를 만드는데 모티프(motif)*94)로서 지속되었다.

특히 이탈리아와 프랑스에서는 세 개의 아치형 문 모티프가 인상적인 출입구를 갖는 건축물 또는 추모 명판(funerary plague)을 위한 모티프로서 통합되는 경우가 있었다. 하지만 르네상스 건축에서는 로마 개선문의 형태와 의미를 유지하고 있는 건축물을 찾아보기 어렵다. 이것은 고대의 형태를 적용하려 했던 일반적인 경향의 관점에서는 놀라운 것으로 보인다. 그 이유는 아마도 우리가 살펴본 것과 같이, 장군과 그의 병사들을 살인죄로부터 구원하기 위한 고대의 종교 의식적 중요성을 가지고 있는 개선문의 목적과 관계되는 것이다. 즉, 르네상스시기에 이러한 관념은 아무런 의미를 갖고 있지 않았던 것이다.

그러나 르네상스 회화에서는 다른 문제였다. 회화는 "초심자들에게 신들과 영웅들의 전설, 고대 역사 등, 그들의 주요 인문학적 연구 내용들을 보여주는 것이었다".*95) 이러한 인문주의(Humanism)는 고대 문학의 근원을 재생시킬 수 있었으나, 종교 의식적 관습과 그들의 역사적 배경을 살리지는 못했다.

그래서 개선문의 형태는 르네상스 화가들이 선호하는 모티프가 되었고, 몇몇 사례를 살펴볼 수 있다. 그림 중심에는 날개가 달린 마르스(Mars) 신을 묘사하고, 방황하는 빅토리아(Victories) 여신을 함께 표현한 야코피 벨리니(Jacopi Bellini)*96)의 "빌라도 앞에 선 예수(Christ before Pilate : 파리 루브르 소장)" 의 배경에 있는 개선문은 포룸 로마눔(Forum Romanum)에 있는 셉티미우스 세베루스 아치로부터 차용한 것이 분명하다. 또한 안드레아 만테냐(Andrea Mantegna)*97)가 성 야고보(St. James)의 삶을 그린 파도바(Padova) 에레미타니 교회(Eremitani Chapel)의 프레스코화(1450)에서는 헤롯 대왕(Herod)의 옥좌 앞에 서 있는 성자의 장면이 독립적으로 축조된 개선문 앞에서 일어나고 있다.

북쪽에서는 알브레히트 뒤러(Albrecht Dürer)*98)의 "막시밀리안 황제의 개선문(Triumphal Arch of the Emperor Maximilian : 1515)" 그림이 있는데, 여기서 개선문은 마치 포스터를 붙이는 광고판과 같이 서로 다른 풍경을 묘사하는 판들로 덮여있다. 192개의 분리된 조각들로 찍은 이 거대한 목판화의 황제 강령(imperial program)은 개선문이 "로마 도시에 로마 황제를 위해 건설된 고대의 「개선문(Arcus Triumphales)」과 같은 동일한 형태"를 가지고 있던 것으로 설명하고 있다.*99) 이탈리아에서와 마찬가지로, 오직 황제들은 그 자신들의 화려한 승리 행진에만 관심을 보였다. 이것은 뒤러의 또 다른 비유적 그림인 "막시밀리안 황제의 승리의 마차(Triumphal Chariot of the Emperor Maximilian : 1522)" 에서도 나타난다. 아에밀리우스 파울루스(Aemilius Paulus)*100)의 승리를 보여주는 피렌체 15세기 후반의 판화는 그 시대의 의상과 가면무도회에 대한 관심을 보여주고 있다.*101) 개선문은 두 나무 사이에 걸려있는 옷가지에 의해 만들어지는 원초적인 문이 되었다. 이것은 우리가 알고 있는 공화정 시기에 두 기둥과 수평 상인방으로 만들어진 나무 멍에와 비슷한 것으로 구성된 첫 번째 로마 개선문과 다소 유사하다. 노아크(Noack)는 또한 초기 로마의 개선문 통과 의식이 피렌체 판화에서 보여주는 행렬과 매우 유사했던 것으로 상상해 볼 수 있다고 언급한다.*102)

1506년, 볼로냐(Bologna)에서 거둔 율리우스 2세(Julius II)의 승리를 축하하고, 그를 기념하기 위해 바티칸(Vatican) 앞에 건설된 3개의 아치를 가진 콘스탄티누스 개선문(triple Arch of Constantine)의 모조품 등, 르네상스에서는 나무로 만든 몇몇 개선문이 있었지만 별도로 석재 개선문을 건설하지는 않았다. 나폴리를 점령한 아라곤(Aragon) 왕국의 알퐁소 1세(Alphonso I)가 1470년에 건설한 개선문은 석재로 축조한 고대 개선문과 그 디자인이 가장 유사하지만, 누오보 성(Castel Nuovo)의 두 정문탑 사이에 우격다짐으로 끼워 넣었고, 두 아치는 "완전히 새롭게 장식한 독립체(entity)"를 형성하며 하나 위에 다른 하나가 얹혀져 있다. "임시로 개선문을 건설하는 것은 당시 선호되는 것이었고, 이탈리아 축제에서 자주 있었던 관습이기도 했다. 그러나 알퐁소와 같은 지배자들의 업적을 영원히 찬양하기 위해, 고전양식(all' antica)*103)으로 만든 석재 아치에 그의 개선 행진을 충실히 묘사하는 것은 르네상스에서 찾아낸 독특한 형식이었다".*104)

1567년, 건축가 필리베르 드 로름(Philibert de l'Orme)*105)은 왕가의 결혼식을 위해 개선문을 설계했는데,*106) 이것은 중요한 축제를 위해 건설된 임시 아치의 한 예이다. 이러한 관습은 바로크 시기까지 계속되었고, 개선문은 축제를 위해 전제군주의 궁궐에 건설되었다. 그 중 잘 알려진 예로는 비엔나(Vienna)로 입성한 조셉 1세(Joseph I)를 축하하기 위해 오스트리아의 건축가, 피셔 폰 에를라흐(Johann Bernhard Fischer von Erlach : 1656~1723)가 1699년에 준비했던 프로젝트이다.*107) 이 아치문에서 높은 중심아치의 밑부분은 원형(原型 : prototype)과 유사점들을 가지고 있었다. 그러나 나머지 부분에서는 로마의 개선문 형태가 거의 남아 있지 않았는데, 전면에는 곡선 난간이 있고, 후면 두 번째 아치가 있는 기단 상부에는 바로크의 행렬이 통과하면서 완벽하게 연기할 수 있도록 원형무대를 설치했다.

18 · 19세기 서유럽의 도시 디자인에서도 개선문의 역할은 간단히 언급될 수 있다. 즉, 강력한 로마 전통에 영향을 받아 형태를 갖춘 영구적인 구조물에 기독교적 분위기를 도입하는 것이 얼마나 어려운 것이었는지 모든 곳에서 나타나고 있다.

1806년, 나폴레옹 1세(Napoleon I)는 파리에 많은 길들이 만나는 교차점에 하나의 아치를 갖는, 첫번째 대규모 신고전주의(Neoclassic) 개선문(Arc de Triomphe)을 건설했다. 오스망의 샹젤리제 거리(Rue des Champs-Elysées)와 기타 중요한 대로(boulevards)들로 인해 그 육중한 비례의 기념비적 웅대함은 더욱 커진다. 렙시스 마냐(Lepcis

Magna)에 있는 셉티미우스 세베루스(Septimius Severus) 아치처럼 교통 체제와 떨어져 있었지만, 길들이 별모양으로 집중되는 중심에 개선문을 위치시키는 것은 로마와는 매우 다르다. 이 위치적 특징은 교황 식스투스 5세(Pope Sixtus Ⅴ세 : 1585~1590)가 로마의 마스터 플랜 중 한 부분으로 형성한 새로운 거미줄 모양 가로(街路)들의 다양한 중요지점에 오벨리스크를 건설하면서 체계화된, 훨씬 이후의 전통에 따른 것이다.*108)

로마의 볼트(The Roman Vault)

볼트 축조의 시작(The beginnings of vaulting)

두 번째 공간개념의 시작과 동시에 석재를 이용한 볼트 축조는 매우 중요한 위치를 차지하게 되었다. 이미 그 이전 몇 천 년 동안에도 볼트는 존재해 왔었는데, 이와 같이 어떤 발전이 한 번에 나타나지 않고, 긴 잠복기를 갖는 이유는 무엇인가? 인간의 창의력 부족으로 2천 5백년 기간 동안 볼트 축조가 발전되지 않았던 것은 아니다. 메소포타미아 우르(Ur) 발굴에서 울리(C. L. Woolley)*109)는 3천 년 전으로 추정되는 로열 무덤(Royal Cemetery)은 물론, 로마 발전에 패턴 카드(pattern card)를 제공할 수 있었던 다양한 종류의 진흙 벽돌 볼트를 발견했다. 낮은 아치 볼트(그림 34)에 사용한 "축조방법이 진정한 아치였다. 즉 사용된 벽돌은 일반적인 것이었지만, 연결부위를 방사형으로 처리하였고," 바로 가까이에는 수평으로 연결한 높은 코벨 쌓기 볼트가 있었다. 게다가 이후에 많은 문제를 일으켰던 징후를 발견했다. 즉, 입방체 모서리에 펜더티브(pendative)를 사용하여 그 상부에 어떻게 반구형 볼트를 축조할 수 있었을까? 로열 무덤을 통해서는 "순수한 코벨 볼트에서 진정한 홍예석 아치(voussoir arch)에 이르기까지, 발전하는 모든 분명한 단계들을 확인할 수 있다"*110)고 하는 울리의 의견에 동의할 수 있을 것이다.

오두막이던 사원이던, 유연한 갈대 다발과 가벼운 나무 막대기로 만든 뼈대 위에 부드러운 점토를 얹는 것 보다는, 벽돌로 지붕 구조물을 축조하는 것이 더욱 어렵다. 끝이 뾰족하거나 둥근 배럴 볼트, 벌집 같은 돔 등, 매우 다양한 형태의 지붕을 벽돌로 형성한다. 우르에서 출토된 기원전 3천 년경의 석재 여물통에 새긴 부조에서는 사랑의 여신, 이난나(Innana)의 신성한 어린 양들을 위해 축조한 갈대로 만든 뾰족한 지붕 구조를 보여준다.

메소포타미아 이후, 건축을 더욱 발전시켰던 이집트의 나카다(Nagada)와 게르제(Gerzean) 문화 등, 후기 선사시대에는 메소포타미아와 동일한 재료와 볼트 축조방법을 사용했다. 이집트의 항아리와 벽화에서는 "영혼의 거룻배" 갑판 위에 갈

그림 104. 1세기 초, 바이아(Baiae)에 있는 소위 머큐리 사원(Temple of Mercury)의 돔 내부공간. 직경 21.55m의 이 원형(圓形) 욕탕은 중앙의 천창(oculus)을 통해 빛이 들어오고, 볼트를 뚫어 작은 개구부를 설치했다. 돔을 지지하는 드럼(drum)에는 대칭을 이루는 두 개의 개구부와 4개의 벽감을 그 대각선 방향으로 설치하였는데, 지금은 수면 아래에 있다.

대 다발로 축조한 "오두막"을 찾아볼 수 있는데, 이 오두막에서는 주거 발전의 오랜 역사에서 찾을 수 있는 동일한 볼트 형태를 매우 다양하게 묘사하고 있다.

제1왕조의 이집트 신전들은 대체로 유사하다. 흑단(黑檀 : ebony)으로 만든 화장접시에 새겨 넣은 네이트(Neith) 여신 성소의 형태와 구조는*111) 이난나 여신의 양떼를 위한 신성한 헛간과 매우 닮아있다. 그러나 같은 시기에 메소포타미아의 사원 건축은 벌써 전성기를 맞고 있었다.(그림 53)

이집트 제1왕조와 제2왕조의 마스타바(mastaba) 무덤에서는 주검과 그의 보물들을 밀봉하던 넓은 화강석 막음돌(portcullis)과 바닥을 포장하는데 석재를 사용하였다. 같은 맥락에서 더욱 흥미로운 것은, 또 다른 세계에서 죽은 왕을 시중하기 위해 제물로 받쳐진 하인들을 위한 측면 무덤의 벽돌로 축조한 소규모 볼트이다. 1953년, 북 사카라(Saqqara)에서 연구를 시작한 에머리(W. B. Emery)*112)는 매우 많은 보조 무덤들로 둘러싸여진 제1왕조의 왕과 귀족들의 마스타바 무덤군을 발굴하여 세상을 깜짝 놀라게 했다. 하인들의 주검을 보호했던 배럴 볼트에서는 경사진 각 벽돌 층들이 측면 압력을 지지벽체에 전달하고 있다. 기원전 13세기, 테베

그림 105. 많은 욕장이 건설되었던 계단형 경사지의 가장 낮은 레벨에서 본 머큐리 사원(Temple of Mercury)의 외관.

(Thebes) 근처의 거대한 라메세움(Ramesseum)*113) 배럴 볼트에서 볼 수 있는 것과 같이, 이 경사진 배럴 볼트의 원리는 제1왕조에서부터 제19왕조까지 이집트 역사 전체에 걸쳐 유지되었다.*114) 호루스 아하(Horus Aha)의 무덤과 연결되는 소위 "전형적인 상태"로 발굴된 긴 배럴 볼트는 "두 건축물 사이를 연결하는 가로 전체 길이와 동일할 정도로 길게 이어지고 있다".*115)

사카라에 있는 제3왕조 조세르(Zoser, 재위 기원전 2,630~2,612 추정) 왕의 거대한 무덤군을 발굴한 라우어(J. P. Lauer)*116)의 복원도에서 볼 수 있는 것과 같이, 이 복합군의 헤브 세드(Heb-Sed)*117) 정원을 둘러싸는 모조(模造 : dummy) 창고의 파사드는 얇게 아치 형태를 이루고 있는 석재 코니스(cornice)들이 꼭대기를 덮고 있다. 그러나 이 아치로 된 코니스들은 다시 축조되지 않았는데, 이를 계승하는 제4왕조에서는 아치로 만든 볼트의 가능성을 무시하고, 수직-수평의 하중과 지지의 직접적이고 명확한 관계에 집중했기 때문이다.

그러나 코벨 아치는 여전히 피라미드 내에서 사용되었다. 피라미드가 그 전형적인 형태를 찾기 이전인 제4왕조 초기, 왕조의 첫 번째 통치자인 스네프루

그림 106. 2세기 초, 바이아(Baiae)에 있는 소위 베누스 사원(Temple of Venus)의 내부공간. 직경 26.30m의 원통형 드럼(drum)을 뚫어 8개의 넓은 창문을 설치했다.

(Sneferu, 재위 기원전 2,612~2,589 추정) 왕에 의해 건설된 다흐슈르(Dashur)의 굴절 피라미드 내에는 직사각형의 방(6.25×5.0m)이 있다. 아흐마드 파크리(Ahmed Fakhry)*118)의 실측자료에 의하면,*119) 이 방은 높이 12.60m에서 시작해서 전체 높이인 17.3m까지 급격하게 줄어드는 인상적인 코벨 볼트로 축조되었다. 이것은 위대한 피라미드 시대의 출발부터 숙련된 축조기술과 대담함을 증명하는 것이다. 하지만 이 방의 형태가 놀라운 발전을 촉진 시켰을 수도 있었으나, 결국 아무런 결과도 얻지 못했다.

스네프루의 아들인 케옵스(Cheops)*120)의 거대한 피라미드 안에는, 길이 46.6m(153피트), 높이 8.5m(28피트)의 "대회랑(Grand Gallery)"이 피라미드의 중심부로 연결된다. 이 대회랑의 경사진 벽체는 거대하고 잘 다듬어진 7개 부분의 석

그림 107. 베누스 사원(Temple of Venus)의 외관. 원통형 외벽의 창 개구부 사이에는 벽기둥(pilaster)을 추가로 설치하여 더욱 안정하게 강화하였다.

회암 판석으로 축조되었는데, 각각은 아주 조금씩 앞쪽으로 내밀어 쌓은 코벨쌓기로 축조되어 있다. 제키에르(G. Jéquier)*121)는 "이것이 볼트는 아니지만, 그 높이가 매우 확장된 경사 지붕이다"라고 언급하기도 했다.*122)

신왕국(New Kingdom)에서도 볼트는 지하의 어둠에서 갑자기 나타난 것이 아닌, 여전히 그 신비적인(chthonic) 특징이 유지되고 있었고, 메소포타미아에서도 원시적인 발전 단계를 유지했다. 심지어 메소포타미아 마지막 시기인 기원전 6세기, 전설적인 바빌론(Babylon)의 공중정원(hanging gardens)은 3~3.4m(10~11피트)의 작은 스팬을 갖는, 두 단으로 축조된 7개의 배럴 볼트 열로 지지되어, 발굴자인 콜데바이(R. Koldwey)*123)는 "경험이 없고, 실험적인 작품인 것을 나타내는 명확한 표시"라고도 생각했다.*124)

그림 108. 4세기 초, 미네르바 메디카 사원(Temple of Minerva Medicae)이라고 불리는 로마의 님파에움 호르타룸 리시아노룸(Nymphaeum Hortarum Licianorum). 이 10각면의 돔으로 축조된 건축물은 황제의 빌라(Imperial villa) 영역 내에 세워졌고, 지금은 테르미니 역(Stazione Termini)과 가깝다. 10개의 조적식 리브들이 구조의 뼈대를 형성한다. 1760년경, 조반니 바티스타 피라네시(Giovanni Battista Piranesi)의 판화.

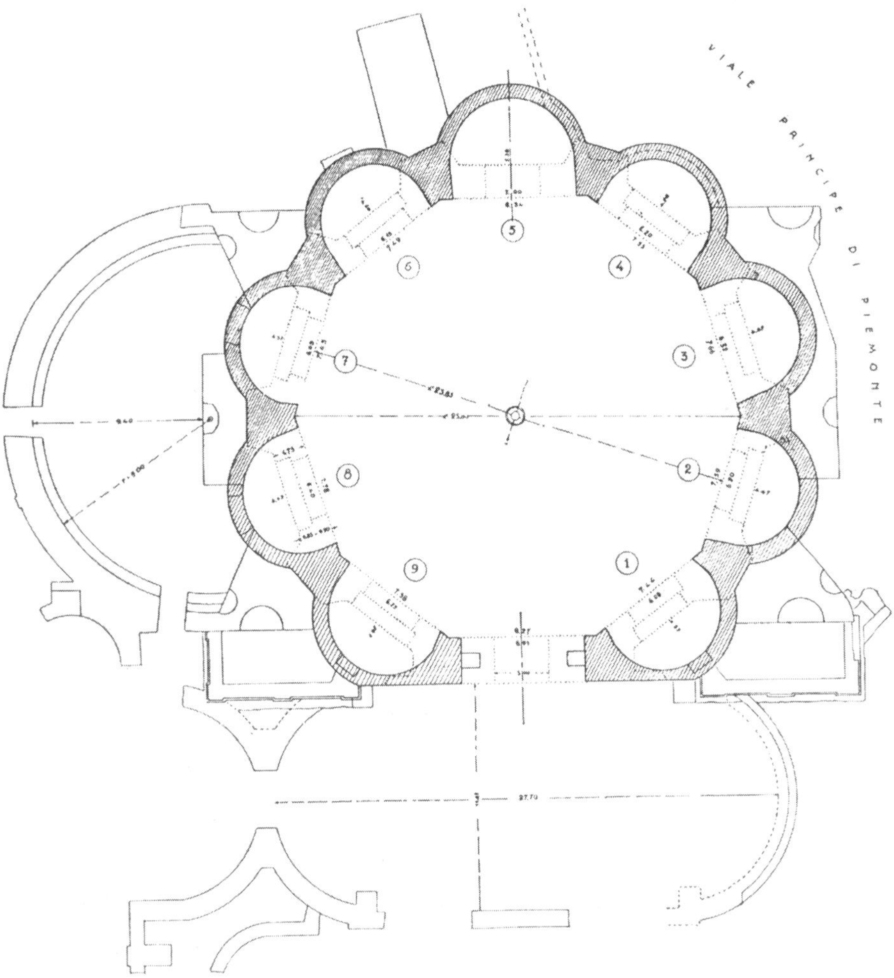

그림 109. 님파에움 호르타룸 리시아노룸(Nymphaeum Hortarum Licianorum)의 지상층 평면도. 9개의 반원형 벽감과 주출입구는 25m 공간을 둘러싸고 있다. 그 외곽의 건축물들은 그 이후에 축조된 것이다.

그림 110. 님파에움 호르타룸 리시아노룸(Nymphaeum Hortarum Licianorum)의 내부 공간. 10개의 넓은 창 개구부는 벽감과 주출입구 상부의 드럼(drum)에 설치되었다.

아치로 축조하는 볼트라는 도구를 통해 개구부의 경간을 넓게 만드는 것으로 두 번째 공간개념은 시작되었다. 경간이 넓은 공간이 건축의 특징적 우위를 차지하게 된 것은 바로 로마시기에 와서 였다. 지금까지 살펴본 것과 같이, 볼트의 사용은 근동 지역과 북아프리카의 많은 지역에서 이미 알려져 있었지만, 영향력 있는 공간으로 발전하기 시작한 시기는 로마였던 것이다. 즉, 로마는 볼트의 발전을 통해 그 이후 건축 발전을 위한 기초를 다질 수 있었다.

그림 111. 로마의 판테온(Pantheon). 하드리아누스 황제는 118년 또는 119년에 판테온 축조를 시작하여, 125에서 128년 사이에 완성하였다. 원형(圓形) 드럼은 입체감이 없고, 거대한 돔은 구조적인 이유로 인해 그 뒤쪽이 가라앉아 부분적으로 보이지 않는다. 외벽 표면의 조적 쌓기에서 볼 수 있는 분리 아치들(relieving arches)은 8m 두께의 벽체 속에서도 연속되어 배럴 볼트를 형성하는 것으로 믿어지고 있다. 1760년경, 조반니 바티스타 피라네시(Giovanni Battista Piranesi)의 판화.

두 번째 공간개념에서의 볼트 축조(Vaulting in the second space conception)

가장 복잡한 물리학 법칙의 개념을 단순한 단어로 표현할 수 있는 것과 같이, 2,000여 년 동안 내부공간의 근본적 상징이 되어왔던 볼트를 축조하는 본질도 동일하다고 할 수 있다.

원 형태의 돔으로 축조한 볼트는 근본적으로 컵 또는 그릇 등 가장 단순한 용기와 동일한 형태를 갖는다. 플라톤이 가장 완벽한 형태로 인식했던 원은 원시예술에서 완벽하게 균형을 이룬 첫 번째 형태였으며, 가장 오래 동안 지속되었다. 무스테리안(Mousterian) 시대에 돌로 만든 공, 속이 빈 구멍들,(그림 29) 붉게 채색된 원형의 판들, 원형 구멍 등, 선사시대에서 원형의 다양한 변화는 여러 곳에서도 설명될 수 있다.*125) 즉, 삶의 원천이자 수호자로서의 둥근 태양은 원이 갖는 상징성에 가장 근접한 기원일 것이다. 원 안에서 태양과 풍요는 함께 융합되는데, 고대 이집트의 상형문자에서 태양의 상징물은 생명을 부여하고, 생명을 널리 퍼뜨리는 힘과 결합되고 있다.

심지어 볼트가 가장 복잡하게 발전된 공간이라 하더라도, 원형에서 얻어진 기본 형태로 한정할 수 있다. 즉, 배럴 볼트는 축을 따라 반원이 움직인 궤적으로 만들어지는데, 만약 이 축이 수평이라면 그 결과는 넓은 스팬에 적합한 배럴 볼트의 일반적인 형태인 것이다. 축이 경사졌다면 솟아오르는 형태의 배럴 볼트가 되는데, 무거운 하중을 지지하기 위한 훌륭한 구축 형태임을 보여준다. 그 예로 로마 콜로세움의 좌석 층들은 융기하는 배럴 볼트에 의해 지지된다.

그림 112. 판테온(Pantheon)의 주랑현관(porch). 거대하고 장엄한 화강석 기둥들로 구성된 이 웅장한 현관은 그 뒤의 조적식 로툰다를 모두 가리고 있다. 조반니 바티스타 피라네시(Giovanni Battista Piranesi)의 판화.

만약 그 축이 원형이라면 콜로세움 주위에 있는 것과 같은 환상형 볼트를 얻고, 원형의 일부분이라면 절반만 덮힌 돔을 얻는데, 술라(Sulla) 시기의 프라이네스테(Praeneste)와 트라야누스 시장(Mercatus Traiani)에서는 기념비적인 규모로 사용되었다.(그림 56 · 77) 두 개의 배럴 볼트가 교차되면 크로스 볼트(cross vault), 그로인 볼트(groin vault), 또는 클로이스터 볼트(cloister vault)를 형성하며, 제국욕장의 넓은 공간을 덮는데 사용되었다. 특히 이 형태는 콘스탄티누스 바실리카(Constantine Basilica)의 24m(80피트) 넓이에 이르는 네이브(nave)에서 그 절정에 이르렀다.(그림 141)

또한 수직 축을 중심으로 반원형으로 수평 회전한다면, 드럼(drum) 또는 원통모양(cylindrical)이 된다. 원통형은 성 콘스탄차 성당(St. Costanza)인 콘스탄티나(Constantina) 영묘(그림 119)에서와 같이 상부 채광탑(lanterns)과 돔의 기반이 된다. 반원형이 수직축을 중심으로 수직적으로 회전하면 큐폴라(cupola) 또는 돔을 형성하게 된다. 그 어떤 형태보다도 돔이야 말로 판테온(그림 115)의 건축가에서부터 구아리노 구아리니(Guarino Guarini)까지의 수많은 건축가들에게 영감을 주었다. 이 반구형 볼트아래 집중화된 공간은 가장 대담한 실험들을 불러일으켰다.

완전하게 둘러싸인 돔은 많지 않다. 기원전 1세기 초, 바이아(Baiae)의 욕장(thermal baths)에서 처음 사용되었을 때에도, 머큐리 사원(Temple of Mercury)이라 불리는 목욕실 돔에는 그다지 크지 않은 개구부를 설치했다.(그림 104) 이후 하드리아누스 시기의 소위 베누스 사원(Temple of Venus)의 돔은 원통형 드럼(그림 107) 위에 건설되었는데, 내부공간을 빛으로 넘쳐나게 하기 위해 8개의 큰 창을 설치했다.*126) 기원후 4세기 초에 건설된 님파에움 호르타룸 리시아노룸(Nymphaeum Hortarum Licianorum)의 돔은 열 개의 벽돌 리브 사이에 삼각면이 있는 골조 구조로 축조되었다.(그림 108-110) 슈와지(Choisy)*127)에 의해 제시된 것과 같이 이것은 펜더티브(pendatives)가 필요하지 않았음을 증명하는 것이다.*128)

하드리아누스 황제에게는 돔의 연속적인 곡면(curvature)이 더 이상 신성불가침적인 것이 아니었다. 그는 반구형 볼트에서 가질 수 있는 가장 순수한 표현을 판테온 돔에 부여했지만,(그림 111) 티볼리에 있는 아드리아나 빌라(Villa Adriana)에서는 가장 높은 등급의 실험을 했다. 가끔은 공들여 만든 공간이 단순한 집착이 되기도 했던 것 같으나, 멜론(melon) 형태의 돔을 가진 오로 광장(Piazza d'Oro) 북쪽 파빌리언(그림 163)에서부터, 환상적인 돔을 가진 대지 끝 측면에 있는 작은 궁궐(Little Palace) 또는 아카데미(Academy)에 이르기까지, 하나의 해결책을 찾자마자 곧바로 다른 것을 시작했다. 카노푸스(Canopus) 끝에 있는 세라페이온(Serapeum)*129)의 분절된 거대한 절반의 돔이 완벽하게 남아 있지만, 수많은 방사형 개구부들은 그것들을 지지하고 있는 드럼을 뚫고 설치된 것이다.(그림 161) 대담하게 튀어나온 볼록한 면과 수직면을 번갈아 축조한 측벽을 가진 작은 욕장의 8각형 방 볼트는 하드리아누스의 가장 과감한 실험 중 하나였다. 기회가 있을 때마다 돔이나 절반의 돔을 새롭게 사용하여 공간을 언제나 생기 넘치게 하는 것이 그의 취향이었다. 하드리아누스에게 돔은 명확하고 물리적인 형태이기보다는 일상 용품이 되었던 것이다.

하드리아누스의 기념비적인 성취, 판테온

(The Pantheon of Hadrian : a monumental achievement)

판테온의 돔이 최초의 것은 아니었지만 건축에서의 강조점을 외부에서 내부로 가장 강력하게 치환했다는 점에서 근본적으로 새로운 발명이었다고 할 수 있다. 연대기 순으로 판테온은 볼트 축조기술 발전의 기원과 멀리 떨어져 있지만, 당시 축조기술이 향상되어 욕장 등 실재적인 목적으로 이용하던 돔을 신전의 장엄을 표현하는 수단으로 변화시켰던 것이다.

판테온의 근본적인 새로움은 외관에서 볼 수 있는데, 그 효과는 건설되었을 당시보다는 오늘날 더욱 강력하다. 당시 외벽은 정교한 헬레니즘(Hellenistic)의 마감으로 장식했었지만, 지금은 작은 흔적들만이 남아 있다. 오늘날 판테온의 외관은 입체적 표현이 결여된 단순한 원통 형태인 가스탱크와 닮아있다.(그림 111) 구조적인 이유로 인해 두껍고 육중한 벽체보다 대부분의 돔이 낮게 축조되었기 때문에 판테온의 외관은 더욱 강력하게 보인다. 완만한 경사로 솟아오르는 곡면의 시작

그림 113. 전체가 열주랑으로 둘러싸여 있었던 판테온(Pantheon)의 전정(前庭) 복원 투시도. 이 광대한 전정은 현재의 거리 레벨 밑에 있다.

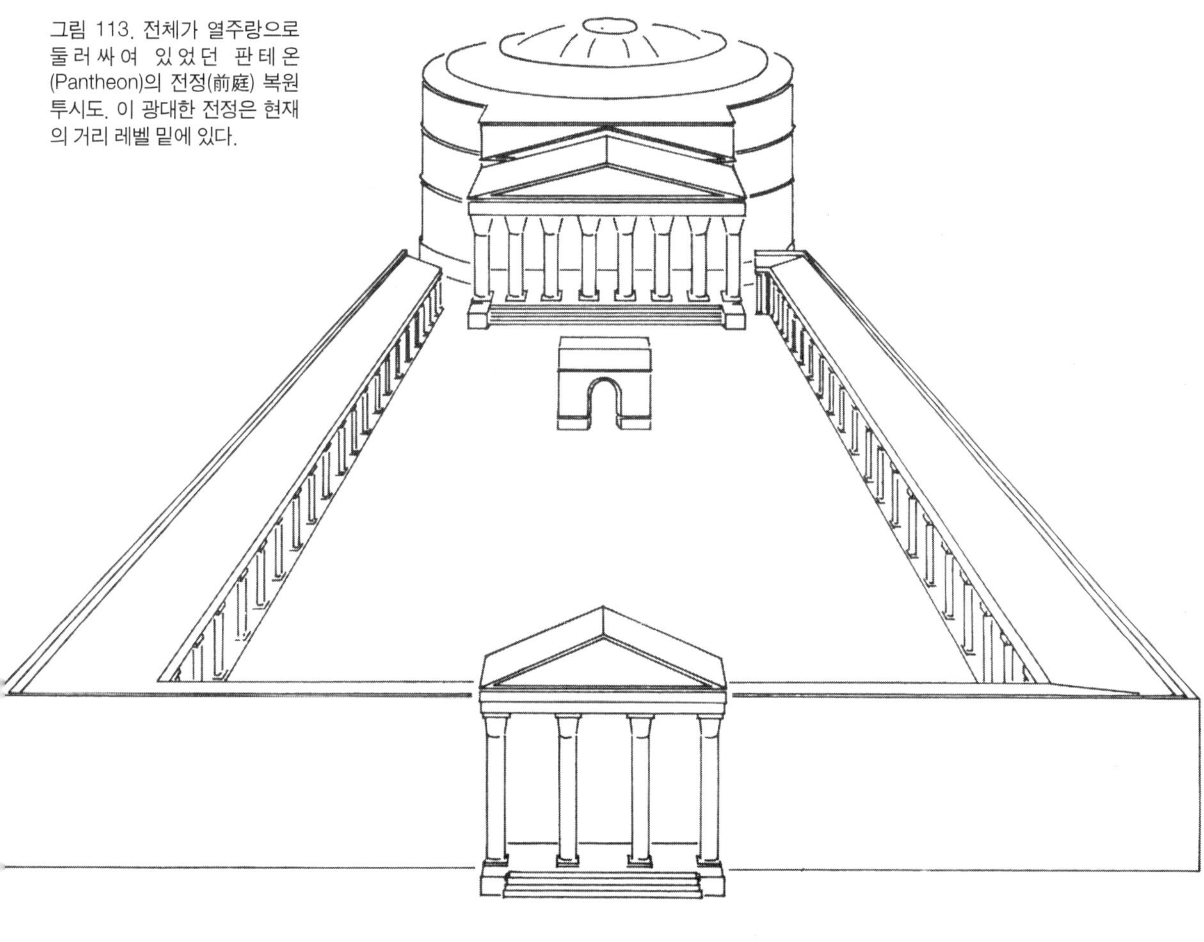

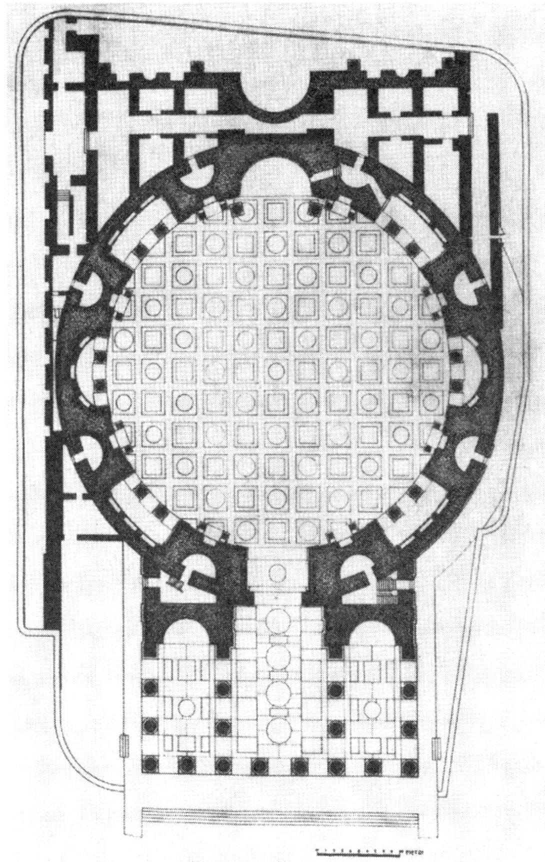

그림 114. 판테온(Pantheon)의 지상층 평면도. 원형(圓形)의 형태가 지속되는 것을 알 수 있다. 직교축으로 배치된 반원형 벽감, 그 대각선 축으로 배치된 직사각형 벽감들은 기둥이 감싸고 있지만, 주축선 상의 벽감은 예외이다.

부분에서만 계단형태의 원형구조들이 연속해서 보여질 뿐이다. 1642~62년에 프란체스코 보로미니(Francesco Borromini)도 산티보 알라 사피엔짜(Sant'Ivo della Sapienza)의 돔 바깥에 이 계단모양의 원형구조와 같은 기술을 사용하였는데,*130) 판테온과 크게 다르지 않다. 정교하게 처리된 판테온의 내부공간과는 대조적으로, 외관은 무심하게 처리한 것으로도 보인다. 이집트산 화강석으로 축조한 거대 기둥들이 있는 높고 장엄한 주랑현관(porch)(그림 112) 뒤로 그 육중한 볼륨이 숨겨진다. 이렇게 외부 볼륨이 은폐되었던 사실은 오늘날 부분적으로만 증명할 수 있다. 현재 측벽에서 볼 수 있는 것과 같이 이 건축물의 본래 레벨은 현 지표면에서 한 층 밑에 있는데, 전체 높이가 드러나도록 발굴되기도 했었다. 본래의 전정(前庭) 자리에 지금은 무의미한 건축물들이 측면을 둘러싸고 있고 바로크의 분수와 몇 대의 택시들이 점령하고 있지만, 어떻게 원통형 볼륨이 주랑현관 뒤로 사라지는지 아직도 인식할 수 있을 것이다.

그림 114에서 보여지는 것과 같이 고대의 상황은 매우 달랐다. 현재 로툰다 광장(Piazza della Rotunda)과 매우 좁은 중세 거리 하부에 있었던 본래의 레벨은 한때 공간적인 열주랑에 의해 둘러싸여져 있었다. 당시 전정에서는 높은 화강석 기둥들

그림 115. 내부에서 올려다 본 판테온(Pantheon) 돔. 직경 8.92m의 천창(oculus)이 하나의 광원(光源) 역할을 한다. 이 천창 쪽으로 가면서 코퍼(coffer)의 크기는 3.9m에서 2.3m로 점차 작아진다.

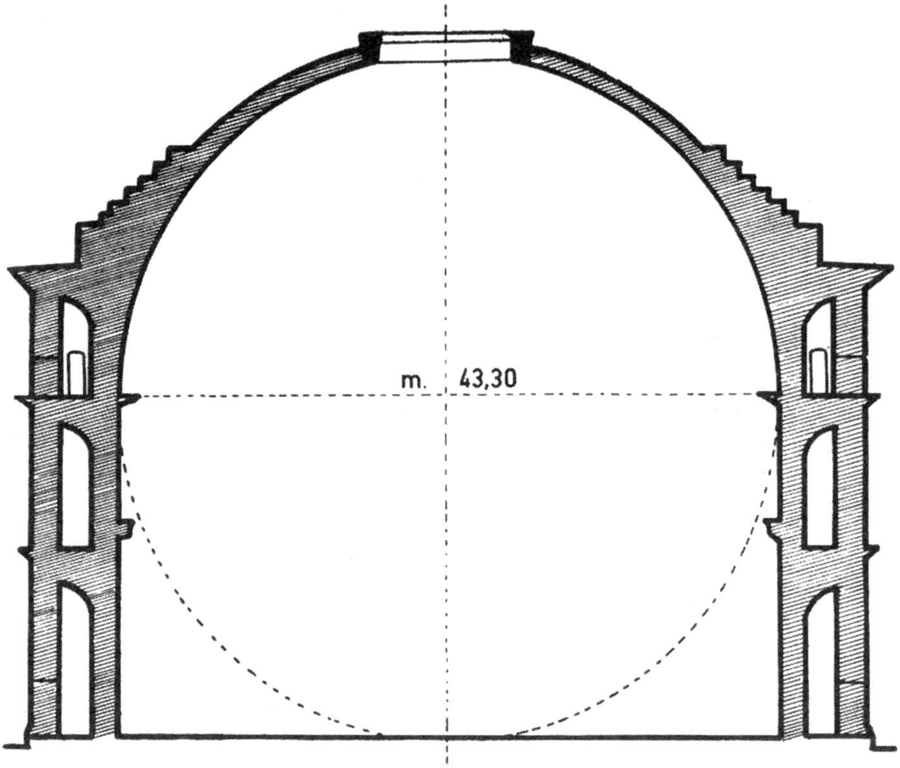

그림 116. 단면에서 판테온(Pantheon)은 정사각형에 내접하는 원(圓)으로 구성된다.

과 펜텔릭(pentelic) 대리석으로 만든 흰 색 주두, 아키트레이브(architrave)로 구성된 거대한 주랑현관과 청동 타일로 덮힌 돔의 상부 곡면이 매우 조금 보였을 것이다. 즉 전체 두께가 8m에 이르는 로툰다 몸체는 시야에서 숨겨져 있었던 것이다.

로마건축은 하드리아누스(기원후 117~137) 시기에 와서 그 최고의 견고함을 얻었다. 루리(G. Lugli)는 판테온을 "알려진 건축물 중 가장 정밀하게 축조된 건축물"이라고 설명하기도 했다.*131) 완벽함과 기념비성을 갖춘 하드리아누스 시기의 로마건축은 안정성과 장대함 그리고 영원함을 추구했던 그의 열망이 담겨져 있는 것이다.

동시에 판테온은 토로스(tholos) 발전의 최고 전성기를 나타내며, 두 번째 건축적 공간개념의 장대한 전주곡을 표상하기도 한다. 또한 판테온은 로마의 영광과 권력을 떨친 시기를 계속해서 증명하는 것으로, 하드리아누스 영묘(그림 52)와 배럴 볼트로 축조한 베누스와 로마 사원(Temple of Venus and Roma)과 함께 제국 도시의 중심에 여전히 건재한다.

내부공간(Interior Space). 판테온의 중요한 특징은 밀집된 주랑현관의 기둥열 사이를 통과한 후 갑자기 나타나는 그 거대한 내부 공간에 있다.(도판 VII) 알로이스 리글(Alois Riegl)*132)은 보존상태가 양호한 판테온의 내부 공간이 새로운 예술적 감성을 표현한 것으로 언급한다.*133) 그러나 그것은 판테온의 내부공간을 폐쇄적으로 집중화한 것에 원인이 있으며, 두 번째 공간개념이 획기적으로 발전할 수 있었던 것은 실제로 판테온의 돔에서 시작되었다. 이때부터 건축 공간의 모든 개념은 거의 변함없이 속이 빈 내부공간과 아주 밀접한 것이 되어 왔다.

여기서 판테온의 규모와 건설목적에 집중할 필요가 있는데, 이 둘 모두 매우 특별하기 때문이다. 19세기까지 판테온의 돔이 덮고 있는 면적을 능가할 것은 없었는데, 돔의 직경은 43m(141피트)로 실측되었다. 이 내부공간에 진입한 사람들은 놀라지 않을 수 없다. 그리스 사원은 외곽을 둘러싼 기둥들이 울타리가 되어 대중들의 접근을 막고 있지만, 판테온은 울타리를 치지 않았다. 거대한 규모의 내부 공간은 몇몇의 상류층 사람들을 위한 것도 아니었고, 전정으로 돌출된 거대한 주랑현관(그림 112 · 113)으로 연결하는 넓은 계단을 위한 것도 아니었다. 만약 이 넓은 공간이 많은 사람들을 수용하기 위한 것이 아니라면, 과연 그 목적은 무엇이었을까?

일반 대중들은 아테네 아크로폴리스의 파르테논 문이 열렸을 때, 팔라스 아테나(Pallas Athena)의 거대한 조각상을 멀리서도 볼 수 있었으나 그 안으로는 접근할 수 없었다. 그러나 판테온은 그 내부에 기념비적인 조각상을 설치하지 않았기에, 사람들은 그들이 모시는 신들의 조각상을 보기 위해 내부벽체를 둘러싸고 있는 측면 벽감(niches)에 바싹 붙어 서야만 했고, 제단 역시 벽체를 배경으로 자리 잡았다.(그림 114)

판테온의 이름은 기원전 27년에 아우구스투스(Augustus)의 친구인 아그리파(Agrippa)가 축조했던, 같은 자리에 있던 이전 건축물에서 이어진 것은 잘 알려진 사실이다. 이 건축물은 정사각형이었고, 하드리아누스 주랑현관과 거의 같은 자리에 건설되었다. 디오 카시우스(Dio Cassius)*134)는 "그것은 아마도 많은 신들의 조각상들로 장식되어 있기 때문에 붙여진 이름으로 보인다"라고 기록하였다.*135) 오늘날 이 "모든 신들의 거대한 신전(templum deorum omnium)"*136)은 로마제국의 무한한 확장과 모든 것을 포용하는 힘을 상징하며 서 있다.

판테온을 건설한 하드리아누스는 주랑현관의 아키트레이브(architrave)에 아그리파의 이름을 명확하게 기록하였다.(그림 111) 마르스 광장(Campus Martius)의 모든 구역을 로마의 도시로 병합했던 사람이 바로 아그리파였으므로 옛 판테온은 그 중심에 있었다. 그는 또 호화로운 아그리파 욕장(Thermae Agrippae) 건설을 시작했으므로, 이 새로운 북서쪽 구역은 곧 로마에서 가장 부유하고, 격조 높은 구역이 되었다.

판테온의 내부는 최대한 단순함을 추구했던 탁월한 개념을 표현한다. 판테온은 단면에서(그림 116) 정사각형에 내접하는 원으로 이루어져 있는데, 이 정사각형과 원형의 관계는 바닥포장 패턴의 모티브로도 나타나고 있다.(그림 114) 반구형 돔은 원통형 드럼(drum) 위에 얹히는데, 지면으로부터의 높이는 돔의 직경과 동일하다. 단면도에서 볼 수 있는 것과 같이, 만약 돔이 완전한 구체였다면 바닥포장 면이 지지하고 있는 것이다. 그러므로 판테온의 내부 공간은 원통형과 반구형을 결합한 균형 잡힌 기하학적 형상으로서 지각된다. 1855년 출간한 야곱 부르크하르트(Jacob Burckhardt)*137)의 『명승지 안내(*Der Cicerone*)』에 기술된 것과 같이 "높이와 직경의 동일함은 … 미스테리적인 매력의 원인이 되고 있다".*138)

판테온의 내부공간은 완벽한 단순성에 초점을 맞추어 축조되었다. 돔을 축조하기 위해 과도하고 실험적으로 축조한 티볼리 하드리아누스 빌라의 볼트와는 다르게, 대중들을 위한 이 공공 건축물의 내부공간은 기본적으로 원통형과 반구형의 두 구성적 형태로 축조되었고, 그 밖의 다른 요소들은 배경으로서 그 존재감이 사라진다. 원통 형태를 변경하기는 쉽지 않다. 교차 축선상에는 반원형, 대각선 축선상에는 직사각형 등, 방사형으로 배치된 모든 벽감들은 두꺼운 벽체에 설치되어 있고 기둥들로 가려진다. 오직 주축선 끝에 있는 벽감만이 두드러지는데, 여기에 디오 카시우스가 언급했던 신격화된 줄리어스 시저(Julius Caesar)의 조각상은 물론, 그의 일가 수호신인 마르스(Mars)와 베누스(Venus)의 조각상들이 서 있던 것으로 추측된다.*139) "또한 6개의 다른 넓은 벽감은 각각 3명의 신을, 8개의 작은 벽감들은 한 명의 신들을 모셨던 것으로 추정된다".*140)

돔의 축조(Construction of the dome). 판테온의 돔 축조 시스템에 대해서는 명확하게 밝혀진 사실은 없고, 단지 몇 가지 학설이 있을 뿐이다. 슈와지(Choisy)와 두름(Josef Durm)의 복원도*141)는 제247대 교황 베네딕토 14세(Benedict XIV, 재위 1,740~1,758)가 재건했던 시기의 피라네시(Piranesi) 작품에 기반을 두고 있는데, 그는 어느 정도 자세히 여러 구조부분들을 시험할 수 있었던 사람들 중 하나였다. 다른 복원도들은 루카 벨트라미(L. Beltrami)*142)와 아르마니니(P. O. Armanini)가 1892~93년에 조사했던 것에 근거하고 있다.

벨트라미는 피라네시가 설명한 정밀한 돔 상부의 골격구조에 대해 확신하고 있었다.(그림 117) 벨트라미에 따르면 돔을 위한 분리 아치(relieving arches)는 코퍼(coffering) 바로 밑 높이까지 솟아오른다.(그림 118) "8개의 거대한 분리 아치들은 쉽게 식별되는데, 로툰다(rotunda)의 직교축 및 대각선 축과 연관되어 더 작은 8개의 분리 아치들과 번갈아 축조되었고, 드럼과 돔 사이의 벽감들과도 연관관계가 있다".*143) 그림 118은 측면의 추력(推力)을 없애기 위해 8개의 큰 아치들 사이에 어떻게 더 작은 스팬드럴 아치(spandrel arch)들이 설치되었는지를 보여주고 있다. 메인 아치들이 두꺼운 벽체 내에서 어떻게 배럴 볼트와 같은 역할을 하는지는 로툰다로 들어가는 입구를 덮는 배럴 볼트 밑에서 가장 잘 파악할 수 있다.

돔에서도 같은 시스템이 사용되었는데, 메인 아치 밑에는 3개의 작은 아치들이 삽입되어 반복되고 있다. 이것은 벨트라미가 이 아치들이 시작되는 곳을 찾기 위

그림 117. 판테온(Pantheon) 돔의 상부 골격 구조. 16개의 리브(C)들은 코퍼(coffer) 하부의 8개 분리 아치(relieving arch) 중심에서 올라오는데, 분리 아치 사이에는 8개의 더 작은 스팬드럴 아치(spandril arch)가 있다. 이 리브들은 이들을 엮어주는 아치들(O)에 의해 천창(oculus)의 테두리(ring : E)로 합쳐지고 통합된다. 1898년, 벨트라미(Beltrami)의 그림.

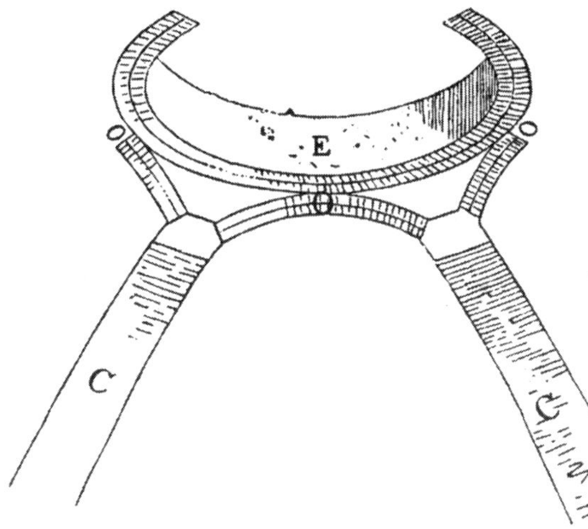

해 코퍼의 가장 낮은 열을 조사했을 때 확인되었다. 그러나 돔에서 가장 흥미로운 부분인 열려진 둥근 천창(oculus) 주위의 단면은 아직도 확실하게 밝혀진 것이 없다.

코조(G. Cozzo)는 1927년에 돔의 일반적 축조에 대해 부분적으로 실험을 할 수 있었는데, 당시는 안전에 대한 특정 수단들이 확립되지 않았던 때이다. 그는 콘크리트를 부어 축조한 이중 외피 돔과, 코퍼로 마감한 안쪽 표면 뒤에 복합적인 골조 구조 시스템인 "본래 수직으로 서 있는 큰 아치(meridian arch)들과 보들"[*144]을 설정했다. "8개의 아치 또는 전체적으로 16개의 피어들은 … 돔의 장대한 전체 구조를 지지한다".[*145] "이것은 위대한 로마 엔지니어들의 독창적 창의력을 나타내고 있다. 돔을 축조하기 전에 로툰다 벽체 구조의 모든 하중은 이 16개의 피어들에 집중되었고, 결과적으로 큰 압력은 힘의 작용선을 따라 흐를 수밖에 없었다". 힘의 작용선 방향에 따른 리브 시스템이 그 자체의 건축적 표현을 찾은 것은 훨씬 이후의 일이다. 코조는 판테온의 벽돌을 입힌 콘크리트 피어들이 내부에서 8.5m, 외부에서는 9.75m 높이로 축조되었다고 언급한다.[*146]

골조를 지지하는 피어들은 플라비우스(Flavians) 왕조 시기(69~96년)에 광범위하게 사용되었고 콜로세움이 그 대표적인 예이다. 판테온의 엔지니어들은 여기서 한 단계 더 진전시켰는데, 돔 시작점까지 피어들을 연장하고 여기서 피어들을 서로서로 연결함으로써, 돔 구조와 피어를 직접적으로 연결한 것이다. 이와 같은 새로운 구조에는 상당한 용기가 필요했고, 시험기간을 잘 견뎌 왔다. 피어 또는 리브는 전체 돔의 골격을 형성하고, 내·외부 벽체는 먼저 세워진 구조 골격에 맞추어 축조된 것이다. 조적조로 마감한 외부 벽체에 보이는 분리 아치들(그림 111)은 내부 벽체까지 연장되어 다시 아치로 나타나는 짧은 배럴 볼트를 형성하고 있다.(그림 118)

돔의 내부는 4단으로 움푹 들어간 코퍼들로 덮여 있다.(그림 115) 윗변과 밑변의 크기가 다른 코퍼는 돔 중앙의 천창으로 갈수록 점차 그 크기가 감소하는데, 가장 낮은 곳에 위치한 코퍼는 3.9m, 가장 위쪽의 코퍼는 2.3m이다. 이 코퍼로 장식된 돔은 로마 정신에 적합하도록 그리스 요소에서 변화를 보여주고 있다. 즉 코퍼로 장식된 평평한 그리스의 천장이 우주와도 같이 위쪽으로 폭발된 것과 같은 형상인 것이다.

천계(天界)로서의 돔(The dome as the celestial firmament). 하루 순환선을 따라 판테온의 열린 눈 위로 태양이 회전하고, 그 광선은 우묵한 돔을 가로질러 움직인다.(도판 VII) 열린 천창은 언제나 존재하는 우주와의 연결을 표상하고 있다. 실재 판테온은 "천상의 볼트를 표상하는 것으로 받아들여졌고, 그 벽감 안에 있는 신들은 … 천계의 신들로 여겨졌다". 코퍼는 푸른 배경에 황금빛 별들을 담고 있는 것으로 이

그림 118. 판테온(Pantheon) 돔의 분리 아치(relieving arch). 8개의 큰 분리 아치들은 코퍼(coffer) 바로 아래 높이까지 솟아 올라오고, 그 사이에 8개의 스팬드럴 아치가 위치한다. 그 상부에서는 코퍼의 후면, 돔 자체 구조 내에서 8개의 주된 아치가 다시 반복된다. 1898년, 벨트라미(Beltrami)의 그림.

야기되어 왔는데, 그것은 전체 구조가 가지고 있는 "우주의 별과 같은 성격"과 조화되는 것이다.*147)

내부 공간에 빛을 끌어 들이는 수단인 판테온의 천창은 매우 특별한 것이었다. "내부공간에서는 무엇보다도 하늘로 향해 열린 천창의 아름다움과 조화가 압도하고 있는데, 거대한 로툰다를 태양광선과 반사광선이 아름답게 채우고 있다"고 야곱 부르크하르트(Jacob Burckhardt)는 언급한다.*148) 끊임없이 이동하는 빛줄기는 변화하는 자연의 기운을 실내공간으로 투사하고 있고, 태양은 계속 움직이며 우묵한 돔 주위를 거닌다.

다음 세기에서 돔의 빛은 일종의 신비적 의미를 얻었지만, 완결된 내부공간과 무한한 우주 사이의 관계는 다시 그러한 관계성을 얻지 못했다. 판테온에서 찾아볼 수 있는 독창성은 광원(光源)의 자연적인 움직임을 가장 세련된 수준까지 끌어올린 것이다.

판테온에서 얻은 아이디어의 발산(Radiation of the idea of the Pantheon)

판테온의 정수는 그 완전한 단순성에 있다. 돔의 순수한 볼트 뒤에는 빈틈없이 계산된 보조적 구축 요소들이 있고, 이것으로 인해 몇 백 년이 흘러도 완전하게 보존될 수 있었다. 판테온은 그 자체로 완벽하게 자기완결적 구조이다. 원형(圓形)은 분리(分離)를 요구하는 폐쇄적인 시스템을 나타내기 때문이다. 오직 하늘만이 자유로운 접근이 허가된다. 그러나 이것은 로마제국에서 통상적으로 넓은 벽체에 천공하는 방법과는 다르고, 소위 베누스(temple of Venus) 사원(그림 106)이라 불리는 바이아(Baiae)에 있는 원형구조물에서 하드리아누스가 사용한 것과도 다른 방식인 것이다.

판테온 이후의 다음 단계에서는 중심화 된 건축물에 대한 더 좋은 순수한 개념을 좀처럼 얻지 못했지만, 그 아이디어만은 결코 사라지지 않았다. 그 형태는 각각 서로 다른 방법으로 다른 시기에 소생되었는데, 서양건축 발전에 한정하여 그 실례들을 살펴보자.

비잔틴(Byzantine)의 풍부한 발전은 그리스 정교회(Greek Orthodox)의 믿음의 중심인 비잔티움(Byzantium, 현 이스탄불) 하기아 소피아(Hagia Sophia) 대성당으로부터 시작되었다. 서양 교회건축의 가장 중요한 발전은 몇 개의 아일(aisles)이 있는 바실리카(basilica) 아이디어에 그 기본을 두고 있다. 바실리카는 로마에 있는 옛 성 베드로 대성당(Old St. Peter's)의 바실리카와 5개 아일(aisles)로 된 라테란 바실리카(Lateran Basilica)에서 기원하였다. "서양에서 바실리카는 오직 교구교회(parish church)를 위한 형태로 여전히 남겨졌다. 바실리카의 1층 평면은 예배 순서와도 매우 밀접하게

그림 119. 350년경, 로마 산타 코스탄차 성당(S. Costanza)의 교회부분 단면도.

그림 120. 370년경, 밀라노 산 로렌초 마지오레 성당(S. Lorenzo Maggiore)의 교회부분 단면도.

연결되었다".*149)

기독교 의식(儀式)은 집회를 위한 공간이 필요하기 때문에, 로마 성 베드로 대성당(St. Peter's), 피렌체 대성당(Florence Cathedral)과 같이 돔으로 축조한 이후 교회들 또한 네이브(nave)와 측면 아일들을 통합하게 된다. 이 두 교회의 돔 구조는 일반적인 건축적 표현에서 판테온의 돔과는 다르다. 브루넬레스키(Brunelleschi)와 특히 미켈란젤로(Michelangelo)는 더욱 높게 돔을 축조하였다. 이 돔들은 외부에서 명확하게 볼 수 있는 고딕의 리브 구조는 물론 수직성에 대한 고딕의 욕구를 표현한다.(그림 123 · 124) 또한 로마 성 베드로 대성당과 피렌체 대성당의 8각 중심 내부공간에서 돔까지 이르는 높은 지주(支柱)들은 고딕 공간개념이 여기서 또 한번 그 역할을 하게 된 것을 암시한다.

이 두 교회에서 리브 구조는 돔의 외피 속에 위치한다. 성 베드로 대성당에서는 두 개가 한 쌍을 이룬 외부의 기둥들 위에서 16쌍의 리브들이 드럼에서부터 솟아올라, 채광탑을 구성하는 가느다란 한 쌍의 벽기둥(pilaster)으로 연결된다. 채광탑 상부는 구(救)와 십자가로 구성된 기독교 최고의 휘장으로 장식하는 고딕 지붕과 유사하며, 이 스카이라인은 끝까지 유지되었다.

초기 기독교에서부터 중세까지, 서양에서 중심화 된 건축물의 가장 순수한 형태는 세례당과 영묘(靈廟 : mausolea) 그리고 영웅적 인물들을 위한 기념비적 구조물들이었다. 그러나 여기서는 일반적인 발전과정에서의 변화를 보여주는 몇몇 기본적 원형(原型)의 교회들을 선정했다. 또한 구조적 발전의 시기를 보여주기 위해 대표적인 건축물들을 선택했는데, 기원후 350년경의 로마 산타 코스탄차 성당(S. Costanza), 370년경의 밀라노의 산 로렌초 성당(S. Lorenzo), 546~548년에 완성된 라벤나(Ravenna)의 성 비탈레 성당(S. Vitale), 806년에 축성된 엑상 프로방스(Aix-en-Provence)의 샤를마뉴 대제 팔라틴 교회(Charlemagne's Palatine Chapel), 1436년에 봉헌된 돔이 있는 피렌체 대성당(S. Maria del Fiore), 1506~1590년 로마의 성 베드로 대성당(St. Peter's), 1631~1687년 베네치아의 산타 마리아 살루테 성당(S. Maria della Salute), 1638년에 축조되기 시작한 튜린(Turin)의 산 카를로 알레 콰트로 폰타네 성당(S. Carlo alle

그림 121. 546~548년에 완공된, 라벤나(Ravenna) 성 비탈레 성당(S. Vitale)의 교회부분 단면도.

그림 122. 806년에 축성된, 엑상 프로방스(Aix-en-Provence)에 있는 샤를마뉴 대제 팔라틴 교회(Charlemagne's Palatine Chapel)의 교회부분 단면도.

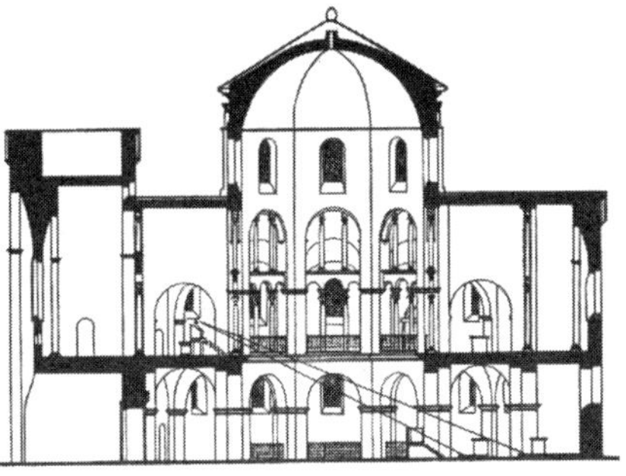

Quattro Fontane), 1642년에 시작된 로마의 산 티보 성당(Sant'Ivo della Sapienza), 1668~1687년 튜린의 산 로렌초 성당(S. Lorenzo)이다.

이탈리아에서 중심화 된 건축물은 라벤나에서 가장 강하게 발달하였고, 산 비탈레 성당에서는 놀랄만한 공간적 효과를 만들어 내었다. 북쪽 지방의 어떤 중심화 된 건축물도 이 교회의 내부 생명력을 따라 갈 수는 없을 것이다.(그림 121)

라벤나가 서로마 제국의 수도가 되기 전에는 밀라노가 임시 정부의 소재지였는데, 로마가 아닌 밀라노는 서로마 제국의 이후 통치자들에게 건축적 활동의 주 무대였다. 특히 넓은 전정(前庭)이 여전히 남아있는 웅대한 산 로렌초 마지오레 성당(S. Lorenzo Maggiore)은 한때 통치자의 주거로도 사용되었다.*150) 교회의 중심은 중심화 된 순수한 건축물인데, 중심축과 교차 축들이 만나는 곳에 3개의 더 작은 중심화 된 건축물들과도 연결되고 있다. "평면은 2세기부터 제국 전체에 걸쳐 있는 욕장과 정원 그리고 궁궐 건축물들에서 일반적인 특징이 되었던 이중 외피 디자인에 속하며, 4세기에 교회건축으로 전이되기 시작했다".*151) 산 로렌초 마지오레 성당은 로마 욕장의 간결함과 명료함 그리고 넓은 공간감을 가지고 있다.(그림 120)

엑상 프로방스에 있는 샤를마뉴 대제의 팔라틴 교회는 기념물 또는 세례당이 아닌, 황제가 통치하는 동안 그 자신을 위해 건설되었다. 모든 것은 두 제단 바로 반대편에 위치한 갤러리(gallery) 내에 있는 왕좌의 위치에 맞춰져 있다. 예배가 "좌석이 하나만 있는 궁정극(宮廷劇)" *152)이 된 것이다. 우주적 힘들은 세계의 통치자, 그들의 대표자에게 자리를 내 주었다.

판테온은 벽감이 있는 바닥 레벨에서부터 열린 천창이 있는 꼭대기까지 연속되는 원통형 드럼 위에 순수한 반구형 돔을 표현한다. 이와 동일한 원리가 4세기 초에 건설된 살로니카(Salonica)의 성 조지(St. George) 원형(圓形) 교회에서도 나타나는데, 이 교회 또한 로툰다의 육중한 조적조 벽체를 뚫고 깊은 벽감이 설치되었다.

이후 모든 발전에 시작점이 되었던 판테온의 원형(圓形)은 내·외부 모두에서 지속되었으나, 바로 다음 세기부터는 이 순수한 원형 벽체에 갑작스런 변화들이 지속적으로 나타났고, 결국 하기아 소피아 대성당이 그 최고의 완성품이 되었다.

동로마 제국의 유스티니아누스(Justinian, 재위 527~565) 황제의 거대한 건축물인 비잔틴 하기아 소피아 대성당보다 2세기 전에 건설된 로마의 산타 코스탄차(S. Costanza : 콘스탄티나(Constantina) 영묘)에서는 새로운 원리가 시작되었다. 적당한 크기의 돔은 배럴 볼트로 축조된 회랑으로 둘러싸였고, 높은 환상형 창 개구부에서부터 빛이 유입된다.(그림 119) 큰 천개(天蓋 : baldachino)와도 같은 효과를 연출하고, 돔의 드럼을 지지하는 쌍기둥을 사용하였음에도 불구하고, 원 형태는 계속해서 유지되었다. 그러나 원이 갖는 순수한 형태는 약 20년 후, 회랑과 3개의 축을 갖는 밀라노의 산 로렌초 성당(S. Lorenzo)에서 중단되었다. 그 이후 8각 회랑이 있는 라벤나 산 비탈레 성당의 중심화 된 8각형 공간은, 엑상 프로방스 팔라틴 교회의 16개 변을 갖는 외피를 만들게 했다. 이와 같이 내부공간의 형태는 계속해서 풍부해지고 더욱 복잡해져 갔다.

모든 중세 교회건축은 아일이 많은 바실리카에 집중되었다. 거대한 프랑스 대성당들은 네이브와 트랜셉트(transept)가 만나 교차하는 더욱 높아진 지점을 제외하고는, 중심화 된 건축물들과는 아무런 공통점이 없다. 고딕 건축은 트랜셉트와 성가대석(choir), 긴 아일이 있는 대성당에서 매우 중요한 표현을 찾았다. 이 교회들은 낮은 중세 도시 속에서 우뚝 솟아 있었다. 대성당들의 뾰족탑은 아주 먼 도시외곽에까지 그들의 존재를 알리고 있다. 이러한 발전이 서양 공간개념의 진화에서 매우 중요하기는 하지만, 여기서는 고려하지 않기로 한다.

르네상스와 바로크 시대의 중심화 된 건축물(Central buildings in the Renaissance and Baroque). 중심화 된 로마의 건축전통은 매우 가끔 한 단계 더 발전하기도 했다.

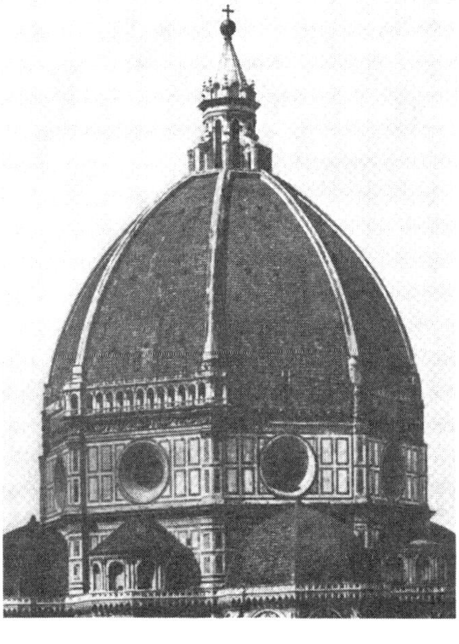

그림 123. 피렌체 대성당(Florence Cathedral : S. Maria del Fiore). 이중의 쉘 돔(double-shelled dome)은 브루넬레스키(Filippo Brunelleschi)에 의해 1436년에 축성되었다.

그림 124. 동측에서 바라본 1505~1590년의 로마 성 베드로 대성당(St. Peter's) 돔.

르네상스에서 접근했던 중심화 된 건축물들의 차이점은 각 시대의 기본적인 동일한 평면들을 살펴봄으로써 가장 잘 파악할 수 있을 것이다.

르네상스에서의 발전은 1436년에 봉헌된 피렌체에 있는 필립포 브루넬레스키(Filippo Brunelleschi)의 대성당 돔으로 시작되었다. 후기 고대 건축물로 받아들여진 세례당(Baptistery)으로 인해, 8각의 교차볼트로 축조된 이 건축물은 이미 피렌체 건축전통의 하나가 된 것이 사실이다. 그러나 브루넬레스키는 로마를 방문했을 때 그가 보았던 거대한 볼트에 의해 더 큰 영향을 받았다. "웅대한 건축물들과 완벽한 구조를 가진 사원들을 모두 살펴보았기에, 필립포(Filippo)는 마치 제 정신을 잃은 사람처럼 미궁 속에 서 있었을 것이다. 건축물들의 코니스(cornice)와 지상층 평면을 측정하기 위해 그와 도나토(Donato)는 시간을 아끼지도 소비하지도 않고, 계속적으로 일을 진행했다. 그들은 로마는 물론 로마 주변의 평원, 즉 캄파냐(Campagna)를 모두 방문했고, 찾을 수 있는 모든 것들을 실측했다". [*153] 브루넬레스키는 고대 로마건축을 철저히 연구했기 때문에, 고딕 네이브에 42m 경간의 이중 외피 대성당 돔을 연결하는 용기를 가질 수 있었던 것이다.

돔과 네이브의 결합은 로마의 성 베드로 대성당에서 다시 나타나는데, 여기서 모든 시대의 건축적 경험들이 집대성되어 최고조에 다다랐다. 피렌체에서와 마찬가지로 원통형 드럼에 창들을 환상형으로 배열하여 돔에 채광하는 방법, 돔과 드럼의 연결방법, 그리고 상부 채광탑의 형태가 문제였다. 하지만 미켈란젤로는 브루넬레스키를 존경하였기에 더욱 대담한 솜씨를 가질 수 있었던 것이다.

로마의 볼트축조 방법이 중세의 긴 휴식기간 동안 완전히 없어졌기 때문에, 이 두 돔의 건립을 통해 심각한 구조 문제들이 드러났다. 미켈란젤로는 16개 리브들

그림 125. 베네치아(Venice)의 산타 마리아 델라 사루테 성당(S. Maria della Salute). 1631~1687년, 발다사레 롱게나(Baldassare Longhena)가 돔을 축조했다.

이 상부에서 완벽하게 만곡되는 그의 구조 시스템을 외부에서 보일 수 있도록 했고, 피렌체에서와 같이 돔의 외피는 조적조로 축조하였다.(그림 124)

바로크 시기에서는 공간적 상상을 위해 판테온의 기본 형태가 새로운 시작점이 되었다. 1642~1660년, 로마에 건설된 보로미니(Borromini)의 산 티보 델라 사피엔차 성당(Sant'Ivo della Sapienza) 돔은 정상에 첨탑을 부가함으로써 강한 수직축을 부여했다. 이를 통해 몇 년 후, 구아리노 구아리니(Guarino Guarini : 1624~1683)는 튜린(Turin)의 산 로렌초 성당(S. Lorenzo, 1668~1687년)에서 더욱 과감하게 비물질화(dematerialization)된 내부공간을 만들어 낼 수 있었다.

베네치아의 건축가, 발다사레 롱게나(Baldassare Longhena)는 산타 마리아 델라 사루테 성당(S. Maria della Salute, 1631~1687년)의 내부공간에서 안드레아 팔라디오(Andrea Palladio : 1508~1580)식 형태의 전통적 세계를 구현했다. 팔라디오가 로마건축을 방문한 선구자였지만, 그의 스케치와 로마 고대유적의 재건에서는 로마 내부공간의 광대함에 대한 관심은 나타나지 않는다. 특히 북 이탈리아에 지어진 그의 후기 건축물들의 외관은 물론 내부 인테리어를 보면 더더욱 그러하다. 그 외부의 극적효과와 대조되는, 특별히 침착하고 삼가는 것으로 표현된 내부공간은 롱게나의 산타 마리아 델라 사루테 성당과 동일하다. 베네치아 대운하(Grand Canal)에서 보여지는 교회의 장엄함 · 충만함과 내부공간은 결코 부합되지 않는다. 이 구성은 8각의 각 코너에 2개씩, 16개의 조각적인 첨탑에 의해 더욱 강화된다.(그림 125) 이 교회를 대운하에서 보면 중심화 된 건축물로만 보여 진다. 그러나 내부에서 보면, 열려진 8각 회랑이 둘러싸고 있는 단순히 중심화 된 8각의 공간일 뿐만 아니라, 중심 돔 뒤의 높은 제단 위로는 두 번째로 높은 큐폴라(cupola)가 있는 숨겨진 공간이 있다는 것을 알 수 있다. 그럼에도 불구하고, 내부는 여전히 중심화 된 공간의 효과를 가지고 있다. "롱게나 자신이 쓴 비망록에서는 교회 중심에서 전체 예배당과 제단을 모두 볼 수 있다는 사실을 확인할 수 있다".[*154)]

이 성당의 절제된 내부 처리는 1638년에 시작된 튜린에 있는 매우 현대적인 교회인 보로미니(Borromini)의 산 카를로 알레 콰트로 폰타네 성당(S. Carlo alle Quattro Fontane) 또는 몇 년 후인 1642년에 축조를 시작한 로마의 산 티보 델라 사피엔차 성당(Sant'Ivo della Sapienza)과는 매우 대조적이다. 롱게나의 성당은 팔라디오의 영향 아래에서 로마의 공간적 요소들의 규율을 지키고 있었다. 그 입구의 개선문 모티프(motif)뿐만 아니리 예배당 측면의 아치, 로마 욕장에서 사용되던 분할된 창문들의 모티프 역시 변형되지 않고 더 아름답게 만들어졌다.

로마의 독립적이고 중심화된 건축물은 서양건축에서 좀처럼 사용되지 않았다. 특히 프란체스코 보로미니(Francesco Borromini)와 같은 독립적 기질을 가진 건축가들에게는 더더욱 관심을 끌지 못했다. 그의 초기 작품인 산 카를로 알레 콰트로 폰타네 수도원 성당의 타원형 돔에서는 가장 단순화된 방법들을 이용해 역동적인 공간을 만들어 낼 수 있었고, 그 이후 로마 산티보 델라 사피엔차 성당의 역동적인 내부공간과 외관에서 더욱 발전시켰다. 하드리아누스 티볼리 빌라의 세라페이온(Serapeum)과는 다른 방법이기는 하지만, 여기서는 돔 속에 수직면들을 끼워 넣었다. 즉, 하드리아누스는 반구 형태의 단일성을 유지하는데 주의를 기울였고, 보로미니의 산티보 성당에서는 돔의 개념이 유지되고 있지만 역동적인 선들을 연속하기 위해 바닥에서부터 돔까지 분절된 원호(圓弧)형태로 도려내었다. 내부공간의 모든 부분에 스며든 역동성은 걸어 다닐 수 있을 만큼 충분히 넓은, 돔 상부에서 돌출된 채광첨탑의 외관에서도 지속된다. 보로미니의 주된 관심은 항상 내부공간의 분절(articulation)에 있었다. 벽체와 지상층 평면에 대한 그의 처리는 건축에 새로운 유연성을 부가했다. 내부공간과 외부공간의 완벽한 상호침투(interpenetration)를 만들어 내었던 에펠(Eiffel)의 파리 타워(Paris tower)와 같은 구조적 가능성들을 보로미니는 가지고 있지 않았지만, 그는 건축물의 모든 부분에 역동성을 가득 차게 만들 수 있는 유사한 방법에 가까이 다가갔던 것이다.*155)

판테온과 거의 유사하게 산티보 성당의 돔 외부는 원형의 조적 계단형태를 연속하여 축조하였다. 다른 세대(世代)간의 관계에서와 같이, 이 두 돔의 형태는 서로에게 경의를 표하고 있다. 티볼리 하드리아누스 빌라의 부드러운 곡선을 이루는 기둥의 장막, 여기서 이어지는 굽이치는 벽체, 그리고 더욱더 발전했던 보로미니 돔의 역동성에서 볼 수 있는 것과 같이, 로마의 하드리아누스 황제가 로마식 바로크 건축가 보로미니에게 형태의 자유에 대해 얼마나 많은 것들을 가르쳤는지 놀라울 따름이다.

한 세대 이후에, 테아티노 수도회의 사제(Theatine monk)인 구아리노 구아리니(Guarino Guarini)는 한 단계 더 발전했다. 튜린(Turin)에 있는 산 로렌초 성당(S. Lorenzo : 1668~1687)에서 그는, 무한함을 암시하기 위해 판테온의 땅과 우주의 직접적 관계도, 산티보 성당의 별과 같은 형태의 하늘을 찌를 듯한 공간도 사용하지 않았고, 단지 정사각형 지상층 평면과 돔 사이에 8각형을 삽입했다. 이 8각형에서 솟아오른, 상호 교차하는 8개의 리브들은 거미줄과 같이 원형의 개구부를 덮는 동시에 그 상부의 채광탑을 지지하면서, 8개 지점을 가진 별과 같은 형태를 형성한다. 구아리니는 여기서 신비적이고 무한함에 대한 바로크의 관념을 충족시키기 위해 기하학적인 방법을 시도함으로써 큰 성공을 거두었다. 새로운 종류의 신비주의가 만들어진 것이다. 마치 칸막이벽(diaphragm)들의 연속, 무한한 공간의 암시, 그리고 전체적으로 비물질화 된 돔 구조와도 같이, 얇은 수평 판 안에서 열린 것과 같은 리브 구조를 통해 빛이 관통해서 들어온다. 산 로렌초 성당은 여러 건축적 방법들을 가지고 무한함에 대한 관념을 완벽하게 이끌어 낸, 드문 사례 중 하나일 것이다.

구아리니는 스페인 코르도바(Cordova)에서 정사각형 기초 위에 8각형 아치들이

별 형태로 상호 관통하면서 엮인, 무어인들의 모스크(Moorish mosque) 돔들을 보았다. 그러나 965년에 건설된 이 무어인들의 돔 규모는 독창적인 산 로렌초 성당의 돔과 비교하기에는 그다지 크지 않았다. 그들은 측면에서 빛이 들어오는 낮은 돔에 어두운 채광탑으로 마무리하여, 산 로렌초 성당과 크게 대조된다.

창의적인 구성을 갖는 중심화 된 건축물은 구아리니의 산 로렌초 성당에서 절정을 이루었지만 그 이후 더 이상 발전하지는 않았다. 이후의 건축가들은 이 성당에서 만들어낸 구아리니의 용기를 갖지 못했던 것이다. 산 로렌초 성당의 돔은 그 시대가 가지고 있던 기술적 가능성을 최대로 추구해 나간, 건축적 미래상의 좋은 예라고 할 수 있다.

17~19세기의 돔 축조(Dome construction from the seventeenth from the nineteenth centuries). 돔을 이용하여 건축물을 덮는 아이디어는 바로크기 전유럽에서 갖추고 있었다. 이 발전의 마지막 정점은 발타자르 노이만(Balthasar Neumann)의 14 성인 교회(church of Fourteen Saints, 1743~1772년)*156)로 기록된다. 17~19세기의 돔은 새로운 구축 방법들을 실험했고, 1675년에 시작된 런던의 세인트 폴 대성당(St. Paul)과 같이 3중 외피로 축조한 돔, 1680년 루이 14세(Louis XIV)에 의해 건설된 파리에 있는 앵발리드(Les Invalides) 돔(이 두 돔 외피는 목구조 시스템을 가지고 있다), 그리고 1757년

그림 126. 1757년 축조가 시작된 파리(Paris) 판테온(Panthéon)의 삼중 쉘 돔(triple-shelled dome) 단면도. 1791년 수묵화(ink and wash drawing : 50×34㎝)

그림 127. 1889년, 파리 만국박람회(World's Fair, Paris)의 철제 돔.

에 시작된 파리 판테온(Panthéon)의 돔 등이 그 예이다. 3겹의 얇은 석재 외피로 축조한 파리 판테온의 돔 아이디어는 1780년 자크 제르맹 수플로(Jacques Germain Soufflot, 1713~1780)의 죽음 이후에 수학자 장 밥티스테 롱들레(Jean Baptiste Rondelet, 1743~1829)에 의해 발전되었다. 19세기 구조의 본질이었던 정역학(靜力學 : statics)과 재료의 강도에 관한 이론과학이 처음으로 이 구조에 적용되었던 것이다.(그림 126)

1825~30년, 중앙에 원형 공간이 있는 프리드리히 쉰켈(Friedrich Schinkel)의 베를린 알테스 박물관(Altes Museum)과 같이, 18세기 및 더욱 고전적이었던 19세기에도 수많은 중심화 된 건축물들이 건설되었지만, 그 형태에서 더 이상의 발전은 없었다.

19세기 성당들에서도 돔을 지속적으로 사용하였는데, 특히 1842년 완성된 상트페테르부르그(Leningrad)에 있는 성 이삭 대성당(Cathedral of St. Isaac)은 프랑스 건축가 리카 드 몽페랑(Ricard de Montferrand, 1786~1858)이 주철(鑄鐵 : cast iron)을 이용하여 돔을 축조한, 현재까지 알려진 최초의 사례이다. 그러나 시민들을 위한 건축물들에서도 돔이 나타나기 시작하여, 더 이상 교회를 위한 전유물은 아니었다. 런던에 있는 영국박물관(British Museum)의 열람실 상부 돔은 1855년에 완성되었는데, 내부를 파피에 마세(papier-mâché)*157) 판으로 입힌 철 구조였다. 워싱턴(Washington)의 국회의사당(Capitol) 돔은 외관에서는 명확하게 보이지 않지만 1855년경에 철로 축조되었다.

이미 앞에서 몇 가지 힌트를 제시한 것과 같이, 이 완전한 발전이 이루어지는 처음부터 끝까지, 돔의 외부 형태는 고대 로마에서 처음 건설되었을 때와 동일하게 유지되어 왔다. 19세기 말인 1889년, 만국 박람회(World's Fair)에 와서는 온전히 철만을 사용하여 축조하게 되었고, 강철 리브들을 바닥에서 꼭대기까지 한 번에 연결하였다.(그림 127) 그러나 돔으로 공간이 단절된 건축의 시대는 끝이 났고, 새로운 발전은 내 · 외부공간의 상호관입을 요구했다. 에펠탑(Eiffel Tower) 및 넓은 스팬의 투명성을 극대화한 기계관(Galerie des Machines) 등, 엔지니어들이 축조한 건축물들이 1889년 만국 박람회에 나타났을 때, 세 번째 공간개념이 최초로 선언되었다. 빛과 역동성으로 벽면과 천장 등 모든 면이 뚫려진, 새로운 종류의 공간을 여기서 경험할 수 있었던 것이다.

로마의 돔과 다른 지역의 돔 역시 그 기원은 판테온에서 처음 표현된 내부공간의 경험으로 거슬러 올라간다. 이 전통을 계승한 사람들은 고대 로마의 치밀하고 견고했던 석조 건축을 유지하였다. 그들은 고딕건축에서의 하늘을 찌를 듯한 공간과 리브 구조를 추가하였고, 마침내 구아리니와 함께 부드럽고 신비적이며 동양적인 빛을 덧붙였다. 그 교묘한 단순함을 가진 판테온이 그 이후 모든 돔 축조의 시작점이었던 것이다. 19세기까지 돔의 넓은 스팬을 능가할 것은 없었으므로, 돔의 구조 방법은 두 번째 공간개념에서의 마지막 눈부신 발전으로 기록할 수 있고, 각 시기는 자신들의 목표와 이용 가능한 기술에 맞추어 볼트 축조에 대한 해결책들을 조절했던 것이다.

벽체의 천공(穿孔 : Perforation of the Wall)

견고한 벽체에 개구부를 설치하고, 그에 따라 내 · 외부공간이 상호 관입되는 것으로 건축역사의 완벽한 새로운 장이 시작되었다. 그러나 그것은 단순히 내부와 외부를 연결하는 문제만은 아니었다. 여기에는 멀리 내다볼 수 있는 풍경을 만들려고 하는 강한 욕구가 있었고, 또한 어떤 뜻에서는 건축의 무게를 경감하려는 의도가 있었다. 실질적인 목적은 폼페이(Pompeii)와 헤르쿨라네움(Herculaneum)의 몽환적인 몇몇 벽화들에서 볼 수 있는데, 가능한 모든 것이 관통하는 무한한 공간의 환상을 만들기 위한 것이다.(그림 128) 복사본은 나폴리(Naples) 국립 박물관에 있는 원본보다 부족하지만, 여기에 표현된 모든 건축은 어떤 육중함도 없이 밝은 황토색 또는 흰색으로 그려져 있다. 새로운 개구부들을 통해 시선은 언제나 한 공간에서 다른 공간으로 쏠린다. 상부에서는 사원건축이 멀리 떨어져 흘끗 보이고, 마치 개미탑(ant hill)과 같이 어느 곳에서나 장식적인 디테일의 생기 넘치는 움직임이 있다. 로마건축의 급격한 최고조기를 보였던 기원후 1세기의 열망은 이 헤르쿨라네움인(Herculanean)인 피라네시(Piranesi)의 작품 속에서, 생생하게 묘사되고 있는 것이다.

벽체를 천공하는 것은 당시까지 드물게 사용하였던 강력한 요소를 받아들일 수 있게 했는데, 그것은 바로 빛이다. 벽체의 개구부 크기는 로마제국 말기까지 계속해서 증가하는 추세였다. 빛은 종종 심리적 의미를 통해, 내부 공간의 입체감을 만드는 최상의 힘이 되었다.

벽체를 뚫는 급진적인 방법은 기원후 2세기, 오스티아(Ostia) 포룸욕장(Forum Baths)의 온탕욕실인 카리다리움(calidarium)의 거대한 개구부에서 볼 수 있다.(그림 129 · 130) 바닥과 벽체 안의 하이퍼코스트(hypocausts : 난방장치) 복사열과 함께, 1년 내내 안락함을 위한 충분한 태양열이 유입되었다. 따라서 대처(Edwin Daisley Thatcher)는 개구부에 유리를 끼울 필요가 없었다고 추정했으며,*158) 이러한 거대한 개구부들이 조금이라도 시도되었다고 하는 것이 매우 중요한 핵심이다.

욕장 내부공간이 빛으로 넘쳐나는 효과에 대해서는 짧게 언급할 것이지만, 처음으로 벽체를 관통하는 개구부의 또 다른 연속을 통해 완전하게 새로운 도시 구조가 출현했다는 사실에 주목해야 한다.

주택의 기본 계획은 어느 정도 자유롭지만, 기원후 79년 지진으로 파괴된 도시의 주택들은 그리스와 유사하게 여전히 안쪽으로 면하고 있었다. 빈켈만(Winckelmann)은 폼페이의 주택들에서 '가로 쪽으로 면한 창이 전혀 없었다'는 사

그림 128. 기원후 70년경, 헤르쿨라네움(Herculaneum)에 있던 1.94 × 1.31m(76 ½ × 51 ½ inch) 크기의 프레스코화로, 지금은 나폴리 국립박물관(National Museum, Naples)에 소장되어 있다. 공간의 무한한 깊이와 환상을 만들어 내기 위한 시각적 투시효과를 시도하여, 가벼움 · 천공(穿孔) · 투명성을 표현하려고 한 열망을 느낄 수 있다.

그림 129. 오스티아(Ostia)에 있는 기원후 2세기 중반의 포룸욕장(Bath on the Forum). 이 욕장은 벽체를 천공하는 근본적인 방법을 보여주고 있다. 사진은 내부에서 팔레스트라(palestra) 쪽을 바라본 전경이다.

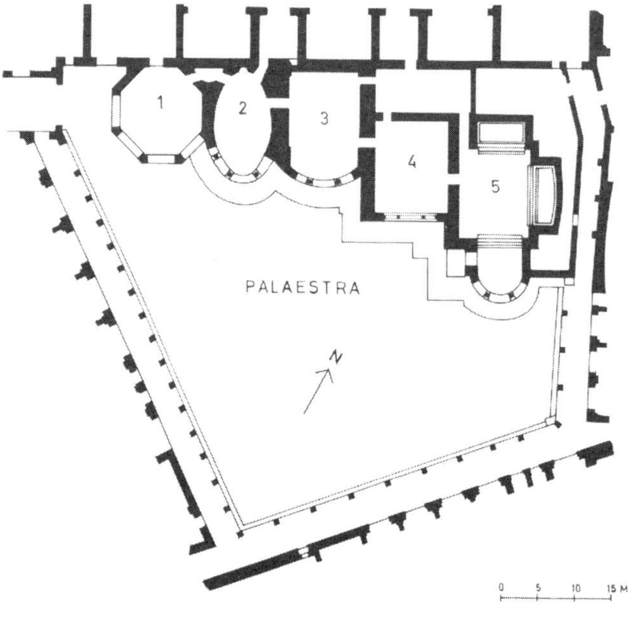

그림 129a. 오스티아(Ostia)의 포룸욕장(Bath on the Forum) 평면도.

그림 130. 팔레스트라(palestra)에서 바라본 오스티아(Ostia) 포룸욕장(Bath on the Forum).

실에 주목했다.*159)

그러나 그 다음 세기에서는 완전하게 변화했다. 충분하지는 않지만 남겨진 공동 주택들의 유적을 통해 판단해 보면, 오스티아 및 로마에서도 창 개구부 열과 발코니들이 가로에 면해 있었으므로, 현재 우리가 알고 있는 것과 같은 도시 가로의 외관이 만들어 진 것이다.

주거건축에서의 벽체 개구부(Wall openings in residential buildings)

폼페이 주택들이 '알려지지 않았던' 시기에, 도시 주변의 교외주택들은 바다 또는 경치를 보기 위해 이미 벽체에 개구부를 설치하기 시작했다.

폼페이 디오메데스 빌라(The villa of Diomedes, Pompeii). 폼페이의 디오메데스 빌라에는 남쪽 정원에 면하여 3개의 큰 창을 가진 반원형 방이 있었다. 마우(A. Mau)*160)는 이 방의 평면이 라우렌툼(Laurentum)*161)의 플리니우스 빌라(Pliny villa)에

그림 131. 로마의 셋떼 밧시 빌라(Villa of Sette Bassi). 위 · 아래로 층을 이룬, 욕장 북동측 벽체의 창 개구부 사진. 2세기 후반의 이 주택은 로마로 통하는 라티나 가도(Via Latina) 상에 있었다.

있는 방과 유사하다고 언급한다. 소(小) 플리니우스(Pliny the Younger, 기원후 61~114)는 방을 포함하여, 그의 빌라에 대해 "활꼴 형태로 만들어, 하루 종일 태양 빛을 받을 수 있도록 창들을 위치시켰다" 고 긴 설명문을 남겼다. 플리니우스는 라우렌툼과 토스카나(Tuscany)에 있는 그의 두 빌라에 대해 매우 명확하고 세세한 설명을 남겼기 때문에, 이를 기반으로 쉰켈(Karl Friedrich Schinkel)은 그들을 완벽하게 재건할 수 있도록 디자인할 수 있었다.*162)

이와 같은 디오메데스 교외주택에는 가장 이른 로마 유리창문의 흔적이 있다. 고대 로마 목욕탕의 온탕 욕실인 "테피다리움(tepidarium)에서는 약 67㎠(10 $\frac{1}{2}$ inches square)의 판유리 4개와 이 유리를 설치했던 나무틀이 함께 발견되었다". 디오메데스 빌라에는 상하로 3줄, 한 줄에 3개씩, 총 9개의 유리가 끼워진 창문이 있었고, "그들 중 7개는 발견 당시 그대로 아직도 보존되어 있다" 고 드비유(A. Deville)는 1871년에 기록하였다.*163)

그림 132. 셋떼 밧시 빌라(Villa of Sette Bassi)의 접견실(reception hall) 북서측 벽체. 넓고 많은 창 개구부를 통해 주택 내부로 빛이 유입되었다.

폼페이 마르쿠스 파비우스 루푸스 빌라(The Villa of Marcus Fabius Rufus, Pompeii). 폼페이 외곽의 마르쿠스 파비우스 루푸스 빌라(도판 VIII)는 높은 생활수준을 유지했던, 기원후 1세기 주택을 이해할 수 있는 좋은 예이다. 벽을 검은 색으로 칠한 식당은 반원형으로 돌출되고 6개의 넓은 창 개구부가 설치되어 있어, 당시에는 이 주택과 더욱 가까웠던 바다와 대지(臺地 : terrace)를 향한 탁 트인 조망을 바라볼 수 있었다. 또한 2개 층 높이의 방은 위 · 아래 모두 창이 설치되어, 채광과 조망을 동시에 얻을 수 있다.(그림 170)

로마 벽체의 거대한 개구부는 충분한 채광과 열린 조망, 이 두 가지의 욕구를 모두 충족시켰던 것이다.

로마 근교의 셋떼 밧시 빌라(The villa of Sette Bassi near Rome). 로마 남동쪽으로 약 200㎞ 길이로 펼쳐지는 라티나 가도(Via Latina)에 있는 셋떼 밧시 빌라는 기원후 138~180년 하드리아누스(Hadrian)의 계승자, 안토니우스 피우스(Antonius Pius, 재위 138~161) 시기로 거슬러 올라간다. 하드리아누스의 관심은 볼트를 축조하는 방법

그림 133. 로마에 있는 2세기 초반의 트라야누스 시장(Mercatus Traiani). 서측 엑세드라(exedra) 외관 사진에서는 하부의 5개로 구성된 넓은 창 개구부 열과 3개 창이 그 상부에 더 설치되었던 것을 볼 수 있다.

에 있었는데, 티볼리에 있는 그의 빌라와 판테온 그리고 다른 지역 건축물들이 그 증거라고 할 수 있다. 셋때 밧시 빌라에서는 넓은 창 개구부를 통해 빛이 흘러들어 와 내부공간을 가득 채운다. 지상층에 있는 웅장한 접견실에는 얇은 벽돌 기둥들이 넓은 창 개구부를 6개, 상하 2열로 나누고 있다.(그림 132) 상부의 창은 약간 더 작고, 3개의 하부 창은 쐐기형태 석재로 형성되는 직선의 홍예석 상인방(voussoir lintel)이 있다. 그 상부에는 벽체 속에 일체화된 반원형 분리 아치(relieving arches)들이 얹혀 있으며, 상부 창들은 활꼴 아치(segmental arches)들을 갖는다. 이 대담하게 천공된 벽체는 1952년 1월에 극심한 폭풍에도 견뎌내어, 그 구조적 견고성을 잘 보여주고 있다.*164)

공공건축물의 벽체 개구부(Wall openings in public Buildings)

지붕이 있는 시장홀 : 로마 트라야누스 시장(Market Halls : The Mercatus Traiani, Rome). 로마 트라야누스 시장의 평면은 D자와도 같은 반원형의 넓은 두 공간이 양쪽 끝

그림 134. 내부에서 바라본 트라야누스 시장(Mercatus Traiani)의 서측 엑세드라(exedra). 창 하부에는 반원형과 직사각형 벽감을 번갈아 설치했고, 그 내부에는 조각상들을 설치했을 것이다. D형태의 방은 반구형 돔 지붕이 덮여 있다.

경계를 형성하고, 그 사이에는 큰 곡선을 이루며 반원형으로 길게 펼쳐진 상점들이 배치되어 있다. 아마도 이 상점들은 기원후 98~117년, 트라야누스 황제시기에 건설된 대규모 상점가의 초기 구조물 중 하나일 것이다. 더 넓은 서쪽 공간(그림 133)은 높고 넓은 창 개구부들로 인해 더욱 관심을 갖게 하는데, 그 용도는 불분명하나 특정한 의례에 사용된 것으로 생각된다. 그 내부 공간(그림 134)은 하부 5개의 넓은 창을 통해 채광되고, 상부에는 창 3개가 더 설치되어 있다. 또한 그 밑에는

그림 135. 3세기 말, 트리어(Trier) 제국욕장의 남측 앱스(apse). 그림 136 평면도의 b'부분.

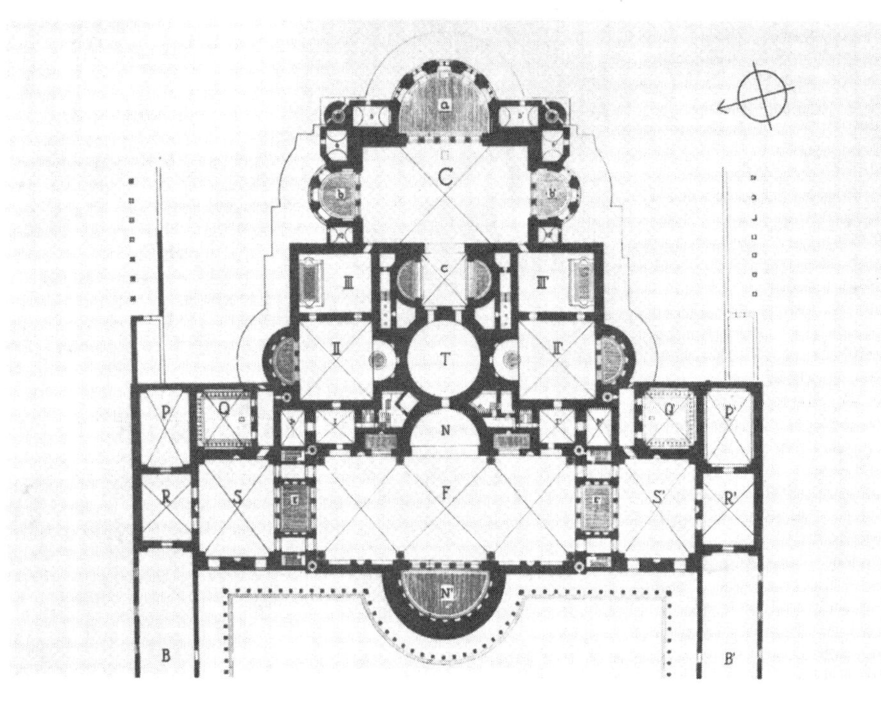

그림 136. 트리어(Trier) 제국욕장의 평면도. 3개의 냉탕(E · E'와 N)이 있는 프리지다리움(frigidarium : F), 테피다리움(tepidarium : T), 3개의 온탕(a, b와 b')이 있는 카리다리움(caldarium : C)을 확인할 수 있다.

그림 137. 트리어(Trier) 제국욕장의 남측 앱스 외관사진(평면도에서 b'부분). 벽체를 대신하여 아치를 여러 층으로 연속하여 중첩하였다.

반원형과 직사각형 벽감이 번갈아 일렬로 설치되었는데, 벽감 상부에서 빛이 들어오기 때문에 그 안에는 아마도 어스름한 상태에서 서 있었던 조각상들이 설치되어 있었을 것이다. 대체적으로 이 방은 그 이후에 건설된 콘스탄티누스 바실리카(Constantine Basilica)를 완벽한 경지에 올려놓았던 방식과 동일하게, 비물질화 된 벽체 표면을 잘 나타낸다.

이 넓게 창이 뚫린 엑세드라(exedra)로 들어가는 입구는 창이 있는 파사드 좌측의 지층레벨에 있었다. 오늘날까지도 이 방은 창 위로 아치를 축조하여 만든 반구형 돔 지붕으로 덮혀 있다.

제국욕장(The Imperial thermae). 세네카(Seneca, 기원전 4(?)~기원후 65, 로마의 철학자 · 극작가 · 정치가), 스타티우스(Statius, 45(?)~96, 로마의 시인), 마르티알리스(Martial, 40~102(?), 로마의 풍자시인), 루키아누스(Lucian, 120(?)~195(?), 로마의 단편작가) 등의 로마 작가들은 거대한 욕장에 넘쳐흐르는 밝은 빛에 대해 끊임없이 언급하고 있다. 루키아누스는 "풍부한 자연채광으로 인해 실내 어느 곳에서나 풍성한 조도를 갖는다"라고 서술한다.

그림 138. 298~305년, 로마, 디오클레시아누스 욕장(Bath of Diocletian)의 남동측 벽체 외관. 벽체 속에 묻힌 반원형 분리 아치(relieving arch)들이 부분적으로 거대한 창문을 형성하고 있다.

스타티우스는 클라우디우스 에트루스쿠스 욕장(baths of Claudius Etruscus)의 찬송에서 "어느 곳에서나 빛이 넘쳐 나고 있다"라고 서술하며, 마르티알리스는 같은 욕장에 대해 "태양 빛을 막는 것이 없어 곳곳에 오래 동안 빛이 들어온다"라고 덧붙였다. 또한 세네카는 "가장 넓은 창을 통해 하루 종일 태양 빛을 받지 않았다면, 만약 사람들이 목욕을 할 수 없어 황갈색 피부를 얻을 수 없었다면, 땅과 바다가 길게 펼쳐진 지역의 욕장에서 밖을 볼 수 없었다면, 사람들은 목욕탕을 나방(moth)들 만을 위한 것으로 생각할 것이다"라고 언급한다.*165) 빛의 완전하고 새로운 표현은 최대의 창의성을 발휘한 이 위대한 개구부들을 통해 욕장에 도입될 수 있었던 것이다.*166)

폼페이 중앙욕장(Central Baths of Pompeii)에서는 길게 줄지어 있는 큰 창들이 외부 정원인 팔레스트라(palestra : 체육관)로 바로 열려있다. 79년, 지진이 일어났을 때는 아직 이 거대한 개구부들에 유리가 설치되지 않았었다.

트리어의 제국욕장(The Imperial thermae at Trier). 287년, 트리어가 로마 제국의 수도가 되었을 당시, 700m 길이의 궁궐 남쪽 끝에 욕장이 건설되었다. 이 욕장의 온탕 욕실인 카리다리움(calidarium)은 3면에 넓은 반원형 돌출부를 가진 직사각형 평면으로 그 일부분이 아직 남아 있는데,(그림 136) 당시 로마에 있는 디오클레시아누스 욕장(Baths of Diocletian)과 다소 유사하다. 3개의 돌출부를 갖는 이 직사각형 홀 평면은 쾰른(Cologne, Köln)에 있는 삼엽형(三葉形 : trefoil) 교회들에 영향을 주었다.

그러나 여기서는 두 개 층으로 겹쳐진 넓은 창 개구부들을 주목해야하는데, 상

그림 139. 로마 카라칼라 욕장 (bath of Caracalla)의 북서측 벽체(그림 209 평면도의 E 부분)에 있는 거대한 창문 중 하나.

부 하중을 지지하는 연속한 아치들이 벽체를 대신하고 있다.(그림 135 · 137) 로마의 건축물은 보통 포졸라나 모르타르(pozzolana mortar)를 사용하는데, 독일의 고고학자 하인츠 쿠퍼스(Heinz Cüppers, 1929~2005)에 따르면 트리어에서는 이웃하는 아이펠(Eifel)에서 화산암을 사용할 수 있었음에도 불구하고, 포졸라나가 발견되지 않았다고 한다.

로마의 카라칼라 욕장(The Baths of Caracalla, Rome). 로마 카라칼라 욕장의 육중한 북쪽 주출입구는 아피아 가도(街道 : Via Appia)와 평행한 노바 가도(Via Nova)와 연결되어 있었다. 욕장은 4개의 입구가 있었는데, 하나는 냉욕장(冷浴場)인 프리지다리움(frigidarium) 양 편에 하나씩, 그리고 하나는 두 팔레스트라 축선 상에 하나씩 있었다. 각각의 입구 상부에는 거의 천장까지 닿을 듯한 활꼴 상인방(segmental lintel)이 있는 매우 큰 창이 있었다.(그림 139)

욕장의 넓은 개구부들에 의해 나타나는 내 · 외부 공간의 상호작용 이외에도, 대중들을 위한 건축물로서 매우 넓은 또는 삼중의 창문들에 의해 강조되는 장엄한 규모에 주목해야만 한다. 섬세하게 설계된 욕장의 외부 구조에서 가장 두드러진 특징은 보통 온탕욕실인 카리다리움이었는데, 최대한 빛을 끌어들이기 위해 2개 층 높이의 창들이 나머지 욕장 건축물들 위로 우뚝 솟아 있었다.

로마의 콘스탄티누스 바실리카(The Basilica of Constantine, Rome). 로마제국 마지막까지 이루어 낸, 빛을 끌어 들이기 위한 가장 중요한 개구부는 지금도 남아 있는 콘스탄티누스 바실리카(306~310년)의 거대한 3개 베이(bay)에서 볼 수 있다.(그림 141) 이 바실리카는 황제들의 포룸(Imperial Fora)에서 가장 높은 지점에 세워졌기 때문에, 그때나 지금이나 다른 모든 건축물들 위로 솟아 있고, 약 2km 밖의 지아니코로 언덕(Mount Gianicolo)에서도 명확히 볼 수 있다. 물론 그들의 본래 외관은 많이 변경되고 손상되었다. 312~337년, 콘스탄티누스 황제의 재위기간 동안 건축물들을 재편성하면서 그 위치들을 재배치하였는데, 가운데 베이 개구부의 하부는 벽으로 막혔고, 상부는 볼트로 축조되었다. 콘스탄티누스 황제는 이 어두운 공간을 배경으로 그 앞에 자신의 거대한 조각상을 설치하였는데, 지금은 카피톨리니 박물관(Capitoline Museum) 정원에 그 일부분이 남아 있다.(그림 140) 새로운 입구는 사크라 가도(Via Sacra) 쪽인 남쪽에 면해 있었다.

콘스탄티누스 바실리카는 단순하고 기하학적인 형태의 강렬함과 거대하고 대담한 규모로 인해 피라미드와 같은 추상적인 특성을 갖는다. 그러나 모든 것은 두 번째 공간개념의 측면에서 이야기 될 수 있는데, 피라미드는 우주와의 직접적인 관계를 바탕으로 무한하고 광활한 사막 위에 볼륨으로서 축조되었고, 콘스탄티누스 바실리카는 나름대로 내부공간의 완벽한 추상성을 표현하고 있다.

그림 140. 기원후 313년경, 콘스탄티누스(Constantine) 황제의 두상. 10m 높이의 조각상이 로마 콘스탄티누스 바실리카(basilica of Constantine)에 있었으나, 지금은 2.6m의 두상만이 카피톨리니 박물관(Capitoline Museum) 정원에 남아 있다.

그림 141. 기원후 306~310, 로마의 콘스탄티누스 바실리카(basilica of Constantine) 북측의 거대한 3개 베이(bay) 전경. 콘스탄티누스 황제의 재위기간(기원후 312~337년)에는 가운데 베이를 밀폐된 앱스로 바꾸어 그의 거대한 조각상을 안치했었다.

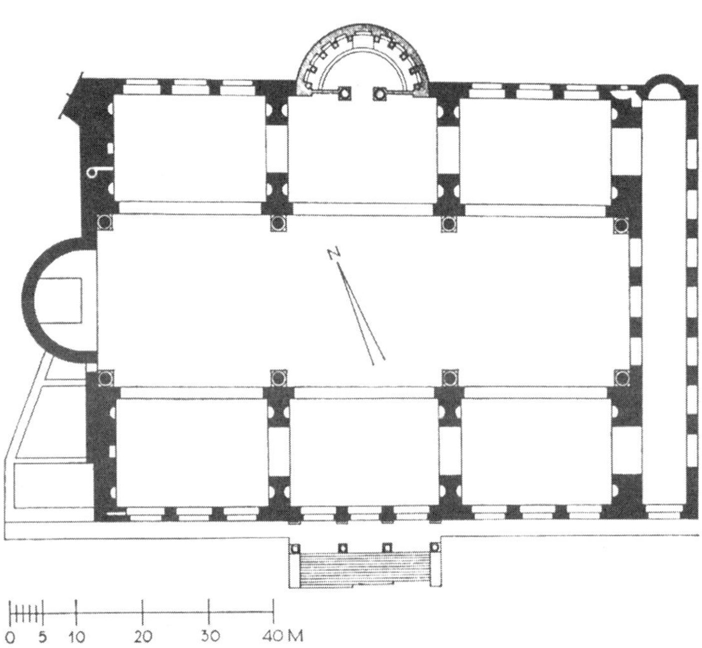

그림 141a. 콘스탄티누스 황제가 변경하였던 콘스탄티누스 바실리카(basilica of Constantine)의 평면도. 동측 벽체를 따라 축조한 아케이드에 본래의 주출입구가 있었다.

그림 142. 2열의 거대한 창문이 있는 콘스탄티누스 바실리카(basilica of Constantine)의 서측 베이. 이 바실리카의 거대하고 대담한 규모와 기하학적이고 단순한 형태의 강렬함이 피라미드와 같은 추상적 특성을 부여하고 있다.

하중을 전달하는 규칙적 순환 시스템인 구조 리브들이 만들어 내는 고딕 대성당의 내부공간과 콘스탄티누스 바실리카 내부공간은 유사했다. 로마의 기념비적인 건축물들은 변화나 역동적인 움직임을 허용하지 않는 정적인 엄격함에 의해 지배되었지만, 그 규모와 견고함에 큰 가치를 두고 있었다.

좌측 베이에서는 2개 층에 걸쳐 천공된 웅장한 6개의 개구부가 여전히 남아 있는데,(그림 142) 한때 바실리카 내부 전체를 태양 빛으로 넘쳐나게 했었다. 중앙 홀은 3개의 교차 볼트(cross vault)로 구성되어 있었는데, 긴 시간동안 점차 무너져 내려 북측의 3개 베이와 동쪽 끝에 있던 본래의 주출입구 벽체의 일부만이 남아 있다.(그림 143)

그림 143. 콘스탄티누스 바실리카(basilica of Constantine)의 동측 끝에 있는, 아케이드로 된 본래의 주출입구 벽체.

유리창(Glass windows)

외피 벽체에 개구부를 설치하는 것으로 시작된 건축역사의 새로운 장에서, 한 걸음 더 나간 발전을 위해서는 내 · 외 공간 사이에 투명하면서도 내부공간을 보호할 수 있는 수단이 필요했는데, 그것은 바로 유리를 끼운 창이었다. 내부공간의 특정한 체적과 형태는 빛에 의한 입체적 표현을 통해 더욱 강렬해 지는데, 지난 2천 년 간의 건축적 표현들은 주로 내부공간의 빛의 근원인 창을 어떻게 조직화 할 것이냐에 따라 변화해 왔다.

필요로 하는 모든 것은 개구부이다. 바람과 비를 차단하기 위해 필요한 경우에는 여러 수단들을 동원해 막기도 했지만, 그 이외에는 단지 벽체에 개구부만을 설치한다. 에피타우로스(Epidaurus)에 있는 아스클레피온(Asclepion : 기원전 3세기) 신전 등, 몇몇 그리스 신전에서는 반투명 대리석 슬라브를 사용하기도 하였다. 여기에 사용된 많은 비용은 현존하는 기록들을 통해 증명할 수 있는데, 보통은 물고기의 부레 · 뿔 · 양피지 · 돌비늘 등과 같은 값싼 재료를 사용하였다.

그림 144. 1755년, 낭시 시청사(Town Hall, Nancy)의 계단. 바로크 시기에는 내부공간이 다시 빛으로 넘쳐났고, 고대 로마의 건축물과 그 규모가 유사하다.

유리창의 역사는 기원후 1세기에 시작하여 로마제국 전 시기를 관통하는 하나의 연속선상에서 추적해 볼 수 있다. 로마 이후에도 유리창은 지속되었지만, 높은 수준의 건설 산업이 퇴보하고 결과적으로 내부공간의 규모와 조도가 줄어들면서, 원초적인 발달 수준 정도로 퇴보할 수밖에 없었다. 로마 욕장에서 로마제국 말기까지 지속적으로 발전되었던, 움직이는 태양광과 빛으로 넘쳐나던 내부공간의 즐거움은 오직 18세기 후기 바로크 교회들의 내부공간에 와서야 다시 발견할 수 있다. 그리고 새로운 19세기 산업시대에서는 로마제국에서 멈추었던 수준에서 다시 발전하게 되었고, 20세기에 와서는 투명성이라는 것이 내·외부 공간의 새로운 상호관계를 표현하는 방법의 하나가 되었다.

넓은 개구부에 처음으로 유리를 끼웠던 시기는 기원후 1세기로 명확하게 결론 내릴 수 있다. 세네카(Seneca)와 소(小) 플리니우스(Pliny the Younger)*167)를 포함한 당시의 여러 작가들의 평가, 폼페이 욕장의 각 발전 단계 등, 몇몇 사실들을 통해 어두컴컴한 방에서 빛이 충만한 방들로 변화하였거나, 목욕하는 사람들이 밖을 보며 태양광에 자신을 노출하였다는 사실을 알 수 있다.

점점 더 넓어지는 볼트로 인해 내부공간은 빛으로 넘쳐날 수 밖에 없었다. 따라서 유리창이 제국시기 개구부에서 발생하였다는 것은 불가피한 사실인 것이다.

유리의 초기 역사(The early history of glass). 건축공간 안에 채광에 대한 새로운 요구들을 충족시키기 위해 유리를 대량생산하는 최근과는 다르게, 진정한 첫 번째 인공 건축재료인 유리를 파악하기 위해서는 1,500년 전, 처음 유리가 사용되기 시작한 시기를 살펴보아야 한다.

풍부한 표현적 세계로 올라가기 전에 실용적인 목적을 먼저 만족시켰던 일반적인 다른 재료들의 역사와는 다르게, 유리생산의 역사는 정반대로 움직였다. 3천 년 전의 보석이었던 귀중한 돌들을 대신하여 유리구슬들이 사용되었는데, 플린더스 피트리(Flinders Petrie)[*168]는 아비도스(Abydos)에서 녹색 · 파란색 · 노란색 유리구슬로 만들어진 이집트 제1왕조 이전 시대의 목걸이를 발굴하였다.[*169]

유리는 조형적 형태에서 진흙보다 더 유연하다. 첫 번째 고도 문명기간 동안에는 외관상 다양한 형태를 갖으면서 여러 층을 겹쳐 절묘하게 색깔을 조합한 많은 용기들을 유리로 만들었다. 이 여러 층을 겹치는 유리 기술은 돋을새김 기법에서의 양각 부조 표면을 만들어 낼 수 있도록 했다. 이러한 용기들 중 가장 유명한 것은 (양 손잡이가 달리고 목인 좁은 큰 항아리인) 암포라(amphora) 항아리 형태에, 불투명한 흰색 부조가 있는 알렉산드린 포틀랜드 화병(Alexandrine Portland Vase)이다.[*170]

본래 무덤에서 발굴한 유리 용기들은 방부 처리하는 액체를 담는데만 사용되었고, 이후에는 재를 담는데도 사용했다. 그 이후에는 이집트 가정에서도 포도주와 기름 · 과일을 담는데 유리 용기들을 사용하였고, 로마에서는 더 큰 용기들을 계속해서 제작하고 사용하였다.

유리의 대량생산(Mass production of glass). 유리를 방부처리에 사용하였던 오랜 기간 동안에도 더욱 값싸게 유리를 생산하기 위해 지속적으로 노력하였다. 유리의 취입성형(吹入成形) 기술은 기원전 1세기에 시리아(Syria) 또는 페니키아(Phoenicia)에서 발명되었고, 곧이어 로마 시장에 도달하게 되었다.[*171] 새로운 대량생산 방법은 지속적으로 재사용이 가능한 속이 빈 주형 속에 유리를 불어 넣는 것이며, 견고한 주형에 유리를 불어 넣거나 주물하는 방법은 직접적으로 유리창용 판유리 제작으로 연결되었다. 얇게 펼 수 있는 용해된 유리 덩어리는 다양한 단계를 거쳐 모서리가 둥근 일종의 굽는 그릇에 밀어 넣어지고, 집게로 잡아당겨(집게의 흔적이 남아 있다) 필요한 형태를 만들며, 모래 위에 놓여 진 그 밑바닥은 거칠고 투박한 표면이 된다.[*172] 따라서 판유리는 투명하지 않고 반투명할 수 밖에 없었다.

프톨레마이오스(Ptolemies)와 알렉산드리아(Alexandria) 시기에는 핵심적인 과학기술의 발명이 있었고, 부유한 알렉산드리아 주거의 내부공간은 부조로 꾸민 유리

판들로 장식했으며, 이러한 호사스러운 삶의 수준은 로마의 전형으로 정착했다. 믿을 수 없지만, "사치품이 어느 정도 영향력을 얻은 후에, 전신이 다 보일 수 있는 금과 은으로 만든 울룩불룩한 거울들이 만들어 졌다"고, 사람만한 크기의 거울에 대해 신뢰할 수 있는 세네카(Seneca)는 언급하고 있다. 이에 대해 드비유(A. Deville)는 "고전 작가들에 따르면, 크기가 큰 것에는 금속보다 유리가 더 적합하다"*173)고 이야기한다.

개인생활을 위한 건축물(Construction for Private Life)

삶의 새로운 수준(A new standard of living). 폼페이에서 발견되는 로마의 정교한 개인 주택들은 오스티아(Ostia)의 다층 공동주택들을 계승하여 축조되었다. 사치스러운 공동 욕탕과 거리쪽으로 설치된 많은 창들이 있는 이 공동주택들은 심지어 우리 시대보다 앞서 있는 수준 높은 안락함을 보여주고 있다.

수메르(Sumer) 또는 이집트 · 그리스와는 다르게, 로마제국의 건축은 19~20세기의 건축은 물론, 현대 모든 건축발전에 대한 전주곡이라고 할 수 있다. 당시 알려진 세계를 망라하는 통치체제는 건축을 포함하여 오늘날의 국가들이 직면하고 있는 동일한 문제들을 해결하기 위해 노력했다. 역사 속에서는 최초로 로마 · 서양이 발전의 중심이 되었기 때문에, 로마는 현재 우리가 직면하고 있는 동일한 문제 즉, 많은 대중들을 수용하기 위한 거대한 규모를 극복하는 문제의 해법을 찾기 위해 최초로 노력했다.

인간들은 국가 간 계층구조관리에 대한 문제를 경험했다. 그중 로마는 서로 다른 지역에 그들의 문화를 가지각색의 여러 단계로 변화시켜 스며들게 함으로써, 여러 국가들을 통치하는 최초의 시스템을 발전시켰다. 이집트 · 아시리아(Assyria) 그리고 페르시아(Persia)는 세계 제국으로 알려졌지만, 황제의 통치기간은 상대적으로 짧았다. 로마제국은 거의 5백 년간 지속되었고, 세계 평화의 시기인 팍스 로마나(the Pax Romana)는 약 2백 년 동안 지속되었다.

지금까지 로마와 비잔티움 사이의 관계 또는 로마와 중세, 로마와 르네상스와의 관계에 관심이 집중되어 왔고, 이 질문들을 무시할 수는 없다. 그러나 나는 이와는 다른 문제 즉, 현재와 로마의 직접적인 관계에 집중하려고 한다. 로마에서 중세로의 전이보다, 로마제국에서 현 시대로의 전이가 더욱 직접적이다. 나는 우리 시대의 수준을 측정할 수 있는 척도를 찾아 내기 위해, 로마가 여러 지역들에서 이루어 낸 수준들을 살펴보려고 한다. 이러한 이유로 세 가지 건축적 공간개념에 대한 고찰을 잠시 접어두고, 로마제국에서의 특정한 건축물 형식을 살펴보려고 한다. 여기서부터는 로마제국과 현 시대의 안락함의 상대적 수준에 대한 통찰력을 얻을 수 있을 것이다.

식물들은 그들의 성장에 필수적인 성분만을 땅으로부터 추출하는데, 각 시기의 문화적 매개물 역시 원칙적으로 동일하다. 무수히 많은 사건들 사이에서도 오직 특정한 요소들만이 선택되고 흡수된다. 지금 이 시대는 그 자신만의 특징적인 특색을 가지고 있다. 그것은 다원적이고 동시에 그 기원들은 역사의 각 시대로 갈라진다. 우리가 로마의 문화적 성취의 전체 범위를 파악할 수 있는 것은 아마도, 인류가 지구 전체를 아우를 수 있는 국제적 통치체제의 형태를 찾는 문제에 직면해 있는 지금일 것이다.

그림 145. 기원후 64~68년, 로마 도무스 아우레아(Domus Aurea)의 동측 날개부에 위치한 8각 접견실. 상부 천창(oculus)의 직경은 6m이다.

황궁의 형태(Forms of the imperial palaces)

로마 대화재 이후인 기원후 64년, 에스퀼리노 언덕(Esquiline Hill)의 남쪽 경사면

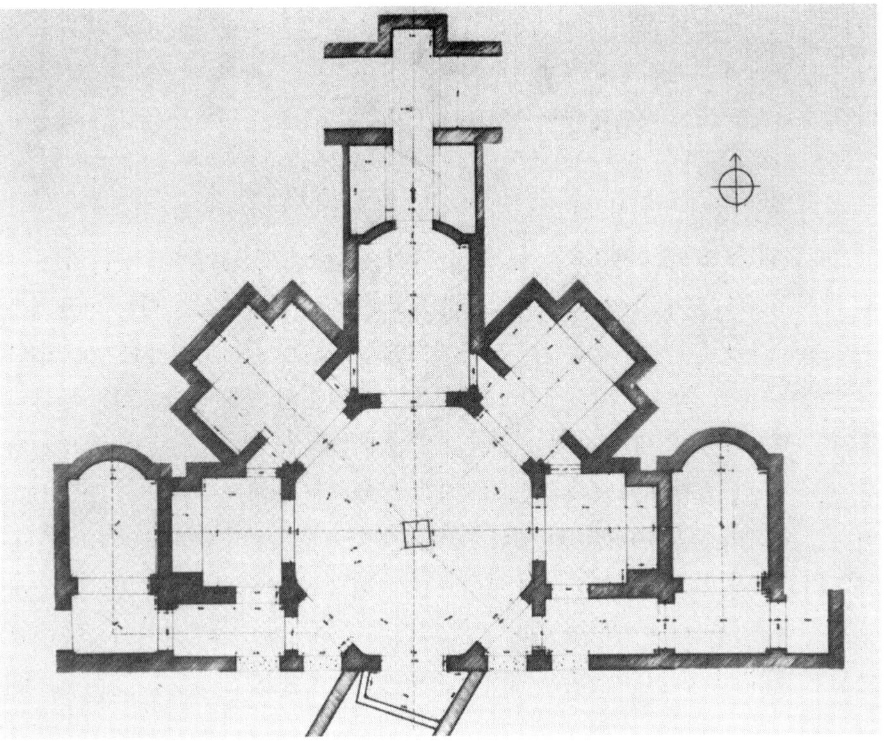

그림 146. 5개의 측실(antechamber)을 갖는 도무스 아우레아(Domus Aurea)의 8각 접견실 지상층 평면도.

에 건설된 네로(Nero) 황제의 황금궁궐(Golden House)인 도무스 아우레아(Domus Aurea)로 인해 로마의 황궁 발전이 촉발되었다. 여기서 네로는 부유한 로마인의 교외 빌라를 도시 중심의 황제 궁궐로 번안하였다. 교외 빌라들의 개인적 크기가 다양한 높이의 연속된 접견실들로 변화되었던 것이다. 도무스 아우레아에서는 공공 영역과 사적 영역의 구분이 거의 힘든데, 이것이 평면에서의 재조직 역시 복잡하게 만들고 있다.

기원후 81~96년에 재위한 플라비우스 왕조(Flavian emperors)의 마지막 황제인 도미티아누스(Domitian)는 공무 영역과 개인영역 사이의 명확한 구분 방법을 찾아냈다. 팔라티노(Palatine) 언덕의 정상에 있는 도무스 아우구스타나(Domus Augustana)에서는 높은 님파에움(nymphaeum)(그림 147)이 황제의 개인영역과 호화로운 공적인 방들을 분리하고 있다. 개인영역은 님파에움 옆의 좁은 계단(그림 149)에 의해서만 접근가능 한 더 낮은 레벨에 위치함으로써 그들의 프라이버시를 유지하고 있다.

기원후 117~138년에 재위한 하드리아누스 황제는 이 두 영역을 구분하는 논리적인 중요성을 표현한 첫 번째 황제였다. 그는 그의 정궁으로부터 25㎞(15$\frac{1}{2}$마일) 떨어진, 사빈산(Sabine mountains) 기슭의 티볼리(Tivoli)에 사적인 파빌리온(pavilion)들을 연속해서 건설했다.

기원후 193~211년에 재위한 무사왕(武士王 : soldier-king) 셉티미우스 세베루스(Septimius Severus) 황제가 팔라티노 언덕의 넓은 경사면에 자신의 궁궐을 건설하면서, 하드리아누스의 사적인 삶의 방식에서 한 단계 발전하여 진정한 궁궐로 도약시킨 사실에 주목해야 한다. 지금은 키르쿠스 막시무스(Circus Maximus)에 면한 2층의 아케이드인 소위 벨베데레(Belvedere)만이 남아있고, 특히 님파에움 또는 정원의 흔적은 없다. 아마도 아프리카의 병사는 하드리아누스의 군인보다 더 강인한 본성을 가지고 있어 이러한 것들에 대한 필요를 느끼지 않았을 것이다. 그 거대한 아케이드의 하부구조(그림 166)가 북아프리카의 원형(原型)에 근거하고 있는지는 아직 밝혀지지 않은 문제이다. 근본적으로 셉티미우스 세베루스는 항상 아프리카인으로 남아있었다. "그의 음성은 명확했지만 노년까지도 아프리카의 억양이 남아 있었다".[*174] 팔라티노에 마지막으로 건설된 이 후기 로마 궁궐에서는 방들이 줄지어 배치되어, 18세기 바로크 궁궐의 방들과 다르지 않다는 사실에도 주목해야 한다. 또한 셉티미우스 세베루스는 그의 궁궐에서 님파에움과 정원들은 생략했지만, 아피아 가도(Via Appia)와 셉티조디움(Septizodium)[*175]에 면해서는 화려한 파사드를 건설했다. 따라서 그 궁의 샘물은 남쪽에서 오는 여행자들을 맞이하면서도 동시에 통치자의 주거임을 나타내었고, 이와 유사하게 그는 "도시의 성소들과 다수의 예배당들에 그 자신의 이미지를 가미하기도 했다".[*176]

네로 황제의 도무스 아우레아(The Domus Aurea of Nero)

네로 황제는 수도 중심의 오른쪽, 공원과도 같은 장소에 전원주택을 건설하려는 터무니없는 열망을 가지고 있었고, 동시에 이 시골풍 주택을 웅장한 규모로 축조하려 했다. 64년, 네로 황제는 불에 탄 도무스 트란싯토리아(Domus Transitoria) 위치인 에스퀼리노 언덕의 남쪽 경사면에 풀밭 · 포도원 · 숲 그리고 인공 호수 등 자연으로 둘러싸인, 그만의 베르사이유 궁전(Versailles)이라 할 수 있는 도무스 아우레아를 건설하였으며, 몇 십 년 후에는 그 자리에 콜로세움(Colosseum)이 건설되었다. 네로 황제는 뛰어난 건축가로서 거칠 것이 없었으며, 최근에 재발견된 화려한 모자이크 바닥을 가진 고대 귀족의 주거들을 모두 무시해 버렸다.

모든 프로젝트는 네로 황제의 성격을 그대로 반영하고 있는데, 한편으로 그는 전원주택을 원했고, 다른 한편으로는 최고 통치자로서 그의 개인적 영광이 표현되기를 원했다. "네로는 … 주택 또는 교외 지역과 … 그의 도시 주거를 통합하려는 생각을 가지고 있었고, 게다가 그의 공관을 떠나지 않고도 인간적 삶의 영위가 가능했던 것이 확실하다". 3중의 열주랑이 있는 기념비적인 입구에는 "옛 로마와 새 로마에서 가장 경애하는 장소에서도 보이는" 36.6m(120피트) 높이의 네로 황제 조각상이 서 있었다.[*177] 많은 폼페이식 주거들에서 발견되는 전형적인 특징과도 같이, 궁궐 파사드는 열주로 구성되었다.

네로 황제는 자기 자신을 우주의 통치자로 보았던 것이 틀림없는데, 회전하는 식당인 세나티오 로툰다(cenatio rotunda)에서는 움직이는 별자리가 있는 천상의 볼트 밑에 앉아 있었다. 이것은 아마도 동양적인 원형(原型)에 기초를 두었던 것으로, 로마의 역사가이자 전기 작가인 수에토니우스(Suetonius, 69(?)~140(?), V, XXI, 2)와 세네카(Seneca, Epist, XC, 15) 등의 몇몇 고전 극작가들이 설명하고 있다. 이 식당이 궁궐 어디에 위치해 있었는지는 아직 명확하지 않지만, 악셀 뵈티우스(Axel Boëthius)*178)는 독립된 파빌리온에 있었다고 확신한다.*179)

넓은 접견실은 로마 황제의 생활에서 본질적인 요소였다. 네로황제의 도무스 트란싯토리아는 넓은 8각 돔으로 된 방을 가지고 있었는데, 4개의 작은 정사각형 측실로 퍼져나간다. 지금은 하드리아누스 황제의 로마와 베누스 사원(Temple of Venus and Roma) 밑에 있으며, 그 지상 평면에 대해 쾰러(H. Kähler)*180)가 책을 출간했다.*181) 이 복합체는 더 발전된 형태로 도무스 아우레아(그림 145)에서 재현되었고, 5개의 부속실들이 있는 8각형 접견실에는 지름 6m의 열린 천창이 있었다.(그림 146) 과도하게 높은 배럴 볼트로 축조된 복도는 거듭되는 갈등을 암시하는데, 폼페이 벽화와도 같은 작은 벽화들이 이 높은 공간 속에서 균형을 잡지 못하고 있다. 이와 유사하게 외관에서 보여주는 공원과도 같은 전원적 분위기는 네로 황제의 거대한 조각상을 통해 표현되는 권위주의적인 권력의 표현과 강하게 대조되고 있다. 내부는 전체적으로 혼란스러운데, 특히 자기성찰과 수면을 위한 개인적 공간 및 제국의 권위를 과시하는 공간이 강압적으로 같은 건축물 내에 축조되었다.

도미티아누스의 도무스 아우구스타나(The Domus Augustana of Domitian)

또한 플라비우스(Flavian) 왕조의 마지막 혈통(line)인 도미티아누스 황제의 팔라티노 언덕에 있던 궁궐에서는, 플라비우스 왕조 궁궐에서의 공적영역과 사적영역의 구분을 명확하고 장중하게 보여준다. 도미티아누스의 건축가, 라비리우스(Rabirius)는 모든 장애물들을 피해 팔라티노 언덕 정상을 평평한 플랫폼으로 만들고 그 위에 황제의 정궁(正宮)을 건설하였는데, 황제의 개인적 생활을 충족시키기 위해 낮은 경사면을 독창적으로 사용하였다.

바실리카, 인접한 넓은 접견실인 아우라 레지아(Aula Regia), 그리고 트리클리늄(triclinium)*182), 이 3개의 주된 공공의 실들을 도무스 플라비아누스(Domus Flavia)로 재편성한 정궁은 상부에 위치하는데, 심지어 지금도 전체 영역을 지배하고 있다. 이들을 구분하고 각각 떨어져 있는 거리에 착각을 불러일으키기 위해, 벽감이 설치된 부채꼴 형태의 낮은 벽체가 둘러싸는 3개의 직사각형 연못을 설치했는데, 여기에서는 공기를 차갑게 하기 위해 샘물이 분출되었을 것이다. 서로 다른 형태

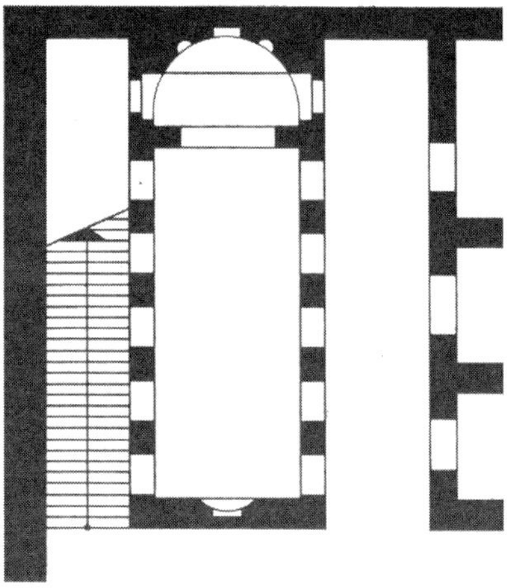

그림 147. 로마, 도무스 아우구스타나(Domus Augustana)의 정원부분 지상층 평면도에서는 도미티아누스(Domitian)의 개인 영역 앞에 있는 통로와, 공적인 접견실이 있는 상부 레벨로 연결되는 도미티아누스의 개인용 계단을 확인할 수 있다.

그림 148. 로마, 도무스 아우구스타나(Domus Augustana)의 도미티아누스 황제(Domitian, 재위 기원후 81~96년) 개인을 위한 사적 영역의 작은 정원. 한쪽 끝에는 님파에움(nymphaeum)이 있고, 그 양측에는 12m 높이의 키 큰 벽돌 기둥들이 있다.

그림 149. 도무스 아우구스타나(Domus Augustana). 하부 레벨에 있는 도미티아누스(Domitian) 개인 영역과 공관(official residence)을 연결하는 좁은 계단.

의 방들은 기능이 명확하게 설정되지 않았지만, 도무스 아우구스타나가 있는 윗쪽 영역보다는, 중앙의 넓은 연못을 중심으로 조직화된 황제의 개인영역이 있는 아래 영역에 더욱 관심을 가질 필요가 있다.(그림 150 · 152)

그림 150. 도무스 아우구스타나(Domus Augustana). 도미티아누스(Domitian)의 주택과도 같은 하부 레벨의 개인 영역은 넓은 연못 쪽으로 열려 있었다.

황제의 건축적 은둔(The emperor's architectural isolation). 라비리우스는 공적 성격을 갖는 주된 레벨에서 12m 낮은 영역에 독립적으로 형성되는 넓은 테라스를 만듦으로써 황제의 사적인 삶을 교묘하게 제공했다. 황제만이 사용하는 하나의 좁은 계단을 통해 도미티아누스는 개인 방으로 드나들었다.(그림 149) 그 옆에는 유난히 얇은 벽돌 기둥들이 서 있고, 그 상부는 이후 트리어(Trier)에 있는 제국 바실리카(Imperial Basilica)(그림 91) 외벽과 후기 고딕 대성당들에서 볼 수 있는 것과 같은 원형 아치(rounded arch)로 끝을 맺는다. 좁은 정원의 반대쪽 측면에는 12m 높이의 또 다른 기둥열이 계단과 평행하게 설치되어 있고,(그림 147) 그 뒤쪽의 통로를 통해서는, 남측을 면하면서 돔으로 축조한 3개의 방이 있는 넓은 부속 건물로 연결된다.(그림 152) 여기서 "처음으로 중심 공간과 그 인접한 방들이 단일한 공간적 유니트(unit)를

그림 151. 도무스 아우구스타나(Domus Augustana) 하부레벨에 있는 넓은 연못. 중앙에는 키르쿠스 막시무스(Circus Maximus)와 면해 있는 테라스 쪽으로 열려있는 입구가 있다.

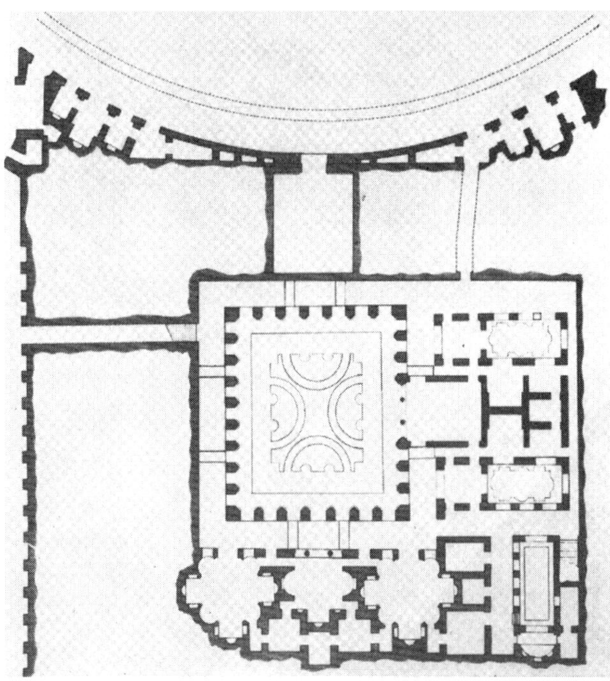

그림 152. 도무스 아우구스타나(Domus Augustana) 하부레벨의 지상층 평면도. 황제의 주택과도 같은 영역은 내부 방에 찬기운을 넣어주는 두 개의 길고 좁은 님파에움(nymphaeum)으로 한정지어 진다. 그의 개인용 계단은 오늘쪽 하부 제일 끝에 위치해 있다.

형성하고", "팔각 형태가 이 방들의 형태를 결정하는 방식"은 "중요하고 독창적인" 것이라고 언급되기도 한다.*183) 중앙의 거대한 연못 서쪽으로는 계단에서 일직선으로 통하는 좁은 통로를 따라 황제가 출입할 수 있는 빌라와 같은 구조가 있다.(그림 152) 여기서는 로마 황제의 호화로운 주거생활에서 알려지지 않은 특정한 친교활동이 표출되었던 것을 알 수 있다.

사소한 경험도 세밀하게 표현했던 수에토니우스(Suetonius)는 도미티아누스의 격리된 생활을 풍자적으로 묘사한다. "그는 파리를 잡아 끝이 뾰족한 날카로운 바늘로 찌르는 것 외에는 아무것도 하지 않고, 매일매일을 은둔하며 시간을 보냈다". 또한 로스토프체프(Rostovtzeff)*184)는 "그는 신과 황제의 동일성에서 표현되었던, 초자연적이고 신성한 그의 권력 특성을 강조하였다"고 서술하여 참고할만 하다.*185)

황제의 개인 방들은 길고 좁은 샘이 있는 두 정원에 의해 경계가 만들어 지고, 이 샘은 내부를 시원하게 하는 역할도 하였다. 도미티아누스의 서재로 추정되는 넓은 방 하나가 중앙의 연못과 접하기 위해 앞으로 돌출했는데,(그림 150) 이 방에 대칭으로 배치한 방은 없다. 도미티아누스는 높고 세련된 벽체를 면하는 것이 정신집중에 도움이 된다는 것을 알아낸 것 같다.(그림 152) 이것이 무엇을 의미하는 지는 이후 테아트로 마릿티모(Teatro Marittimo)라 불리는, 티볼리(Tivoli)에 있는 하드리아누스 서재 주위에 설치된 높은 원형 벽체에서 그 답을 구할 수 있는데, 황제의 개인적 은둔을 증가시키기 위해 이러한 벽체들을 축조한 것이 틀림없다.(그림 156)

도무스 아우구스타나의 이 장식 없는 벽체 우측에 있는 좁은 통로는 경마장 형태의 매우 긴 정원으로 연결된다. "도미티아누스가 이 궁궐에 마지막으로 축조한 것들 중 하나라는 사실을 명문(銘文) 벽돌을 통해 알 수 있다".*186) 이 넓은 영역이 무엇을 위한 것인지는 공인된 의견이 없는데, 이것은 아마도 불확정성이 여전히 많다는 것을 나타내는 것이다. 오직 티볼리에 있는 하드리아누스의 빌라 아드리아나(Villa Adriana)를 통해서만 복합체를 구성하고 있는 서로 다른 건축요소들의 표현들이 명확해진다. 비대칭적으로 배치된 황제의 사적 영역과는 별개로, 도무스 아우구스타나에서의 다른 모든 건축물들은 엄격한 축에 기초하여 조직되었다.

티볼리의 하드리아누스 빌라(Hadrian's villa at Tivoli)

도미티아누스를 국사(國事)로부터 의도적으로 은둔·격리시키는 팔라티노의 복합체는 단순한 구조 안에서 성취되고 있는데, 하드리아누스 또한 그의 사생활과 공적인 삶을 구분하려고 노력하였다. 그 자신을 위해 당시는 티부르(Tibur)라고 불렀던 티볼리 근처에 건설한 주거가 그의 정궁(正宮)보다도 더욱 중요했다. 즉, 이

그림 153. 도무스 아우구스타나(Domus Augustana). 도미티아누스(Domitian)의 정원으로 통하는 출입구가 있고, 키르쿠스 막시무스(Circus Maximus)와 접해 있는 거대하고 얕은 엑세드라(exedra).

빌라는 그의 길고 격렬한 여정 이후에 휴식하고 차분히 집중할 수 있는 장소였던 것이다. 부유한 로마의 귀족들이 나폴리 주변의 플레그레이 캄피(Phlegraei Campi)에 전원주택을 건설한 것과 같이, 하드리아누스는 로마에서 25㎞(15½ miles) 떨어진 곳에 그의 빌라를 지었다. 라비리우스(Rabirius)가 하나의 건축물 레벨 내에서 집약했던 것을 하드리아누스는 광대한 복합체 구조 안에서 확대시켰다. 여기에는 하드리아누스가 혼자 있을 수 있는 엄격한 개인적 건축물뿐만 아니라, 회합을 위한 정원이 있는 건축물들도 있었다. 3세기에 아엘리우스 스파르티아누스(Aelius Spartianus)의 설명에 따르면, 건축물들의 이름은 "강당(리시움:Lyceum) · 학교(아카데미아:Academia) · 공관(프리타네이온:Prytaneum) · 수로(카노푸스:Canopus) · 회랑(포에칠레:Poecile) 그리고 신전(템페:Tempe)"을 포함하고 있었다. "그리고 어떤 것도 누락시키지 않기 위해서, 그는 심지어 죽음의 세계인 하데스(Hades)도 만들었다". 스보보다(K. M. Swoboda)는 고대 로마의 정치가 키케로(Marcus Tullius Cicero)의 투스쿨라눔 빌라(Tusculanum villa)에서 어떻게 키케로가 "강당(Lyceum)과 학교(Academie)"로서의 특정 부분들을 설명했는지 이야기한다.[*187] 하드리아누스와 키케로는 이전의 건축들을 모방하지는 않았지만, 통합된 개인적 기억들이 다른 독

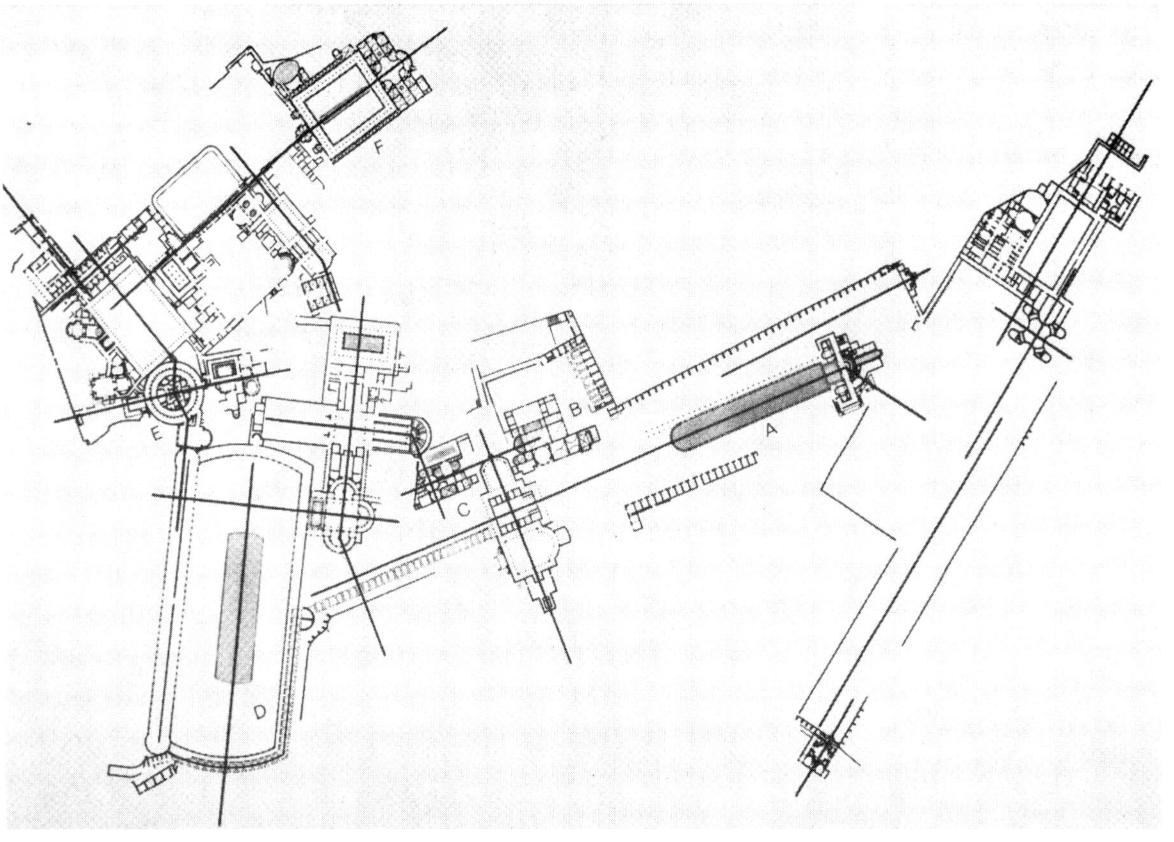

그림 154. 기원후 118~134년, 티볼리(Tivoli)에 있는 아드리아나 빌라(Villa Adriana)의 지상층 평면도. 전체 배치는 나뭇가지와도 같이 각각의 축에 따른 개별 영역들의 집합체로 구성되었다 .(A) 수로인 카노푸스(Canopus)와 세라페이온(Serapeum), (B) 소욕장, (C) 대욕장, (D) 회랑인 포에칠레(Poecile), (E) 하드리아누스의 섬 주택(Hadrian's island villa)인 "테아트로 마릿티모(Teatro Marittimo)", (F) 오로광장(Piazza d'Oro).

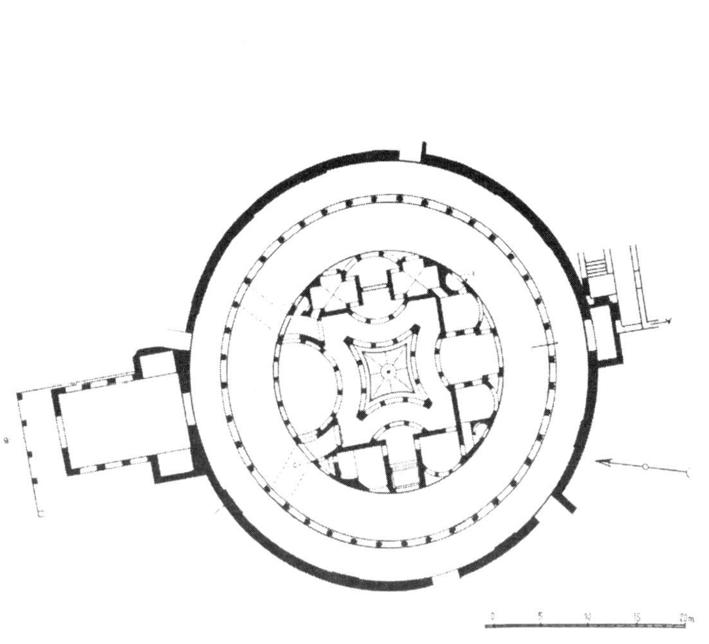

그림 155. 기원후 125년, 소위 테아트로 마릿티모(Teatro Marittimo)라고 불리는, 아드리아나 빌라(Villa Adriana)의 지상층 평면도. 하드리아누스의 휴양을 위한 이 섬은 수로와 열주기둥, 높은 보호 벽체로 둘러싸여 있었다.

그림 156. 서측에서 바라본 테아트로 마릿티모(Teatro Marittimo).

립 건축물들에 반영되어 구체화되었다.

삶과 건축의 일체성(Identity of life and architecture). 하드리아누스 빌라와 조각상들은 주인의 삶의 방식을 직접적으로 반영하고 있다. 하드리아누스는 21년의 재위기간 중 11년을 이탈리아 밖에서 보냈다. 122~123년, 두 번의 겨울은 스페인에서, 129~130년까지는 터키 남부의 안티오크(Antioch)에서 지냈고, 130~131년은 알렉산드리아(Alexandria)에서 두 번째 수도를 구상했다. 그러나 그는 124~125년, 128~129년, 131~132년, 132~133년, 4번에 걸쳐 지냈던 아테네(Athens)에 가장 큰 애착을 가졌다.*188) 하드리아누스는 동방에서 새로운 네 지역을 혼자 정복한, 그의 전임자이자 삼촌인 트라야누스(Trajan) 황제의 침략적이고 팽창주의적인 정책과는 매우 달랐다. 즉, "그는 유프라테스(Eupharates)와 티그리스(Tigris) 동쪽의 모든 정복지들을 포기하고",*189) 평화와 안정을 확보하기 위해 군과 행정 능력은 물론 그의 모든 에너지를 바쳤다. "팍스 로마나(Pax Romana)"를 근본적으로 완성한 사람은 바로 하드리아누스였으며, 현재까지도 이를 계승한 사람은 없었다. 하드리아누스는 그의 기나긴 여정 속에서도 일시적인 방문자였던 경우는 없었는데, 각각의 장소에서 장기 체류하며 지역적 여건 속에서 통찰력을 얻었고, 황제의 권위를 이용함으로써 여러 문제들을 합리적으로 만들 수 있었다. 그는 로마 제국을 둘러싸는 9,000㎞ 길이의 방어용 경계벽인 리메스(Limes)를 교체하거나 필요한 곳은 확장했다. 몇몇 도시들이 그의 이름을 따라 명명하기 원했었던 사실을 통해, 그의 지배 안에 들어 부당한 착취를 피하려 했던 것이 당시의 일반적 상황임을 유추할 수 있다.

하드리아누스는 이후 발전에 대한 그의 무의식적 직감과 예술적 감수성으로 표현되는, 그리스 문화에 대한 밀접한 관련성을 보여 주었다. 아우구스투스에서 콘스탄티누스까지 거의 모든 로마의 황제들은 열렬한 건설자들이었지만, 하드리아누스는 다른 어떤 황제보다도 건축적 표현에 대한 개인적 흥미를 가지고 있었다. 그의 영향력 아래에서는 진정으로 삶과 건축이 서로를 반영하였다.

하드리아누스는 이중적인 성격을 가지고 있었다. 최고 통치자로서는 자기희생을 의무로 여기며 직무를 수행했고, 개인 삶에서는 관조(觀照)적인 성격으로 인해 끊임없이 올바를 것을 요구했다. 이 이중성은 통치자로서 그리고 학자로서 뛰어난 용기를 보여주는 그의 건축에서 증명된다. 세계의 통치자로서의 하드리아누스 황제는 건축의 규모와 기법을 통해 방호(防護)와 장엄함・영원성에 대한 열망을 표현하였다. 이에 대한 증거로서, 두 번째 공간개념의 위대한 서곡이라 할 수 있는 판테온, 배럴 볼트로 축조한 로마 사원과 베누스 사원, 토로스 발전의 매우 중요한 결정체인 하드리아누스의 영묘(mausoleum)를 지금도 볼 수 있다. 이 모든 것은 제국의 중심인 로마에 건설되었으나, 그의 또 다른 개성의 직접적 결과라고 할 수 있는 것이 티볼리의 아드리아나 빌라(Villa Adriana)였다.

개인 영역(The private realm). 지금은 테아트로 마릿티모(Teatro Marittimo)라 불리는 빌라 아드리아나의 로툰다에서는 은둔에 대한 하드리아누스의 열망이 명확히 드러난다.(그림 155) 이것은 하드리아누스의 개인적 요구들을 충족시키기 위해 건설되었는데, 서재는 물론 심지어 작은 온천 욕탕에 부속된 휴식과 식사를 위한 극도

그림 157. 기원후 125년, 빌라 아드리아나(Villa Adriana)의 오로광장(Piazza d'Oro). 메인 파빌리온 안에서 측면 방들 중 하나를 본 전경.

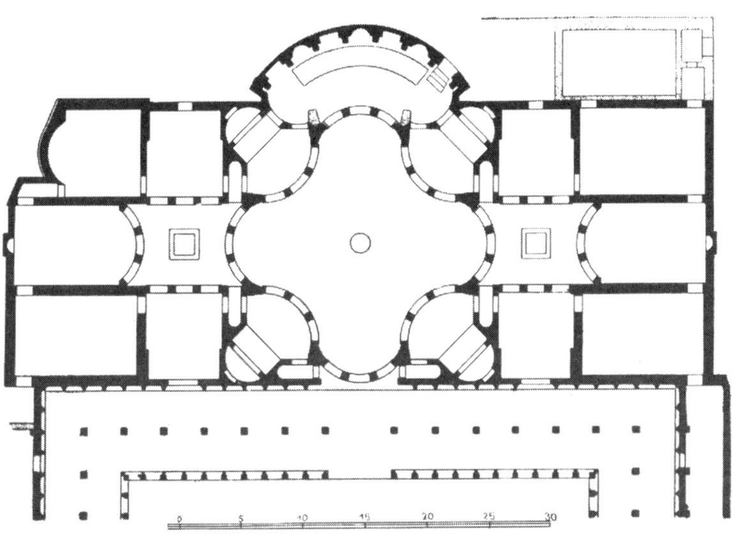

그림 158. 오로광장(Piazza d'Oro), 메인 파빌리온의 지상층 평면도. 이 파빌리온은 이중 열주를 가진 직사각형 광장의 축 끝에 위치한다. 기둥들이 곡면으로 띠를 이루며 파빌리온 중심을 둘러싸고 있다. 그 뒤편에는 벽감을 설치한 곡면 벽체로 둘러싸인 님파에움(nymphaeum)과 연못이 있다.

그림 159. 오로광장(Piazza d'Oro)으로 진입하는 8각 주출입 파빌리온의 내부 전경. 멜론(melon) 형태의 돔은 8개의 원형 조각들로 구성되었다.

로 작은 크기의 공간을 발견할 수 있다. 테아트로 마릿티모는 원형 운하에 면하여 화환처럼 둘러싸고 있는 기둥으로 정면을 장식하고, 대리석을 붙인 높은 원형 벽체로 인해 외부의 모든 근심으로부터 차단되었다. 안으로 접어 넣을 수 있는 두 개의 나무 다리들은 하드리아누스를 그의 인공 섬에 완전하게 고립시킨다. 심지어 이 복잡한 영역에서도 곡선 형태에 대한 하드리아누스의 애정을 충분히 볼 수 있다. 섬의 중심부에는 기둥으로 이루어진 4개의 오목한 장벽으로 둘러싸인 샘이 있었다.(그림 156)

이 고립된 장소는 상대적으로 높은 타워와의 관계 속에서 축조되었다. 타워 안의 작은 계단은 3층으로 연결되고, 이 3층에는 4면에 창이 있는 방이 있었다. 프리드리히 라콥(Friedrich Rakob)은 이 두 건축물의 연결관계에 주목했는데, 하나는 외부 세계로부터 완전히 차단되어 있고, 다른 하나는 아주 멀리까지 볼 수 있어, 마치 파우스트와도 같은 풍경(Faustian view)이라고 할 수 있다.*190) 이 구조물의 지상층 명칭은 그리스 도서관(Greek Library)이지만 현재까지도 공인되지 않았고, 옆에 위치한 라틴 도서관(Latin Library)이라는 건축물의 명칭 역시 마찬가지이다. 이 둘 모두 지금은 식당인 디아에타에(diaetae)로 간주되는데, 여기서 정원과 전원풍경을

그림 160. 오로광장(Piazza d'Oro)으로 진입하는 주출입 파빌리온의 외관. 4개의 반원형 벽감이 로마네스크의 앱스(Romanesque apese)처럼 돌출되었다.

볼 수 있었다.

하드리아누스의 사랑을 받다 기원후 133년에 이집트에서 죽은 안티누스(Antinous)*191)는 디오니시우스(Dionysius)라는 이집트의 신이 되었고, 이 디오니시우스의 조각상을 봉헌한 넓은 벽감이 있는 두 번째 방이 "라틴 도서관" 축선상에 위치해 있다. "그 조각상은 소위 라틴 도서관의 남측 홀 앱스(apse)에 있는, 나중에 설치한 대좌 위에 세워졌다. 이 조각상을 설치하여 본래 평면 배치가 변화된 것은 확실하며, 이후 조각상이 설치된 동굴과도 같은 이 어두운 방은 명확하게 다른 어떤 용도로도 사용되지 않았다".*192) 마치 신과 같은 외형의 안티누스는 소규모 저녁 식사에서 구경꾼이 되었는데, 아마도 그를 추모하는 행사가 여기서 열렸을 것이다.

안티누스의 죽음 이후에, 안티누스의 기념물 · 전망 타워, 그리고 테아트로 마릿티모의 전체 영역은 오로지 하드리아누스의 개인 영역이 되었다.

공공영역(The public realm). 하드리아누스는 개인적 욕구를 통해 수도로부터 멀리 떨어진 티볼리의 전체 빌라 단지를 건설한 이후에, 세계 통치자로서 어느 정도까

그림 161. 빌라 아드리아나(Villa Adriana), 세라페이온(Serapeum)의 우산 형태와 유사한 반구형 돔. 1824~26년, 루이지 로씨니(Luigi Rossini)의 판화.

지는 공공적인 요구들을 충족시키지 않을 수 없었다. 넓은 식당 홀과 두 욕장은 물론, 길게 뻗은 수로연못인 카노푸스(Canopus)에서도 이집트와 그리스를 함축하는 여러 방법들을 사용하였다. 이들 주위에는 아치로 연결한 기둥들이 있고, 그 사이에 그리스의 조각상들을 복제한 대리석 모조품들이 서 있었다. "오직 로마의 지식인들만이 그리스(Hellas)와 로마·이집트를 통합하는 이와 같은 통찰력을 가지고 있었다".*193)

하드리아누스는 그의 전원 속 은신처가 전차들에 의해 침략당하는 것을 원치 않았다. 게다가 그는 지하에 연결 통로망을 만들었는데, 그 중 하나가 그리스 극장(Greek Theater) 근처의 소위 베누스 사원(Temple of Venus) 뒤에서 발견되었다.

수수께끼와도 같은 오로 광장(Piazza d'Oro)의 배치는 매우 잘 보존되어 있다. 현관인 8각형 입구 파빌리온은 정사각형 4개, 반원형 4개, 총 8개의 외부로 돌출된 벽감으로 둘러싸였다. 이 공간은 후기 로마네스크의 앱스(apse)와 유사하며, 초대하지 않은 방문객들을 막아 주었다.(그림 160) 공간 전체는 휘어진 8개의 조각들로

그림 162. 세라페이온(Serapeum)의 내부. 세라페이온 후면을 관통하는 복도에서부터 잔물결을 치며 물이 흘러, 식당 의자 또는 가파른 경사 앞에서 반원형 곡선으로 흘러갔다.

구성된, 멜론(melon) 형태의 돔으로 덮여 있었다.(그림 159) 이 구조물 앞에는 이중 열주로 둘러싸인 넓은 팔레스트라(palestra : 체육관)와 같은 광장이 뻗어 있고, 그 끝에는 축에 맞추어 배치된 주된 파빌리온들로 구성된 복합체가 있다.(그림 158) 이 파빌리온은 4개는 오목하고, 4개는 볼록하게 곡면을 형성하는 기둥들이 파동 치는 장벽을 만들어 독특한 특징을 갖게 되고, 전체 공간에 율동적으로 진동하는 운동감을 부여한다. 이 열린 하늘 밑에 축조된 진동하는 8각형은 대(大) 우주적인 태도를 드러내고 있는데, 여기서 보여 진 구축 기술은 눈여겨 볼 수밖에 없다.

아직도 이 오목하고 볼록한 영역에 지붕이 있었는지 밝혀지지 않았기 때문에, 이 복합체의 배치를 수수께끼 같다고 말한다. 아르민 게르칸(A. von Gerkan)*194)은 지붕이 없었다고 처음으로 주장했지만, 헤르만 윈필드(Hermann Winnefeld)*195) · 하인츠 쾰러(Heinz Kähler) · 에릭 핸슨(Erik Hansen)*196), 그리고 이탈리아의 고고학자 살바토레 아우리겜마(Salvatore Aurigemma) 모두 돔으로 축조한 지붕이 있는 복원안을 제시했다. 이 문제에 대해 프리드리히 라콥(Friedrich Rakob)은 "1.00m 하부의 기초에서 상부하중을 지지해야 하는 경간(Span)" 을 가진 모든 로마의 건축은 돔이 존재하지 않았다는 기술적인 근거를 가지고 그의 주장을 펼쳤다.*197) 아직 출판되지 않은 그의 연구들을 통해서는, 남측 지역에서만 자유롭게 널리 퍼져 가능했던 건축물들의 개방된 특징의 상세한 증거들을 확인할 수 있다. 특히 남측의 거대한 곡면 벽체를 배경으로 하여 끊임없이 변화하는 분수와 물의 역할에 대해서는 다른 주장들이 제기되고 있다.(그림 162)

석공의 서명이 볼류트(volutes)에서 발견되기도 했지만, 여기서 일했던 이들의 이름은 하드리아누스의 지시에 의해 알려지지 않았다.*198) 그러나 다른 로마 황제들에 의해 축조된 건축물들과는 다르게, 어느 곳에서나 하드리아누스의 자기 정신을 명확하게 볼 수 있는데, 특히 오로 광장은 하드리아누스의 가장 독창적인 업적 중 하나였다. 그는 여기서 라벤나(Ravenna)에 있는 성 비탈레 성당(S. Vitale)과 같이 비잔틴 건축, 파동 치는 기둥 장막의 보로미니(Borromini) 건축 등, 곡면을 풍부하게 사용한 이 두 입체적 표현을 예견했다. 특히 보로미니는 하드리아누스 빌라를 잘 알고 있었다. 그러나 오감을 만족시키는 현세의 생활의 기쁨을 표현하는데 있어 하드리아누스의 파동 치는 기둥의 띠는 보로미니를 능가한다고 할 수 있다.

물의 결합(The incorporation of water). 로마건축에서 물의 사용은 특히 흥미롭다. 물은 공기를 맑고 시원하게 하는 것은 물론, 지금까지 잊혀 졌었던 건축을 생기 있게 하는 더욱 의미 있는 방법이었다. 여기서는 물과 건축의 직접적인 결합관계에 대해 살펴보자. 물은 수많은 단계를 거쳐 황제의 궁궐에서 계속해서 사용되었다.*199) 기원전 1세기, 아피아 가도(Via Appia) 연안에 있는 포르미아(Formia)*200)의 키케로(Cicero) 빌라와 폼페이의 많은 빌라들에서와 같이, 후기 공화정 로마와 로마제국 두 시기에서 주거 건축과 물은 일정하게 결합되었다.

네로황제의 도무스 아우레아 8각형 방(그림 145 · 146) 뒤편에서는 "가파르게 계단식으로 처리된 인공 수로를 따라 물이 폭포처럼 떨어졌다".*201) 도미티아누스의 도무스 아우구스타나에는 몇 개의 님파에움(nymphaea)이 있었는데, 그 중 하나에서는(그림 147) 벽감에서부터 매우 높은 벽돌 아치들로 둘러싸인 긴 직사각형 웅덩이 속으로 물이 분출되었다.

그리스 정신과 그리스 예술에 대한 의지를 보이면서도, 건축에 대한 한결같은 로마식 접근방법을 취했던 황제들의 이중적 성향은 하드리아누스의 아드리아나 빌라에 있는 카노푸스(Canopus)와 세라페이온(Serapeum) 배치에서도 확인할 수 있다. 121.40m 길이의 수로 전체에는 얇은 아치들 아래에 대리석으로 만든 그리스 조각상의 모조품들이 있었는데, 모두 세라페이온 쪽으로 면해있다. 이것은 우산 형태와 유사한 반구형 돔(도판 IX와 그림 161 · 162)이 있는 반원형 구조였다. 이 돔은 오로광장으로 통하는 8각형 출입구 위를 덮는 멜론 형태의 돔(그림 159)과는 전혀 다른 새로운 공간 경험을 표현하였다. 반원형의 세라페이온 뒤쪽으로는 물이 잔물결을 치며 떨어지는 긴 복도(그림 165)가 관통하고 있다. 여기에서 주 수로와 합쳐지기 전, 식당 의자로 사용되는 반원형으로 불룩 솟아오른 바위 턱 앞에서 곡선을 이루며 흘러갔다. 이렇게 흐르는 물을 조직화함으로써 건축 형태와 조화를 이루고 생기를 주었던 것이다.

하드리아누스의 개인적인 건축에서는 새로운 유연성이 나타난다. 생기를 불어넣는 요소로 언제나 흐르는 물을 사용하였는데, 이것은 17세기에 로마광장 중심에 도입한 분수와 18세기 궁궐 조경의 장식적인 분수들과는 확연히 다르다. 하드리아누스의 물 사용은 특별한 기교를 보여주는데, 테아트로 마릿티모에서와 같이 개인적인 은둔을 위해, 오로 광장과 세라페이온에서와 같이 사회적 자극을 만들어 내기 위해 사용했다. 매우 더운 여름철 자연냉각을 위한 장치로 물을 사용한 것이 아니라, 감각적이고 우아한 방법으로 물과 건축을 통합했던 것이다.

그림 163. 2세기, 로마, 살루스티우스의 정원(Horti Sallustiani)*에 있던, 소위 베누스 사원(Temple of Venus)의 내부공간. 볼트구조에 대한 하드리아누스 황제의 과감한 실험 이후에, 이와같은 12면을 갖는 우산과도 같은 돔 건설이 가능해졌다. 1725~1806년, 하퍼(A. F. Harper)의 그림.

*호르티 살루스티아니(Horti Sallustiani)는 살루스티우스의 정원(Gardens of Sallust)을 지칭하는 라틴어로, 기원전 1세기에 로마 역사가 살루스티우스에 의해 발전된 로마의 정원이었다. (Wikipedia)

그림 164. 빌라 아드리아나(Villa Adriana), 세라페이온(Serapeum)의 후면 통로. 1824~26년, 루이지 로씨니(Luigi Rossini)의 그림.

셉티미우스 세베루스의 궁궐(The palace of Septimius Severus)

셉티미우스 세베루스는 가족들의 황제 계승 확보에 모든 정책을 맞추었다. 다른 황제들과 마찬가지로 그의 목적을 이루기 위해서는 살인 등 어떤 일도 서슴치 않았지만, 반면에 수많은 고대 건축물들을 수리하거나 재긴하는데에도 큰 관심을 보였다. "그에 의해 건설된 대중을 위한 유명한 건축물들이 여러 지역에 있으며, 그가 이룬 성취물들에서 특히 주목할 만한 것은 대중을 위해 로마의 모든 신전들을 복구한 것이다. … 그리고 이 복구한 건축물들에는 그 자신의 이름을 거의 새기지 않았고, 건설한 사람들의 이름도 전하지 않았다".[*202] 그러나 그가 태어난 장소인 리비아(Libya), 렙시스 마나(Lepcis Magna)의 확장과 각종 장식물에 노력들이

그림 165. 세라페이온(Serapeum) 뒤쪽의 님파에움(nymphaeum). 물은 이 길고 어두운 통로 끝에 있는 벽감에서 잔물결을 치며 떨어지고, 카노푸스(Canopus) 수로에 합류하기 전, 반원형으로 세라페이온 주위를 흐른다.

집중되었고, 그를 위한 개선문을 축조한 곳도 바로 이곳이다.(그림 101)

로마의 팔라티노 언덕에 있는 셉티미우스 세베루스 궁궐은 키르쿠스 막시무스(Circus Maximus)를 내려다보는 장소에 위치하고, 소위 벨베데레(Belvedere)라 불리는 저층 구조물을 제외하고는 아무것도 남아 있지 않다. 그 2개 층의 아케이드(그림 166)는 상부구조를 지지하지 않고 있고, 전체 궁궐의 조직체계가 거의 보이지 않는다. 단지 이 궁궐은 "이방인들의 침략에 의해 계획적으로 파괴되고 불에 타 버린" 건축물들 중의 하나였다고 추측할 수 있을 뿐이다.*203)

남아 있는 것들로부터 유추해 볼 때, 이 통치자의 생활방식은 그의 전임자인 도미티아누스·하드리아누스의 생활방식과 큰 차이가 없었다. 개개 궁궐의 방 배치에 대해서 알려진 것은 없지만, 돌출된 서측 날개 부분의 몇몇 공간들은 어떤 친밀

그림 166. 기원후 193~211년, 로마 셉티미우스 세베루스 궁(palace of Septimius Severus)의 거대한 하부구조. 키르쿠스 막시무스(Circus Maximus)에 면한 2층의 아케이드, 소위 벨베데레(Belvedere)를 제외하고는 이 궁의 어떤 흔적도 남아있지 않다.

감이 부족한, 순전히 형식적인 것으로 보인다. 남아 있는 2개 층의 하부구조에서 나타나는 중요한 특징은 방들이 곧게 일렬로 연속된다는 것이며, 이는 훨씬 이후 모든 바로크 궁궐에서도 나타난다. 또한 여기에는 은둔이나 명상을 위해 별도로 구분된 영역의 흔적은 없고, 모든 것은 통치자의 힘을 나타내는 수단으로서 설치되었던 것으로 보인다. 이것이 이 황제가 만든 변화 중 가장 흥미로운 점이다.

셉테미우스 세베루스의 통치기간 동안 대리석판에 조각하였으나, 그 파편들만이 남아 있는 "대리석에 새겨 넣은 로마의 평면도, 포르마 우르비스 로마에" 에서도 이 궁궐의 방 규모나 배치에 대한 정보는 제공하지 않는다. 또한 네로황제의 도무스 아우레아에서와 같이 돔으로 축조한 방을 추측할 수도 없다. 튀니지(Tunisia) 해안가에 있는 타바카(Thabraka 또는 Tabarka)의 많은 모자이크(기원후 940)에서 나타나는 것과 같이, "여러 층의 중앙 구조물과 타워 같은 여러 층의 측면 날개부를 가지고, 열주나 아치로 구성된 파사드가 있는"*204) 아프리카의 전형적인 건축물을 축조했었는지도 역시 미해결된 문제이다. 단지 셉티미우스 세베루스 궁궐의 2층 아케이드가 기념비적인 로마 수로교와 같은 규모로 축조되었으므로, 아프리카의 빌라(African villa)들을 통해 볼 때, 그 거대한 아케이드로 축조된 기반 위

그림 167. 셉티미우스 세베루스 궁(palace of Septimius Severus)의 하부구조를 지지하고 있는 아케이드.

에는 더 높은 여러 층의 중앙 건축물로 구성된 상부구조가 있었다는 가능성을 추측해 볼 수 있을 뿐이다.

로마 빌라들의 형태(Forms of the Roman villas)

두 번째 공간개념에 의해 발생된 새로운 접근방법은 로마의 주거 배치를 만들어낸 변화들에 의해 가장 쉽게 설명될 수 있을 것이다. 전형적인 그리스 주택의 변화는 천천히 진행되었다. 가장 발달한 것으로 알려진 헬레니즘(Hellenistic) 주택들은 델로스(Delos) 섬에 있는데, 이 주택들의 기본 계획은 기원전 3~2세기까지 매우 자유스러웠다. 고대의 전통을 지켜나가기 위해 작은 내부정원을 중심으로 3면으로 방들이 확장되는 평면을 계속해서 유지하고 있었다. 이러한 주거 형태와 창문 없는 좁은 가로(街路)가 연속되는 것은 기원전 2000년경, 우르(Ur)에서부터 익숙한 것이었다. 델로스의 페리스타일(peristyle) 정원에서는 주된 식당에 직접 접해 모자이크 바닥의 수조가 있기도 했다. 이러한 형식의 많은 주택들이 바다 쪽 조망을 갖는 경사지에 건설되었지만, 초기 메소포타미아의 전형적인 주택들과 같이 내부지향적인 주택에 머물러 있었다.

기원후 1세기, 델로스의 부유한 상인들 주택에는 입구가 아트리움(atrium)으로 연결되고 식당은 이 아트리움에 면하며, 뒤쪽으로는 고대 그리스 양식의 페리스타일 정원이 있는 로마의 상위 계층 주택들과 같은 호사스러움은 없었다. 이 주택의 평면은 폼페이에서 다시 나타난다. 이 두 경우에서, 주택들은 여전히 내부를 향해 있고, 가로 쪽으로는 여전히 창이 없었다. 사실 두 번째 공간개념이 주거 건축에 영향을 미친 것은 기원후 76년, 베수비오(Vesuvius) 화산 폭발 이전의 짧은 기간 동안이었다.

소(小) 플리니우스(younger Pliny)가 자신의 빌라에 대해 설명했던 것과 같이, 1세기부터 개인 빌라들의 내부는 더 이상 외부와 단절되지 않고 열려지게 되었다. 즉, 새로운 어떤 것이 일어났는데, 그것은 바로 주변환경과의 관계였다.

외부 세계에 대한 조망의 다양성은 로마 빌라의 배치에서 매우 중요한 것이었다. 빌라는 오히려 여기저기를 두리번거리며 교외를 어슬렁거리는 인간과도 같이 생각되었다. 로마 빌라의 배치에서 고려되었던 생각들을 파악하기 위해서는, 로마의 남동쪽 투스쿨룸(Tusculum)*205)과 오스티아(Ostia) 근처의 라우렌티움(Laurentium)에 있는 플리니우스(Pliny)의 두 채의 교외주택에 대한 설명을 읽어보는 것이 필요하다.*206) 그의 설명은 마치 자연을 사랑하는 19세기의 로맨티스트가 쓴 것처럼 읽혀지지만, 집중적인 조망의 충분한 이점을 얻기 위해 창 개구부의 갯수와 위치 그리고 크기를 조직하려고 열망하는 건축가의 시각으로서 풍경을 보고 있었다. 그의 라우렌틴 빌라(Laurentine villa)의 넓은 방에는 바닥에서 천장까지 뚫은, 바다를 바라다보는 창문도 있지만, 내륙을 바라보는 더 작은 창들도 있다.

르네상스 시기의 이탈리아·프랑스 교외 지역을 살펴보면 매우 다른 광경을 볼 수 있다. 피렌체 주변의 성곽과 유사한 높고 얇은 외관의 타워들이 있는 이탈리아 빌라들 같이, 1655~1661년의 보 르 비콩트(Vaux le Vicomte) 성*207) 등의 높은 경사지붕과 원형 또는 사각형의 낮은 타워들이 있는 요새화 된 저택들*208)은 지속적으로 프랑스의 봉건적인 삶을 명확하게 반영하고 있었다. 이 방어적 형태는 그들 주변의 무사(武士)와도 같은 과거 적들에 대한 반의식적 공포가 여전히 표현되고 있었던 것으로, 훨씬 이후에 주위 적들에 대한 위협이 없어졌다.

소유주의 개인적 성향에 자유롭게 반응하였던 로마제국의 교외 주택들은 팍스 로마나(Pax Romana), 즉 보이지 않는 방패에 의해 보호되었다. 오늘날 기사(騎士)들의 전쟁과 상관없는 것과 같이 팍스 로마나와도 거리가 멀다. 플리니우스(Pliny)가 친구들에게 보낸 편지들에서는 초기 제국시기에 로마인들이 생각한 편안한 삶의 방식에 대한 이해를 보여주고 있다. 그는 그의 빌라들에 갖추었던 교묘한 처리들에 대해 계속해서 기술하고 있다.

폼페이의 마르쿠스 파비우스 루푸스 빌라(Villa of Marcus Fabius Rufus, Pompeii). 로마 상류층의 화려한 삶의 수준을 보여주는 1세기의 여러 빌라들이 아직도 남아있다. 가장 흥미로운 것 중 하나가 마리나 문(Porta Marina)에서 멀지 않은 폼페이 남쪽 경계에서 1959년에 발굴된 마르쿠스 파비우스 루푸스 빌라이다. 이 빌라는 당시에는 가까이 있었던 바다로 직접 열려있고, 그 중앙의 넓고 돌출된 식당 베이(bay)는 지금까지 알려지지 않은 외부 세계에 대한 자유로운 관계를 묘사하고 있다.(그림 168) 이 외관은 많은 우여곡절을 거쳐 19세기 말에 앙리 반 데 벨데(Henry van de Velde)가 풍자적 직접성을 통해 교외주택으로 다시 재현시키기도 했다.

유명한 프레스코화가 있는 신비의 저택(Villa of Mysteries)과는 다르게, 마르쿠스 파비우스 루푸스 빌라는 땅속으로 한 개층 깊이로 내려앉지 않았다. 즉, 도시의 높은 곳에서부터 바다를 바라다보며 계단식 대지와 정원 위에 자유롭게 축조되었다.

79년의 대재앙이 강타했을 때 빌라는 아직 완성되지 않은 상태였고, 그 거주자 중 한 사람이 웅크리고 있는 형상이 아직도 계단 위에 놓여있다. 출입은 측면에서 이루어진다.(그림 169) 바다에 면한 높은 아치들이 있는 측실을 통과하면, 2층 높이의 넉넉한 크기로 축조한 대식당으로 들어갈 수 있는데, 이 부분이 검은색 벽체에 상・하부 3개씩, 전체 6개의 넓은 창이 있는 돌출된 베이(bay)이다.(그림 170)

여기서 로마 빌라들의 방은 풍경에 초점을 맞춘 조망에 의해 특성화된다는 사실에 주목할 필요가 있다. 라우렌티움(Laurentian)과 투스쿨룸(Tusculum) 빌라의 구석 구석까지 모두 설명한 플리니우스(Pliny)의 두 통의 편지에서는 특별한 조망을 얻기 위해 각각의 방들이 향하는 방향에 대해 계속해서 언급하고 있다. 라우렌티움 빌라에서는 그가 특히 좋아하는 방이 있었다. "당신이 이 의자에 누우면, 발쪽에는 바다가 보이고, 뒤를 돌아보면 이웃한 빌라들이 보이며, 머리 쪽으로는 숲의 경치를 볼 것이다".*209) 이는 1세기의 편안한 삶의 방법을 매우 이해하기 쉽게 나타낸 것이다. 빌라의 주인은 덥거나 바람이 부는 등의 날씨 변화에 따라 침실과 식당을 선택할 수 있었다. 그러나 바로크의 귀족은 이러한 사치를 누리지는 못했다.

여러 관점에서 로마인들의 자연에 대한 감수성은 현재 우리들보다 더욱 더 뛰어났다. 즉 로마 빌라들의 방 평면과 방향을 고찰해 보면, 방 한쪽 측면의 창들은 바로 옆에 있는 자연에 면하여 자리 잡고, 다른 측면의 창들은 먼 곳을 바라보고 있다는 사실을 알 수 있다.

로마 근교의 셋떼 밧시 빌라(The Villa Sette Bassi, near Rome). 후기 로마 빌라의 배치는 더욱더 그 주인들의 개인적 요구에 부합했다. 셋떼 밧시 빌라는 안토니우스 피우스(Antonius Pius) 시기인 기원후 138~161년, 로마로부터 남쪽으로 통하는 라티나 가도(Via Latina)에 건설되었다. 이 빌라에서는 넓은 경마장(hippodromes)이 주택과 개인 욕장을 옆으로 밀쳐내고 단지 전체를 지배했다. 당시에는 주거 근처에 경주

그림 168. 1세기 초기의 마르쿠스 파비우스 루푸스 빌라(villa of Marcus Fabius Rufus). 이 거대한 주택은 당시에는 가까이 있었던 바다 쪽으로 직접 열려있다.

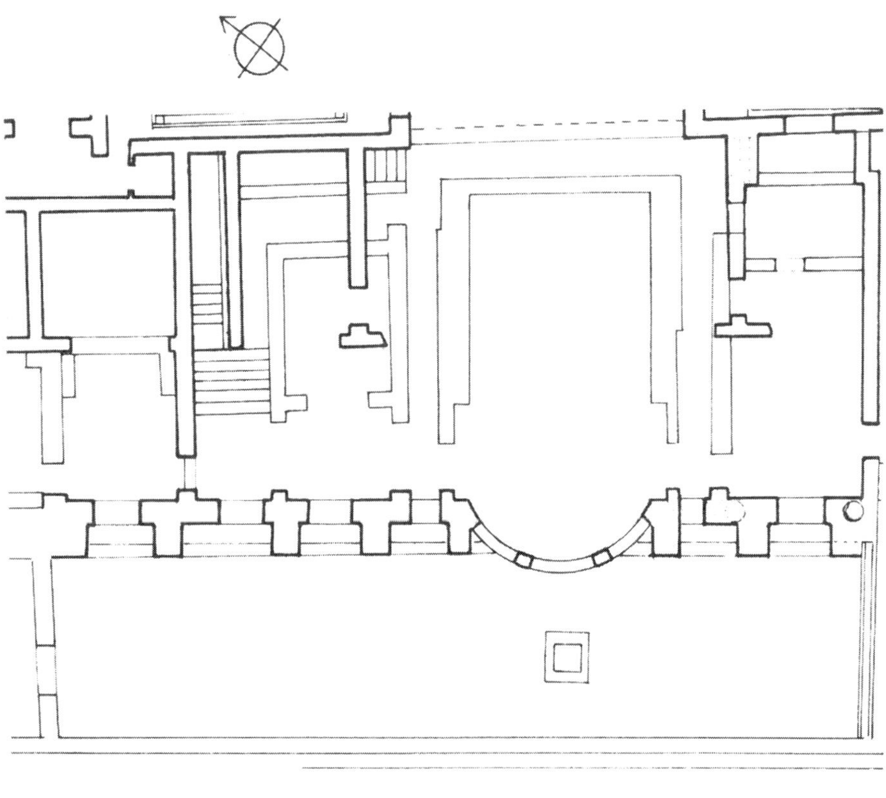

그림 169. 마르쿠스 파비우스 루푸스 빌라(villa of Marcus Fabius Rufus)의 지상층 부분 평면도. 바다에 면해 높은 아치로 축조된 아케이드로 전면을 꾸민 작은 방들이 중앙의 식당 영역 옆에 배치되어 있다.

그림 170. 마르쿠스 파비우스 루푸스 빌라(villa of Marcus Fabius Rufus)의 식당 영역(위쪽 가운데 창이 가려져 있다). 검은 색 벽체에는 바커스(Bacchus) · 아리아드네(Ariadne) · 넵튠(Neptune)과 암피트리테(Amphitrite) 등, 신화의 장면을 묘사하였다.

로를 축조하는 것이 관례였는데, 도미티아누스(Domitian)는 팔라티노 언덕(Palatine Hill)에 있는 그의 궁궐 뒤쪽에, 하드리아누스는 티볼리에, 플리니우스(Pliny)는 투스쿨룸(Tusculum)에 위치시켰지만, 그들은 셋떼 밧시 빌라에서처럼 주거 공간을 공격적으로 침해하지는 않았다.

셋떼 밧시 빌라의 경마장은 넓은 접견실이 있는 욕장 측면에 배치되었다. 스보보다(Swoboda)는 이 홀이 "앞 · 뒤의 넓은 창"으로 열려 있었다고 기술했고, 이것이 아마도 욕장의 접견실이었을 것이라고 한 애쉬비(Ashby) 의견에 동의했다.[*210] 지면 위 · 아래의 긴 복도는 넓게 뻗은 빌라 배치의 여러 부분들과 연결되었고, 욕장의 북동측 모서리에서 시작하는 두 개의 창문이 있는 벽체만이 여전히 서 있다.(그림 131) 그러나 실질적으로 완전한 교외 주거는 반드시 개인 욕장을 포함해야 한다는 플리니우스(Pliny)의 암시적인 언급이 이 유적의 발굴조사를 통해 사실로 증명되었다.

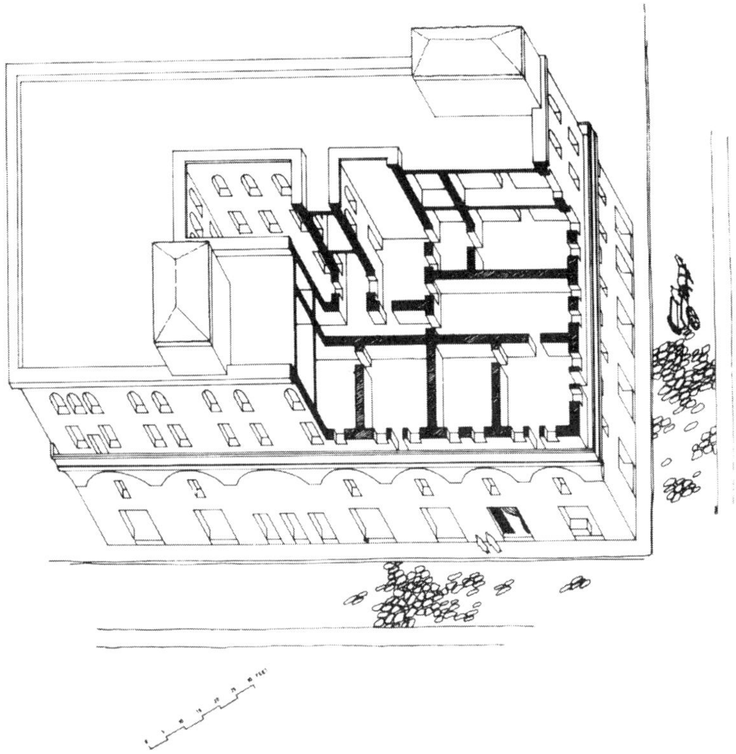

그림 171. 디아나 주택(Casa di Diana)의 복원도. 내부에 빛 우물이 있는, 전체 4개 층의 공동주택을 확인할 수 있다.

그림 172. 2세기 중반의 디아나 주택(Casa di Diana). 모서리에 위치한 이 공동주택은 지상층에 상점이 있고, 그 상부에는 중이층(中二層)이 있다. 그 윗층이 메인 층으로, 부유한 브루조아 계층을 위해 거리 위로 돌출된 폭이 좁은 발코니를 가진 넓은 공동주택이 있다.

로마의 공동주택*(Roman apartment houses)*

건축 형식을 나열하고 그 사이에 있는 1500년을 생각하지 않는다면, 19세기의 공동주택은 2세기의 로마 공동주택들이 거의 직접적으로 연속(continuation)되어 나타난 결과로 볼 수 있다. 이것은 아마도 유사한 환경에 대한 반응의 결과였기 때문일 것이다. 로마는 물론 오스티아(Ostia)와 같은 번창한 항구도시들은 급작스런 인구 증가를 겪었던 것으로 기록되어 있다.

예를 들어 1806년, 파리 리볼리가(Rue de Rivoli)에 위치한 건축가 페르시에(Percier)와 퐁텐(Fontaine)[*211)]의 계획(『공간 · 시간 · 건축*(Space, Time and Architecture)*』, 1967, 그림 448)과 로마 공동주택(그림 172)의 복원도를 비교해 보면, 두 시기의 공간 척도에 유사함이 있다. 사람들은 길고 긴 휴지기 이후에 다시 동일한 해법에 이르게 되었고, 두 번째 공간개념의 시작과 끝은 함께 묶여졌던 것이다.

19세기의 징후(徵候)들은 특히 이탈리아의 르네상스와 바로크시기에 명확하게 발견된다. 그러나 19세기 파리 건축물들은 장식적 사치스러움을 보이는 르네상스와 바로크 건축물보다는, 2~3세기의 로마 공동주택과 더욱 가깝다.

로마의 능력상, 7~8층의 주거를 건설하는 것은 여러 이유로 인해 위험한 것이었다. 그러므로 1세기에 트라야누스(Trajan) 황제는 건축물들의 높이를 4층 높이에 상응하는 18~20m로 제한했고, 이 기준은 그 다음 시기까지 유지되었다.

오스티아 공동주택의 높이와 구성은 파리 리볼리가에 있는 공동주택과 거의 유사하다. 1층에는 소매점이 있고, 중이층(mezzanine) 상부의 주된 층(piano nobile)인 2층에는 부유한 브루조아 계층을 위해 가로 쪽으로 돌출된 발코니가 있는 넓은 주택들이 있으며, 그 위 다락에는 하인들이 사는 단순한 방들로 구성된다. 이러한 일련의 구성은 19세기 대도시의 삶을 위한 표준과도 같은 설계로서, 나폴레옹 시대 이후의 파리(post-napoleonic Paris)에 다시 등장했었다.

세 번째 공간개념에서는, 기계화(mechanization)를 통한 자동차 교통수단이 주거지역과 상업지역 사이를 구분하도록 강요했다.

오스티아, 디아나 주택(Casa di Diana, Ostia). 안토니우스 피우스(Antoninus Pius) 통치시기에 건설된, 이 코너에 있는 주택에서는 상점이 1층에 있고,(그림 171) 상부에는 중하층 세입자들을 위해 하나에서 네 개까지 방으로 구성한 주택이 있었다. 이 주택에는 주방이 없기 때문에 개인 주택이 아닌 공동주택(abitazione collettiva)으로 추정되어 왔으나,[*212)] 주방의 부재로 단순하게 추론할 문제인지는 확실하지 않다. "사실, 로마의 공동주택들은 집 바깥의 마을 공동체로부터 대부분의 사회생활과 여흥 · 목욕 그리고 많은 음식과 개인적 안락함이 제공되는 집합적 시스템의 한 부분이었다. 로마의 공동주택들은 삶의 필수적 요구들의 대부분을 대신하는, 이 부가물

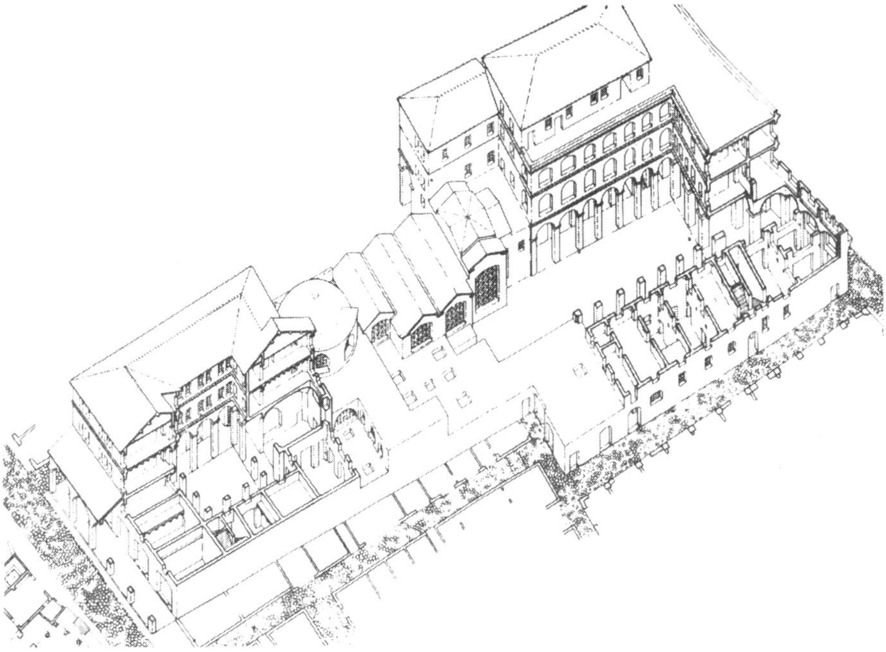

그림 173. 공동 욕장으로 연결되는 오스티아(Ostia)의 세라피데 주택(Casa del Serapide)과 아우리기 주택(Casa degli Aurighi) 복원도. 두 주택 모두 아케이드로 축조된 복도에 의해 둘러싸이는 중정을 가지고 있다.

그림 174. 측면 가로에서 본 아우리기 주택(Casa degli Aurighi). 배럴 볼트로 축조한 주 출입구 좌측에는 두 개의 상점이 가로 쪽으로 열려 있다.

들 없이는 이해할 수 없다" *213)고 뵈티우스(A. Boëthius)는 언급하고 있다.

정원에는 도시의 상수도에서 공급받는 뚜껑을 덮은 샘이 있었고, 화장실은 지상층에 있었다.*214) 2층은 외부와의 접촉을 위해 돌출된 초승달 모양의 아치들로 지지되는 발코니로 둘러싸여 있었는데,(그림 172) 리볼리가의 발코니와 거의 유사하게 폭이 좁다. 오스티아에 있는 이 집이 훨씬 후에 발굴되었기 때문에, 로마의 건축물과 파리의 건축물들 사이의 직접적인 연관성을 설정하는 것은 불가능하다. 그러나 이 비교는 로마제국 시기에 얻어진 기준들을 재발견하기 위해 노력했던 19세기의 사회적 · 경제적 중압감을 보여준다. 즉, 집들이 거리를 향하고 있다는 사실을 강조하고 있는 빙 둘러싸는 발코니가 가장 중요하고, 따라서 모든 방들은 외부에 면한 넓은 창을 가지고 있다는 사실이다.

로마 카피톨리니 기슭의 공동주택(Apartment house at the foot of the Capitoline, Rome). 1928~29년, 아라코엘리(Aracoeli)에 있는 산타 마리아(S. Maria) 성당으로 올라가는 계단 근처에서 공동주택이 발굴되었는데, 하드리아누스 시기인 2세기 초반 유적으로 확인되었다. 6층이었던 이 건물에서 상점이 있던 지상층과 중이층은 현재 도로 레벨 밑에 놓여 있다. 3개에서 5개까지 창이 설치된 넓은 방들이 있고, 그 전면에 폭이 좁은 발코니가 있는 주된 2층이 현 도로 높이에 있다. 오스티아의 디아나

그림 175. 아우리기 주택(Casa degli Aurighi) 내부 정원 주위의 아케이드로 만들어진 복도.

그림 176. 세라피데 주택(Casa del Serapide)과 아우리기 주택(Casa degli Aurighi) 사이에 있는 셋떼 사피엔티 공중욕장(Terme dei Sette Sapienti)의 중심 방. 열린 천창(oculus)이 있는 돔으로 축조한 이 방에는 직경 10m의 정교한 모자이크 바닥이 있었다.

주택과 같이 규칙적으로 분절된 창문들 앞쪽에는 거리를 따라 발코니가 설치되어 있었다. 상부층의 후면에는 빛이 잘 들어오지 않는 더 작은 주택 세대들로 나누어져 있었을 것이다. 가까운 곳에는 지역 주민들이 사용하는 작지만 설비가 잘 갖추어진 우아한 욕탕이 있었고, 여러 층의 소매점은 같은 공동주택(insula) 안에서 발견되었다.*215)

오스티아의 아우리기 주택과 세라피데 주택(Casa degli Aurighi and Casa del Serapide, Ostia). 공동주택(apartment houses, insulae)은 2세기에 급속도로 발전하였다. 그 대표적인 예는 마차를 모는 전사(戰士 : charioteer)의 프레스코화를 따라 이름 지은 아우리기 주택과, 쥬피터-세라피스(Jupiter-Serapis)의 치장회반죽(stucco) 그림을 따라 명명한 세라피데 주택,이 2채를 서로 연결한 5층의 공동주택 단지이다. 이 두 "삶을 위한 기계"는 넓이 4,000㎡ 지역에 걸쳐 있었고, 1940년까지 20m 높이의 모래 언덕 밑에 묻혀 있었기 때문에 3~4층까지는 보존될 수 있었다. 계단은 지상층에서부터 외부로 열려진 복도에 면하고 있는 주택들로 연결되고,(그림 175) 동일한 평면이 상부에서도 반복된다. 이 각각의 공동주택은 가운데 정원을 중심으로 조직화되었

그림 177. 셋떼 사피엔티 공중욕장(Terme dei Sette Sapienti). 내부를 대리석으로 마감한 작은 냉탕인 나타티아에(natatiae) 중 하나.

고, 지붕이 씌워진 복도에 의해 연결되는 잘 꾸며진 욕탕에 의해 연결된다.(그림 173)

오스티아의 디아나 주택과 같이 블록의 지상층에 위치한 상점들은 거리 쪽으로 열려 있고, 주된 2층에는 거리를 따라 돌출된 초승달 모양의 아치 위에 축조된 좁은 발코니를 갖고 있다.(그림 174) 이와 관련해서 뵈티우스(A. Boëthius)는 "공동주택(insulae)과 외부의 형태계획" 은 "로마 특유의 발전" 이었다고 기술했다.*216)

특히 지붕으로 덮힌 통로를 통해 이 두 복합체와 공동 욕탕이 연결되도록 축조한 것은 흥미로운 특징이다. 공동 욕탕을 포함한 배치는 로마의 고도 문명화 시기와 현 시대의 수준차이를 보여준다. 개개의 주택에서는 발견되지 않았지만, 이 욕탕에서는 다른 모든 로마 욕탕에서와 같이 모자이크 · 프레스코 그리고 조각상 등으로 장식했다. 특히 각각의 개별 방들을 연속시킨 것은 몸을 씻는 것뿐만 아니라 몸을 재생시키는 과정을 반영한 것이었다. 이렇게 개인위생과 증대된 생활의 기쁨을 연결시키는 것은 그 이후 문화에서 다시는 발견할 수 없었다.

욕탕 가운데 위치한 원형의 방은 열린 천창이 설치된 돔으로 축조하였고, 그 바닥은 직경 10m의 정교한 모자이크로 덮여 있다.(그림 176) 충분한 공간 확보가 어려웠던 것으로 추정되므로,*217) 보통의 대형 욕탕 대신, 내부를 대리석으로 마감한 욕탕이 있는 작은 방들이 있었다.(그림 177)

중정 주위에 아케이드로 축조된 복도가 있는 이 두 공동주택은 '내부 중정에 열주랑이 있는 주거' (abitazione a cortile porticato)로 분류되는데,*218) 이 형식은 중세와 르네상스 기간에는 다양한 형태들을 통해 유지되었고, 바로크 시기에는 날개 부분이 없어졌으며, 19세기에는 비좁은 채광 우물 주위에 어두운 공동주거들이 배치되는 형식으로 축소되었다.

이 형식은 급속한 인구 급증 시기인 2세기 중반, 로마에서 발생하여 보편화되었다. 그 밀도가 증가하기는 했지만, 오스티아 공동주택의 중간계층 주거자들은 첫 번째 공간개념에 속하는 이집트 또는 이라크(Iraq) 왕궁에서 소유했던 공간보다 더 큰 공간을 소유했다는 사실에 주목해야만 한다. '내부 중정에 열주랑이 있는 주거 형식' 은 "개인을 위한 주거가 모두를 위한 궁궐로 변하는, 사적인 건축물 역사에서의 새로운 주제" 를 표상한다고 오스티아를 발굴한 귀도 칼자(Guido Calza)*219)가 지적하였다.*220)

공적 생활을 위한 건축물(Construction for Public Life)

플라비우스(Flavian) 왕조의 원형극장인 콜로세움(Colosseum)과 판테온(Pantheon) 사이에는 적어도 반세기 이상의 시간차가 있지만, 이 짧은 기간 동안 로마 건축은 미적인 것과 기술적인 부분에서 충분한 성장을 이루어냈다. 콜로세움은 기원후 70년 또는 76년에 시작되어, 몇 백일 간의 검투경기를 개최하며 티투스(Titus) 황제에 의해 80년에 개관되었다. 판테온은 118~119년에 축조를 시작하여, 125년과 128년 사이에 봉헌되었을 것이다.[*221)]

이 두 건축물은 매우 빠르게 시공되었다. 콜로세움은 2층까지 건설되는데 4년, 5년 또는 7년이 걸렸는지 확실치 않지만, 기록적인 시간 안에 완성되었다. 돌 위에 돌을 쌓아 몇 백년간 건설하거나 또는 종종 완성하지 못하는 중세 대성당 공사와 비교한다면 4년 또는 7년은 큰 문제가 되지 않는 믿기 힘든 기간이다. 이 빠른 건설에 기반이 된 것은 위대한 제국의 경제적 능력보다는, 2백 년에 걸친 부단한 실험에 의해 완성된 로마 건설수단들에 의한 것이었다.

이집트 건축은 동물 세계 · 왕권 · 신성 · 우주에 대한 이집트인들의 관점과 상징들이 어떻게 발생하였는지를 중대하게 고려해야 한다. 반면에 그리스 건축은 개인으로서의 인간, 자연 세계에 대한 그리스인들의 접근 방법을 참고하지 않고서는 이해할 수 없다. 로마건축은 그리스 건축과는 다르다. 로마건축에서는 세속성이 시작되었고, 도시 생활의 리듬을 총체적으로 새롭게 조직화하였다. 전형적인 서양의 사고방식에서 현재에 집중하는 것은 이 당시에 처음으로 발생된 것이었고, 놀라울 정도로 광범위하였다.

로마의 통치자들은 로마 대중들을 위해 공공 건축물들을 대규모로 건설하였지만, 그 이후 시기에서는 그렇지 못하였다. 공공 건축물들은 여흥은 물론, 육체적 편안함과 휴양을 제공했다.

로마의 중심 시장이었던 6개 층의 트라야누스 시장(Mercatus Traiani)은 트라야누스 포룸(Forum of Trajan)의 반원형 엑세드라(exedra) 바로 뒤에 위치한 퀴리날리스 언덕(Quirinal Hill) 경사면에 건설되었고, 3개 레벨의 통로를 통해 서로 다른 구역으로 접근할 수 있었다. 이렇게 도시 교통망과의 결합은 트라야누스 시장이 19세기 여러 층으로 된 백화점보다 앞선 것이었고, 세계의 중심으로 기능하기 위해 필요했던 집중화된 상업 기능의 규모를 보여주었다.

고도로 조직화된 수많은 욕장은 정화(淨化)와 재생의 연속적인 과정을 반영하였다. 1855년, 야곱 부르크하르트(Jacob Burckhardt)가 언급한 것과 같이 욕장은 "사람들의 즐거움을 위해 건설되었고", "가장 거대하고 장엄한 욕탕은 물론, 안에서 산책하는 열주랑(porticoes), 경기(game)와 훈련(gymnastics)을 위한 홀(hall), 도서관 · 그림 갤러리 · 조각 홀, 때때로는 매우 가치 있는 것까지, 육체와 정신을 위해 필요로 할 수 있는 모든 것들을" 수용하고 있었다.[*222)]

황제들에 의해 제공된 욕장은 호화롭고 대중적인 휴양 종합시설과 같은 수많은 다른 것들을 포함하므로써 도시의 삶 속에 통합되었다. 이러한 정책은 그리스 극장에서 시작되었지만, 로마의 거대한 경기장들, 특히 로마에서 가장 웅장한 건축적 창조물인 거대한 원형극장들과는 결코 같을 수 없었다. 원형극장은 로마인들이 정착했던 곳이면 어디나 건설되었다. 검투사와 동물의 경기 프로그램은 아마도 에트루리아(Etruscans)로부터 얻어진 것이었다. 게다가 경마장(hippodromes)들은 말 경주를 위해 만들어 졌는데, 로마 키르쿠스 막시무스(Circus Maximus)는 팔라티노 언덕 기슭에 건설했고, 도미티아누스(Domitian)는 그것을 바라보기 위해 그의 궁 앞에 건설했다. 또한 도미티아누스는 마르스 광장(Campus Martius)에 경마장 형태로 경기장을 건설했고, 나보나 광장에 지금까지도 그 형태가 보전되고 있다. "이 지역은 … 약 250m 길이에, 북쪽은 곡선, 남쪽 끝은 직선이었다".*223) 더 나아가 티베르(Tiber) 강 오른쪽 둔덕에서 수상전투를 했던 나우마키아(naumachia)*224)는 아우구스투스(Augustus)가 축조하고 도미티아누스가 재건하였다.

원형극장(Amphitheaters)

폼페이 원형극장(The amphitheater at Pompeii). 로마 원형극장의 전체적인 형태는 전형적인 로마 돔의 발상지, 캄파냐(Campagna)에서 유래했다. 현재까지 밝혀진 가장 오래된 원형극장은 기원전 89~75년, 폼페이 도시 남쪽 끝에 건설되었다. 그 당시와 이후 특정 시기 동안, 로마는 오직 나무로 만든 원형극장만이 있었다고 한

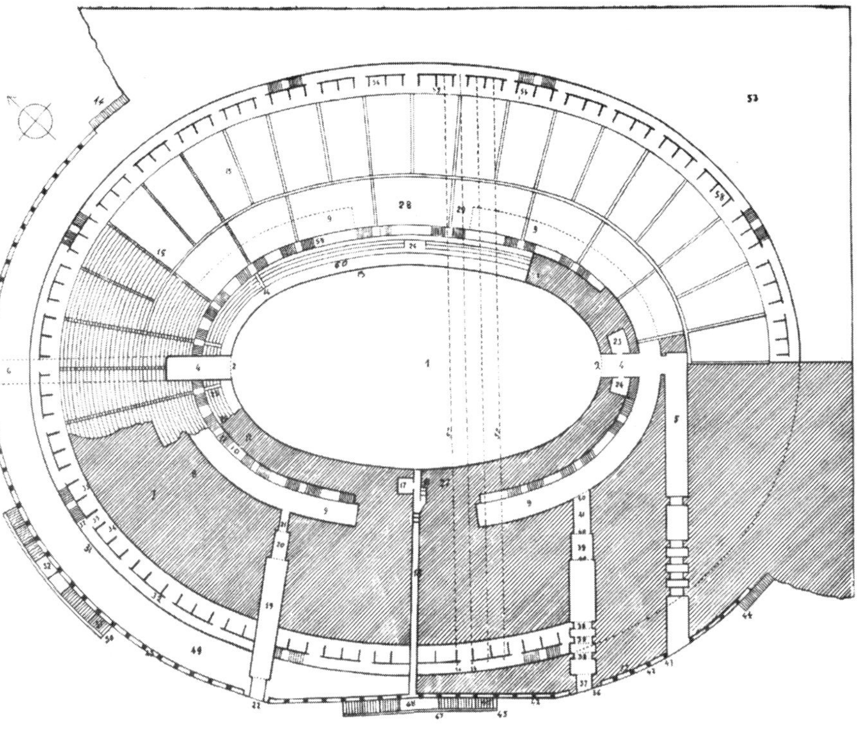

그림 178. 기원전 89~75년에 축조된 폼페이(Pompeii) 원형극장의 평면도. 경기장(arena)은 정확한 기하학적 타원은 아니며, 원 조각들의 조합으로 구성되어 있다.

그림 179. 폼페이(Pompeii) 벽화에 묘사된 폼페이 원형극장. 좌석들이 배치된 상부의 단에 외부 계단이 직접 연결된다. 도시 성벽의 두 타워 사이에는 큰 차양(遮陽)인 벨라리움(velarium)을 기둥으로 지지하여 설치했는데, 가장 중요한 최상위층 좌석의 상부를 덮고 있다.

그림 180. 폼페이(Pompeii) 원형극장의 외관. 상부로 연결되는 계단을 볼 수 있다.

그림 181. 플라비우스 왕조의 원형극장(Flavian Amphitheater)인 로마 콜로세움(Colosseum)을 남쪽에서 바라본 항공사진. 네로 황제가 그의 도무스 아우레아(Domus Aurea) 근처에 축조한 거대한 인공 호수의 석회암 바닥이 이 거대한 원형극장의 기초를 형성하였다.

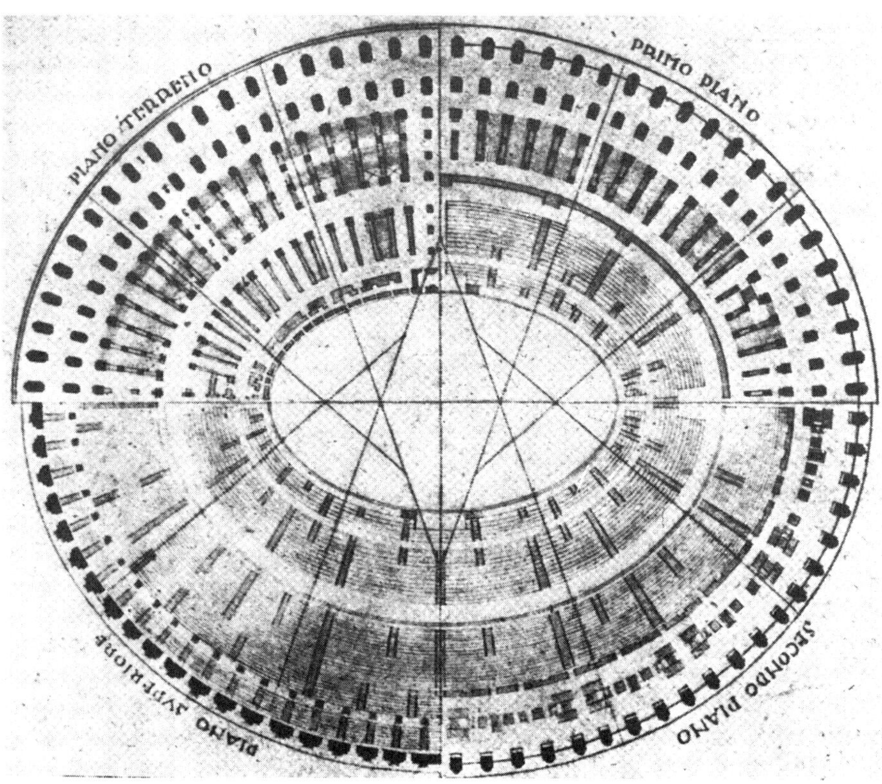

그림 182. 로마의 플라비우스 원형극장(Flavian Amphitheater) 평면도에서는 4개의 레벨을 확인할 수 있다.

다. 이후 원형극장들의 모든 특징들은 폼페이 원형극장을 원형(原型)으로 삼아 만들어졌다. 좌석이 있는 높은 단으로 이루어진 타원형 경기장(arena)은 정확한 기하학적 타원이 아니었는데, 로마의 모든 구조물들과 마찬가지로 변하는 반지름과 서로 다른 중심점을 갖는 원형 조각들로 이루어 졌으며, 이는 코조(G. Cozzo)의 콜로세움 그림들에서 볼 수 있다.[*225)]

폼페이 원형극장은 사나운 동물들과 다른 필요시설 등으로 인해 지하의 배열이 복잡하지는 않았지만, 원형극장으로서의 기본적 형태는 충분히 발전되어 있었다.(그림 179) 가장 윗 쪽의 관람석에도 차양(遮陽)인 벨라리룸(velarium 또는 velum)의 지주들을 결속하기 위해 돌로 된 큰 구멍들이 설치되어 있었다.[*226)] 188×156m였던 콜로세움과 비교하면 140×105m 크기의 원형극장 규모는 매우 중요한데, 약 2만 관중 또는 도시의 거의 모든 주민을 수용할 수 있었다. 곡면 형태의 원형극장 외부에 위치한 한 쌍의 계단은 좌석들이 배치된 상부 단으로 직접 연결되었다.(그림 180) 계단 자체는 콜로세움보다 훨씬 작은 규모이지만, 동일하게 교차 볼트(cross vaults)로 지지된다.

폼페이 원형극장의 구조는 술라(Sulla) 시기와 연관되는 모든 특징들을 지녔다. 즉, 티볼리(Tivoli)에 있는 헤라클레스(sanctuary of Hercules) 신전의 하부구조,(그림 72 · 73) 테라치나(Terracina)에 있는 쥬피터 앙크수르 사원(Temple of Jupiter Anxur)(그림 70), 프라이네스테(Praeneste)에 있는 포르투나 프리미게니아 신전(sanctuary of Fortuna Primigenia)

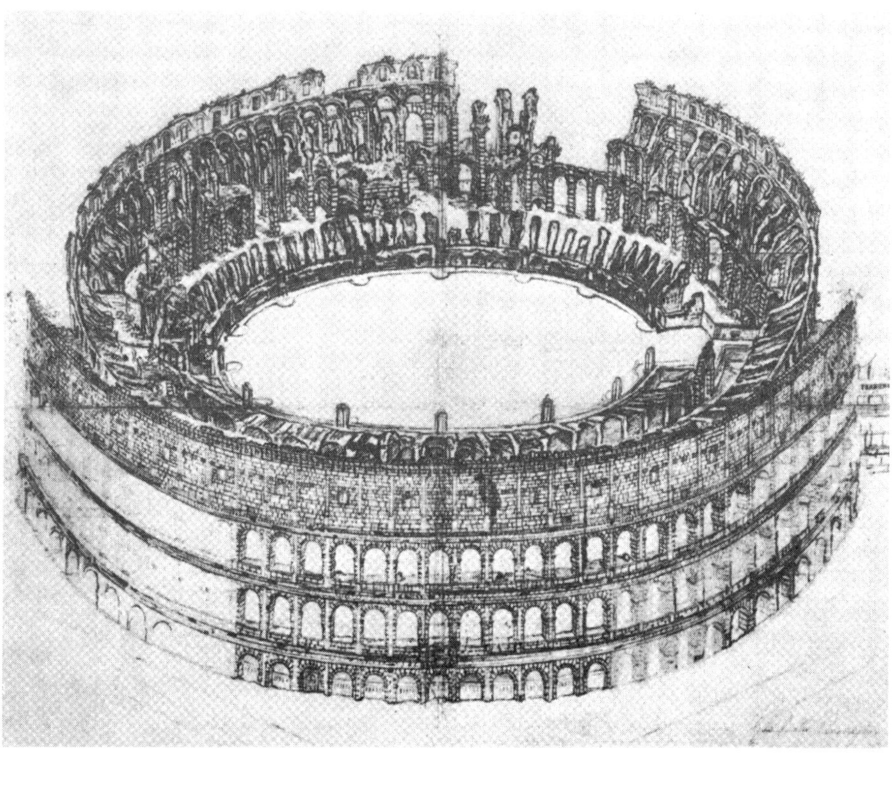

그림 183. 1760년경, 조반니 바티스타 피라네시(Giovanni Battista Piranesi)가 그린, 로마 플라비우스 원형극장(Flavian Amphitheater)의 북측 조감도.

그림 184. 로마 플라비우스 원형극장(Flavian Amphitheater)의 두번째 레벨에 있는 교차 볼트(cross vault)로 축조한 복도.

(그림 74-80) 등, 술라에 의해 건설된 동시대의 다른 구조물들과 동일하게 높은 아치 구조물로 둘러싸여 있었다. 폼페이 원형극장은 "화산암과 석회암(di lara e calcare)" *227)을 사용한 오푸스 인케르툼(opera incerta 또는 opus incertum)으로 축조되었고, 원형으로 배치한 높은 분리 아치(relieving arches)들로 보강되었다.

플라비우스 왕조의 원형극장, 콜로세움(The amphitheater of the Flavians, the Colosseum)

플라비우스 왕조의 원형극장은 중세시대에 콜로세움이라는 이름이 붙여졌다. 콜로세움은 진보한 건설조직과 충분한 건설 기술력을 보여주는 것은 물론, 공간적 장대함까지 갖춘 플라비우스 황제들의 최고 업적이자 명작이었다. 플라비우스 왕조는 기원후 70년에서 96년까지, 약 25년 정도의 상대적으로 짧은 기간 동안 지배했다. 70~79년에 재위한 베스파시아누스(Vespasian)는 원형극장의 가장 중요한 3개 층을 건설했고, 79~81년에 재위한 티투스(Titus)는 80년에 개관하여 4층 및

그림 185. 로마 플라비우스 원형극장(Flavian Amphitheater)의 지상층에 위치한 두 개 층 높이의 복도. 1760년경, 조반니 바티스타 피라네시(Giovanni Battista Piranesi)가 그린 펜화(ink drawing).

확실하지 않지만 아마도 5층을 덧붙였다. 또한 81~96년 재위한, 플라비우스 황제들 중 가장 위대한 건설자였던 도미티아누스(Domitian)는 최종적으로 완성을 위한 거대한 사업을 일으켰다.*228)

플라비우스 원형극장의 경기장(arena)은 네로(Nero)가 그의 도무스 아우레아(Domus Aurea) 앞에 조성했던 인공 호수의 석회암 바닥 위에 축조되었다. 콘크리트 층에 의해 보강되었을 석회암은 전체 구조를 걸치고 있는 거대한 트래버틴 기둥들의 기초역할을 했다. 면밀히 계획된 육중함과 기둥들의 수평적 교차연결은 거대한 건축물의 가장 인상적인 특징일 것이다. 플라비우스 황제들은 나폴리(Naples) 인근의 중요한 무역항인 포츠올리(Pozzuoli)에 두 번째 원형극장을 건설했는데, 상부에서 바닥까지 관통하는 트래버틴 기둥 등 유사한 축조 방법을 사용하였다.(그림 93)

내부 공간(The interior). 콜로세움 내부는 약 50,000명 관객들을 위해 차양으로 덮은 거대한 경기장으로, 전례가 없는 규모의 우묵한 그릇과 같은 공간이다. 경기장 바닥, 즉 무대는 20m 높여 졌고, 그 하부에는 지붕이 있는 복도(그림 95 · 96), 권양기

그림 186. 로마 플라비우스 원형극장(Flavian Amphitheater). 가파른 좌석 단과 계단은 80개의 방향으로 방사되고 7겹으로 둘러싸는 통로들을 형성하는 배럴볼트에 의해 지지되었다.

(捲揚機)를 갖춘 동물 우리, 공연에 사용되는 기계 장치실 등, 독창적인 많은 장치들이 있었으며, 그들의 존재는 1939~1940년의 발굴을 통해 확실해 졌다.*229) 지금까지 남아있는 3개의 좌석단은 로마 사회의 계층 구분에 맞도록 엄격하게 분리되어 있었다. 풍부하게 장식된 3.6m(12 피트) 높이의 포디움(podium) 상부에 있는 첫 번째 단은 황제와 고위관리들을 위한 자리였다. 두 번째 단은 귀족과 상류층을 위한 것이었으며, 세 번째 단은 그들의 부인들을 위한 것이다. 마지막으로 나무로 만든 접근 회랑과 좌석이 있는 최상부의 단들은 일반 사람들을 위한 것이었다. 풍부한 재료 사용과 특별한 목적을 위해 사용되었던 각각의 기술들은 이미 플라비우스 왕조시기에 가능했던 위대한 기술적 경험을 나타내고 있다.

배럴 볼트(The barrel vaults). 원형극장의 골조 구조는 오늘날 사람들의 눈을 단번에 사로잡는 거대 기둥들을 수반한다.(그림 181) 이들은 매우 견고하여 아직도 그 위를 걸어 다닐 수 있는 대지(臺地)와 여러 곳에서 연결되어 있다. 이 거대 구성요소들 사이의 구조는 다양한 형식의 배럴 볼트로 이루어졌는데, 직선 볼트(straight vault) · 융기 볼트(raised vault) 그리고 곡선 환상형 볼트(curving annular vault)들이 대부분이다. 바로 이 배럴 볼트들이 무거운 좌석의 단들을 지지하는 주요 구조체를 형

그림 187. 로마 플라비우스 원형극장(Flavian Amphitheater). 외곽을 둥그렇게 둘러싸고 있는 트래버틴 기둥들은 4층의 중간까지 연속되고, 하부의 원형 테두리는 3층 아치의 최상부에 닿아 있다. 몇몇 좌석열은 북동측 사분면의 두번째 단에 복원되어 있다.

성했다. 높은 환상형 볼트는 가장 외곽의 타원 형태를 둘러쌌고,(그림 185) 낮은 교차 볼트(cross vault)들은 다음 레벨을 둘러싸고 있으며,(그림 184) 가파르게 경사진 배럴 볼트는 좌석이 있는 구역들에 독립적으로 접근할 수 있는 수많은 계단들(그림 190)을 지지한다.

배럴 볼트는 대부분 콘크리트였지만, 볼트의 기능에 따라 다양한 재료를 사용하였다. 육중한 단들을 지지하는 가로 놓인 배럴 볼트는 특별히 매우 튼튼했고, 이보다 더 낮은 교차 볼트로 축조된 두 번째 레벨의 복도(그림 184)는 강화된 벽돌 아치로 축조했다. 블레이크(M. E. Blake)는 "이것이 이후 진정한 리브 볼트(rib vaulting) 축조기술로 발전된 첫 번째 사례인 것으로 추정"했다.*230) 계단을 지지하는 가파른 경사의 배럴 볼트는 가벼운 석회암 콘크리트였다.

골조 구조(Skeleton construction). 복합적인 구조 방법들은 모든 로마 건축물들의 특징이었는데, 특히 콜로세움의 구조가 그 어느 것보다 인정받는다. 중심을 향해 아래쪽으로 경사진 80개의 방사하는 살을 가진 7개의 타원형 고리들의 배치, 정사각형 트래버틴 블록들로 만들어진 기둥의 숲으로 콜로세움을 시각화 할 수 있다.(그림 182) 심지어 파사드에서는 장식적 목적을 위해 그리스 오더 패턴으로 뒤덮었지만, 기본적으로 트래버틴 기둥들로 구성되어 있다. 이 외곽의 테두리는 환상형 배럴 볼트와 아치로 축조한 아케이드로 연결되는 복도들의 기둥으로 전개된다.(그림 184 · 185) 총 560개의 트래버틴 기둥 시스템으로 인해 서로 다른 수많은 지점에서 건축물을 동시에 축조할 수 있었다.

트래버틴 기둥들이 "아래에서부터 위까지, 벽체 전체를 관통하는" 방법은 매우 일찍부터 사용되었다.*231) 지금은 계단 측벽의 대리석 마감이 소실되어 그 골조를 잘 볼 수 있는데,(그림 188 · 189) 기둥과 기둥 사이의 공간은 벽돌로 마감한 벽체를 채워, 훨씬 이후의 구조 형식인 강철 골조에서 기둥을 축조하는 방법과 유사하다고 할 수 있다. 560개의 트래버틴 기둥들은 3개의 좌석 단들을 관통하여 다양한 높이로 연결되는데, 이 기둥들은 지금도 꼿꼿하게 건재하고 있어, 기둥을 이루는 거대한 정방형 블록들은 정밀함을 가지고 서로 잘 맞추어 졌다는 것을 알 수 있다. 특히 그들은 "그 자리에 정확하게 맞는 납으로 만든"*232) U자 형태의 금속 꺾쇠들로 결속되었으나, 지금은 금속이 부족했던 중세시대에 이 꺾쇠들을 빼낸 구멍들만 볼 수 있다. 플라비우스 원형극장의 구조적 요소 중 가장 대담한 것은 하부구조까지 확장되는 엄청난 높이의 이 지지 기둥들인 것이다.

거대한 기둥들을 먼저 전체 높이고 축조하고, 그 이후 이들을 연결하는 방사형 벽체들을 축조하는 건설방법은 오래동안 잊혀져 왔다. 강력한 로마의 건설 산업이 보유했던 조직화된 능력과 위대한 경험 등 여러 증거들을 통해 판단해 볼 때, 정밀하게 계산된 건축계획이 있었을 가능성은 매우 높다. 이 엄청난 구조물에 연관된 어떤 건축가의 이름도 찾아볼 수 없지만, 이 짧은 건설기간은 플라비우스 왕조 시대에 가능했던 각종 건축재료들을 다루어 온 오랜 경험과 시스템적인 협력 작업으로만 설명될 수 있을 것이다. 여러 지점에서 동시에 건설을 시작하여 특정한 높이까지 트래버틴 기둥들을 건설했을 시점에는, 콘크리트와 석회암으로 만들고 분리 아치(relieving arches)와 벽돌로 마감한 방사형 벽체들에 의해 이 거대한 건축물의 안정성을 확보하였던 것으로 추정할 수 있다.

콜로세움은 로마의 다른 건축물들에서 발견할 수 있는 동일한 재료들로 축조되었지만, 콘크리트를 기본 결합재료로 사용하여 트래버틴 · 석회암 · 벽돌 등을 서로 다른 구조적 요구들에 적합하도록 각각의 방법으로 사용하였다.

지상층 평면과 구조적 시스템에는 교묘한 상호작용이 있다. 기존 수로(水路)에 적용하였던 구조 시스템이 거대한 타원 형태가 될 수밖에 없었는데, 그 평면은 두 가지 주된 방향성을 가지고 있다. 즉, 바깥쪽으로 향하는 방사형의 튼튼한 벽체들(이 벽체들의 대부분은 여전히 서 있고, 계단에서 가장 명확히 볼 수 있다)과 연속된 타원면 테두리들이다.

계단과 유사한 가파른 좌석 단들은 80개의 방향으로 방사되고 7겹으로 둘러싸는 통로들을 형성하는 배럴 볼트들에 의해 지지되었다. 높아지면서 동시에 넓어

그림 188. 로마 플라비우스 원형극장(Flavian Amphitheater). 지금은 대리석 마감이 없어지고, 원형극장의 골격 구조 시스템이 드러나 있다. 벽돌로 마감한 콘크리트 벽체와 연결된 높은 트래버틴 기둥들은 분리 아치들(relieving arched)로 보강되었다.

그림 189. 로마 플라비우스 원형극장(Flavian Amphitheater). 두 번째와 세 번째 좌석단 사이의 가파른 계단 중 하나.

지는 아치들이 건축물 전체에 걸쳐 연속되는 이러한 구축방법은 완전히 새로운 것이었다.

계획과 건설(Plan and construction). 가파르게 경사진 거대한 콘크리트 슬래브와 점점 가늘어지는 트래버틴 기둥들이 이루는 골조체계 사이의 구조적 관계는 무엇인가? 실제 어떻게 구조적 안정성을 얻을 수 있었는가?

나는 콘크리트 슬래브를 연구하고, 교량 건설자로 잘 아려진 리카르도 모란디(Riccardo Morandi)*233)와 함께 콜로세움을 방문했다. 모란디는 프리스트레스트 콘크리트(prestressed concrete)와 유사하게, 베로나(Verona) 알라 원형극장(Ala amphitheater)의 벽돌로 만든 버트레트(buttress)들을 삭제하는 대신, 돌로 만든 기둥들을 뚫고 강철 케이블을 설치했다.(그림 194) 이것이 고딕 시기에서와 같이 아직도 기둥들의 구조적 힘에 집중하고 있는 다른 대부분의 엔지니어들과 그가 다른 점이었다. 플라비우스 원형극장 외곽, 두 개 통로들의 기둥은 매우 크고 높지만 구조적 안정성에 대한 문제는 없었다. 높은 환상형 배럴 볼트(그림 185)와 낮은 교차 볼트(그림 184)로 인해 측면에서 가해지는 추력(推力) 없이 정적인 평형상태를 유지할 수 있었던 것

그림 190. 로마 플라비우스 원형극장(Flavian Amphitheater). 두 번째와 세 번째 좌석단 사이의 계단에서는 가벼운 석회암 콘크리트로 축조한 경사진 배럴 볼트를 볼 수 있다.

이다. 그러나 이것은 37°각도로 경사진 좌석 단들에는 적용되지 않는다. 모란디는 즉시 가장 취약한 부분을 지적했고, 어떻게 좌석 단의 하중이 구조체로 전달되는지 의문을 제기했으나, 실질적으로 전체 하중을 지지하는 가장 낮은 단이 폐쇄된 테두리를 형성하였기 때문인 것으로 나타났다.(그림 191 · 192) 이 성공적인 해법은 몇몇 단 위를 여전히 걸을 수 있다는 사실로 인해 증명되고 있는 것이다.(도판 X)

폼페이 원형극장에서 가장 낮은 좌석 단들은 땅으로 내려가 흙 속에 묻혔다. 콜로세움에서도 하중은 아래로 전달되었지만, 매우 강한 트래버틴 기둥들이 지지하고 있다.(그림 192) 또한 시야 확보를 위해 경사는 매우 급하다. 따라서 건축물은 더욱 거대한 규모로 커질 수 있었다. 그러므로 플라비우스 왕조의 통치아래 오랜 경험을 기반으로 전에 없었던 완벽함이 성숙되어, 전체 구조는 내부적 자신감을 발산하고 있다.

이 건축물에서 많은 구조적 요소들의 상호작용을 관찰하면, 로마인들이 오로지 경험과 실험에만 의존하여 축조하지 않았다는 모란디의 의견에 동의할 수 있을 것이다. 콜로세움의 구조적인 비례는 건설 경험의 이유에만 근거해 설명될 수 없다. 그들은 힘의 다각형(多角形) 역할과 같은 특정한 이론적 지식을 가지고 있었

그림 191. 로마 플라비우스 원형극장(Flavian Amphitheater)의 지상층 전경.

을 것이다. 그러나 기원전 23년 이전, 『건축십서(*De Architectura*)』를 저술한 비트루비우스(Vitruvius)는 이론가이기보다는 기술자였지만, 로마건축이 가장 발전했던 그 다음 세기에 대한 어떠한 기록도 남아 있지 않기 때문에 로마의 건축이론에 대해 아무것도 알지 못한다.

나는 원형극장을 로마 대중들의 휴식을 위한 가장 독특한 건축 형식이라고 생각한다.

이 구조물은 검투경기를 위해 포룸 로마눔(Forum Romanum) 주위에 설치했던 나무 벤치들에서 발전된, 트래버틴과 콘크리트로 견고하게 축조한 1세기의 첫 번째 사례였다. 거대한 플라비우스 원형극장은 건축물에 들어설 때의 첫 인상, 새롭고 완벽한 로마 축조방법을 사용했다는 점, 그리고 로마의 복합 재료인 콘크리트를 일관되게 사용했다는 점 등, 모든 측면에서 로마만의 특유한 것이다.

원형극장의 형태는 대중들에게 즐거움과 만족의 원천이 되는, 의도적인 죽음의 광경을 만드는 잔인한 스포츠에 대한 철저한 로마인들의 열정을 통해 얻어졌다. 원형극장은 이탈리아의 카푸아(Capua) · 베로나(Verona) · 아오스타(Aosta) · 폴라(Pola), 프랑스의 아를(Arles) · 님(Nimes) · 트리어(Trier) · 아우구스타 라우리카(Augusta Raurica) · 빈도니사(Vindonissa), 스페인의 세비아(Seville), 소아시아의 페르가몬(Pergamum)과 에페소스(Ephesus) 등 로마 제국 전체에 퍼졌다. 이를 전반

그림 192. 로마 플라비우스 원형극장(Flavian Amphitheater). 경사진 좌석 단의 하중은 가장 안쪽에 배치된, 짧지만 매우 견고한 기둥들이 받치고 있다.

적으로 조사하고 있는 크레마(L. Crema)는 북아프리카에만 25개가 있었다고도 이야기한다.*234)

콜로세움의 운명(The fate of the Colosseum). 콜로세움은 여러 차례의 벼락은 물론 두 번의 대화재를 견뎌왔다. 그 이후에도 15세기부터 트래버틴 블록들은 약탈당했고, 베네치아 궁전(Palazzo Venezia)에서부터 성 베드로 대성당(St. Peter's)까지 로마의 모든 주요 건축물들에 그 부재들이 재사용되었다.

1585~1590년에 재위했던 바로크 로마의 위대한 계획자, 식스투스 5세(Sixtus V) 교황은 많은 고대 건축물들을 채석장으로 이용했다. 그러나 짧은 재위기간 마지막에는 이후에 발생한 제조업자의 시각으로 콜로세움을 바라보기 시작하였고, 작업장은 지상층에, 주거시설은 상층 좌석 단에 배치하여,*235) 전체를 모직 방적공들을 위한 작업장으로 전환하려고 하였다. 고대 건축물을 공장으로 개조하는 계획은 다가오는 사건들의 명확한 징후를 나타내는 것으로, 영국 목화산업의 산업화가 일어나기 이전인 약 2세기 전의 일이었다.

중세 사람들은 포룸 로마눔의 폐허에서 살았고, 이 시기의 목판화는 어떻게 아를(Arles) 원형극장이 변화되었는지를 보여준다.(그림 195) 2개 층 아케이드는 벽체로 막혔고, 전망대는 주출입구 상부에 축조되었으며, 내부는 집으로 온통 뒤덮혀 있

그림 193. 로마 플라비우스 원형극장(Flavian Amphitheater). 가장 외곽의 두 테두리 벽체를 연결하고 있는, 높은 볼트로 축조한 복도.(그림 185 참고)

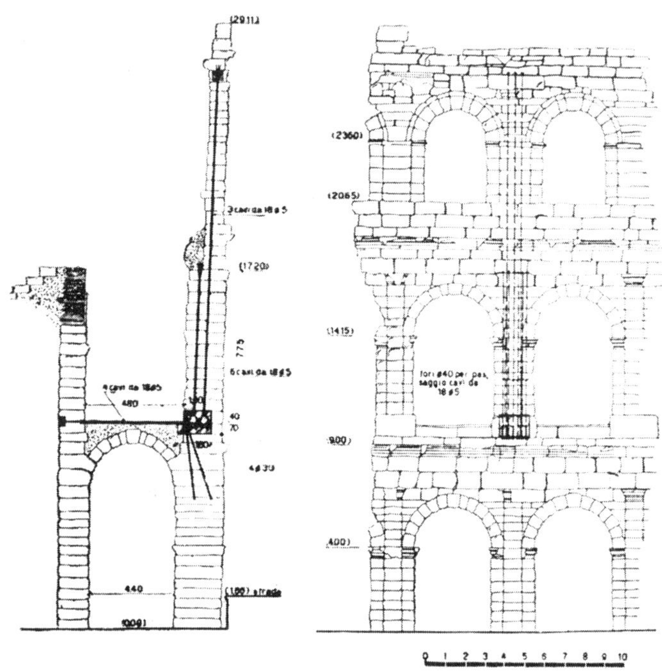

그림 194. 베로나(Verona), 알라 원형극장(Ala Amphitheater)의 보강상세. 각 기둥에 수직으로 구멍을 뚫어 강철 케이블을 삽입하고, 벽체 내부에서 정착했다.

그림 195. 프랑스의 남동부 도시, 아를(Arles)에 있는 로마 원형극장의 중세 목판화. 중세시대에는 2개 층의 아케이드를 벽으로 막고 주출입구 상부에는 전망대를 설치했으며, 그 안에는 주거들로 채워졌다.

었다. 이 그림은 중세의 하락한 열망을 보여준다. 중세 사람들은 그들의 휴식과 여흥을 충족하기 위한 열정과 수단은 물론 대형 건축물을 건설할 기술도 없었던 것이다. 재료적인 측면에서도, 로마의 생활수준을 다시 회복하는 데는 매우 긴 시간이 걸렸다.

로마의 시장(The Roman market hall)

트라야누스 시장(The Mercatus Traiani). 트라야누스 포룸(Trajan's Forum)은 이전 시장들의 적정하고 겸손했던 규모를 훨씬 초과했다.(그림 56) 줄리어스 시저 포룸(Forum of Julius Caesar)은 규모면에서 적당했고, 마치 탯줄에 의해 연결되는 것과 같이 원로원(Curia)에 의해 포룸 로마눔(Forum Romanum)과 연결되었다. 또한 서로 이웃해 있는 네르비 포룸(Forum of the Nervii)과 아우구스투스 포룸(Forum of Augustus)은 사원과 포디움(podium : podia)이 더 컸지만, 상대적으로 적당한 규모였다. 그러나 트라야누스 포룸은 단연코 가장 크고, 황제들의 포룸(Imperial Fora)의 마지막을 형성하기 위해 줄리어스 시저 포룸 길이에 거의 3배로 늘렸다. 이 복합 구조의 건축가인 다마스쿠스의 아폴로도러스(Apollodorus of Damascus)*236)는 잠재적인 제국적 규모에 대해 이해하고 있었으나, 결코 헬레니즘 이후(post-Hellenistic)의 세계 통치자의 꿈을 완성하지는 못했다. 장엄함과 겉치레(ostentation)는 서로 반대로 작용했다. 두 개의 거대한 반원형 엑세드라(exedra)가 있는 광대한 페리스타일 정원(118×89m)은 공간적 중요성 없이, 트라야누스 욕장(Thermae of Trajan)의 팔레스트라(palestra : 체육관) 중 하나를 연상시킨다. 이와 인접하여 5개의 아일(aisle)이 있는 바실리카 울피아(Basilica Ulpia) 뒤에는 트라야누스의 기둥(Trajan's column)을 세워 그의 통치기간 동안 시민과 군사들의 업적들을 기록했다. 또한 기둥 양쪽에는 소위 라틴(Latin)과 그리스(Greek) 도서관이 위치하고, 축선상의 마지막에는 하드리아누스가 신격화한 트라야누스 신을 위한 사원이 있었으나, 이 성지는 지금 교회 밑에 묻혀 버렸다.

트라야누스 포룸과 나란히 건설된, 지붕이 있는 거대한 트라야누스 시장은 더욱 대담하고 광범위한 구조적 복합체였다. 이 시장은 포룸과는 확실히 독립적이었고, 퀴리날리스 언덕(Quirinal Hill) 경사면에 끼워 넣어, 포룸의 넓은 동쪽 엑세드라를 확장하고 통합했다.

상업기능, 법정과도 같은 법적인 처리 기능 그리고 신성한 의례(儀禮) 기능은 포룸 로마눔에서 무작위적으로 발전해 왔으나, 트라야누스 포룸에서는 매우 중요한 조직화를 경험했다.

트라야누스 시장은 19세기 백화점의 선행형식이라고 할 수 있다. 차이점은 후자가 상품의 산업화된 생산의 결과로 발생한 것이었고, 유사한 점은 주요 상품인 식료품 · 고기 · 생선 · 포도주 · 기름 뿐만 아니라 매우 다양한 상품을 취급한 것과 수직적으로 조직화하였다는 것에 있다.

D자 형태의 방으로 끝나는 반원형 형태의 양쪽 메인 파사드(그림 196), 즉 포룸 쪽으로 면하고 있는 양 끝 벽은 넓은 창 개구부들에 의해 전체적으로 비물질화되어 있다.(그림 133 · 134) 이 2개 층의 방들은 포룸 레벨에서 진입 가능하였고, 반원형 파사드의 지상층에 있는 각각의 상점들은 돌출한 트래버틴 프레임을 앞면에 덧붙인, 배럴 볼트로 축조한 아케이드 아래에 위치해 있다. 위층으로 연결되는 계단들은 앱스로 된 방들 바로 옆, 곡선 끝 가까이에 있었다. 또한 2층에서도 포룸을 내려다볼 수 있는 반원형 회랑 뒤편에는 상점들이 있었다.(그림 197) 그러나 퀴리날리스 언덕 쪽과, 양 측면에 상점이 배치된 비베라티카 가도(Via Biberatica) 쪽으로 열려 있는 3층에 있는 상점들의 절반은 넓은 경사로로 접근할 수 있다.(도판XI) 또한 이보다 더 높은 레벨에 있는 3번째 가로를 통해서는 퀴리날리스 언덕쪽으로 면하고 있는 상점들로 접근할 수 있었다.

비베라티카 가도 레벨에 있는, 교차 볼트(cross vault)로 축조한 아우라 코페르타(aula coperta)가 가장 넓은 내부를 가진 공간이었다.(그림 198) 뵈티우스(A. Boëthius)는 가난한 시민들에게 국가의 구호금을 배급하던 콘지아리아(congiaria)가 여기서 열렸었다고 믿는다. 콘스탄티누스 개선문(Arch of Constantine)의 서측면 아치 상부의 부조에서 보여지는 것과 같이, 황제 또는 그의 대리인이 배분하는 이 행사는 보통 성대한 축제일에 열렸다.[*237)] 뵈티우스는 로마 동서쪽으로 80㎞(50마일) 거리에 위치한 페렌티노(Ferentino)와 티볼리(Tivoli)에 있는 볼트로 축조한 시장 홀을 그 사례로 언급

그림 196. 로마의 트라야누스 시장(Mercatus Traiani). 6개 층의 쇼핑센터는 2세기 초에 완성되었다. 하부의 2개 층은 트라야누스 포룸(Forum of Trajan) 가까이에서 넓은 반원형을 형성하였고, 현재는 파괴되었으나 그 상부 층인 3층은 높은 곳에 위치한 도로인 비베라티카 가도(Via Biberatica)를 면하고 있었다.

하고 있으며, 기원전 1세기에 술라(Sulla) 시기로 거슬러 올라가 조사하였다.*238)

아우라 코페르타로 진입하는 본래 출입구의 위치에 대해서는 아직 명확히 밝혀지지 않았다. 동쪽 외벽에는 전체 복합체 중 거의 장식이 없는 요소들 중 하나인, 부분적으로 벽돌을 이용해 축조한 출입구가 있다.(그림 199) 내부에서는 이 출입구가 식별되지 않지만, 북동쪽 모서리 근처에는 회랑과 주변 상점들이 위치한 상부층으로 연결하는 계단이 있었으므로, 퀴리날리스 쪽에 면에 있는, 지금은 폐쇄되어 눈의 띄지 않는 이 문이 본래 출입구였다는 것이 확실하다. 또한 도리스 기둥을 덧붙이고 상부를 박공으로 장식하는 등, 그 장식적인 디테일들이 이러한 추측을 뒷받침하고 있다. 현재의 북측 출입구는 지금의 노벰브레 4 가도(Via 4 Novembre)에서부터 홀의 중심까지 직접 연결하고 있다.

계단식으로 처리된 6개 층의 트라야누스 시장은 퀴리날리스 언덕의 가파른 경사를 효율적으로 활용하였다. 이 장소는 상업적인 용도로 변하였지만, 프라이네스테(Praeneste)의 포르투나 프리미게니아 신전(sanctuary of Fortuna Primigenia)(그림 74)과 거의 같은 방식으로 언덕면을 이용하고 있다.

트라야누스 시장은 그 사이에 건설된 어떤 서양의 건축물보다 전시 공간, 관리 영역, 쇼핑을 위해 차별화된 작은 복도, 그리고 계단의 분기(分岐) 측면에서 19세기 백화점 또는 20세기 쇼핑센터에 더욱 가깝다. 한걸음 더 나아가 이 건축물은 3개 레벨에서 통상적인 도시 교통망으로부터의 우수한 접근성을 가지고 있다. 따라서 독창적으로 고안된 건축물을 가진 이 전체 복합체는 도시 조직의 고귀한 요소로서 작용했다.

트라야누스 시장이 건설된 시기는 트라야누스 포룸(Forum of Trajan) 건설 이전, 또는 이후라고도 하는 등, 그 의견이 엇갈리고 있다. 쥬세페 루리(Giuseppe Lugli)는 명문(銘文) 벽돌을 통해 다음과 같이 언급한다. "도미티아누스(Domitian) 황제 재위 마지막 해에 시장 건설을 시작하였고, 그의 죽음으로 인해 건설이 일시 정지되었으며, 트

라야누스(Trajan) 황제의 통치하에 아폴로도러스(Apollodorus)가 재개하고, 수정하였다. … 시장의 건설은 기원후 100~110년 사이에 완공되었다(정확한 연도를 결정하는 것은 불가능하다). 또한 명문벽돌을 통해 이 시장은 기원후 112년, 트라야누스 포룸의 완공 이전에 존재했음을 알 수 있으므로, 퀴리날리스 언덕 경사의 체계적인 개발은 포룸 건설 이전에 착수되었던 것으로 결론지어야 한다". 그리고 트라야누스 시장의 넓은 반원형 파사드에 주목하여, "대부분의 삼각형 벽돌을 비페달레스(bipedales)의 체계적인 지지체 역할로 사용하는 그 조적방법은 트라야누스 시기 보다는 도미티아누스 통치시기에 나타난다" 고 기술하고 있다.*239)

그림 197. 로마의 트라야누스 시장(Mercatus Traiani). 두 번째 레벨에 있는, 아케이드로 축조한 쇼핑 거리.

트라야누스 시장에서 발견된 명문벽돌이 트라야누스 포룸에서 발견된 명문벽돌보다 이른 시기의 것이라고 명확하게 결론내리기는 어렵지만, 다른 측면에서 포룸 건설 이전에 시장이 건설되었다는 관점에 근거는 될 수 있다.

도무스 아우구스타나(Domus Augustana)에서, 도미티아누스 황제의 건축가 라비리우스(Rabirius)는 경사지의 접근계단을 통해 유기적인 구조를 만들었고,(그림 148) 낮은 레벨에서 주거와 정원을 통합하였으며,(그림 152) 마침내 넓은 반원을 통해 키르쿠스 막시무스(Circus Maximus)로 통하는 이 낮은 레벨과의 관계성을 만들어 내는 훌륭한 기술을 보여주었다.(그림 153)

그림 198. 트라야누스 시장(Mercatus Traiani). 아우라 코페르타(aula coperta)는 비베라티카 가도(Via Biberatica) 레벨에 있는, 2개 층의 교차 볼트(cross vault) 지붕이 있는 시장홀이었다.(그림 200 및 도판 XI 참고)

이와 비슷한 솜씨를 퀴리날리스 언덕 경사지에서도 볼 수 있다. 즉, 쇼핑센터라는 목적에 부합하도록 대지를 최상으로 사용하는 것이 문제였고, 따라서 3개 레벨에서 이 복합체에 직접 접근할 수 있는 접근로를 제공함으로써 전체 도시와 연결시키는 뛰어난 방식을 찾아낸 것이다. 건축가이자 엔지니어에 의한 이 해결 방법은 팔라티노 언덕의 경사면에서 발견할 수 있는, 환경에 대한 지배력을 잘 보여주고 있는 것이다.

그림 199. 트라야누스 시장(Mercatus Traiani). 아우라 코페르타(aula coperta)의 동쪽 외벽에 있는, 부분적으로 벽돌로 축조한 출입구. 아마도 본래 그대로의 출입구였을 것이다.

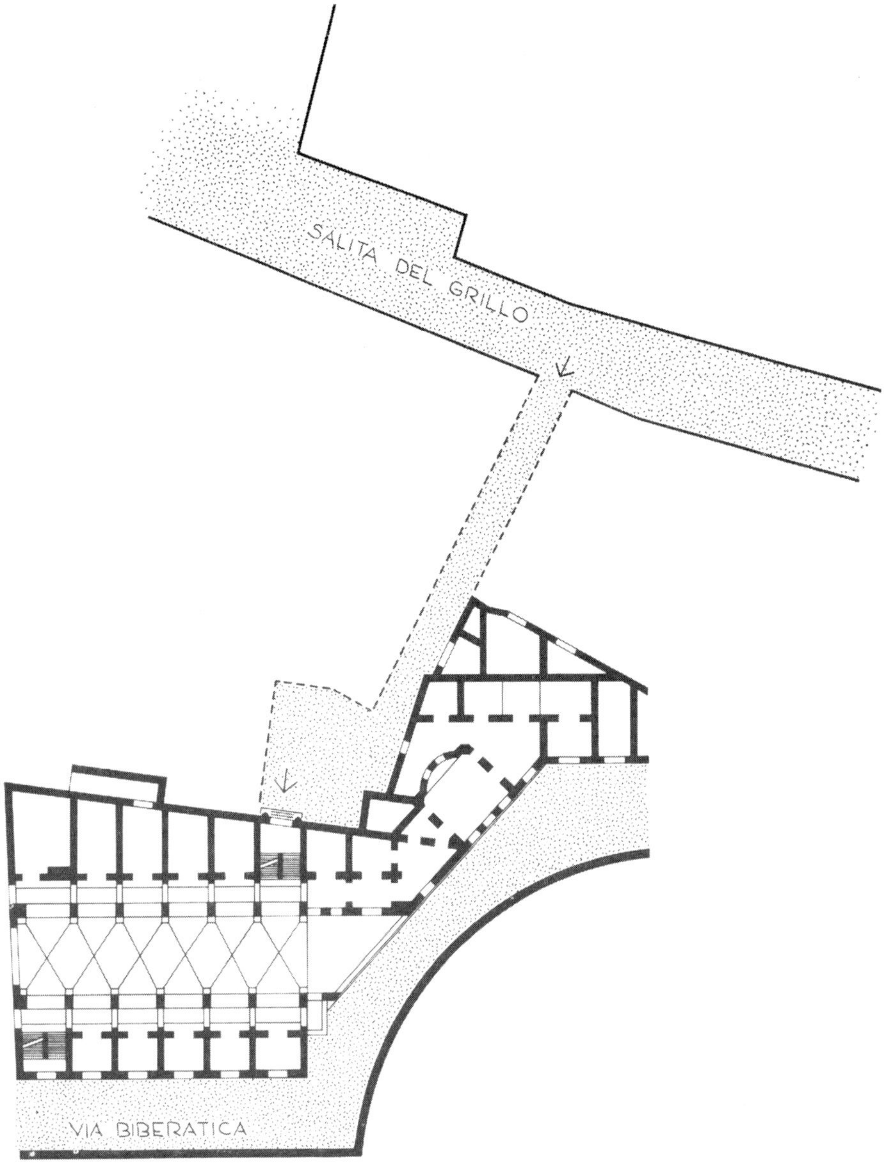

그림 200. 로마, 트라야누스 시장(Mercatus Traiani) 쇼핑센터의 세번째 레벨 부분 평면도. 아우라 코페르타(aula coperta)의 동쪽 출입구와 도시 교통망의 연결을 보여주고 있다.

욕장(Thermae)

"목욕을 위한 욕장은 광대한 넓이에 웅장한 장소였고, 대리석 바닥의 매우 넓은 현관이 있었다".*240) "로마인들이 건설한 욕장은 어디나 넓고 웅장했다. 로마인들은 아름다워야만 했고, 이를 위해 체육관과 목욕탕 등에서 자신의 육체를 잘 관리해야 했다".*241)

목욕에 대한 목적과 본질에 대한 생각은 시대마다 달랐다. 선호하는 목욕의 종류뿐만 아니라 일상 생활에 목욕을 통합시키는 각 문명사회의 방법을 통해, 각 시기의 본성을 파악할 수 있는 통찰력이 생긴다. 또한 목욕의 중요도는 육체적 휴식에 대한 문화적 태도를 드러낸다. 즉, 개인적 복지가 삶의 방식에 없어서는 안 되는 필수적인 것이라 생각하는 정도가 그 척도가 되는 것이다. 기본적으로 이것은 사회적 문제이다. 하지만 과연 육체적 균형의 지속적인 회복이 사회의 책임이 되어야 하는가? 휴식을 위해 고심하여 만들어 낸 대중시설들은 과연 국가가 제공해야 하는가? 또는 국가는 사람들의 개인적 재생을 개인적으로 다루도록 내버려두어야 하는가? 어떠한 방법을 채택하든, 목욕은 육체를 관리하는 것과 관련된다. 로마제국과 같은 시대에서는 목욕을 더욱더 완벽한 재생 과정의 한 부분으로 간주했고, 다른 시기에서는 단순히 빠르게 몸을 씻는 것으로 생각했다.

로마제국에서 욕장이 대중시설로 발전함에 따라, 개인 목욕탕은 그 중요성을 상실했고, 공공욕장은 제국의 소유물이자 무한한 물적 자원의 부분별한 낭비로 나타났다. 또한 로마의 기술적 · 공간적 그리고 사회학적 가치들은 욕장을 통해 모두 통합되었다.

완전한 재생으로서의 목욕(Bathing as total regeneration). 로마제국과 오늘날의 목욕 습관 사이에는 중요한 차이점이 있다. 폐쇄된 욕실 안에서 깨끗하게 씻는 행위 즉, 목욕을 최대한 개인적 사생활의 문제로 간주하는 우리의 관념이다. 로마인들에게 목욕은 사회적인 일이었다. 이러한 사실은 거대한 제국욕장(Imperial thermae)보다는 오스티아(Ostia)에 있는 아우리기 주택(Casa degli Aurighi)과 세라피데 주택(Casa del Serapide) 사이에 건설된 셋떼 사피엔티 욕장(Terme dei Sette Sapienti)과 같이, (224~226쪽을 볼 것) 지방에 건설된 작은 시설물들에서 더 명백하게 확인할 수 있다. 기원후 2세기로 기록되는 이 화려한 공동주택은 개인 "욕실"을 가지고 있지 않았다. 그들은 공동주택 사이에 위치한 정원과 인접하였고, 매우 잘 갖추어진 설비의 욕장 시설물(그림 176 · 177)을 공유했다. 각각의 공동주택에서 직접 욕장으로 진입할 수 있었지만, "공동주택(insula)을 둘러싸는 가로에서는 진입할 수 없었다". 스칼(Schaal)*242)이 언급하는 것과 같이, 그들은 확실하게 대중 목욕탕이 아니었다. 공공 목욕탕은 지금도 남아있는 모자이크 바닥, 대리석 욕조와 조각 장식들에서 볼 수 있는 것과 같이 가장 화려한 설비를 포함하고 있었다. 이러한 환경은 육체적 휴식과 사교적 교제, 휴양을 위한 모든 편의시설을 제공했다. "이 공동체의 모든 거주자들은 동일한 수준으로 이 시설을 즐길 수 있었다".*243)

또한 불분명하더라도, 목욕의 사회적 관점은 거대한 제국욕장에서 나타난다. 사회학적 혁신은 육체적 재생을 위해 디자인된 장소를 사회적 중심으로 변화시키는데 있다. 로마인들은 여가 시간 대부분을 욕장에서 보냈고, 고립된 교외 단지, 화려한 교외 주택, 크고 작은 도시들, 아프리카에서 영국까지 분포한 엄청나게 많았던 군 주둔지 등, 로마인들이 정착하는 어느 곳에나 욕장을 세웠다. 사해(Dead Sea) 근처의 바위요새인 마사다(Masada)*244) 고원에 위치한 헤롯(Herod) 궁궐의 "작은 욕장에는 탈의실인 아포디테리온(apodyterium)을 제외한 로마 욕장의 모든 요소들을 가지고 있었다".*245) 또한 규모가 더 큰 또하나의 공중 목욕탕이 요새의 주둔지에 위치해 있었는데, 인근 계곡에서부터 물을 집수하고 중계하는 저수 시스템을 통해 물을 공급했다.

시민들은 어느 곳에서나 욕장을 사용할 수 있었다. 휴식과 회복은 매일 일어나는 일상의 한 부분이었다. 소(小) 플리니우스(younger Pliny)는 오스티아 근처에 위치한 그의 투스쿨란 빌라(Tusculan villa) 옆 마을에 대해 다음과 같이 말한다. "거기에는 3개나 되는 공중목욕탕이 있다. 만약 어떤 사람이 갑자기 집에 방문하거나, 또는 체류 기간이 너무 짧아 집을 별도로 준비할 시간이 부족한 경우에는 대단히 유용하다".*246)

하드리아누스 황제는 아드리아나 빌라(Villa Adriana)에 적어도 3개의 욕장을 설치했다.(그림 154) 하나는 높은 벽으로 둘러싸인 "테아트로 마릿티모(Teatro Marittimo)"에서 자신이 직접 사용하기 위한 것이다. 다른 두 개는 카노푸스(Canopus) 북쪽에 있었는데, 중요한 정원에 의해 서로서로 구분되었다. 넓은 식당 홀과 매우 가까이 있었던 작은 목욕탕은 아마도 황제와 그의 가까운 친구들이 사용하기 위한 것이었을 것이다.

로마 마르스 광장(Campus Martius)에 있는 아그리파 욕장(thermae of Agrippa)과 같이, 공공 욕장은 보통 무료였으며, 때때로 시설물의 건립과 유지비용과는 관계없이 얼마 되지 않는 요금을 받는 경우도 있었다.

욕장의 공간적 차이(Spatial differentiation of the thermae). 공공 욕장은 점진적으로 발전했다. 그 명칭은 기원전 19년, 포세이도니온(Poseidonion) 및 본래의 판테온과 동시에 황제가 직접 설립하고 개관한 아그리파 욕장에서 처음 사용되었다.*247) 기원전 2세기의 가장 오래된 스타비안 욕장(Stabian Baths)에서부터 기원전 70년의 포룸 욕장(Forum Baths), 기원후 79년 베수비오(Vesuvius) 화산이 분출했을 당시에도 공사 중이었던 중앙 욕장(Central Baths)까지, 욕장의 발전은 폐허가 된 폼페이 도시에서 가장 잘 이해할 수 있다. 로마의 거대한 제국욕장에서 볼 수 있었던 빛으로 넘쳐 나는 내부공간은, 작은 규모이기는 하나 플라비우스 시기에 속하는 중앙 욕장의 평면 계획에서도 반복해서 표현되고 있었다.

육체적 재생이 단순히 냉탕 또는 온탕 속에서 목욕하는 것으로 얻어지는 것이 아니라는 그 기본 개념은, 욕장 발전의 시작부터 끝까지 계속해서 유지되었다. 완벽한 휴식을 위해서는 온탕(lukewarm bath)인 테피다리움(tepidarium), 열탕(hot air bath)인 카리다리움(calidarium), 한증탕(sweat bath)인 수다토리움(sudatorium)으로 이어지는 점진적이고 연속적인 행동들이 필요했고, 마지막은 냉탕(cold bath)인 프리지다리움(frigidarium)의 충격으로 끝이난다. 개방된 체육관인 팔레스트라(palestra)에서 운동을 마치고 난 이후에는 이와 같은 순서에 따라 목욕을 했고, 이러한 습관은 그리스로부터 계승되었다.

폼페이의 스타비안 욕탕은 삼늄족(Samnites)*248)이 지배하던 시기까지 거슬러 올라간다. 이후 시기에 다양한 변화가 있었음에도 불구하고, 기본적인 계획은 다음과 같이 동일했다. 즉 탈의실(dressing room)인 아포디테리온(apodyterium), 그 옆에는 온탕인 테피다리움(tepidarium : 후에 온돌(warmed floor)인 하이포코스트(hypocausts)가 설치되었음), 그리고 한쪽 끝에는 열탕(hot bath)인 알베우스(alveus)가 있는 매우 뜨거운 카리다리움(calidarium), 그리고 다른 한 쪽 끝에는 손과 얼굴을 식히기 위한 세면대와 수도꼭지(labrum), 마지막에는 돔으로 축조한 냉탕, 프리지다리움(frigidarium)이다. 특히 테피다리움과 카리다리움의 열 공급은 큰 화로들을 이용했다. 이 스타비안 욕탕의 기본계획에는 이미 프리지다리움 · 테피다리움 · 카리다리움 등, 욕장 전형의 형식들이 담겨져 있었지만, 아직 정밀하지 않은 조직화로 인해 형태발전에 있어서 불확실한 초기 단계를 드러내고 있다. 즉, 단순히 방들을 연속함으로써, 이후에 축조된 포룸 욕장(Forum baths)에서 지금도 분명하게 보여 지는 단순한 평행 배치가 나타났다. 그 이후 커다란 변화는 기원후 1세기에 일어났으며, 카리다리

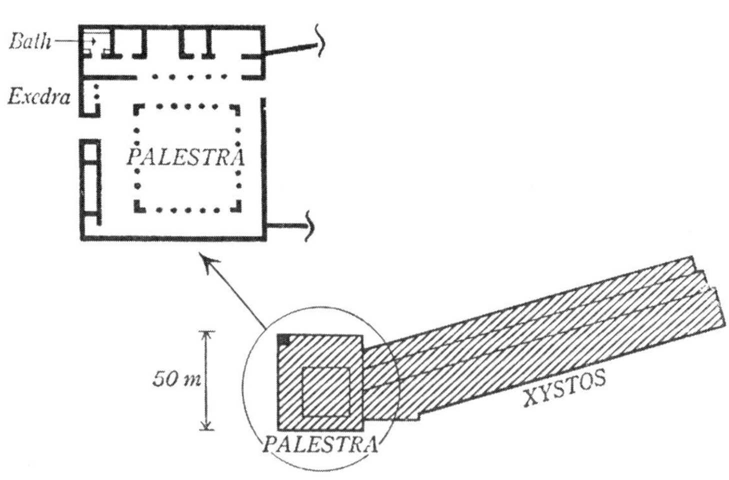

그림 201. 기원전 2세기, 프리에네(Priene)의 헬레니즘 체육관(Hellenistic gymnasium). 그리스 욕탕은 팔레스트라(palestra)가 있는 체육관 및 경기와 경주를 위한 키스토스(xystos)*와는 분리할 수 없었다. 그러나 헬레니즘 시기까지도 욕탕은 오직 냉수 샤워와 목욕으로만 이루어졌었다.

*키스토스(Xystos 또는 Xystus)는 체육관에서 지붕이 있는 열주랑으로, 겨울철이나 비가 오는 날에 운동경기가 열렸다. (Wikipedia)

그림 202. 기원후 2세기 후반의 트리어(Trier), 바바라 욕장(Thermae of Barbara)의 하이포코스트(Hypocaust). 이중(二重) 바닥은 벽돌로 축조한 짧은 기둥의 숲으로 만들어 졌다. 가열로(加熱爐)에서 이 공간을 통해 흐르는 뜨거운 공기가 상부의 바닥 표면을 따뜻하게 한다.

움·테피다리움 그리고 프리지다리움의 넓은 개구부들이 체육관인 팔레스트라에 직접 면해 있었던, 미완성의 폼페이 중앙 욕장에서 볼 수 있다.

제국욕장은 로마는 물론 로마의 식민지가 건설된 어느 곳에나, 로마의 통치자가 로마 시민들을 위해 건설한 가장 좋은 예이지만, 우리에게 가장 등한시 되어왔다. 그들의 기원은 명백하다. 로마 발전과 매우 유사하게, 욕장은 그리스의 조직화된 체육관에서 비롯되었다. 그리스에서의 중심 요소는 지붕이 없고 콜로네이드로 둘러싸인 개방된 운동경기 구역인 팔레스트라였다. 알렉산더 대왕 이후(post-Alexandrian), 프리에네(Priene)에서의 그리스 욕탕은 빠른 목욕을 위해 사자 머리로 장식한 물 분출구가 있는 단순한 세면기들로 구성되었다.(그림 201) 로마 욕장에서 운동경기는 고도로 발달된 연속되는 목욕과 비교해 그 역할이 크지 않았지만, 팔레스트라의 위치만은 유지되었다.

벽체 사이와 바닥 밑에 열 공급 장치를 설치한 로마의 욕탕은(그림 202) 고대 목욕 관습에서도 고도로 문명화된 수준을 보여주었다. 지금은 핀란드식 사우나의 나무 오두막을 통해 유지되고 있지만, 당시는 모든 로마 시민들을 위해 거대한 규모로 가능했다. 그 중요성은 축에 따른 거대한 욕장 배치 및 위치에 의해 드러난다. 카리다리움은 오후의 목욕을 위해, 가장 따뜻한 태양 빛을 얻기 위해 남서쪽

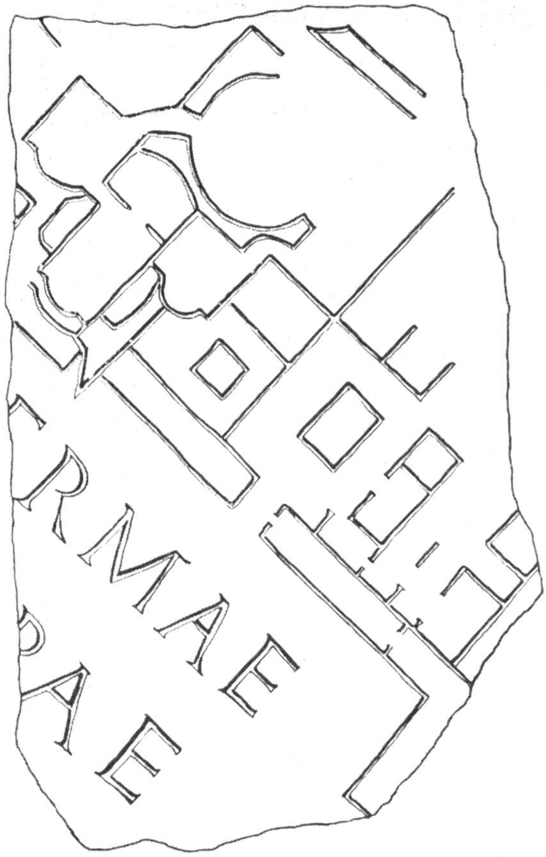

그림 203. 기원후 193~211, 로마 도시를 새겨 넣은 셉티미우스 세베루스(Septimius Severus) 황제의 포르마 우르비스(Forma Urbis) 파편에서는 아그리파 욕장(Thermae of Agrippa)의 대칭적인 지상층 평면을 볼 수 있다.

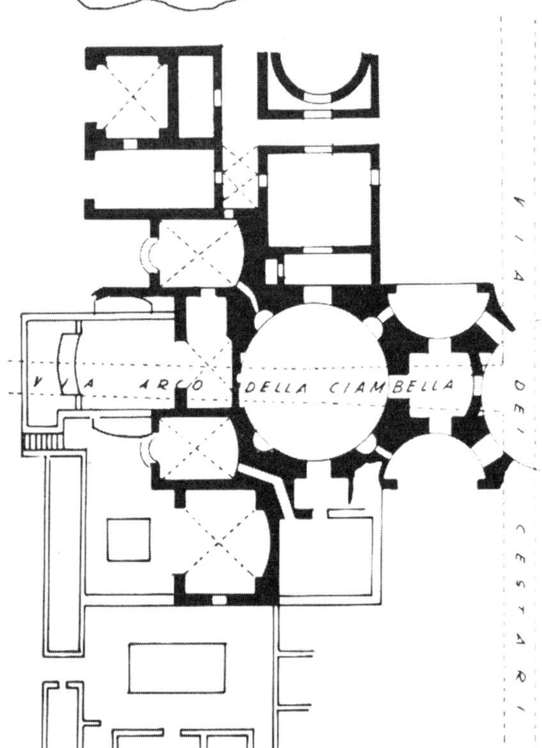

그림 204. 기원전 25~19년, 로마 아그리파 욕장(Thermae of Agrippa)의 남측 부분 평면도. 이 욕장이 로마의 첫번째 대규모 공공 욕장이었다.

그림 205. 로마 트라야누스 욕장(Thermae of Trajan). 조반니 바티스타 피라네시(Giovanni Battista Piranesi)의 판화를 통해 1775년경에 남아있던 유적을 확인할 수 있다. A · B는 네로(Nero) 황제의 도무스 아우레아(Domus Aurea) 유적, C는 엑세드라(exedra : 도서관으로 불리던 유적이 왼쪽에 있다)가 있는 페리볼루스(peribolus) 유적, D는 주요 욕장건물의 유적, E는 거대한 남측 엑세드라를 나타낸다.

을 향한 중심축의 앞부분에 위치하는데, 카라칼라 욕장(bath of Caracalla)과 디오클레시아누스 욕장(bath of Diocletian)에서 가장 명확하게 확인할 수 있다.(그림 209 · 211) 카리다리움이 원형의 테피다리움과 넓은 직사각형의 프리지다리움 뒤에 나타날 때도 있지만, 여전히 중심축 선상에 위치한다. 그러나 팔레스트라 쪽으로 더욱 확장된 이후에는 좌우측으로 밀려났고, 최종적으로는 중심 축선상에 넓은 수영장인 나타티오(natatio)가 다시 위치한다. 나타티오의 뒤쪽 벽체에는 시민들에게 심미적 문화를 세심하게 인식시키기 위한, 헬레니즘(Hellenistic)의 대리석 조각상들을 세워 특별하게 처리했다. 전체 중심화 된 건축물은 전체를 둘러싸는 벽체인 페리볼루스(peribolus : 주벽(周壁)) 내에서 넓은 정원으로 둘러싸여 있는데, 목욕 이후에 휴식을 제공하는 넓은 공간이었다. 페리볼루스를 끼고 있는 넓은 엑세드라(exedra)에는, 트라야누스 포룸(Forum of Trajan)의 엑세드라와 같이, 교육을 위해 파피루스 두루마리가 이용되었을 것이다. 이러한 사례들은 거의 모든 세부 양식들이 더욱 단순했던 고대 그리스의 사례를 생각나게 하고 있다.

1929년, 한스 제들마이어(Hans Sedlmayr)*249)는 다니엘 크렌커(Daniel Krencker)*250)의 『트리어의 황제온천(*Die Trierer Kaiserthermen*)』에 대한 논평에서 이 욕장들에 대해 다음과 같이 기술한다. "최초로 거대한 기둥에 의해 지지되었던 교차 볼트(cross vaults)들은 연속된 캐노피(canopy)들을 형성하였고 … 이 아이디어는 더욱 향상되어 유스티니아누스 시기(Justinian era, 동로마 제국의 황제, 재위 527~565)의 기념비적 구조물들을 더욱 역동적으로 만들었으며, 중세시대 전체를 걸쳐 그 영향력이 유지되었다".*251) 네로(Nero)에서 콘스탄티누스(Constantine)까지, 로마의 황제들은 황제 궁궐에 비교될 만큼 웅장한 건축물들을 로마 시민들에게 제공함으로써, 자주권(自主權)을 느낄수 있도록 노력했다.

그림 206. 트라야누스 욕장 (Thermae of Trajan)의 북동측 엑세드라(exedra). 4겹의 6각 코퍼로 축조한 볼트와 사각 및 원형을 번갈아 사용한 벽감이 그 하부에 남아있다.

그림 207. 트라야누스 욕장 (Thermae of Trajan) 북동측 엑세드라(exedra)의 모서리 부분 전경. 이 벽체는 모서리에 비페달레스(bipedales) 벽돌을 비스듬하게 삽입하여 더욱 안정화시켰다.

바이아, 메르쿠리오 욕장(Thermae of Mercurio, Baiae). 캄파나(Campania) 온천을 통해 파악해야만 하는 로마 욕장의 기원은, 나폴리(Naples) 북쪽 바이아에 있는 소위 머큐리 사원(temple of Mercury)이라 불리는 메르쿠리오 욕장의 대규모 나타티오에서 살펴볼 수 있다. 이 욕장은 공화정 말기 또는 제국 초기에 시작되었지만,(그림 104 · 105) 그 이후 네로 황제가 처음 건설을 시작한 제국욕장에서 나타나는 축을 통한 조직화의 특징은 발견할 수 없다. 바이아에서는 탈의실인 아포디테리온(apodyterium)과 온욕탕이 서로 옆에 위치했고, 이는 폼페이 욕장(thermae of Pompeii)에서도 동일했다.

로마, 아그리파 욕장(Thermae of Agrippa, Rome). 판테온 뒤쪽에 그 유적이 남아 있는, 기원전 25~19년의 아그리파 욕장은 하드리아누스 · 셉티미우스 세베루스(Septimius Severus) 등의 황제들에 의해 확장되고 재건되었다. 그렇지만 놀랍게도 본래의 비대칭적 배치는 항상 유지되었는데, 휠젠(C. Hülsen)*252)은 안드레아 팔라디오(Andrea Palladio) · 발다사레 페루치(Baldassare Peruzzi)의 그림과 셉티미우스 세베루스 황제의 포르마 우르비스(Forma Urbis) 파편에서 보여 지는 평면(그림 203)을 비교하여 그에 대한 증거를 제시했고, 특히 인접한 홀(그림 204)의 넓이와 로툰다의 직경이 일치하지 않는다는 사실이 중요하다.*253) 로마에 건설된 첫 번째 대규모 공공 욕장인 아그리파 욕장의 비대칭성은 더 이른 시기의 바이아에 위치한 욕장과 비교

그림 208. 109년에 개관한 트라야누스 욕장(Thermae of Trajan)이 네로(Nero) 황제의 도무스 아우레아(Domus Aurea)와 어떻게 겹치는지를 보여주는 합성한 평면도. 여기서는 약 30년 일찍 축조된 티투스 욕장(Thermae of Titus)과 그 규모의 차이 역시 확인할 수 있다.

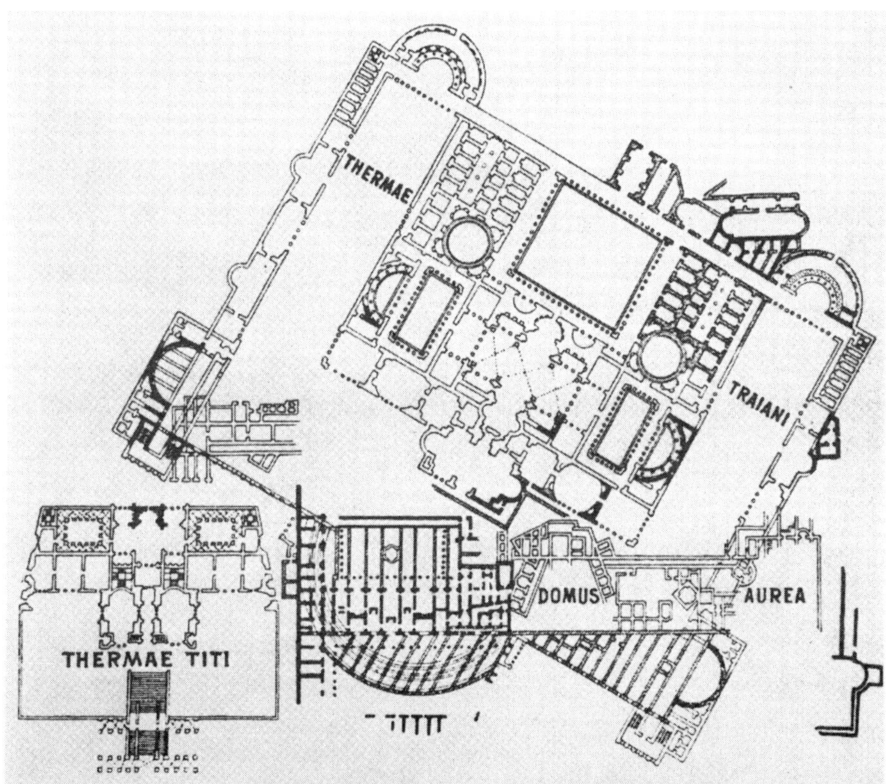

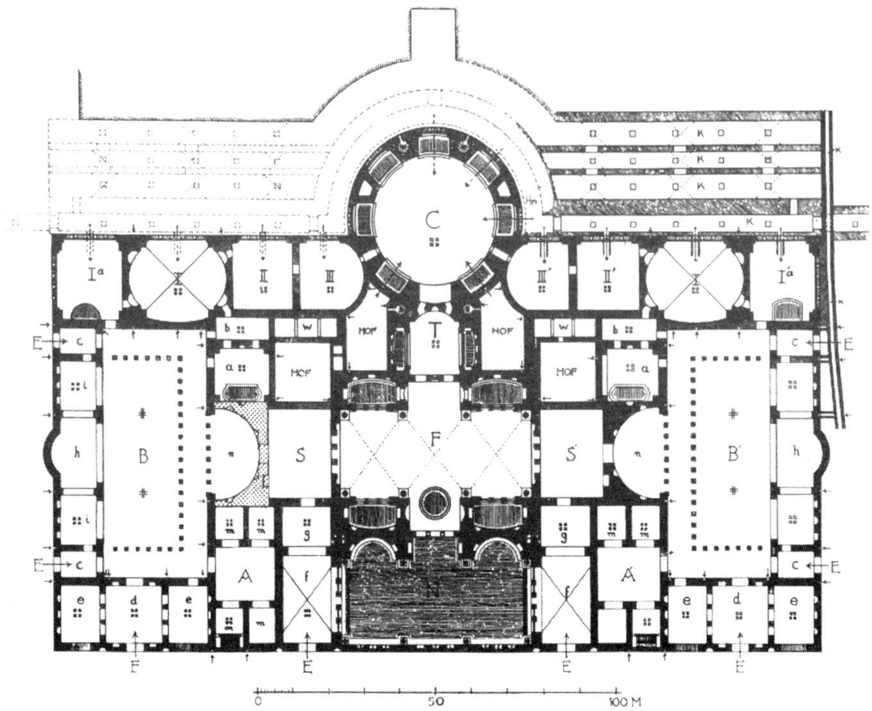

그림 209. 기원후 212~216년, 로마 카라칼라 욕장(Thermae of Caracalla)의 중심 건축물 평면도. 이 욕장은 도시의 남동 구역(이 평면도에서는 보이지 않는)의 넓은 직사각형 공간 중심에 축조되었다. 정확히 남서측에 면한 주된 축의 시작부분에는 원형의 카리다리움(calidarium : C)이 위치하고, 작은 테피다리움(tepidarium : T), 매우 넓은 프리지다리움(frigidarium : F), 마지막에는 수영장 또는 나타티오(natatio : N)가 이어지며, 아포디테리온(apodyteria : A)이 양 측면에 있다. 이 아포디테리온은 두 팔레스트라(palestras : B)로 직접 열려 있다. 주된 축과 직교하는 교차축은 두 작은 방(antechambers : S)이 있는 프리지다리움의 중심을 통과하여, 두 팔레스트라에서 끝난다.

될 수 있으며, 강한 축에 의해 조직화되는 제국욕장의 특성은 아직 확립되지 않았다.

"아그리파는 6년 후에 그의 욕장을 위해 첫 번째 계획을 수립하고, 마르스 광장(Campus Martius)에 비르고 수로(Aqua Virgo)를 연결했다. … 그 시기부터 본래의 건축물은 운하(에우리푸스(Euripus) 해협)로부터 공급되는 인공 호수(스타그넘 아그리파(Stagnum Agrippae) : 커다란 장식용 욕조)가 있는 화려한 정원에 의해 둘러싸였다. … 네로 황제가 판테온 북서쪽에 그의 웅장한 욕장을 건설했을 때에도 아그리파의 정원들을 보존하였고, 그때부터 이 두 욕장의 열린 공간은 주랑식 실내경기장인 지스투스(xystus)로서 역할을 했다. 스타그넘(Stagnum)과 에우리푸스(Euripus) 또한 외부에서 냉수욕이 가능하여 실용적인 요구들에 부합했다. 따라서 그 이후 욕장과 같이 건축물 내부에 넓은 프리지다리움과 욕천(浴泉 : piscinae)을 설치할 필요가 없었다".*254)

아그리파의 건축물과 본래의 판테온을 연결했던 넓은 홀에 대해 휠젠은 "주로 회의장과 휴식영역으로 사용되었다"고 하였고, 판테온의 뒤편에서 명확하게 인식할 수 있다. 아그리파 욕장은 그 친숙한 규모와 상류층이 좋아하는 위치로 인해, 대규모 공공 욕장인 카라칼라(Caracalla) 또는 디오클레시아누스(Diocletian) 욕장보다 부유한 로마인들이 쉽게 드나들 수 있는 장소가 되었고, 4세기 말까지 거의 500년 동안 계속해서 사용되었다.

그림 210. 카라칼라 욕장(Thermae of Caracalla)의 동측 팔레스트라(palestra)에 있는 엑세드라(exedra). 이후의 욕장들은 규모면에서는 점진적으로 거대해진 반면, 세부 장식은 더욱 절제하여 사용하였다.

네로 욕장(Thermae of Nero). 광기에 대해서만 기억되는 네로 황제에 의해 욕장의 형태 변화가 시작되었다. 네로는 그의 궁궐과 62~64년에 건설된 욕장, 이 두 건축물에서 로마의 발전이 멈출 때까지 고수되었던 제국적 규모의 주요 특징을 만들어 내었다. 지금까지 살펴보았던 것과 같이 모든 제국의 욕장은 그들 자신만의 독특한 구조를 가지고 있었다. 주축선상에는 목욕의 연속적인 순서를 결정하는 3개의 가장 중요한 요소인 카리다리움 · 테피다리움 · 프리지다리움을 배치했다. 그들의 큰 규모와 웅장함으로 인해, 18세기에는 트리어(Trier)에 있는 제국욕장을 황제의 궁궐 유적으로 추정하기도 했다.

62~64년에 건설되어 이후 제국욕장에서 나타나는 모든 구성요소를 가지고 있었던 네로 욕장은 다니엘 크렌커의 드로잉에서 확인할 수 있다.[*255] 특히 탈의실인 아포디테리온과 팔레스트라의 배열만 서로 다른데, 네로 욕장에서 아포디테리온은 프리지다리움 양 측면의 교차하는 축 선상에 있었고, 두 개의 팔레스트라는 그들 앞쪽, 넓은 나타티오의 양 측면에 위치했다. 이 팔레스트라들은 그리스의 전형적인 형식에서와 같이 대략 동일한 크기의 콜로네이드로 둘러 싸였다. 네로 욕장의 주된 축은 이후 디오클레시아누스 욕장(bath of Diocletian)(그림 211)에서와 같이, 반원형 벽감이 있는 넓은 수영장인 나타티오에서 끝이 난다.

판테온과 나보나 광장(Piazza Navona) 사이의 거리에 남아 있는 유적이 현재 확인할 수 있는 네로 욕장의 전부이지만, 노출된 거대한 두 기둥을 통해 이 건축물의 웅장한 규모를 추측할 수 있다.[*256] 판테온의 남쪽, 아그리파 욕장과 공유되었던

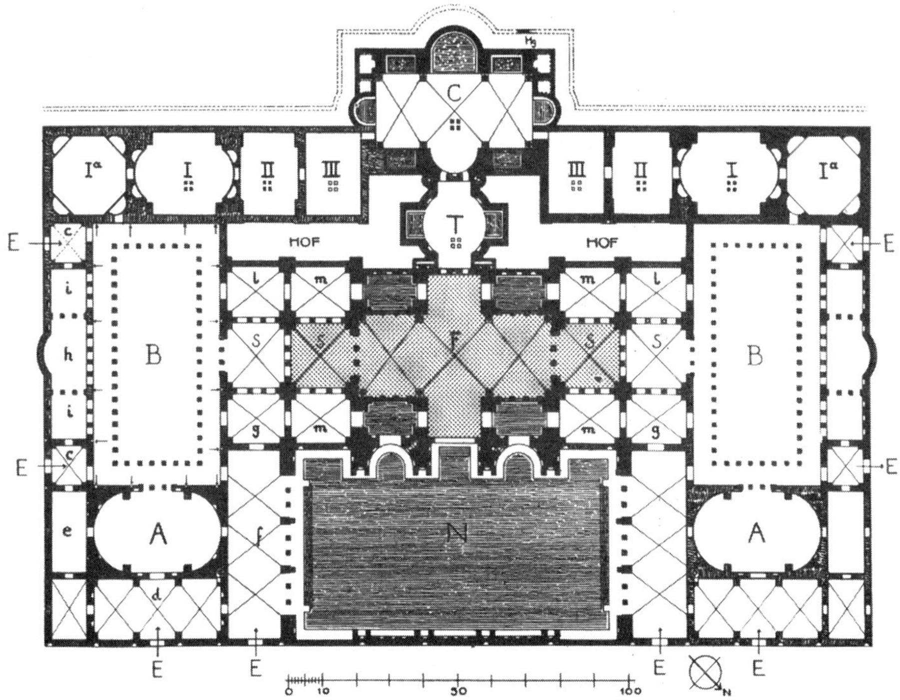

그림 211. 기원후 298~306년, 로마 디오클레시아누스 욕장(Thermae of Diocletian)의 중심 건축물 평면도. 카라칼라 욕장과 같이, 도시의 북동측에 축조된 이 욕장은 주로 로마의 부유하지 않은 시민들이 사용했다.

정원과 호수인 스타그님 아그리파(Stagnum Agrippae)는 현재 협소한 중세시대 가로들에 의해 덮여 버렸다.

로마의 트라야누스 욕장(Thermae of Trajan, Rome). 109년에 개관한 트라야누스 욕장은 완전하게 발전된 첫 번째 제국욕장이다. 네로의 궁궐 바로 위에 건설되어,(그림 208) 궁궐 방들 위에 그 하부구조가 축조되었다. 에스퀼리노 언덕(Esquiline Hill)에 건설된 이 욕장은 카라칼라와 도미티아누스(baths of Caracalla and Domitian) 욕장과 비교해 보면 상대적으로 거의 남아 있지 않다. 오피오 공원(Oppio Park) 상부의 대부분을 차지하는 어린이 공원 사이에는, 네로 궁궐에 빛을 비추던 음습한 구멍들이 땅에 묻혀져 있고, 아포디테리온의 일부분, 동측 팔레스트라의 엑세드라, 그리고 정원 외곽을 둘러싸는 주벽(周壁)인 페리볼루스(peribolus)에서 연결되는 몇몇 엑세드라 등, 남아있는 몇 개의 높은 벽체들이 현재 욕장의 전부이다.(그림 205) 북동쪽 엑세드라에는 아직도 6각형 코퍼(coffer)들로 축조된 볼트와 사각 및 원형을 번갈아 사용하여 축조한 벽감이 그 하부에 위치한다.(그림 206) 북동측 엑세드라의 수직 벽체 모서리는 비페달레스(bipedales) 벽돌 타일을 열지어 비스듬하게 축조하여 강화했고,(그림 207) 도서관이었던 것으로 추정되는 북서측 엑세드라의 모서리 역시 동일하다. 남서측 엑세드라의 반원형 벽체는 2층으로 구분되는데, 그 하부의 부분적으로 파손된 상인방 아치(lintel arch)들은 벽돌쌓기의 강화와 결합의 기능을 잘 보여주고 있으며, 상부에는 직사각형 벽감들이 줄지어 있다.

욕장 건축물은 이 대지의 북쪽 경계에 접해 있었다. 이후 카라칼라와 도미티아누스 욕장에서와 같이,(그림 209 · 211) 프리지다리움 중심에서 강하게 나타나는 교차축이 발생하여, 상대적으로 작은 팔레스트라가 그 양 측면에, 넓은 두 반원형 엑세드라들이 그 끝에 위치하며, 이 엑세드라들은 직사각형 팔레스트라의 긴 측면에 접하고 있다. 트라야누스와 카라칼라 및 도미티아누스 욕장 평면에는 근본적으로 차이점이 없다. 페리볼루스를 따라 자리잡은 트라야누스 욕장에서는, 특히 목욕하는 사람들의 소음으로부터 멀리 떨어진 학습을 위한 조용한 영역이 그 규모면에서 지금도 매우 인상적이다.

아폴로도러스(Apollodorus)가 계획한 트라야누스 포룸(Trajan Forum)에서도 명백하게 보았던, 공간 조직에서의 동일한 정교함과 풍부함을 트라야누스 욕장 배치에서도 느낄 수 있다. 이 둘 모두 경계는 넓은 엑세드라에 의해 강조되었다. 아포디테리온의 위치는 불확실하지만, 바로 이웃하여 80년에 축조된 훨씬 작은 규모의 티투스 욕장(thermae of Titus)(그림 208)과 비교하면, 규모와 구조면에서 그 이후 계획을 확립하는 신뢰할만한 건축가의 손길을 느낄 수 있다.

카라칼라 욕장(Thermae of Caracalla). 212~216년, 카라칼라 욕장의 중심 건축물(그림 209)은 도시 남동쪽에 위치한 넓은 직사각형 공간의 한 가운데에 건설되었다. 이 건축물에는 그림 209의 'E' 로 표시된 것과 같이, 북동쪽에서 진입하는 4개의 출입구, 팔레스트라로 직접 진입할 수 있는 양 측면 2쌍의 출입구, 총 8개의 출입구가 있었다. 카라칼라는 욕장 앞쪽에, 북동쪽 전면과 평행한 "로마의 모든 가로들 중 가장 넓고 가장 훌륭한"*257) 새로운 길을 만들었다. 이 욕장은 부유층의 출입이 빈번한 도시 북동쪽과는 멀리 떨어져 있어, 가난한 사람들이 주로 이용했다. 로마 사회의 부유층들은 여전히 개인 욕탕을 이용하거나, 에스퀼리노 언덕의 트라야누스 욕장, 마르스 광장(Campus Martius)의 네로 욕장이나 아그리파 욕장을 사용했으며, 이것이 가장 품위 있는 것이라고 생각했다.*258)

카라칼라 욕장에서 발견되어 지금은 나폴리(Naples) 국립박물관에 소장된 수많은 예술작품들 중에는 그리스 파르네제의 숫소(Farnese bull), 헤라클레스(Hercules)의 거대한 조각상, 플로라(Flora)의 조각상들이 있으며, 모두 전형적인 그리스 형식에 기반을 두고 있다. 또한 지금은 바티칸에 소장된 유명한 아폴로(Apollo)의 토르소(torso), 1824년에 발견되어 라테란(Lateran) 박물관에서 재조립된 대규모 모자이크 바닥 등도 발견되었다.

트라야누스 욕장에서와 같이 전체 건축물의 주된 축은, 오후 태양광선을 받기 위해 남서쪽으로 열려진 넓은 창들이 설치된 카리다리움에서 시작했다. 그러나 트라야누스 욕장과는 대조적으로 카라칼라의 카리다리움은 뜨거운 물을 담는 욕조가 있고, 벽감들로 둘러싸인 완벽한 원형의 돔으로 축조되었고, 양 측면에 욕조

그림 212. 1563~1566년, 미켈란젤로(Michelangelo)가 산타 마리아 델리 안젤리 성당(S. Maria degli Angeli)으로 변경한 디오클레시아누스 욕장(Thermae of Diocletian)의 프리지다리움(frigidarium) 전경.

가 있는 테피다리움으로 이어진다. 오랫동안 테피다리움으로 추정되었던 넓은 프리지다리움은 이 건축물에서 가장 넓은 공간이었는데, 양 측면이 인접한 방들로 열려져 있고, 그 넘어로 팔레스트라를 볼 수 있다. 콜로네이드로 둘러싸인 두 팔레스트라는 아포디테리온으로 직접 접근할 수 있고, 넓은 엑세드라에 의해 교차축에 연결되었다. 또한 카리다리움 · 테피다리움 · 프리지다리움으로 이어지는 중심축은 지붕이 덮히지 않았던 것으로 추정되는 넓은 수영장, 나타티오로 연결되었다.

이 연속된 공간이 지금은 가까스로 남아 있지만, 3,000명까지 동시에 목욕할

그림 213. 로마 콘스탄티누스 욕장(Thermae of Constantine). 4세기 초에 축조된 이 욕장은 1575년경, 이 그림이 그려지고 얼마 되지 않아 팔라초(palazzo)의 방을 만들기 위해 허물어 졌다. 이 그림을 통해서는 높은 카리다리움(calidarium)의 규모는 물론, 높은 반원형 아치들을 기초로 하여 그 위에 조직화되었던 구조물을 확인할 수 있다.

수 있었던 국영 공공욕장 중 하나로서, 거대함에 대한 훌륭한 감동을 주고 있다.

이 욕탕은 212년에 축조를 시작하여, 카라칼라 황제가 216년에 개관하고, 그의 계승자들인 엘라가발루스(Elagabalus, 재위 218~222)와 알렉산데르 세베루스(Alexander Severus) 황제가 실질적으로 완성했다 하더라도, 카라칼라 황제의 이름을 유지해 왔다. "이 욕탕은 6세기까지 계속 운영되었으나, 고트 전쟁(Gothic Wars, 535~554) 중 수로가 파괴되어, 기원후 537년에 사용하지 않게 되었다". *259)

디오클레시아누스 욕장(Thermae of Diocletian). 도시 북동쪽, 비미날리스(Viminal)와 퀴리날리스(Quirinal) 언덕 주변에 사는 사람들에게는 카라칼라 욕장이 상당히 멀리 떨어져 있었다. 막시미아누스 황제(Maximian, 재위 286~305)는 그들의 요구를 충족시키기 위해 그의 공동황제인 디오클레시아누스의 이름으로 새로운 대규모 욕장 건설을 298년에 시작하여 306년 완공하였다.(그림 211) 카라칼라 욕장과 유사하게, 그 주된 건축물들은 페리볼루스(peribolus)와 완전히 분리되었다. 특히 프리지다리움은 1563~1566년, 미켈란젤로(Michelangelo)의 섬세한 손에 의해 그 원형을 최대한 보존하면서 산타 마리아 델리 안젤리 성당(S. Maria degli Angeli)으로 변형되어, 가장 넓은 공간인 프리지다리움의 생생한 내부 감동을 현재에도 그대로 지니고 있다.(그림 212) 미켈란젤로는 분홍색 화강암으로 만든 8개의 거대한 기둥들이 교차볼트(cross-vaulting)를 받치도록 하여 본래의 정교한 코니스(cornices)와 욕장의 3부분으로 구분된 반원형 창들을 대부분 통합하였다.

성당과 유사하게 욕장은 진입하면서부터 감동이 고조되는 것을 경험하도록 계획되었는데, 육체를 품위있고 즐거운 환경에서 실용적으로 관리하도록 하여 인간의 또 다른 욕구를 만족시키는 것이었다.

디오클레시아누스 욕장의 프리지다리움 좌우에서는 트라야누스 욕장에서와 같이 2개의 측실을 통해 콜로네이드로 둘러싸인 팔레스트라를 볼 수 있었고, 이

긴 교차축은 양쪽 끝 엑세드라에서 끝이 난다. 서측 팔레스트라의 남쪽에는 천문관인 플라네타리움(planetarium)으로 사용되었던 8각형 로툰다가 있었는데, 현재도 본래의 돔과 함께 보존되어 있다.

산타 마리아 델리 안젤리 성당의 내부는 1749년 루이지 반비텔리(Luigi Vanvitelli)*260)에 의해 재정비되었지만, 욕장의 주된 축은 유지했다. 특히 그는 카리다리움의 엑세드라를 지금의 레푸블리카 광장(Piazza della Republica)에 면하는 만곡을 이루는 반원형 입구로 변화시켰고, 3개의 돌출된 앱스(apse)가 있는 나머지 직사각형 카리다리움은 아마도 이때 허물어 졌을 것이다. 원형의 테피다리움은 본당으로 가는 현관홀(vestibule)이 되었는데, 지금도 가로로 놓여진 넓은 프리지다리움으로 가는 현관홀로서 그 역할을 하고 있다. 또한 반비텔리는 이 고대 건축물의 주축 반대쪽 끝에 성가대석을 추가로 설치하여, 뚜렷하게 분절적이었던 프리지다리움의 내부입면, 동시에 나타티오의 웅장한 입면, 이 둘 모두를 파괴하게 되었다. 지금은 본래 수영장의 거대한 규모를 보여주는 피라네시(Piranesi)*261)의 스케치만이 남아 있을 뿐이다. 남아있던 디오클레시아누스 욕장의 나머지 부분은 예술적 장식물로 역할을 했지만 이 영역에서는 그 한계가 없어졌는데, 뒤로 펼쳐지는 풀밭과는 대조적으로 정교하게 조각된 열린 수영장의 외형은 삶의 기쁨(joie de vivre)과 위대한 생명력을 전달했기 때문이다.

트라야누스와 카라칼라 욕장에서와 같이, 이 욕장의 부지 역시 많은 엑세드라를 가지고 있는 높은 경계벽, 페리볼루스로 둘러싸여졌다. 조용한 엑세드라의 목적은 언제나 확실하지 않지만, 도서관으로서 사용되었거나 또는 또다른 지적 추구를 위해 사용되었던 것으로 보인다. 중앙 건축물의 주축이 종결되는 남서측의 거대한 엑세드라는 아마도 트라야누스 욕장의 아폴로도러스(Apollodorus)가 설계했을 것이다.(그림 205 · 208)

욕장의 엑세드라는 여전히 레푸블리카 광장의 반원형 전면 뒤쪽에 남아 있다. 남서측 페리볼루스의 모서리들을 표시하였던 2개의 로툰다 또한 남아 있는데, 서측 로툰다는 토리노 가도(Via Torino)에 있는 베르나르 성당(S. Bernard)이고, 동측 로툰다는 비미날레 가도(Via Viminale)에 있다.

수로들이 파괴되고, 로마 시민들이 티베르(Tiber) 강 근처로 강제 이주 되었던 537년, 그 다음 해부터 이 욕장의 부지는 채석장으로 이용되었고, "화산회(火山灰 : pozzolano earth)를 캐내게 위해 거대한 벽체들의 기초 밑으로 터널을 파내었기 때문에 부분적으로 붕괴되었다".*262) 19세기에 와서는 중앙역과 철도 종점이 건설되어 이 부지의 남동쪽 경계는 완전히 파괴되었으나, 이미 16세기부터 식스투스 5세(Sixtus V) 교황에 의해 건축재료의 채석장이 되어왔다.

콘스탄티누스 욕장(Thermae of Constantine). 콘스탄티누스 욕장은 기원후 약 315년경, 트라야누스 시장(Mercatus Traiani)에서 그리 멀지 않은 퀴리날리스(Quirinal) 언덕에 건설되었다. 팔라디오(Palladio)가 그린 지상층 평면으로 판단해 볼 때,[*263] 다른 모든 욕장들 중 가장 조직화된 형식을 취하고 있었다. 트라야누스 욕장(baths of Trajan)에서부터 일반적인 것이 되었던 페리볼루스에 있는 넓은 남쪽 엑세드라는, 주 건축물의 외벽에서 직접적으로 확장되는 축선상의 북쪽 끝에 위치한 거대한 반원형 공간에서도 반복되었다. 퀼리날리스 언덕의 좁은 낭떠러지에 위치한 이 부지의 급박한 상황으로 인해, 욕장의 전체 형태는 주축을 따라 길게 배치되었다.

이 욕장은 16세기 말 또는 17세기 초, 팔라비치니-로스필리오시 팔라초(Palazzo Pallavicini-Rospigliosi)의 방을 만들기 위해 허물어 졌다. 1595년, 산타 두 페락(S. Du Pérac)이 그린 욕장의 유적 모습은 매우 높은 카리다리움을 포함하고 있지만, 전체 건축물은 높은 반원형 아치를 기초로 하여 축조되었음을 보여주고 있다.(그림 213) 그 이후 콘스탄티누스는 비잔티움(Byzantium)으로 이동하고, 로마에는 이방인들이 들어왔다. 따라서 콘스탄티누스 욕장에서 획득된 완벽한 질서는 로마인들의 육체적 재생을 위한 관습의 마지막이 되었다. 동로마에서는 그들만의 특정한 욕장의 원리들을 유지했다 하더라도, 다른 삶의 방식에 맞추어 변형될 수밖에 없었다.

문화를 판단하는 기준으로서의 재생(Regeneration as a gauge of culture). 고대 세계, 이슬람(Islam) 그리고 중세 시대까지도 육체적 재생을 위한 시설들을 제공하는 것이 공동체의 일반적인 의무 중 하나로 생각되었다. 그러나 이러한 태도는 르네상스 시대에서 사라졌고, 17 · 18세기에서는 육체관리를 전반적으로 도외시하게 되었다. 19세기에 와서는 이전의 여러 선례들에 관심을 갖게 되었는데, 일광욕 · 증기욕 · 온욕 그리고 샤워 목욕 등에 대한 옹호자들이 생겨, 이러한 개념을 다시 일깨우려는 노력들이 이루어 졌다. 마침내 제한된 공간 안에서 외면(外面)을 목욕하는, 기계로 생산한 가장 원시적 도구의 한 방식인 욕조가 널리 보급되었다.[*264] 이것은 그리스의 체육관이 발달되기 전, 크레타 섬(Crete)에서 알아낸 목욕 형식이었다.[*265] 초기 로마 빌라들에서는 온욕탕이 주방 바로 옆에 설치되었고, 폼페이에 있는 초기 스타비안 욕장(Stabian thermae)의 카리다리움 예와 같이,[*266] 거의 어둠 속에 놓여 있었다.[*267] 그러나 제국욕장의 발전과 함께 개인 욕탕은 빠르게 사라졌다. 제국욕장은 황제의 통치보다도 오래 지속되었고, 이방인들의 침략으로 인해 물 공급이 중단되었던 6세기까지 이용되었다. 이와같이 오랜 문화적 발전이 급작스럽게 단절되었다고 하더라도 오늘날까지 그 영향력을 미치고 있다고 할 것이다. 로마와 비잔티움, 그리고 이슬람 사람들이 매일 매일의 일상을 목욕으로 유지해 온 그 투지를 통해서는, 24시간 동안 몸을 균형 상태로 회복시키는 도구인 목욕이 어떻게 인간 본성 안에 심층적인 요구사항들로 유지되어 왔는지 알 수 있다.

단순한 목욕과 재생 도구로서의 목욕, 서로 다른 이 두 가지 접근방법은 사회적 가치들과 밀접한 관련이 있다. 단순히 깨끗하게 씻는 수단으로서의 목욕에 대한 개념은 목욕을 완전하게 개인과 직접 연관되는 것으로 해석하며, (특히 기계로 생산한 방식의) 욕조가 대표적인 것이다. 19세기에는 침실에 기계화된 설비가 갖추어진 욕실이 부속되어 편리함이 많았음에도 불구하고, 완전한 재생의 시스템을 대신할 수는 없었다. 개인 욕실은 신체 외면을 깨끗하게 씻는 단순한 도구로서 계속해서 남아 있을 것이다. 반면에, 완벽한 재생을 위해 반드시 필요로 하는 것은 사교성과 연결되는 것이 그 특징이었고, 그것이 일어나는 장소가 자연스럽게 사회생활의 중심이 되는 경향이 있었다.

재생은 고립에서 발생할 수는 없는 어떤 것이며, 여가보다도 더 넓은 개념이다. 야곱 부르크하르트(Jacob Burckhardt)는 "아레테(arete)" *268)를 그리스인들의 삶의 방식을 표현하는 가장 좋은 단어로 생각했다. 세계의 위대한 모든 문화는 여가에 대한 개념이 반드시 존재했고, 그 가치를 이해했다. 여가에 대한 관념은 실제적인 가치들로 인해 우리의 관심 밖에 놓인 문제들에 대한 관심을 함축한다. 남극과 북극의 강한 두 자극(磁極)과도 같이, (실행하던 실행하지 않던) 활발한 활동과 여가 사이에서 일정하게 끌어당기는 힘이 작용가능할 때, 진정으로 삶의 강렬함을 인식하고 음미할 수 있는 것이다.

로마와 그 이후 시대(Rome and Later Periods)

로마와 중세시대(Roma and the Middle Ages)

로마에서 중세시대보다는, 로마에서 르네상스 시대로의 변화가 더욱 밀접하다. 즉, 로마의 발전이 직접 중세시대로 연결되지 않았다. 중세 초기에서는 그 삶의 방식이 원시적 수준으로 퇴보했고, 사람들은 다시 그들만의 방식을 만들어 가야만 했다.

로마의 수준 높은 기술적 전문성을 얻지 못했지만, 로마네스크 시대의 둥근 형태와 치장돌 쌓기에서는 로마의 전통이 계속해서 유지된 것을 확인할 수 있다. "9세기, 불안정한 카롤링거 왕조(Carolingian)의 바실리카 건축에서는 볼트 축조기술의 가능성들이 발전하기 시작했지만, 9세기 말부터 쇠퇴하기 시작하여 많은 문화적 전통이 사라졌다. 특히 건설 산업의 기술적 발전에 많은 영향이 있었으므로, 11세기까지는 새로운 급격한 발전이 이루어지지 않았다".[*269)] 그러나 여러 가지 이유로, 로마네스크보다는 로마와 고딕건축 사이의 관계에 더 많은 관심을 가지고 있는데, 위를 향해 뻗어나가는 것을 강조함으로써 새로운 시작점을 고딕건축에서 만들어 냈기 때문이다.

중세시대에는 로마의 원형극장 및 욕장에서와 같이, 전문화된 서로 다른 집단들의 공동 작업을 통해 최대한 빨리 건설해야 하는 거대한 구조물들이 없었다. 중세의 대형 구조물은 오직 대성당뿐이었지만, 원시적 기술수준으로 인해 건설 속도는 상대적으로 느려졌다. 많은 대성당들이 고딕시대가 끝나 갈 때도 마무리되지 않았고, 실제로 19세기까지 완성되지 않은 대성당들도 있었는데, 더 진보된 건설방법과 미술사(美術史)에 대한 새로운 관심들이 결합한 때에만 완성할 수 있었다.

고딕시대 사람들은 느린 속도로 돌을 쌓아 올렸다. 로마인들의 복합적인 건설기술과 복잡한 구조물에 관한 모든 지식은 오래 동안 잊혀져 왔고, 인간은 다시 무거운 돌을 이용하는 것으로 되돌아갔다. 그러나 이 시기에는 공간의 거대한 변화와 미묘한 형태들이 만들어 졌고, 새로운 의미와 힘들을 발견할 수 있다. 로마인들은 높은 벽체 또는 곡면 벽체를 항상 아치 구조로 안정화 시켰지만, 고딕건축에서의 아치구조는 예술적 수공예가 되어 버렸다.

북쪽에서 발생한 고딕건축은 이탈리아 또는 남프랑스 등에서는 주목받지 못하고 제한적으로 확장되어, 남쪽에서는 독특한 고딕건축이 발전하지 못했다. 알프스 남쪽에서 완성된 순수한 고딕 건축물은 1387년에 착공한 밀라노 대성당(Milan Cathedral) 등이 있지만, 이탈리아에서는 결코 북쪽의 고딕 경향이 지배적인 것이 되지 못했다.

북쪽의 고딕건축은 새로운 공간적 표현과 공간적 비례들의 가능성들을 발전시

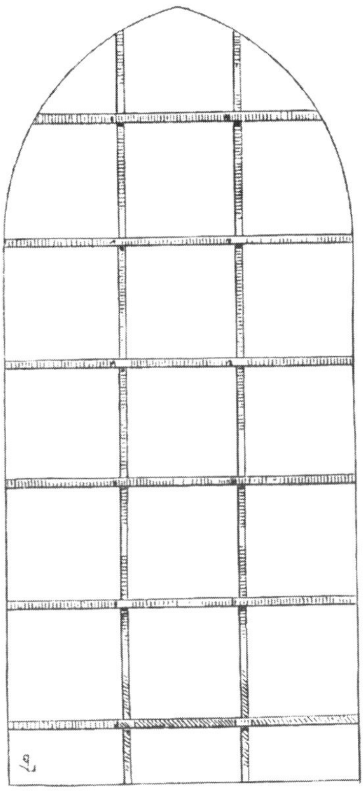

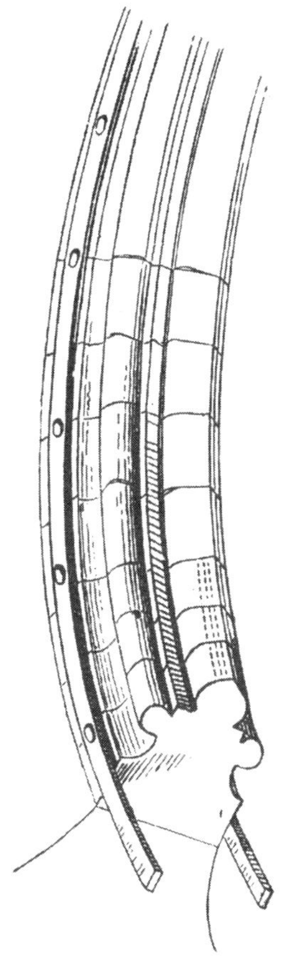

그림 214. 고딕시대의 철제 설치물. 납작하게 만든 연철(鍊鐵 : wrought iron) 막대로 격자판을 만들어 창을 가로지른 비올레 르 뒤크(Viollet-le-Duc)의 고딕 창문 그림.

그림 215. 파리 생 샤펠 성당(Sainte Chapelle)의 석조로 만든 볼트구조 리브(rib)의 한 부분으로, 연철(鍊鐵 : wrought iron)로 만들어진 얇은 띠로 보강했다. 비올레 르 뒤크(Viollet-le-Duc)의 그림.

켰다. 그러나 그 이후 시기인 르네상스에서는 놀랍도록 치솟은 높이에 관심을 갖지 않았고, 로마제국의 건축이 그 특질이 되었다.

기둥들은 남쪽이 아닌 북쪽에서 처음으로 극도로 얇아졌다. 볼트를 매우 높게 축조하고, 벽체에 광대한 개구부를 뚫고, 고딕 트레이서리(tracery)를 극도의 한계 상황으로 몰아간 것도 바로 북쪽에서였다. 고딕시대 말기에는 기둥의 끝이 점점 가늘어져 주두(柱頭)가 자주 생략되고, 볼트의 곡선 리브들과 합쳐지기도 했다.

작은 아치로 만들어진 로마네스크 성당 벽체에 설치된 창들과는 대조적으로, 고딕건축에서는 조적으로 만들어진 좁은 트레이서리와 이들로 엮인 수직적인 창문들이 견고한 벽체를 대신하게 되었다. 이것은 거대한 장미창(薔薇窓 : rose windows)과 회전하는 듯한 차륜창(車輪窓 : circling wheel)은 물론, 성가대석(choir)과 네이브(nave)에서도 볼 수 있다. 또 다른 천공은 교회 내부에 있다. 뾰족하게 높은 아케이드는 중앙의 네이브에서 측면 아일(aisles) 쪽으로 열려져 있고, 그 위쪽으로는 섬세하고 작은 기둥들로 뚫려진 트리포리움(triforium), 솟구치는 클리어스토리 창(clerestory windows)이 위치한다. 이와 동일한 연속순서가 측면 아일에서도 반복되었다. 네이브로부터 열려진 넓은 아케이드와 동일하게 측면 소예배당(chapel)으로도 반사되듯 아케이드가 있고, 그 상부에는 작고 가느다란 기둥으로 된 좁은 갤러리(gallery), 그 위에는 높은 창문들이 있다. 따라서 중앙 네이브에 설치된 패턴이 낮은 레벨에서도 반복된 것이다. 이와 같이 전체적으로 많은 벽체가 없어졌고, 사방이 막힌 좁은 공간은 어느 곳에도 없었다. 결국 고딕건축은 공간적인 볼륨을 사방에서 뚫어, 내부 공간 전체에 걸쳐 빛을 끌어들이고자 하는 필요를 표현한 것이었다.

수공예의 전통과 벽면을 광범위하게 천공함으로써, 고딕 정신(Gothic spirit)은 독특하게 공중에 떠 있는 듯한 건축, 지금까지 알려진 어떤 공간보다 더욱 열려진 내부공간을 이루어 냈다. 이는 건축물 외부에서도 계속되는데, 외관의 플라잉 버트레스(flying buttresses)와 심지어 소첨탑(pinnacle)까지 천공되었고,(그림 217) 수직을 강하게 강조한 타워들은 자주 안정성의 한계까지도 천공되었다. 그러므로 고딕 대성당의 외관은 내부공간의 다채로운 천공을 잘 보여주고 있다.

비올레 르 뒤크(Viollet-le-Duc)은 다음과 같이 언급했다. "13세기의 숙련된 석공이 그때까지 사용되었던 것과는 다른 구조 시스템을 발견했을 때, 그들의 건축에 로마와 로마네스크 건축에서 차용된 형태를 부여하지 않았다. 그들은 단순하게 그들의 구조적 시스템을 표현했고, 그렇게 함으로써 새로운 형태에 도달했다. … 동일한 논리로 이어 가보자. 지금 시대에 가능한 수단들을 단순히 사용하자. 즉, 더 이상 타당하지 않은 전통들의 간섭 없이 그들을 응용하는 것. 그 때에만 우리는 새로운 건축에 도달할 수 있다".[*270] 르네상스와 바로크 건축의 휴지기(休止期) 이후, 19세기와 20세기의 구조 엔지니어들은 발전된 고딕의 내부공간을 진전시키는 가능성들을 제공했다.

고딕의 건설방법들은 잊혀 지지 않았고, 19세기 후반과 20세기 초반의 보강 콘크리트 골조 구조와 철골조에 영감을 주었다. 이것은 고딕건축에 대한 큰 경의를 표현한 부르고뉴(Burgundy) 출신의 오귀스트 페레(Auguste Perret)와 그 이후의 피에르 루이지 네르비(Pier Luigi Nervi) 작품들에서 증명된다.

인간의 정신 작용을 간파하는 것은 어렵다. 인간은 필연적으로 시대의 염원에 영향을 받는다. 더 긴 안목에서 사건들을 보려고 시도해야만 하는 역사가들은 그 자신이 사는 시대목표의 원인과 유래에 대해 깨닫게 된다. "19세기에는 건축물이 무의식으로 역할을 했다. 건축은 외부적으로 과거 신화들의 추종을 찬양했고, 내부적으로는 파사드 뒤에 숨겨진 현대 발전의 기초가 구체화되었다".[*271]

그림 216. 카르카손의 로마네스크 성(Romanesque castle of Carcassonne)의 창 상부를 가로지르는 거대한 콘크리트 상인방. 비올레 르 뒤크(Viollet-le-Duc)의 그림.

르네상스와 바로크에서의 로마 건축개념

(Roman building concepts in the Renaissance and Baroque)

중세시대의 긴 휴지기 이후에, 서양은 다시 로마로 돌아갔다. 르네상스의 중요한 건축가들은 로마를 방문했고, 그들의 스케치는 그 당시 로마 유적 상황에 대한 정보를 제공한다. 그러나 이러한 스케치 보다는 건축가들이 느꼈던 흥분과 자극이 더욱 중요했다. 건축가들은 단순히 기둥의 오더(order)들과 원형 아치로 축조한 창 개구부들을 복제하는 것이 아닌, 넓은 내부 공간을 다루는 솜씨를 학습했다. 르네상스의 창조적인 특징은 그들 삶의 방식을 발전시키는 새로운 요소들을 얻는 데까지 진보했다는 사실이다.

로마제국의 주입면에서 외부로 곡선진 거대한 만곡부(彎曲部)들이 바로크 시대에서도 지속되는 것을 알 수 있는데, 아마도 로마의 성 베드로 대성당(St. Peter's) 앞에 있는 베르니니(Bernini)의 콜로네이드(colonnade)가 가장 완벽한 것이다. 오목한 두 날개 형태의 이 거대한 콜로네이드는 모든 힘들을 중심으로 집중시킨다. 날개부는 군중들을 감싸지만, 이 군중들은 4열의 기둥들에 의해 둘러싸여지는 느낌이 강화된다는 사실을 인식하기 어렵다. 이는 그리스 건축과는 대조적으로 가장 멀리 있는 기둥열이 단순히 효과적인 그림자로만 보여 지기 때문이다. 즉, 콜로네이드에 가까이 밀착된 건물들로 인해 사람들은 가장 바깥 면을 인식하지 못한다. 베르니니는 두 개의 좁은 입구를 남겨두면서, 오브리쿠아 광장(Piazza Obliqua)의 넓은 동쪽 개구부에 세번째 콜로네이드를 가깝게 배치하는 계획을 세웠지만 실현되지는 못했다. 만약 이것이 지어졌다면 둘러싸는 느낌이 더욱 증가되었을 것이다.

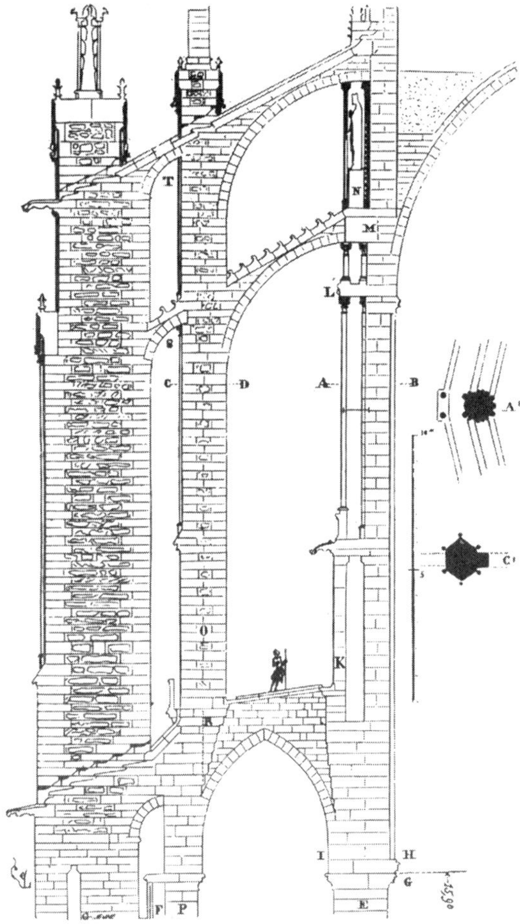

그림 217. 파리 북서쪽에 위치한 보베(Beauvais)의 고딕 대성당 플라잉 버트레스(Flying buttresses). 비올레 르 뒤크(Violet-le-Duc)의 이 그림에서는 극도로 뚫려진 지지 구조체를 볼 수 있다.

1690년에 카를로 폰타나(Carlo Fontana)*272)는 성 베드로 대성당과 하드리아누스의 영묘(Hadrian's Mausoleum)인 산 안젤로 카스텔(Castel S. Angelo) 사이를 축으로 연결하는 계획안을 발표했다. 오브리쿠아 광장쪽으로 확장하는 것은, 교차하는 콜로네이드와 가까워지고, 마치 티베르 강에 접근하는 것과 같이 원근법에 의해 양쪽 측면에 있는 두 주출입 가로(街路) 사이를 가깝게 만드는 것이었다.*273) 매우 만족스럽지 못한 현재의 축을 따라 성 베드로 대성당으로 접근하는 것은 20세기에 만들어졌다.

로마네스크와 고딕건축은 로마 시장의 바실리카를 기반으로 하여 3개의 아일(aisle)이 있는 특징적인 성당을 발전시켰다. 공동체에 기초를 둔 기독교는 집회를 위한 넓은 공간을 필요로 했고, 바실리카의 넓은 형태가 이러한 요구에 부합했던 것이다.

기둥 열은 없고 벽체에 붙어있는 측면 소예배당은 있는, 거대한 로마의 홀과 같은 공간을 창조하려는 열망은 훨씬 후에 일어났다. 고딕의 공간 확장과는 전반적으로 반대되는 르네상스와 그 이후 시기에서의 분위기는, 위대한 건축가이자 이론가인 두 사람, 레온 바티스타 알베르티(Leon Battista Alberti, 1404~1472)와 지아코모 비뇰라(Giacomo Vognola, 1507~1573)의 글에서 나타난다. 두 사람은 비트루비우스(Vitruvius)의 책과 고대 건축물의 유적들을 세심하게 연구했고, 두 사람 모두 그 결과를 출판했다. 1450년경에 저술하고 1485년에 출판된 알베르티의 『건축론*(De Re Aedificatore)*』, 1563년에 출판된 비뇰라의 『건축의 5가지 오더*(Regola Delle Cinque Ordini D'Architettura)*』가 그것이다.

고대 로마의 가장 뛰어난 건축물들은 하나의 중심 공간으로 이루어졌다. 이 거대한 배럴 볼트로 축조된 공간은 르네상스에서 가장 강력한 영감의 원천 중 하나였을 것이다. 하드리아누스의 로마와 베누스 사원(Hadrian's Temple of Venus and Roma)과 그 이후의 콘스탄티누스 바실리카(Basilica of Constantine), 이 두 건축물에서 사당(祠堂)은 측벽을 따라 눈에 띄지 않는 위치에 설치되었다.

르네상스의 건축가들과 이론가들은 유사한 공간의 장대함을 위해 노력했다. 그 중 만투아(Mantua)에 있는 알베르티의 성 안드레아 성당(S. Andrea, 1472~1597)과 로마에 있는 비뇰라(Vignola)의 일 제수 성당(Il Gesu, 1568~1584)에서는 로마 공간의 실재적인 표현이 성취되었다. 또한 르네상스에서는 내부공간에 새롭고 풍부한 장식을 사용했다. 라파엘(Raphael)과 친구들은 네로황제의 도무스 아우레아(Domus Aurea) 배럴 볼트 꼭대기에 있는 구멍을 통해 가까스로 들어가, 그 내부에서 수많은 스케치들을 발견하였고, 라파엘과 그의 문하생들이 1518~1519년, 바티칸(Vatican)의 로지아(loggias)에 모사했다. "유사한 맥락의 두 문화들은 5백 년의 세월과 장벽을 뛰어넘어 서로 호의적으로 경의를 표하게 되었다".*274) 로마제국의 공간적 형태에 대한 이해를 바탕으로, 하나의 중심 공간을 만드는 움직임은 남유럽과 북유럽 모두에서 성장했던 바로크 공간개념에서 절정에 달했다.

로마로부터 얻어진 벽체를 뚫는 개념은 두 번째 공간개념에서도 계속해서 확장되었다. 이는 특히 후기 바로크에서 명백하게 나타나는데, 이 시기에 투명한 유리창을 통해 빛이 성당 내부로 유입되고, 내부공간은 갑작이 엄청난 빛의 물결로 넘쳐 났다. 제국욕장 또는 콘스탄티누스 바실리카(Basilica of Constantine)와 1744년, 오토보이렌 대성당(Ottobeuren) 입구 갤러리 상부의 큰 3개 아치창을 비교해 보는 것도 가능한 일이다.

또한 바로크시기에 빛은 종교와 관련없는 건축물들에서도 넘쳐 났다. 폼페이에 있는 마르쿠스 파비우스 루푸스 빌라(Marcus Fabius Rufus) 식당(그림 170)의 높은 2개층 창문과, 1755년, 낭시(Nancy) 시청의 거대한 계단실 창문 벽(그림 144)을 쉽게 비교해 볼 수 있다. 이렇게 고대 로마와 바로크 시기에서의 벽체 천공은 유사한 규모와 동일한 방법들로 해결되었던 것이다.

1844년 건설을 시작한 큐 왕립식물원(Kew Gardens)*275)의 야자나무 온실(palm house)에서 실험되었던 것과 같이, 19세기에 산업적으로 생산된 판유리와 주철(鑄鐵)을 사용함으로써 더 넓은 규모들이 가능해 졌다. 여기서는 철로 만들어진 얇은 띠줄과 넓은 유리판 사이에서 일어나는 상호작용의 가능성들을 볼 수 있다.(그림 218)

바로크 시대에서는 로마에 없던 환상적인 천장화(天障畵)를 통해 볼트 천공을 새로운 방향으로 몰고 갔다. 천장은 열려 있고 흰 구름 위에 수많은 천사들이 푸른 하늘로 날아간다. 로마에 있는 성 이냐치오 성당(S. Ignazio)의 안드레아 포초(Andrea Pozzo)*276)가 그린 그림은 무한한 공간으로 날아오르기 위해 네이브(nave) 천장을 완전히 뚫고 올라간다. 이와 같이 완전히 열려진 것과 같은 천장화는 북쪽 국가들의 성당과 궁궐에서 가장 널리 퍼져 일반적인 것이 되었다.

로마제국의 교외주택들과 마찬가지로, 19세기 교외주택은 거의 지면까지 닿는 유리창문을 설치하고, 툭트인 지역에 위치하여 번영과 행복을 물씬 풍겼다. 마침내 다시 인간은 약탈자들로부터 충분히 안정함을 느꼈던 것이다.

17세기 이탈리아 바로크의 몇몇 선구자들에 의해, 후기 바로크 건축에서는 장엄한 계단이라는 새로운 건축요소가 나타났다. 종교와는 관계없지만, 귀족의 종교적인 연회를 위한 이 위엄을 갖춘 계단은 로마에는 없던 것이었다. 또한 창문과 벽 가까이에 문을 배치하여 연이은 방과 방이 전체적으로 연속 가능하도록 상호 연결하는 앙필라드(enfilade)와 같이, 고도로 조직화된 내부공간의 또 다른 사용 역시 로마시대에는 없었던 것이다. 이 문들은 평상시에 닫혀 있고, 아마 연회가 있을 때만 열렸을 것이다. 그러나 모든 방들은 하나로 통합된 공간의 한 부분을 형성한다는 사실을 거주자들은 인식하고 있었을 것이다.

1800년 직전에 일어난 프랑스 대혁명을 통해 형식주의적인 고대 그리스(Greek antiquity)로의 회귀현상이 나타났고, 건축에서는 새로운 속박을 가져오는 결과가 되었다. 그러나 이것은 오래 지속되지 않았는데, 나폴레옹(Napoleon)이 도입한 제국 스타일(Empire Style)의 차용된 장식이 19세기 내내 오랫동안 지속되었다.*277)

전이현상 : 재료의 사용(PHENOMENA OF TRANSITION : USES OF MATERIALS)

세 번째 공간개념의 근원을 찾기 위해서는, 건축의 원리들을 살펴보아야만 한다. 구조적 가능성들은 창조적인 건축가들이 공간적인 형태를 부여하기 전에 처음으로 실험되고 발전되었는데, 그 준비 작업은 엔지니어들과 과학자들 그리고 산업의 손에 달려 있었다. 예비단계는 18세기에 나타났고, 기술은 19세기에, 미적 형태는 20세기에 발전했다. 세 번째 공간개념을 가능하게 했던 것은 바로 새로운 건축 재료들의 출현이었으며, 특히 철을 건축 재료로 사용하게 된 것이었다.

콘크리트(Concrete)

로마의 대규모 건축물에 사용되었던 콘크리트는 고도로 숙련된 많은 작업자들을 필요로 했었다. 남 프랑스에 남아 있는 로마 건축물들이 붕괴된 유적 어디에나 중심부의 콘크리트가 드러나 있다. 그러나 예를 들어 트리어(Trier)에 있는 아우라 궁전(the palace aula)과 같은 육중한 조적식 구조의 대규모 건축물들, 로마의 교량, 사암 블록으로 만들어진 포르타 니그라(Porta Nigra) 등은 북 프랑스와는 다른 것을 알 수 있다. 시멘트의 원료인 화산재가 많은 곳은 아이펠(Eifel) 산 근처였지만, 이곳에서 콘크리트가 사용되지 못하였던 것은 아마도 지역 기술자의 경험부족이었을 것이다.

남 프랑스에서는 10세기에 일종의 개략적인 콘크리트 생산방법을 알고 있었지만, 그 품질은 숙련된 협동작업에 의해 생산된 로마벽체의 콘크리트와는 비교될 수 없었다. 비올레 르 뒤크(Viollet-le-Duc)는 이러한 미숙한 솜씨에 대해 다음과 같이 언급한다. “겉면은 울퉁불퉁하고, 내부는 속이 꽉 들어차지 않아 단단하게 결합되지 못하였다. 또한 사용된 석회는 품질이 좋지 않고, 모래에는 흙이 섞여 있었다”. 그는 건물의 한 부분에 임시로 사용된 콘크리트 부재를 예로 들며,(그림 216) “카르카손(Carcassonne)*1) 성에서는 콘크리트를 거푸집에 부어 만든 11세기 말의 문과 창의 거대한 인방(lintels)들을 찾아 볼 수 있다”*2)고 이야기 한다. 남 프랑스에서는 특정한 목적을 위해 사용한 콘크리트가 중세시대로 이어졌다.

고딕건축에서는 순수한 골격 형태를 얻기 위해 그 구조를 구성하는 요소들의 크기를 조금씩 줄여나갔던 것과 동시에 콘크리트가 사라졌는데, 콘크리트는 육중한 로마 벽체와 관련되었기 때문이었다. 예를 들어 로마 건축물의 유적들을 철저하게 연구하고, 고전 작가들의 주장들을 꼼꼼하게 인용했던 알베르티(Alberti)가 어느 곳에서도 로마의 콘크리트를 언급하지 않았다는 것은 중요하다.

콘크리트의 특성과 생산방법은 19세기 영국에서 다시 발견하게 되는데,*3) 같은 시기에 빈켈만(Winckelmann) 등의 고고학자들은 고대 건축물들에서 발견된 콘크리트의 구성요소들을 분석하고 있었다.(89쪽을 볼 것)

그림 218. 데시무스 버턴(Decimus Burton)과 리차드 터너(Richard Turner)가 1844년에 축조하기 시작한, 큐 왕립식물원(Kew Gardens)의 야자나무 온실(palm house). 철로 만들어진 얇은 띠줄과 넓은 유리판 사이에서의 상호작용을 볼 수 있다.

철과 강철(Iron and Steel)

로마의 철 사용(Roman uses of Iron). 로마인들은 분리 아치(relieving arch)를 사용하여 벽체를 안정화시키는 전문가들이었다.(그림 112) 그들이 이렇게 복잡한 기술을 사용하게 된 이유는 간단한데, 로마의 모든 건축물들은 육중한 벽체 구조에 기초하고 있었기 때문이다.

예를 들어 철과 같이 다른 재료를 사용하는 것에 대한 반감에 대해서는 대(大) 플리니우스(elder Pliny)가 잘 표현하고 있다. "자연은 자비심을 베풀어 세상에서 철을 없애지는 않고, 녹(rust)이 쓰는 형벌을 내려 철의 힘을 제한했다". 로마인들은 이러한 관념을 유지하며, 철을 매우 제한된 범위 내에서 건축 재료로 사용했다. 비트루비우스(Vitruvius)는 볼트로 축조한 천장 외장에 철을 사용했다고 설명한다. "가능한 한 이격거리 없이 서로 가깝게 설치한 철제 걸쇠에 철제 호(弧 : arcs)나 막대를 걸어 구조틀을 만들고, 테두리가 없는 타일을 이들 한 쌍이 지탱 · 고정하여, 볼트 전체는 완벽하게 철에 의해 지지될 수 있다".*4)

콜로세움의 육중한 트래버틴 기둥들은 철제 꺾쇠(clamps)로 결합되었고, 중세시대에서도 이 기술은 알려져 있었다. 그러나 철은 항상 건축 재료로서는 부적합한 것으로 생각되었다. 이러한 태도에는 두 가지 이유가 있었는데, 하나는 잠재의식이고 다른 하나는 확실히 실질적인 이유였다.

주관적인 이유는 로마인들이 명확한 단일 형태의 공간을 추구했기 때문이었다. 그들은 바로크와 로코코 공간의 정교한 장식, 하늘을 향하고 있는 고딕건축의 기둥들은 물론, 종교적인 어두운 빛에 반응하지 않았을 것이다.

객관적인 이유로는 주철, 연철(鍊鐵, wrought iron) 또는 강철(鋼鐵, steel)의 대량 생산을 위한 필수 기술의 부족이었는데, 이는 구성 성분에 대한 정확한 화학적 분석이 이루어져야만 그에 대한 필요 기반을 쌓을 수 있기 때문이다. 이는 결국 과학자들과 엔지니어들이 철의 대량생산 방법들을 고안하고, 압연된 거더(girder)는 물론 고층 건축물의 강철 골조를 사용할 수 있었던 시기에 와서야 이루어 질 수 있었다.

중세시대의 철 사용의 증가(Increasing employment of iron in the Middle Ages). 고딕건축의 과장된 높이와 가느다란 구조로 인해, 강철 거더를 사용하여 지붕을 지지하는 것은 도움이 되지 않는다는 의문이 제기되었다. 인간의 필요에 적합하도록 강철을 다루는 기술은 점진적으로 발전해 나갔고, 고딕건축의 위대한 지지자이자 학자였던 비올레 르 뒤크(Viollet-le-Duc)는 10권으로 구성된 그의 책, 『건축사전 *(Dictionnaire raisonnée de l'architecture)*』에서 "대장장이의 손에 순종하라(faire obéir à la main du forgeron)" 라고까지 언급하였다.

철의 사용은 남쪽이 아닌, 특히 고딕건축의 요람이었던 일드프랑스(the Ile de

그림 219. 1864년, 비올레 르 뒤크(Violet-le-Duc)의 시장 지붕을 위한 프로젝트. 지붕을 받치기 위해 거대한 V자 형태의 주철(鑄鐵 : cast iron) 기둥을 사용했다.

France)[*5](그림 215) 등 북쪽에서 나타났다. "이미 12세기 말부터…조적식 구조를 서로 결합하고 보강하기 위해 매우 대량으로 사용해야 한다고 생각되었다".[*6] 이후 철제부품 사용의 징후는 고딕의 창 개구부(그림 214)를 가로지르는 격자틀을 만드는 데 사용된 평평한 연철 막대들에서 찾아볼 수 있다. 13세기에는 조적식 표면을 강화시키기 위해 쇠사슬을 사용하기 시작했는데, 슈트라스부르크 대성당(Strasbourg Cathedral) 파사드에서 잘 볼 수 있으며, "모든 층에서 서로 단단하게 결속했다".[*7] 이후 건축에서 쇠사슬을 사용한 가장 유명한 예는 로마에 있는 성 베드로 대성당(St. Peter's) 돔을 안정화시키기 위해 미켈란젤로가 사용한 것이다. 철제 꺾쇠들이 콜로세움의 거대한 트래버틴 기둥들을 결속시킨 것과 같이, 이 사슬은 돔을 서로서로 결속시켰던 것이다.[*8]

정교한 고딕 구조, 점차 증가하는 높이, 끊임없이 줄어드는 지지 부재들의 폭은 철제부품의 사용을 촉진시켰다. "파리에 있는 생 샤펠 성당(Sainte Chapelle) 앱스(apse) 볼트의 리브 양쪽 측면에 부목(splints)과도 같이 결속되어 있는 좁은 철제 띠를 보면 놀라움을 금치못할 것이다".(그림 215) 이 한 쌍의 가느다란 띠줄은 "큰 리벳(rivets) 또는 볼트(bolts)들을 이용하여 서로서로 연결되어 있다".[*9]

비올레 르 뒤크와 철 구조(Viollet-le-Duc and iron construction). 고딕의 구조 시스템에 열중했던 비올레 르 뒤크는 자신의 작품에도 고딕 구조를 적용하였고, 그가 설계한 거의 모든 프로젝트에서 고딕의 볼트가 나타난다. 그는 시장의 지붕을 덮는 실험적인 디자인(그림 219)에서도 거대한 V자 형태의 주철 지지체들을 사용했다. 이후

1867년 전시홀과 1876년 봉 마르셰(Bon Marché) 백화점에서 에펠(Eiffel)이 사용했던 것과 같이, 철제 거더에서 캔틸레버로 뻗어 나오는 유리 지붕을 디자인하기도 했다.

비올레 르 뒤크는 주철 지지체들을 가지고 새롭게 번안된 디자인을 시도했음에도 불구하고, 그는 항상 고딕의 구조 시스템을 염두에 두고 있었다. 그러나 엔지니어들에게 새로운 출발점이 된 것은 강철과 조립식 공정으로 이어지는 재료 자체의 특성들이었다. 이러한 접근에 대한 첫번째 실험은 비올레 르 뒤크가 작고(作故)하기 전에 나타났는데, 1867년 국제 박람회(World's Fair)에서 선보인 젊은 구스타브 에펠(Gustave Eiffel)과 크란츠(J.B Krantz)의 작품이다.

비올레 르 뒤크는 "기관차를 만든 엔지니어들은 결코 4륜 마차와 수레를 모방하려고 꿈꾸지 않았다. 예술은 특정한 형태에 구속되지는 않지만, 인간의 정신과도 같이 예술이 불명확하게 새로운 어떤 것들을 창조할 수 있다는 것은 명백하다"라고 과감하게 진술했다. 그러나 그는 1867년의 파리 박람회라는 현실을 회피해 버렸다. 새로운 건설 방법으로 새로운 가능성들을 만들었던 그 성취물들에 대해 그는 다음과 같이 썼다. "상상할 수 있는 가장 추악한 건축물들을 선보이기 위해 전 세계를 초대한 우리 자신과도 같은 이 나라를 보고 있자니 후회가 밀려온다. 우리가 이 건축물들에 대해 동정심을 갖지 않는 것을 부끄러워해야 할 것이다".[*10)]

비올레 르 뒤크의 삶에는 두 가지 다른 측면이 있었다는 사실을 기억해야 한다. 디오클레시아누스 건축물 감사관(Inspécteur-Général des édifices Dioclésians)이라는 전문 직위를 통해 신성한 고딕 볼트구조의 형태에 집착하게 되었다. 또한 개인적으로는 철제부품의 고유한 가능성들과 관련이 있는 고딕 축조방법의 가능성들에 지속적으로 영감을 받았다. 그러나 그는 공학기술을 바탕으로 하는 산업화된 강철구조의 발생이 자연의 본성이라는 사실을 이해하지 못했다.

18~19세기의 주철(Cast iron in the eighteenth and nineteenth centuries). 산업화는 주철과 함께 시작했다. 18세기 잉글랜드(England)와 스코틀랜드(Scotland)는 산업화의 중심이었고, 산업화된 방법들로 주철을 생산하면서 모든 곳에서 철제부품이 나타나기 시작했다. 첫 생산품은 부조가 돋을 새김된 벽난로의 뒷벽에 사용되었고, 블룸즈베리(Bloomsbury) 지역[*11)] 등에서는 정원 울타리, 돌출 된 발코니들 그리고 가로등(街路燈)에도 사용되었다.

주철을 급수 파이프로 사용한 초기 예는 베르사유(Versailles, 1664~1686) 공원에서 나타났으며, 현재도 사용 중이다.[*12)]

18세기 후반과 19세기 초반의 주철은 특히 산업화가 시작된 영국 등에서 다리 건설에 사용되었다.

연철에서 강철로(From wrought iron to steel). 특정한 기계부품을 생산하기 위해 주철이 중요했던 것과 같이, 모든 종류의 장식품들에도 주철은 계속 사용되었다. 그러나 연철의 생산과 가능성들은 마침내 강철을 더욱 더 중요한 위치로 만들었다.

연철을 구조로 사용한 초기 예는 1786년, 빅토르 루이(Victor Louis)*13)가 설계한 파리 프랑세 극장(Theatre Français)의 철 지붕 트러스에서 볼 수 있는데,*14) 보통 나무로 만든 지붕 트러스는 화재 위험이 있기 때문에 연철이 적용되기 시작했다.

압연 공정으로 생산한 철제 레일과 거더의 사용은 지속적으로 증가하였고, 1855년 파리 박람회에서는 그 당시 가능했던 가장 넓은 폭인 48m 경간의 연철 배럴 볼트를 축조하였다. 이는 1851년 건설된 수정궁(Crystal Palace)의 경간에 약 두 배에 해당되는 것이었으나, 일부분은 아직도 수공업에 의해 생산되었던 것으로 보인다.

월치(Fritz Walch)가 입증했던 것과 같이, 강철이 처음 구조적 목적으로 사용된 것은 바로 1867년, 파리 세계 박람회에서였다.*15)

1889년 세계박람회에서의 기계관(Galerie des Machines)과 에펠탑(Eiffel Tower)은 강철의 구조적 가능성을 증명했고, 지난 수십 년간 만들어진 엄청난 진보를 보여주었으며, 이후 인류는 강철 골조의 전문가가 되어 버렸다. 측면의 미는 추력에 대항하기 위해 1855년에 사용되었던 주철 기둥과 무거운 콘크리트 블록은 하루밤 사이에 모두 사라졌다. 3개의 힌지가 있는 기계관 아치의 기초는 점점 가늘어져 하나의 점으로 땅에 닿고, 관절과도 같이 천장 중심에서 볼트로 서로 결합되었다. 이 자유로운 경간에 유리로 지붕을 덮어 넓이 115m, 길이 420m의 넓고 광대한 홀이 형성되었다. 이 공간은 지각할 수 있는 외부 공간과의 관계, 내부 공간 전체에 움직임과 무한함의 새로운 관점을 도입했다는 것에 그 미적인 중요성이 있다. 이와 같이 1889년 전시회에서는 프랑스 고딕건축의 철저한 천공이 새로운 형태를 부여하게 되었고, 여기에 구조기술, 과학적 계산, 지금까지 알려지지 않았던 투명성까지 절정에 이르게 되었다.

이후 발전의 중심은 실질적인 것으로 전환되었는데, 특히 산업화된 강철생산의 실험들이 대규모로 처음 적용된 것은 바로 1890년경 시카고학파(Chicago School)의 고층 마천루 건축이었고, 이러한 발전된 수단을 준비했던 사람은 19세기의 과학자들과 엔지니어들이었다. "연철법(鍊鐵法 : puddling)" 에 의해 산업적으로 처음 연강(軟鋼 : soft steel)이 생산되었지만, 19세기 중반 이후에 베세머법(Bessemer process)*16)을 통해 많은 양의 경강(硬鋼 : hard steel)을 경제적으로 생산할 수 있게 되었다. 즉 강철로 만든 골조구조와 새로운 공간개념의 도입을 위한 기초가 만들어진 것이다.

세 번째 공간개념(THE THIRD SPACE CONCEPTION)

우리 자신의 시대를 새로운 공간개념의 시작으로 보는 관점은 위험한 것이다. 건축 역사에서 공간개념은 매우 적었고, 각 시기는 긴 시간 동안 지속되어 왔다. 그 누구도 지금 현재가 세 번째 공간개념이 시작되고 있다는 가정의 정당성을 판단하기 어렵겠지만, 여기서는 내가 이러한 확신을 가지고 있는 몇 가지 이유에 대해 제안하기로 한다.

20세기의 화가와 조각가들은 시각개념(visual conception)의 영역에서 새로운 장을 열었다. 역사적인 형태와 양식을 남용했던 19세기 이후, 무의식의 근원과 경험의 깊이를 조사했던 사람들은 바로 화가들이었다.

하나의 전환점에서 발생하는 혼돈 속에서 새로운 공간개념과 새로운 전통이 생겨나는 징후 중 하나는, 부활하는 우주적 세계관과 모든 과학 분야가 전달해 주는 내용들이다. 르네상스 기간 동안 서양 예술은 우리 눈에 보여 지는 사물들을 묘사하는 시각적인 투시도 발견에 사로잡혀 있었다. 현 시대에서는 물리적인 순수한 외관에 대한 관심은 없어졌고, 지금의 예술 탐구에서 가장 중요한 위치를 점유하는 것은 공간에 대한 본질이다. 많은 화가와 조각가들은 각자 자신만의 방법으로 이 공간이라는 무형의 매체를 통해 그 본질적인 관계들을 이해하기 위해 노력하고 있다. 공간을 오늘날의 역동적인 현상으로서 탐구한다고 말하는 것은 과장이 아닐 것이다.

최초의 세 번째 공간개념의 건축은 입체파(Cubist)가 그 특성들을 재발견하였던 평평한 표면에 기반을 두었다. 자연을 모방하여 사물을 연상시키는 작업은 네덜란드 신조형주의(Neoplasticism), 데스틸(De Stijl) 운동의 몬드리안(Mondrian)과 테오 반 되스버그(Theo van Doesburg), 프랑스 순수주의(Purism)의 르 꼬르뷔제(Le Corbusier)와 오장팡(Ozenfant) 그리고 러시아 절대주의(Suprematism)의 말레비치(Malevich)와 리치스키(Lissitsky) 등에 의해 근본적이고도 완벽하게 자유로와 졌다. 그들 모두는 평평한 표면에 대한 매우 강한 강조를 통해 합리화를 지향하며, 점차 건축으로 관심을 모아갔다. 이것은 르 꼬르뷔제가 디자인 한 초기 개인주택들, 리트벨트(Rietveldt)의 위트레흐트(Utrecht) 슈레더 주택(Schröder House), 마르셀 브로이어(Marcel Breuer)와 월터 그로피우스(Walter Gropius)의 롱 하우징 슬래브(Long housing slabs) 등의 형태들을 통해 설명가능하다.

1930~1932년, 프랑스 파리의 시떼 위니벡시떼(Cité Universitaire)에 있는 르 꼬르뷔제의 스위스관(Swiss Pavilion)은 다음 시대로의 전이를 나타내는 하나의 좋은 예이다. 건축물의 한쪽 면은 기숙사의 유리 커튼월로 이루어져 있고, 다른 면은 창이 없는 두 벽체들로 구성되어 있는데, 아래 부분은 거친 돌 슬래브로, 상부는 매끄

러운 시멘트 패널로 마감했다. 하나의 벽체 뒤에 다른 벽체를 엇갈리게 만들거나 곡선으로 만들고, 서로 다른 표면 처리들을 만듦으로써 하나의 건물 안에서 평평한 표면을 흐트러지게 계획했다. 이것은 전체 건축물의 개념을 하나의 조각적인 볼륨으로 이어지게 한 시작이었다.

첫 번째와 두 번째 공간개념의 유산(Heritage of the First and Second Space Conceptions)

공간을 발산하는 볼륨(Space radiation volumes)

첫 번째 공간개념의 두드러진 특성이었던, 공간을 발산하는 볼륨의 힘은 지금 다시 영향을 미치고 있으며, 건축과 조각에 모두 적용된다. 사실 건축이 조각에 가까워지고, 조각이 건축에 가까워졌다. 조각에서 알베르토 자코메티(Alberto Giacometti)*1)의 '걷는 남자(stride figures)' 는 비록 주변 공간의 강한 영향력으로 인해 그 형태가 축소된다 하더라도, 다른 한편으로는 그 자신의 공간을 발산하고 있다. 또한 공간을 발산하는 볼륨으로서의 건축은 하나의 건축물에서 그룹디자인(group design)까지 거의 모든 곳에서 나타난다. 이러한 접근은 도시계획에서 강조하는 자유로운 조직 형성과 매우 밀접하게 연결되고, 변화 요구들에 즉각적으로 응답해야만 한다.

공간 속에 독립된 볼륨들은 19세기 건축에 존재했었는데, 예를 들어 1806년에 축조가 시작된 파리에 있는 나폴레옹(Napoleon)의 웅장한 개선문(Arc de Triomphe)과 라 마들레느(La Madeleine) 성당, 그 이후 거대한 돔과 바로크식 내부 계단이 있는 1866~1883년의 브뤼셀(Brussels) 대법원(Palais de Justice) 등이 있다. 그러나 이 사례들은 그들의 전체 공간적 배경과는 관계없이 독립적인 건축물로 서 있었고, 형태는 고딕 · 르네상스 · 바로크 등 다른 시기에서 차용되었던 것이었다.

또한 세 번째 공간개념에서는, 1951~1955년, 롱샹(Ronchamp)에 있는 르 꼬르뷔제의 생 마리 뒤 오 순례자 성당(Ste. Marie du Haut)과 같이, 독립된 건축 공간을 발산하는 힘에 대한 예를 찾을 수 있다. 이 성당은 주위의 굽이치는 모든 경관을 지배하며, 언덕 위에 솟아 오른 눈부신 백색의 조각과도 같은 단일체로서 서 있고, 오목한 지붕은 마치 내려앉는 새와 같이 그 위에 얹혀 있다.

1957년에 시작된 요른 웃존(Jørn Utzon)의 시드니 오페라 하우스(Sydney Opera House)는 항구를 내려다보는 바위 곶(串) 위에 자리 잡았다. 바람 가득한 돛과도 같이, 바다를 향해 열린 60m 높이의 조가비 모양의 볼트(vault)들이 연속적으로 겹쳐지면서 이 조각적 형태를 확정하고 있다. 또한 관객석 위로는 조가비 모양의 볼트에 매달린, 가벼운 나무로 만든 천장이 대위법적(對位法的, contrapuntal)으로 강조되고 있다. 이 조각적 볼트들이 외부 공간을 지배하고 있으며, 계속해서 변화하는 빛으로 인해 볼트들의 형태는 내부 홀들과 로비 안에서 명확하게 보여질 수 있도록 열려져, 결국 내 · 외부 공간 사이의 상호작용이 만들어질 수 있었다.

내부 공간(Interior space)

두 번째 공간개념이 유지된 2천년 동안, 각각의 시기는 자신들의 감정적 요구들을 만족시키기 위한 방법으로 볼트 축조의 문제를 다루어 갔다. 로마와 비잔틴 · 로마네스크 · 고딕 · 르네상스 그리고 바로크 시기들에서 사용되었던 볼트의 특별한 형태 대부분은 이 시기의 상징들이 되었다. 그러나 땅으로부터 가장 높은 지점에 중심을 두는 종(鐘)과도 같이, 볼트는 항상 내부공간 위로 매달려 있었다.

내부공간을 비워 내는 두 번째 공간개념의 유산은 지금 이 시기에도 서로 다르게 발전되고 있다. 쌍곡포물선 쉘(hyperparaboloid shell) 볼트와 같이 자신이 힘의 작용선을 스스로 분배하거나, 거의 제한 없는 가변성과 극도의 가벼움 등에 기반을 두는 새로운 건설 수단들은 내부공간의 새로운 형태 개념들에 도약대가 되었다.

새로운 건설 수단들의 가능성에 더해 첫 번째와 두 번째 공간개념이 혼합된 유산으로 인해 지금까지 알려지지 않은 내 · 외부공간의 상호침투가 발생하였다. 볼트는 위로 올라가는 대신, 그 중심이 땅에서 가장 낮은 지점에 있도록 아래쪽으로 곡선을 이룰 수 있다. 경계를 한정짓는 주위 벽체들에 근접하는 솟아오른 천장은 거기서 끝나는 것이 아니라, 위쪽과 바깥쪽으로 계속 밀어내는 것을 의미한다. 이것은 롱샹에 있는 르 꼬르뷔제의 순례자 성당에서 가장 두드러지는데, 내 · 외부 공간 사이의 분리와 접합이 가장 명확하게 표현되고 있다. 1965~1967년, 그의 마지막 건축물인 취리히(Zurich)의 인간의 집(Maison d'Homme)에서는 내 · 외부 공간의 상호관계를 더욱 명확하게 표현하기 위해 또 다른 방법을 사용한다. 위로 솟아오르는 볼트와 빛에 대한 가능성들은 또한 아르헨티나인(Argentinian)인 에두아르도 카탈라노(Eduardo Catalano)*2)와 멕시코인(Mexican)인 펠릭스 칸델라(Felix Candela)*3)와 같은 건축가이자 건설자들에 의해 발전되어 왔다.

이와 같이 볼트 축조의 가능성과 문제점들은 두 번째 공간개념의 출현 이후에 크게 변해왔으며, 볼트는 현재 선례가 없이 현실화와 연결되는 원칙들을 좇고 있다.

내 · 외부 공간의 상호작용(Interaction between interior and exterior space)

세 번째 공간개념에서는 볼륨과 공간의 새로운 관계와 해석을 발견하게 된다.

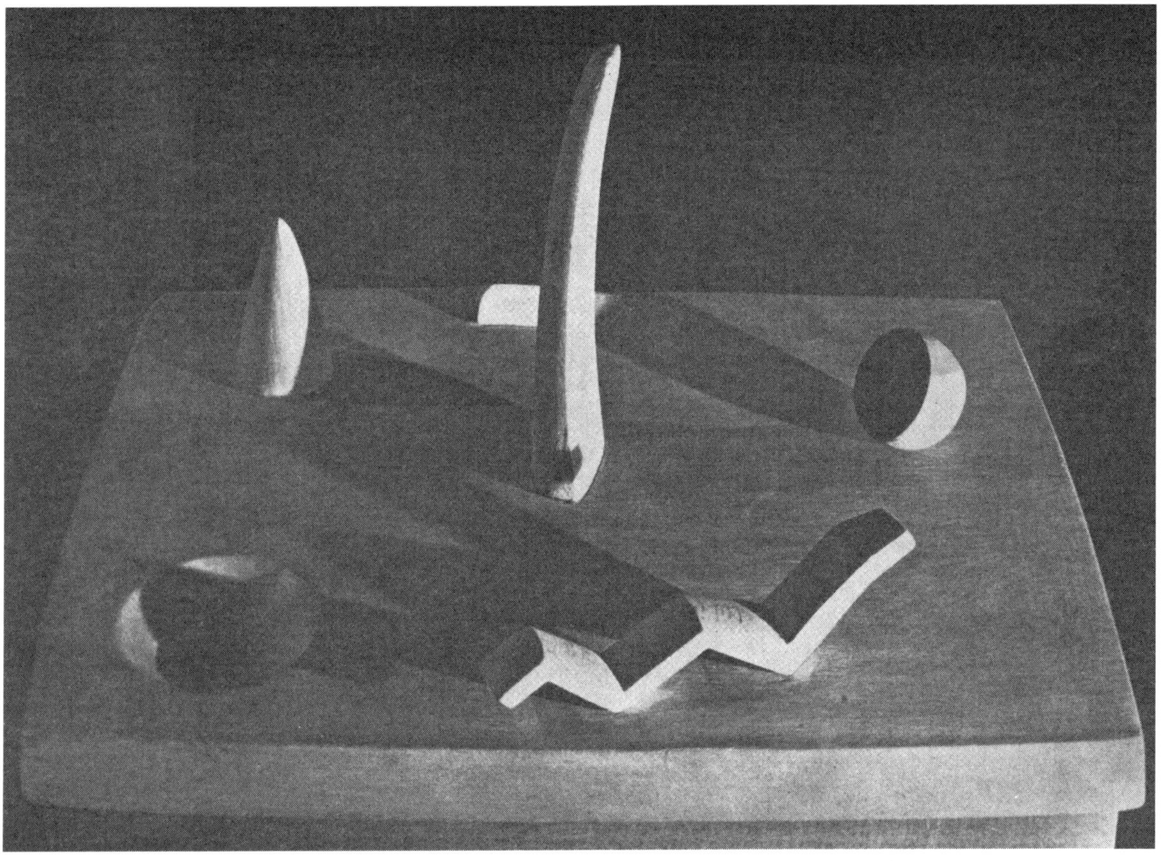

그림 220. 1930~1931년, 알베르토 자코메티(Alberto Giacometti)의 '장소에 대한 프로젝트'(Projet pour une place, 석고, 10.2×30.5×22.9㎝(4×12×9 inches)). 이후의 건축적 구성을 암시하는 기본적인 조각적 형태들의 상호관계. 원작은 없어졌으나, 한때 작가의 작업실에 있었다.

아마도 조각가 알렉산더 아키펜코(Alexander Archipenko)*4)가 건축으로 바로 통합될 수 있는 특정 방법들을 발전시킨 첫 번째 사람일 것이다. 1909~1916년, 그의 초기 청동 작품들에서는 음각과 양각의 볼륨에 대한 역동적인 상호작용을 실현하고 표현했으며, 속이 꽉 찬 볼륨들의 비물질화를 완성하는 구조적 방법들을 보여주었다. 1916년, 아키펜코의 "앉아있는 사람(Seated Figure)"(도판 VII)에서는 쉽게 뒤쪽의 외형 윤곽을 이해할 수 있으나, 이 앞면의 형태는 부분적으로 꽉 차 있기도 하고 비워져 있기도 하다.

건축에서도 볼륨과 빈 공간, 내부와 외부의 파동을 추구하기 시작하여, 내·외부 공간을 상호 연속적으로 관통함으로써 새로운 상호관계를 확립하였다. 사람들은 둘러싸인 건축의 내부공간에서 여전히 외부공간을 의식하게 된다. 예전에는 돔으로 축조한 볼트를 꼭대기까지 올렸지만, 지금은 외부공간의 영향을 생각나게 하듯 천장을 조금 내렸다가 올린다. 강철 케이블로 보강한 쌍곡선포물선(hyperparaboloid) 볼트에서는 구조적 시스템에서 가장 낮은 지점이 내부 공간의 중심에 나타난다. 이러한 볼트는 그 자신 안에서 균형을 유지하기 때문에, 로마시기부터 보편적이었던 공간을 감싸는 벽체들에 가해지는 측면 힘이 갑자기 없어진다.

그룹디자인(Group Design)

볼륨의 상호관계 속에서의 건축적인 병치(竝置)가 그룹 디자인을 불러왔고, 볼륨으로서 공간을 발산하는 새로운 특징과 감성은 조각가들의 작품에서 나타났다. 그룹 디자인에서는 과거 요소들이 미래 구성요소들과 결합되는, 첫 번째와 두 번째 공간개념의 유산을 인식할 수 있다.

1930~1931년, 알베르토 자코메티(Alberto Giacometti)의 '장소에 대한 프로젝트'(Projet pour une place)(그림 220)에서는 별도의 볼륨들이 각각 만나고 있으나 어떤 것도 건축적으로 정의 내릴 수 있는 것은 없으며, 단지 조각적인 기본 형태들이 이후의 건축적 구성요소들을 암시하고 있을 뿐이다. 열려 있는 공간의 중심에는 자유롭게 서 있는 수직 형태가 지배하고 있고, 하나는 뒤집히고 다른 하나는 위쪽으로 열려 있는 두 개의 그릇과 같은 형태들이 그 대각선상에 놓여 있다. 오스카 니마이어(Oscar Niemeyer)의 브라질리아(Brasilia) 삼권광장(Plaza of the Three Powers)과 같이, 이후 건축적인 그룹화는 이와 유사한 배치 형태를 보이고 있다.

또한 그룹화 된 형태에 대한 유사한 접근방법들은 역사적인 관점을 통해 볼 수 있다. 1949년에 미국 고고학자 로버트 스크랜턴(Robert Scranton)은 「그리스 건축의 그룹 디자인(Group Design in Greek Architecture)」이라는 논문을 발표했고, 이후 미국에서 활동한 일본 건축가, 후미히코 마키(Fumihiko Maki)는 1964년, 『집합적 형태에 대한 조사(*Investigations in Collective Form*)』에서 그룹 형태(group form)에 대한 개념을 발전시켰다. 한 사람은 고대 그리스, 다른 한 사람은 현대 도시계획에 관한 것이지만, 이 두 사람은 도시설계에서 동일한 현상을 다루고 있었다. 그러나 마키 또한 역사적 선례들을 인용했는데, "거대한 규모의 형태를 만드는데 암시적이고 유용한 사례들로 보여 지기 때문이다".*5)

건축이 조각적 성격을 가질 때, 그룹 디자인은 제 역할을 하게 된다. 조각적인 관계에도 불구하고 건축물들은 공간적으로 명확하다. 그들은 공간 속에서 자유롭게 서 있다.

볼륨들의 상호작용(Interaction of volumes)

조각적인 감성은 특히 남유럽 국가들에서 분명하게 나타난다. 초기 사례인 피사(Pisa)를 살펴보면 1063~1118년의 대성당, 1174~1350년의 종탑(campanile) 그리고 1152년에 시작된 원형 세례당(baptistry)이 볼륨으로서 함께 무리지어 공간 속에 자유롭게 배치되어 있다. 물리적 형태와 구성에서는 커다란 차이를 보이지만, 그들은 조각적인 삼자 관계를 구성하고 있는 것이다.

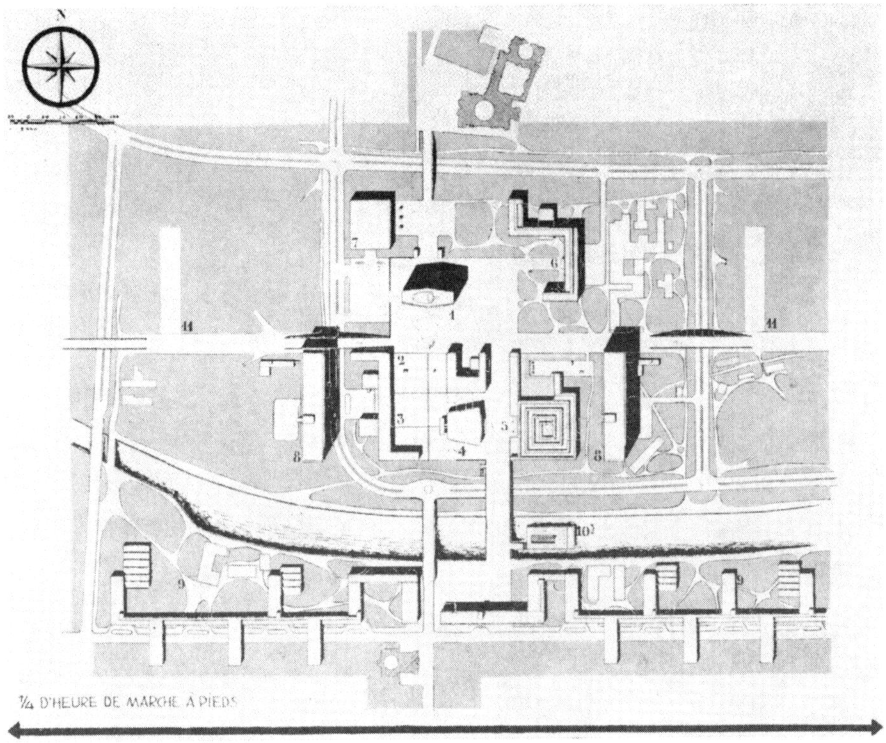

그림 221. 1945년, 르 꼬르뷔제(Le Corbusier)의 생디에(St. Dié) 프로젝트. 전쟁의 상처를 입은 이 도시의 새로운 시민문화센터 배치계획안. (1) 도시행정사무실, (2) 시청, (3) 상점과 카페, (4) 커뮤니티 극장, (5) 박물관, (6) 호텔.

현대 건축가들은 고대 그리스와 중세시대의 도시 공간 속에서 조각적으로 형성되는 원리들을 발견하기 위해 과거의 사례들을 조사해 왔다. 르 꼬르뷔제는 초기에 아크로폴리스(Acropolis)와 피사 유적들을 여행하며 조각적인 조직들을 경험했고, 수많은 스케치를 통해 당시 인상들을 기록하였다. 따라서 이 두 유적의 그룹디자인은 언제나 그의 마음속에 존재했었다고 할 수 있는데, 1952년, 르 꼬르뷔제와 건축주가 논의하는 편지에 그려진 파르테논(Parthenon)과 피사, 빌라 사브와(Villa Savoie)에 대한 아주 작은 스케치들이 이를 증명하고 있다.

프랑스 생디에 시민센터(St. Dié Civic Center, France). 르 꼬르뷔제는 실현되지는 못한 1945년의 생디에 시민센터 프로젝트에서, 피사에 있는 두오모 광장(Piazza del Duomo)의 건축물들과 유사하게 건축물들 사이에서의 자유로운 조각적 상호관계들을 만들어 냈다.(그림 221) 각각의 건축물들은 그 자신의 공간을 발산하고, 동시에 전체 통일된 시민센터에 부속되도록 배치되었다. 개별적인 구조물들은 마치 현대 조각과도 같이 끊임없이 공간을 채우기도 하고 비워버리기도 한다. 광장의 남서쪽 모서리에 있는 카페(3) 또는 북동쪽 모서리에 있는 호텔(6)에서 보았을 때, 행정 사무실(1) · 시청(2) 그리고 박물관(5)은 대각선으로 그룹을 형성한다. 또한 북쪽에 멀리 있는 대성당을 경관 속에 통합하는 등, 건축물들은 이 복합체 안의 공간 구성을 제한하지 않는다. 사방으로부터 공간이 흘러들어 가는 곳은 바로 광장이다. 여기에 더해 전체 도로는 보행자 전용도로로 조직되어, 어떠한 교통차량도 접근할 수 없었다.

중규모 도시의 커뮤니티 센터를 위한 이 선구적인 프로젝트는 정치 정당들의 옹졸한 관행으로 인해 실현되지 못하였지만, 이는 여전히 오늘날 우리에게도 매우 중요한 문제이다.

마르세유 유니테 다비타시옹(Unité d'Habitation, Marseilles). 실현된 프로젝트로는 1947~52년 마르세유에 있는 유니테 다비타시옹이 있다. 여기서 르 꼬르뷔제는 실용적인 구조물들을 조각적인 형태들로 변형시키면서, 지붕 테라스를 커뮤니티 센터로 발전시켰다. 위로 올라가면서 넓어지고 휘어진 곡선의 환기탑, 강력한 정육면체의 엘리베이터 타워 등, 서로 다른 요소들을 배치하면서도 조각적인 객체로 만들었다. 또한 미스트랄(mistral)[*6)]을 막기 위해 만든 지붕 테라스의 북쪽 끝단 수직면은 야외극장의 뒷벽을 형성하는데, 르 꼬르뷔제는 이러한 수직적 요소들 사이에서도 유치원 · 체육관과 관계된 조직화된 구조물과 테라스를 수평적으로 그룹화 했다. 여기서 알 수 있는 것은, 공간을 방사하는 각기 다른 힘들과 다른 형태를 갖는 조각적 볼륨의 상호작용을 주의 깊게 고려했다는 것이다.

프랑스 모(Meaux, France). 1956년, 르 꼬르뷔제의 모 계획안은 넓은 영역에 걸쳐 볼륨들을 분포시키는 상당히 다른 방향을 보여준다.[*7)] 높은 판상형 아파트 5동은 서로 멀리 떨어져 위치했고, 이들 사이에는 피사의 종탑을 연상시키는 원통 타워 형태의 독신자 아파트 2동이 위치한다. 이 계획안에서는 모든 볼륨들이 단순한 상호작용을 일으키고 있으며, 피사에서와 같이 병치를 통한 개별적 형태들의 조각적 표현을 강조하였다.

도시 경관을 형성하는 볼륨(Volumes as shapers of the urban scene)

위의 프로젝트들은 모두 지금 시기의 조각적인 경향들과 밀접하게 연관되어 있다. 그러나 그룹디자인의 개념은 이보다 한걸음 더 나아가는데, 건축물 배치에 대해 건축가들의 충분한 자유가 부여된 새로운 도시 개발에서 가장 강력한 표현을 찾아 볼 수 있다. 1957~1960년, 신도시 브라질리아의 삼권광장(Plaza of the Three Powers)은 도시의 끝 부분에 건설되었고, 먼 곳까지 열린 끝없는 조망을 위해 개별 건축물들을 그룹화 했다. 르 꼬르뷔제는 거의 동일한 개념을 따라 1956년, 찬디가르(Chandigarh) 신도시 한쪽 끝단에 공공 건축물들을 집중하여 배치했다. 사무국 · 의사당 · 재판소는 평행하지만 서로서로 면하여 있고, 양쪽 편으로는 넓게 펼쳐지

그림 222. 1964년, 후미히코 마키(Fumihiko Maki)의 도쿄(Tokyo), 신주쿠(Shinjuku) 프로젝트. 도쿄의 가장 큰 오피스 빌딩과 상업센터 중 하나를 재개발하는 이 프로젝트는 자유롭게 조직화된, 강력한 조각적 특성의 볼륨들을 그룹화했다.

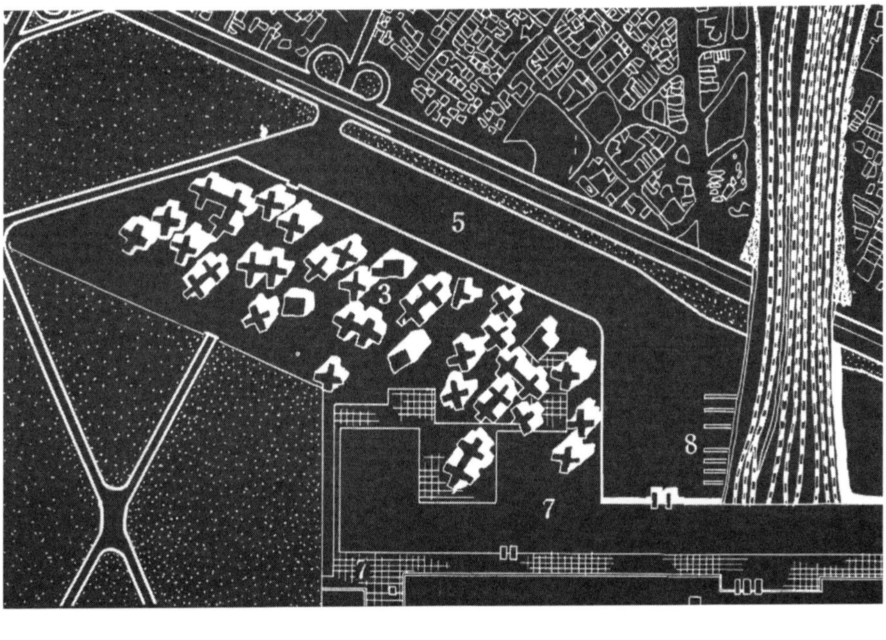

그림 223. 신주쿠(Shinjuku) 프로젝트. 리모델링한 업무 · 상업 · 위락 센터의 평면도.

그림 224. 1966년, 겐조 당케(Kenzo Tange) 팀의 쓰키지(Tsukiji) 프로젝트. 기둥역할을 하는 높은 코어의 골격구조로부터 5~8층의 오피스 블록들이 수평으로 돌출되어 있다. 조각적인 리듬이 이 복합 건축물을 구성하는 각 요소들에 생명력을 부여하고 있다.

는 조망이 열려져 있다.

브라질리아 삼권광장의 건축물들, 즉 한 쌍의 평행한 높은 행정타워, 조가비 형태로 하나는 뒤집히고 하나는 똑바로 서 있어 접시처럼 보이는 상원과 의회를 위한 2동의 의사당은 높은 단 위에 건설되었다. 두 번째 공간개념에서 플라자와 광장은 벽체 주변으로 그룹화 된 건축물의 내부공간이 확장된 것으로 인식되었다. 브라질리아에서 광장 중앙에 모여진 볼륨들로 인해, 상원과 의회 건축물 주위의 단 위에서는 자유롭게 경관을 조망하게 된다. 광장은 서로 다른 형태의 볼륨 사이에서 자유로운 조각적 상호작용에 의해 그 경계가 명확해진다. 이것은 1953년, 월터 그로피우스(Walter Gropius)와 동료들이 계획한 보스턴(Boston) 백 베이 센터(Back Bay Center) 프로젝트의 초기 계획안과 유사한 것이다. 이 계획안의 가장 큰 특징은 공공 건축물들은 좁은 철로 상부를 따라 그룹화 하였고, 높은 업무용 건축물은 서로 다른 형태와 높이로 그룹화 하는 것이다. 따라서 전체 대지는 보행자들이 사용할 수 있도록 보존되었고, 보행 교차로는 컨벤션 홀이 있는 컴플렉스와 연결되었다. 이와 같은 그룹디자인은 그 이전부터 개발되었던 프로젝트 범주에 속하는 것이지만, 지금은 더 좋지 않은 방향으로 개발되어 버렸다.

현재는 특정 기능들이 더욱더 대규모로 집중화되어, 도시와도 같이 유기체적인 특성으로 변하고 있고, 업무 · 위락 · 주거 지역은 그 안에 집중된 중심지역으로 각각 계획한다. 이러한 경향 속에서 후미히코 마키(Fumihiko Maki)는 도쿄 신주쿠(Shinjuku)에 자유롭게 조직화된, 강한 조각적 특성을 갖는 볼륨의 새로운 상업센터를 계획했다.(그림 222) 오피스 빌딩의 냉철함은 사라졌고, 전체 배치를 교란하지 않으면서도 개개의 부분들에 새로운 확장성을 추가할 수 있었다. 새로운 수직 코어들에 조각적 형태를 부여하는 동일한 아이디어는, 도쿄 덴츠 광고대행사(Dentsu Advertising Company)를 위한 겐죠 당케(Kenzo Tange)의 쓰키지(Tsukiji) 계획안에서도 볼 수 있다. "코어 기둥들은" 도시의 교통 흐름과 연결되는 "수직 가로로서 역할을 하고 있다".[*8] 그러나 이 계획안은 단순한 타워들로 이루어지지는 않았고, 건축물 위쪽으로 돌출된 다양한 직사각형 · 정사각형 형태들이 유기적으로 통합된 조각적 집합체였다. 5~8층의 오피스 블록들은 수직 골격에서 캔틸레버로 돌출 되었다. 또한 오피스를 포함하고 있는 여러 층의 브릿지들은 다른 높이에서 구조물들을 연결하여 이 프로젝트에 생기를 더하고 있다.(그림 224) 이 계획안은 모든 점에서 자유롭다. 각각의 건물들에는 조각적 리듬이 넘쳐난다. "그러한 시스템은 차이와 혼합을 허용하고, 항상 확장하고 변화하는 도시와 교통 그리고 건축 사이의 관계들을 조직적으로 통합할 수 있었으며, 연속적으로 열린 도시 풍경을 가능하게 한다".[*9]

후기 바로크 시대에 매우 두드러졌던 두 번째 공간개념에서는, 공간을 규정하는 벽체들을 통해 열린 플라자와 광장들을 조성함으로써, 도시 경관 속에 특색 있는 공간들을 만들어 낸다. 반면에 세 번째 공간개념에서는 조각적인 볼륨들 사이에서 일어나는 공간적 상호작용이 이러한 역할을 하고 있는 것이다.

기능의 분리(Separation of Functions)

지금은 세 번째 공간개념의 몇몇 징후만을 인식할 수 있을 뿐이다. 우리는 여전히 그 시작점에 서 있지만, 일반적인 경향은 명확히 나타난다고 할 수 있다. 보행자와 교통의 분리는 물론, 얼마 전부터 시도되어 왔던 학교를 가지고 있는 주거지역과 중심업무지구를 분리하는 등, 오늘날 무질서하게 서로 뒤얽혀 있는 기능들이 점점 더 분리되는 추세로 가고 있다.

보행자와 자동차 교통의 분리는 중요하지만 매우 어려운 문제이다. 유일한 해결책은 오직 보행자들만이 사용하기로 된 특정 지역으로부터 교통을 배제시키는 것뿐이다. 이것은 폼페이 광장(forum of Pompeii)에서 교통 통행을 차단하기 위해 설치한 볼라드(bollards)를 통해 판단해 보면, 로마시기에도 필요했었던 것이다.(그림 55)

각각의 기능은 전체와 명확한 관계를 설정하는 것뿐만 아니라 각 기능이 작용하는 특정 영역을 가지고 있는데, 이렇게 기능에 따라 구분하는 것은 단위 건물의 조직화에도 적용될 수 있다. 르 꼬르뷔제의 인간의 집(Maison d'Homme)에서 명확하게 보여 지는, 공간 형성과 구조적 기능의 분리는 그의 도시계획에서부터 개인주택까지 하나의 원칙으로 유지되고 있다.

CIAM의 분석적 작업(The analytical work of CIAM)

근대건축국제회의, 시암(CIAM : Congrès Internationaux d'Architecture Moderne)은 도시에 새로운 이미지를 형성하는 과제를 설정했다. 1934년, 아테네에서 열린 4번째 회의에서는, 현존하는 33개 도시의 비교지도를 통해 그들의 서로다른 구조적 특성에 대해 연구를 진행했다. 마르세유(Marseilles)에서 아테네를 왕복하는 3주간의 유람선 여행을 통해 도달한 결론들이 바로 아테네 헌장(Charte d'Athenes)이며, 1943년, 프랑스의 시암 그룹에 의해 출판되었다. 영어 요약판은 1942년, 호세 루이스 세르트(J. L. Sert)의 『우리 도시는 살아날 수 있는가(*Can Our Cities Survive*)』에 수록되었고, '미래의 도시는 명확하게 규정될 것이다' 라는 제목을 통해 제기된 의문들을 다루었다.

이것이 첫 번째 단계였고, 그 다음 단계는 도시의 기본 조직을 파괴하지 않고 인구의 폭발적 증가, 교통량의 빠른 증가 등등 끊임없는 변화들을 수용할 수 있는 가변적이고 역동적인 구조적 시스템을 고안하는 것이었다. 이와 같은 조직화를 가져올 수 있는 수단들 중 하나로 보행자들의 최상의 권리를 확립하는 것이 '왕실 보행자 권리(the droit royal du piéton)' 이다. 이것은 구분된 교통로 네트워크 내에 직사각형의 보행자 주구(pedestrian neighborhoods)로 이루어져 있는 1951년, 르 꼬르뷔제의 찬디가르(Chandigarh) 계획에 지배적인 원리가 되었다.

교통과 보행자의 분리(Separation of traffic from the pedestrian)

오늘날 건축가들은 서로 다른 형태와 높이를 갖는 볼륨들의 조각적인 문제뿐만 아니라, 혼잡한 교통의 요구들을 수용하며 동시에 평화로운 주거 환경을 제공하는 문제들에 직면해 있다. 그 첫 번째 과제는 교통수단과 보행자들의 이동을 분리하는 것으로, 이 문제는 모든 곳에서 계속해서 발생하고 있으며, 다른 많은 방법들을 통해 해결할 수 있다.

앞에서 살펴본 것과 같이, 이러한 문제는 또한 고대 로마에도 있었다. 하드리아누스는 서비스 교통을 위해 티볼리 빌라 지하에 통로망을 만들어, 그의 사생활은 침해받지 않았을 것이다.(208쪽을 볼 것) 이러한 교통의 수직적 분리는, 보행자들이 오염되지 않은 대기 속에서 방해받지 않고 이동하기 위해 바로 지금 필요하게 되었다.

1913년, 산텔리아(Sant'Elia)*10)는 다층(多層) 도시의 가장 낮은 레벨에 교통망을 계획하는 '신도시(the Citté Nuova)' 를 디자인했고, 10년 후인 1923년, 리차드 노이트라(R. I. Neutra)*11)는 '급격한 성장의 도시 개혁(Rush City Reformed)' 에서 이러한 접근 방식을 쫓았다. 최근 많은 계획안들 중에서도, 1965년, 바케마(J. B. Bakema)*12)와 반 덴 브룩(J. H. van den Broek)*13)의 암스텔담(Amsterdam) 확장 계획안인 팜파스 계획(Pampus plan)을 언급할 수 있는데, 보행자 영역과 자동차 영역을 엄격하게 분리하였다.(그림 226 · 227) 또한 1955년에 계획된 영국 컴버놀드 뉴타운(new town of Cumbernauld) 계획에서는 교통을 분리하여 더이상 주 교통로에 나란히 설치하는 보행로가 필요하지 않음을 의미하고 있다.

1960년, 물 위로 도쿄 도시를 확장하는 겐죠 당케(Kenzo Tange)의 계획안은 다양한 높이의 주된 고속도로에서 작은 교통 도로로 갈라져, 결과적으로 보행자 안전지대로 유도하는 특징적인 기반시설에 기초한 것이었다. 후미히코 마키(Fumihiko Maki)는 도쿄의 가장 큰 상업과 유흥 부도심의 하나인 신주쿠(Shinjuku) 설계경기 계획안에서,(그림 223) "터미널(terminal) 주위의 현존하는 혼잡한 교통상황을 더 질서 있는 패턴으로 재조직화 하고, 동시에 더욱 밀도 있는 토지이용을 통해 새로운 쇼핑 · 유흥 그리고 오피스 블록들을 제안" 했다. 전체 계획은 변화 가능성들을 지향하고 있는데, "재개발 지역은 주변 가로들 보다 1.8m(6 feet) 아래의 환상 도로에 의해 둘러싸여 자동차들의 들고 나는 흐름을 촉진할 수 있으므로, 앞으로 주변 가로들의 차선 위 움직임의 방향을 변화시킬 수 있을 것이다".*14) 일본인들의 계획은 유럽의 계획보다 훨씬 더 큰 규모로, 실제적인 유토피아로 접근하고 있다.

업무지역과 주거지역의 분리(Separation of business and residential areas)

인간은 필요의 맹습에 맹종하는 대신, 어느 곳에서나 빠르게 성장하는 도시개발에 대해 장기적인 안목에서 계획하고 예견하는 문제에 정면으로 도전하고 있으며, 전체 통합체는 성공적으로 그 기능을 다하게 되었다.

선형도시(Linear cities). 기능적 필요에 의한 빠른 교통수단들에 압도당할 수 밖에 없다는 것은 의심의 여지가 없을 것이다. 어떤 새로운 계획에서 처음 눈에 들어오는 것은, 도시 또는 주거지에 생명선 또는 동맥과도 같이 연결되는 교통 도로이

그림 225. 1931년, 르 꼬르뷔제(Le Corbusier)의 선형도시(linear city) 프로젝트. 모든 도시의 기능들이 수송로(輸送路)와의 관계 속에 서로서로 평행하게 조직화되었다. (A) 주거와 커뮤니티 기능, (B) 호텔과 대사관, (C) 비지니스 센터, (D) 경공업 지역, (E) 저장소와 중공업 지역, (F · G) 위성도시의 행정부 및 연구센터, (H) 공항 및 지하철 터미널.

그림 226. 1965년, 바케마(J. B. Bakema)와 반 덴 브룩(J. H. van den Broek)의 암스텔담(Amsterdam), 팜파스 프로젝트(Pampus Project). 이 선형도시(linear city)는 긴 검지 손가락과 같이 암스텔담 옆의 얕은 호수 지역 위로 길게 뻗어나가고 있다. 이 도시는 1만 세대의 35만명을 수용하기 위해 계획되었다.

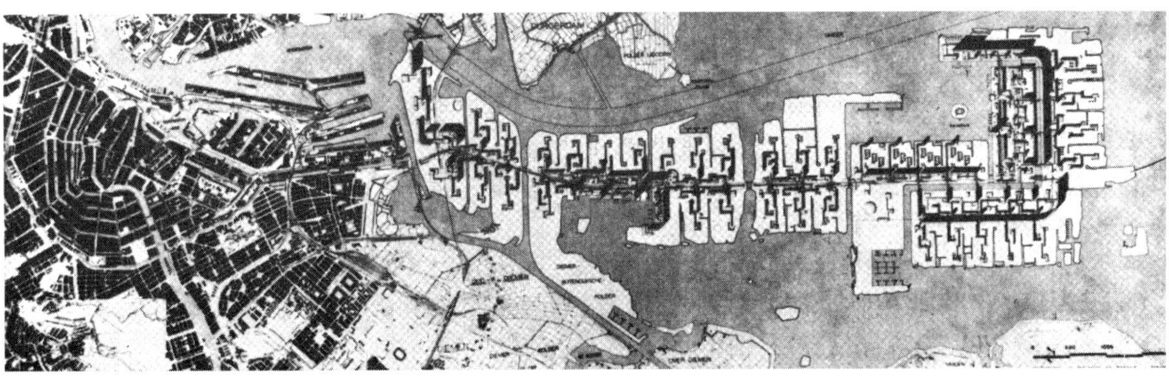

그림 227. 팜파스 프로젝트(Pampus Project) 계획안. 모든 주거는 오픈 스페이스로 둘러싸여, 이 도시의 거주자들은 전원생활이 가능하다.

다. 이것은 1882년, 소리아 이 마타(Soria y Mata)*15)의 선형도시(linear city) 계획안에서도 분명하게 드러난다. 스페인 출신의 이 토목 엔지니어는 대중 교통을 도시 조직화의 기본 요소로 인식했다. 그는 마드리드 변두리에 전기 시가전차 시스템(electirc streetcar system)과 나란히 첫 번째 선형도시를 계획했고, 주거와 산업지구는 선로 양쪽 측면에 줄지어 배치되었다.

지금은 가장 중요하게 된 고속도로 등 활발한 교통망과의 연관관계 속에서 선형도시의 모든 기능들은 서로 평행하게 조직화되었다. 러시아인들과 영국인 · 미국인들뿐만 아니라 르 꼬르뷔제(그림 225) 등도 모두 선형도시를 계획했고, 1937년, 런던 마스 계획(MARS plan)에서 주거지역은 개발의 주된 선상과는 직각으로 연결되는 노선을 따라 배치되기도 했다.

1960년대에는 선형도시를 지향하는 경향들이 증가되었는데, 예를 들어 선형도시 라인을 따라 보스턴(Boston)과 워싱턴(Washington) 사이의 전체 지역을 조직화하는 계획안이 만들어지기도 했다. 그러나 지금은 더 이상 교통노선 주변지역에 주거지역을 배치하는 것이 적절하지 않다고 생각한다. 오랫동안 지속되었던 철도교통에 대한 태도는 현재에도 거의 모든 교통망에 적용된다. 이것은 19세기 주택지의 도로가 철도역으로 연결되던 것과 같이, 주거지역은 교통도로와 직각으로 놓여야 한다는 것을 의미한다. 오늘날 교통도로는 더 멀리 떨어져야만 하고, 그 전면 가로는 더 이상 중세의 상점가처럼 만들어 질 수는 없다.

도시의 선형 확장(Linear extensions of the city). 가변성의 원리 및 교통과의 분리에 기초한 유럽의 도시 계획은 일본과는 다소 다른 방향으로 발전되어 왔다. 현존하는 대도시를 확장해 가는 유럽의 계획들과, 작지만 상대적으로 자족적인 주거들

그림 228~230. 1967년에 건설을 시작한 반 에스테렌(C. van Eesteren)의 자위더르해(Zuider Zee), 렐리스타트(Lelystad) 신도시 계획안. 서로 다른 기능들이 선형으로 배치되어, 초기의 도시구조와 서비스 능력에 어긋남 없이 7천명에서 10만 명까지 순조롭게 성장할 수 있다.

a - 7.000 inwoners c - 25.000 inwoners e - 100.000 inwoners

을 설립하는 계획과는 구분해야만 한다. 특히 네델란드 등 대도시들의 확장은 주요 도시들이 상호 연결되는 총체적 도시화의 한 시스템으로 고려되고 있다. 이것은 미국에서 보스턴과 워싱턴 사이에 연속되는 도시화의 띠를 만드는 개념과 크게 다르지 않은 것이다.

준 독립적인 주호(住戶)나 기존 도시의 확장을 통해, 미래에는 삶의 방식이 더욱 만족할 만한 수준이 될 것이라는 희망은 여전히 해결되지 않은 문제이다. 열린 조망을 가진 대도시 외곽의 주거에 살거나, 인구가 10만 명에 육박하는 작고 내부지향적인 마을에 사는 것, 어느 것이 더 좋을 것인가? 그 결정은 미래에 인간이 대도시를 지양하고 더욱 친밀한 규모와 종합적인 지역 환경을 요구할 것인가, 또는 단순히 대도시 외곽에 잠자는 숙박시설에 만족할 것인지에 달려있을 것이다.

호수 또는 해안 인근의 대도시에서, 증가하는 인구를 수용하기 위한 가장 명백한 해결안들 중 하나는 배수 또는 매립을 통해 건설부지를 더욱 많이 만들어 내는 것이다. 그러나 이와는 달리 물 위로 건설해 나가는 계획안들은 극도의 인구과잉을 보이는 두 나라, 네델란드와 일본에서 제안되어 왔다.

이미 언급한 것과 같이 1960년, 좁은 도쿄만 위로 뻗어나가는 겐죠 당케(Kenzo Tange)의 도쿄 확장 계획안에서는 정치와 업무 활동의 중추기능들이 이후 주거 지역들과 연결되었다. 1965년, 네델란드에서는 암스텔담 근처 얕은 호수 위로 건설해 나가는 계획안을 바케마(J. B. Bakema)와 반 덴 브룩(J. H. van den Broek)이 제안하기도 했었다. 이 계획안은 긴 검지손가락과 같이 암스텔담에서부터 뻗어 나갔다.(그림 226) "팜파스(Pampus) 계획은 별 형태와 같은 방사형 도시 및 암스텔담의 선형(線形) 부분들과 관계된다". "주택 바로 옆에는 휴양할 수 있는 오픈 스페이스를 조성하여" 거주자들은 "살면서 일할 수 있으므로, 도시민들도 교외에 살 수 있도록" 계획되었다.[*16] 바케마는 열린 조망을 특별히 고려하여, 인간의 주거는 자연과 분리되어서는 안된다고 강하게 주장했던 라이트(Frank Lloyd Wright)와 르 꼬르뷔제(그림 231-233) 등과 같은, 그 이전 세대의 건축가이자 도시 계획가들의 목표와 새로운 시각에서 연결되고 있다.

독립적인 새로운 도시(Independent new towns). 네델란드에서는 자위더르해(Zuider Zee)[*17]의 배수작업에 의해 만들어진 섬들에 새로운 도시들이 건설되고 있다. 이들 중 하나가 암스텔담의 도시계획가 반 에스테렌(C. van Eesteren)[*18]에 의해 계획된 렐리스타트(Lelystad)이다. 네델란드에서 도시계획은 개인 사업자들이 아닌 정부 위원회가 맡고 있으며, "이 도시는 네델란드 서측의 밀집된 산업지역을 분산시키는 정부 정책에 있어 매우 중요한 도시로 간주 된다".[*19]

이러한 신도시의 수용능력은 어느 정도인가? 렐리스타트는 초기 인구 7천에서 5만까지의 성장을 고려하여 계획하였다. 그 이후 10만 명이 되는 일련의 단계들

을 통해 연속적으로 발전될 수 있었으며,(그림 228-230) 본래 의도는 최대 5만 인구를 위해 계획한 것이다. 이는 주로 인구 약 5만을 위해 계획되었던 영국의 신도시 건설 경험들에서, 특정 문화적 요구들을 충족시키는 수치인 10만 정도로 성장해 나가는 경향들이 있음을 보여주었다.

렐리스타트는 전체 도시 중 일부분의 적당한 크기로 시작되었고, "간척지에 도시와 마을을 건설하던 초창기에 항상 적용되었던 그 이전의 원리들을 따라, 대부분 전면과 후면에 정원을 갖는 2층의 연립주택으로 발전되었다". 주거 지역은 중심에서 북쪽과 남쪽에 있고, 휴양 및 산업 지역들과 마찬가지로 동 · 서쪽으로도 확장될 수 있다. 도시의 각 발전 단계에서 충분하게 기능적이고 물리적인 구성단위를 만드는 것이 그 기본원리이다. "도시의 확장이 실제적 필요보다 앞선다면

그림 231. 1932년, 르 꼬르뷔제(Le Corbusier)의 알제리(Algeria), 바드자라(Badjara) 프로젝트. 이 단지는 알제리의 수도, 알제(Algiers)에서 20분 거리에 위치하고, 한 동에 300가구를 수용, 전체 4개 동에 1,200가구를 수용할 수 있다. 모든 세대에서는 "꽃과 나무가 있는 공중정원"에서 바다를 매우 가까이 볼 수 있다.

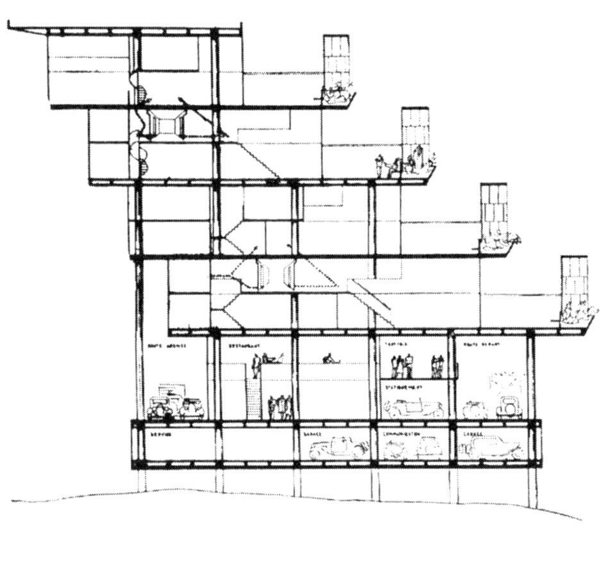

그림 232. 바드자라(Badjara) 프로젝트. 4개 층을 엇갈리게 배치하고, 각 세대마다 북측으로 테라스 정원을 조성하여, 북측 입면에서는 "빌라들을 겹쳐 놓은 것"처럼 보인다. 깊게 돌출된 남측에서는 수직으로 내리쬐는 여름 햇빛을 가릴 수 있고, 동시에 겨울에는 낮게 들어오는 겨울 햇빛을 각 세대마다 들일 수 있다.

그림 233. 바드자라(Badjara) 프로젝트. 블록은 공공 용도와 수직접근으로 구분되는 두 주요 도로에 걸쳐있다. 주차장은 그 하부에 있고, 긴 두 복도 또는 "내부 가로"가 건물의 남측(또는 뒤편)을 따라 설치되어 있다.

언제든 실현가능한 것이다".[*20)] 이 계획안의 형태를 만드는 기본은 요구되는 인구를 예견하고, 도시 주변부가 확장 · 성장하며 뒤섞인 혼돈을 끝내는 것이다. 계획은 미래를 예견하는 것이다.

렐리스타트 중심에는 행정센터가 위치해 있는데, 찬디가르(Chandigarh) 또는 브라질리아(Brasilia)와 같은 다른 신도시들과는 구별되는 특징이다. 도시가 들어서는 곳은 매립지였기 때문에, 더 낮은 레벨에 도로를 놓는 것은 불가능하였고, 따라서 주요 도로 시스템은 높게 위치한다. 결국 도시 중심에서 보행자 구역은 소로(小路) 높이에서 3.5m 더 높은 곳에 위치한다.

혈액 순환, 신경 시스템 등등, 인간 유기체의 기능적이고 다양한 요소들이 각각 독립적인 시스템으로 작용하는 것과 같이, 도시 유기체 내의 독립된 기능들은 만들어진 전체 기능을 위해 충분히 분리되어야만 한다.

중심지역의 재개발(Central area redevelopment). 도시 중심이라는 새로운 개념 또한 발달하고 있다. 그 중 하나는 르 꼬르뷔제의 베를린(Berlin) 개조계획을 제고하는 것이고,[*21)] 더 나아가 파리 서남측 센(Seine) 강가에 있는 세브르(Sèvres) 도심 일부분을 위한 캔딜리스(G. Candilis)[*22)] · 조식(A. Josic)[*23)] 그리고 우즈(S. Woods)[*24)]의 계획안, 지진으로 파괴된 마케도니아 스코페(Skopje)[*25)] 도심을 재건설하는 겐죠 당케(Kenzo Tange)의 계획안 등을 예로 들 수 있다.

시 당국의 커미셔닝(commission)에 의해 진행된, 역사적인 프랑스 도시의 중심부 리모델링은 한세대 전에는 생각할 수도 없었던 프로젝트이다. 문제의 부지는 파리 교외 서부에 위치하고, 그림같이 아름다운 풍경으로 유명한 빌 다브레(Ville d'Avray)로 통하는 길목에 있으며, 파리로부터 베르사유(Versailles)까지의 주 고속도

그림 234. 1966년, 캔딜리스(G. Candilis) · 조식(A. Josic) 그리고 우즈(S. Woods)의 프랑스 세브르(Sèvres) 계획안. 공동주택 블록들은 서로 일정한 각을 이루며 산호(珊瑚)와도 같이 분기(分岐)되어 확장된다.

로 연결점에 있는 세브르 도심이다.

첫 번째 문제는 보행자 레벨을 높게 만드는 것이었는데, 경사대지의 레벨차로 인해 1947~52년, 르 꼬르뷔제의 마르세유(Marseilles) 유니테 다비타시옹(Unite d'Habitation)에 있는 상점가보다도 더 실용적인 방법으로 계획될 수 있었다. 식료품점 · 세탁소 · 미용실 · 식당 · 호텔 · 우체국 등이 있는 2층의 상점가는 고층 건물과 중간 높이에서 연결되었고, 보행 레벨 하부에는 저장 공간과 차고, 그리고 빌다브레로 통하는 길만이 있었다.

세브르 시장(市長)은 커미셔닝의 목적을 다음과 같이 정의했다. "건축가의 임무는 … 세브르를 베드타운(bed town)에서 자족적인 중심지로 변화시키고 … 활동적이고 매력적인 삶을 위한 중심지를 만드는 것이다".[*26] 이는 더더욱 모든 구성원들과 연관되는 문제이다. 인간이 출 · 퇴근에 매일 2시간씩 허비하지 않도록 하는, 고귀한 삶을 창조하는 것이 더욱더 중요하게 된 것이다.

이 프로젝트에서는 동일한 건축가들의 툴루즈(Toulouse) 계획안에서보다 더욱 대담하게, 서로 다른 높이의 넓은 아파트 슬래브들이 이리저리 휘어지는 산호(珊瑚)와도 같이 분기(分岐)되어 그 지류들이 120°각도로 서로 만난다.(그림 234) 방향이 항상 변하기 때문에 건축물 전체의 형태가 열려져, 거주자들은 그 안에서 경계를 느낄 수 없다. 주거 안에서의 개인적 자유가 이 구성의 주요한 주제인데, 슬래브들이 만날 때 압박감을 주지 않기 위해 접합 지점에서 각각의 레벨들이 두 방향으로 확장되고 있다. 이 프로젝트는 대담하게 굽이치며 흐르는 듯한 곡선을 연상시키는 1794년, 영국 바스(Bath)에 있는 랜즈다운 크레센트(Landsdowne Crescent)[*27]의 접근방법을 발전시키고 있다.[*28] 그러나 이 두 계획에서 큰 차이점을 간과해서는 안된다. 세브르의 건축물들은 전체적인 특정 제약 안에서도 개인적 표현에 어떻게 커다란 자유를 부여할 수 있는가, 그리고 건축물의 높은 밀도에도 불구하고 어

그림 235. 세브르(Sèvres) 계획안. 이 기준 단면도에서는 주차장이 있는 공공 레벨은 아래에, 공동주택과 상업공간은 그 상부에 배치된 것을 확인할 수 있다.

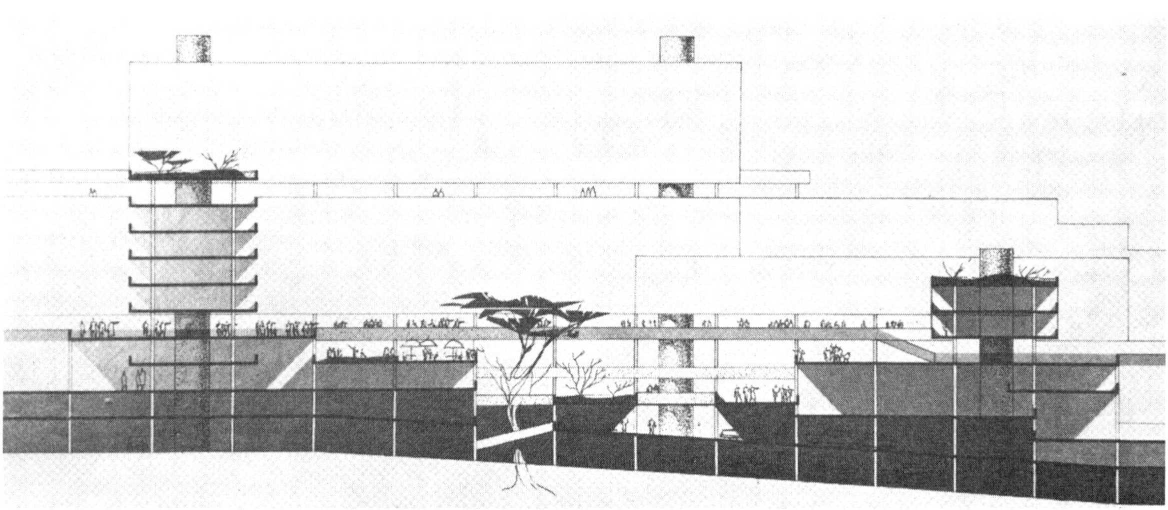

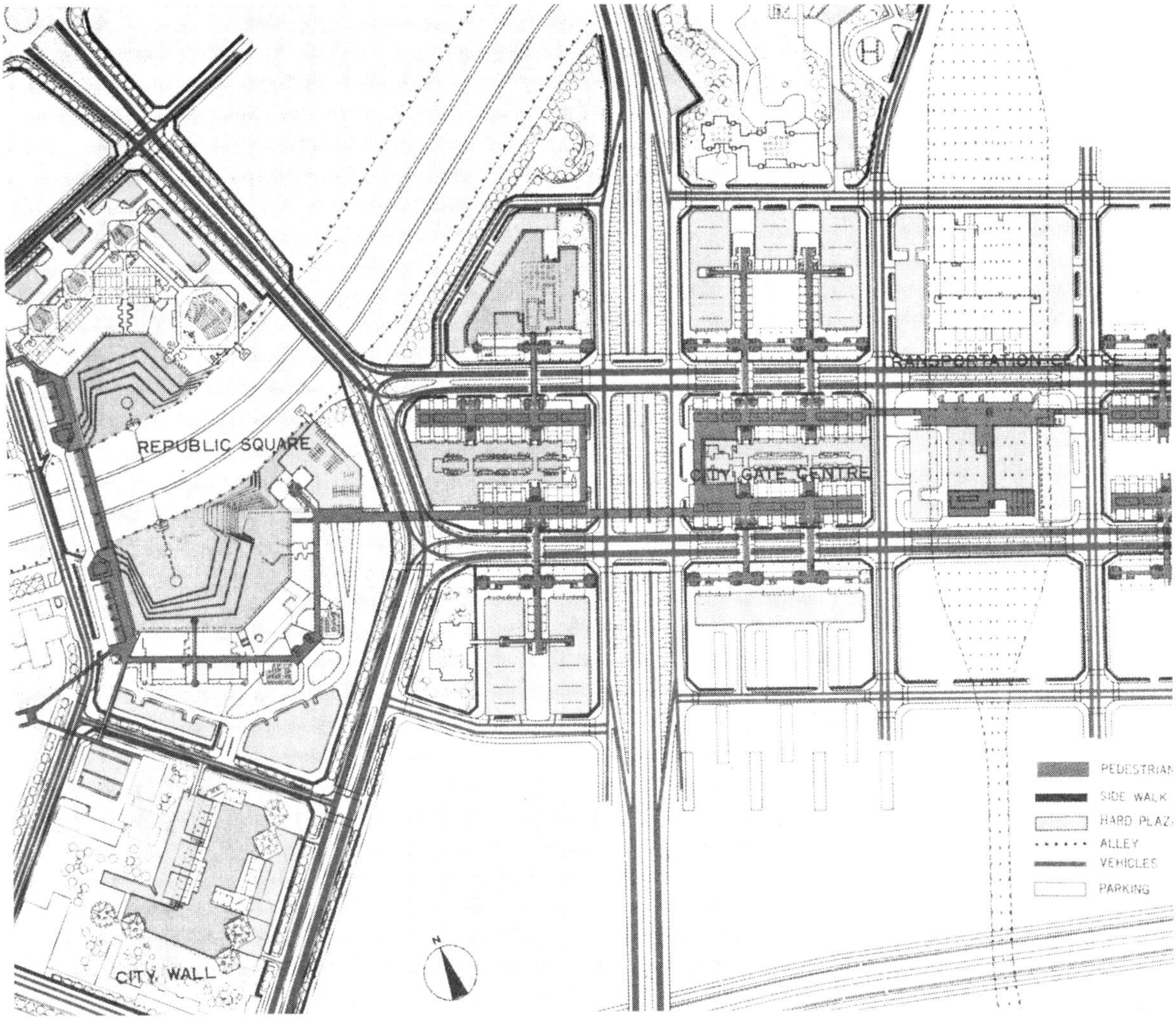

떻게 이 자유를 유지할 수 있는가에 대한 사례를 보여주고 있으며, 조각처럼 사방팔방으로 자라나고 있다.(그림 235)

그림 236. 1965~66년, 겐죠 당케 팀(Kenzo Tange Team)이 계획한 유고슬라비아(Yugoslavia)의 스코페(Skopje) 계획안. 자동차와 보행자 교통은 "도시의 문(City Gate)"으로 연결되는, 새로운 동서축을 따라 분리되었다.

스코페 중심부를 위한 겐죠 당케의 계획안 역시 유사한 목적을 가지고 있었다. 도시의 대부분이 1963년 지진에 의해 파괴되었고, 재건계획은 UN(United Nations) 원조에 맡겨져 중심 지역을 세밀하게 계획하는 설계경기가 열리게 되었다. 일반적으로 건축주들의 보수적인 태도로 인해 건축가의 상상력이 방해받지만, 이 현상설계에서는 그런일 없이 순조롭게 진행되었다. 결론적으로 최종 계획안은 UN 현상설계에서 우승을 한 겐죠 당케 팀과 2등을 한 자그레브 팀(Zagreb team), 그리고 스코페 도시계획협회(Skopje Town Planning Institute)의 멤버들로 구성된 8명의 팀에 의해 계획되었다.*29)

최종 계획안은 두 구역의 재건에 집중되었는데, 하나는 행정 · 업무시설 및 교통 센터가 집중적으로 들어서는 "도시의 문(City Gate)" 이고, 다른 하나는 공동주거

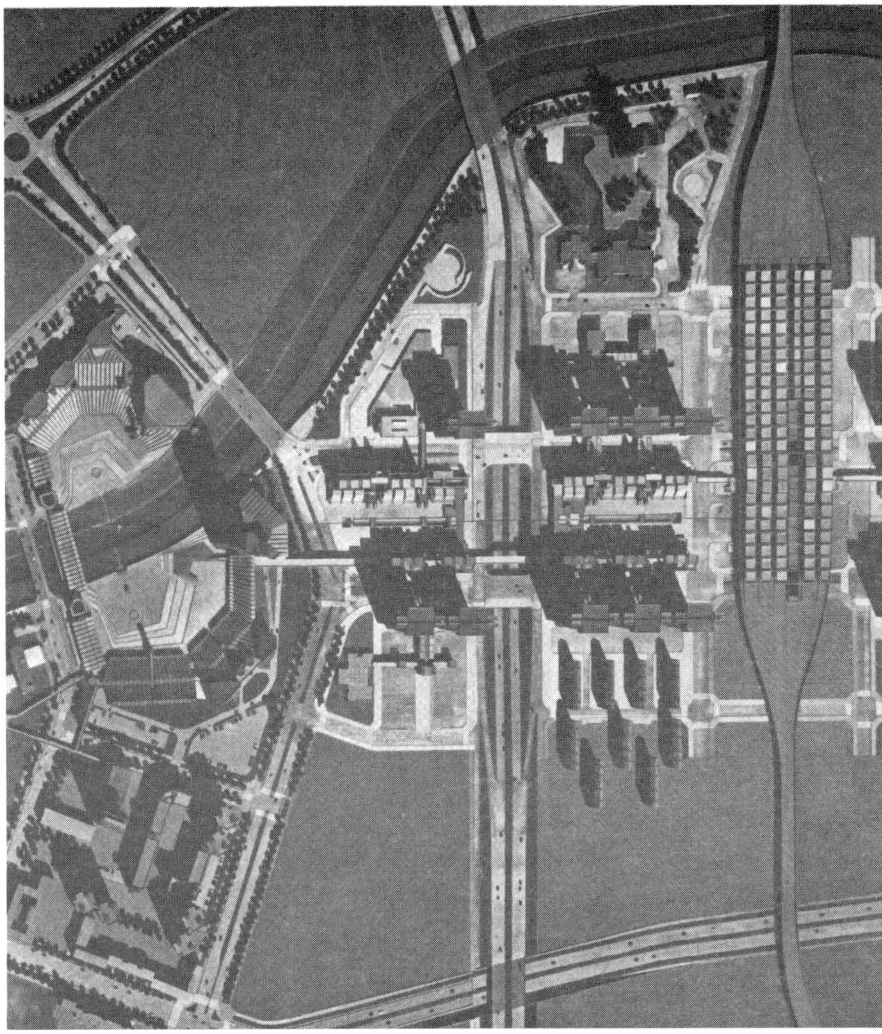

그림 237. 스코페(Skopje) 계획안의 모형에서는 새로운 중심업무기능을 가진, 새로운 축선상의 도시의 문 센터(City Gate Center)와 새로운 공화국 광장(Republic Square)으로 통하는 보행도로를 볼 수 있다.

로 이루어진 "도시의 벽(City Wall)" 이다.(그림 236 · 237) 도시의 이 두 가지 강력한 특징의 상징적 관계는 새로운 형태를 통해 유지할 수 있다고 건축가들은 판단했다.

도시로 연결되는 주 고속도로는 낮은 레벨에서 '도시의 문' 으로 들어선다. 위쪽의 평행한 4개의 오피스 블록은 이 교통 결절점의 위치를 상징적으로 나타낸다. '도시의 벽' 을 따라 배치된 공동주택 블록의 직교하는 망상조직은 다소 중세 도시의 전통적인 요새를 연상시키기도 한다. 그러나 저층에서 돌출된 콘크리트 버팀벽과 원형 계단 등의 새로운 형태는 지진에 저항하는 역할을 하면서도 이 지역과의 연관성을 살려주고 있다.

디자이너의 주요한 아이디어는 물론, 과거와 현재의 건축적 연관성에 의해 통합된 이러한 종류의 공동 작업은 미래 발전을 위한 희망적인 앞날을 보여주고 있다.

개인적 특성과 대량생산(Individuality and Mass Production)

그림 238. 1963년, 캔딜리스(G. Candilis) · 조식(A. Josic) 그리고 우즈(S. Woods)가 계획한 서베를린(West Berlin)의 자유대학교(Free University) 계획안. 유기화학 · 생화학 · 물리화학과의 단면도.

건축가들에게 새로운 직무와 씨름할 수 있는 영감과 용기를 준 수단들을 찾아낸 사람들은 바로 엔지니어들이었다. 이 수단들에는 주거 형태의 새로운 발전, 도시 복합체의 기능과 형태에 대한 새로운 해결방법, 조직화, 교통수단의 종속 등을 포함하고 있으나, 지금은 이 모든 요소들이 무질서하게 뒤섞여졌다. 그러나 20세기에 인권을 옹호하는 건축가-도시 계획가들은 우리가 잃어버린 인간 개인 삶의 밀접한 관계를 다시 복원해야만 한다는 것을 보여주었다. 즉 생산성에 대한 지나친 강조로 인해 엔지니어 · 화학자 그리고 기술자들의 작업들이 주목받게 되었고, 인간의 내면과 개인 존재는 중요하지 않은 문제가 되었다. 그러나 오늘날의 상황은 변했다. 엔지니어와 생산자들에게 지시하는 사람은 바로 건축가이다. 새로운 건설 수단을 창조적으로 사용하는 것은 물론, 표준화된 요소들에 도달하는 새로운 방법을 보여줄 수 있는 사람 역시 건축가인 것이다.

예를 들어 요른 웃존(Jørn Utzon)은 몇몇 엔지니어들이 실패했던, 시드니 오페라하우스(Sydney opera house)의 조가비 모양 볼트의 복잡한 형태를 건설하는 해결책을 찾을 수 있었다. 인간의 가장 오래된 상징 중 하나인 구체(球體)를 조각조각 잘라봄으로써 자기 스스로 그 문제를 해결했던 것이다.*30) 이와 유사하게 알바 알토(Alvar Aalto)는 직선뿐만 아니라 파동 치는 곡선으로 계획한 주거를 어떻게 건설할 수 있는지 엔지니어들에게 알려주었다. 그는 엔지니어들에게 기중기를 이용하여 어떻게 표준화된 요소들로 곡선의 외벽을 건설할 수 있는지 보여주었던 것이다.

그림 239. 자유대학교(Free University) 계획안. 평면도의 회색부분은 통과하거나 서로 연결되는 교차 복도를 보여주는 오픈 스페이스의 연결망을 표현하고 있다.

베를린 자유대학교(The Free University, Berlin). 이러한 변화의 물결은 또한 대학 건축물에 영향을 미치고 있다. 기념비적인 대학 건축물의 시대는 끝이 났다. 즉, 최근 몇 백 년간의 경향과는 다르게 웅장한 파사드를 포기하고 현대 삶의 새로운 요구들을 수용해야만 했는데, 1966년에 시작된 베를린 자유대학교가 그 첫 번째 사례이다. 여기서는 19세기의 기념비적 구조물과 20세기의 높은 타워가 사라지고 장엄한 도시의 흔적 역시 남아 있지 않다. 대신 내부 정원들에 의해 자유로워진 평평한 구조물들이 전체 대지를 덮고 있다. 캔딜리스(G. Candilis) · 조식(A. Josic) 그리고 우즈(S. Woods)와 그들의 동료 쉬트헬름(Manfred Schiedhelm)의 이 계획안은, 66m 떨어진 4개의 평행한 보행가로와 좁고 수 없이 많은 교차 가로들로 엮어진 1~3층의 건물이 망상조직으로 구성되어 있다.(그림 240) 또한 교통 통로와 유지관리 도로는 더 낮은 레벨에 위치한다. 이 계획안의 기본적인 구조모듈에 대한 실물 크기 모형이 1967년인 현재에도 건설부지 옆에 전시되어 있다.(그림 241 · 242)

그림 240. 자유대학교(Free University) 계획안. 망상조직으로 구성된 1~3층의 건축물은 66m 떨어진 4개의 평행한 보행가로와, 좁고 수없이 많은 교차가로들로 엮여 있다. 교통과 유지관리를 위한 도로는 더 낮은 레벨에 위치한다.

이 계획은 두 가지 면에서 다른 대규모 개발들과 다른 것을 알 수 있는데, 첫 번째는 새로운 친밀함이라는 개념을 도입한 것이고, 두 번째는 이후 리모델링과 확

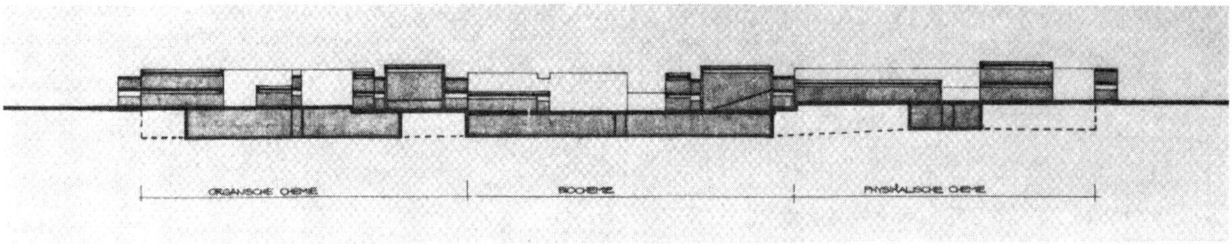
ORGANISCHE CHEMIE
BIOCHEMIE
PHYSIKALISCHE CHEMIE

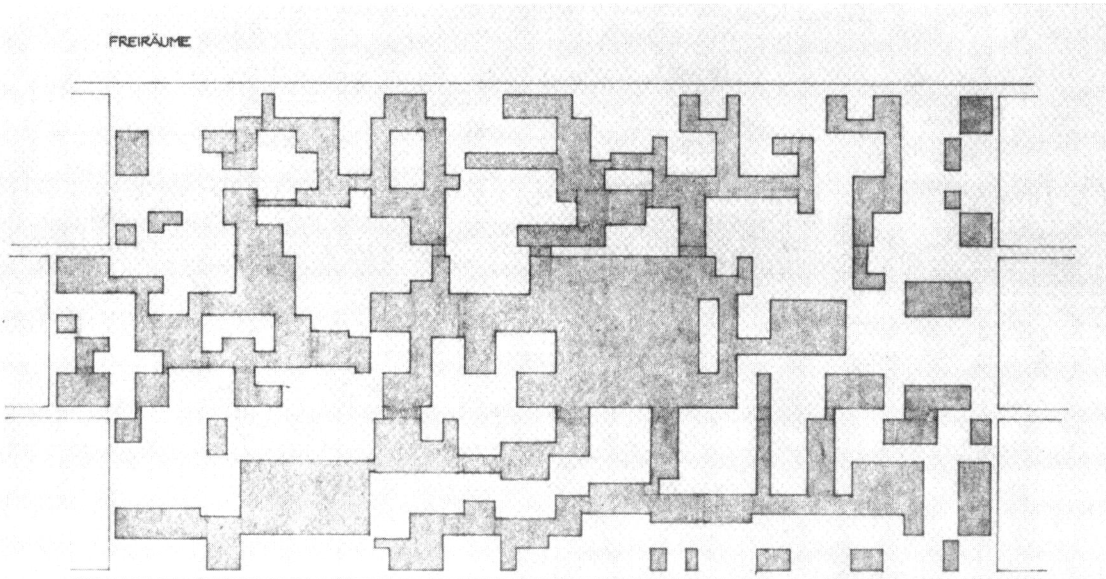
FREIRÄUME

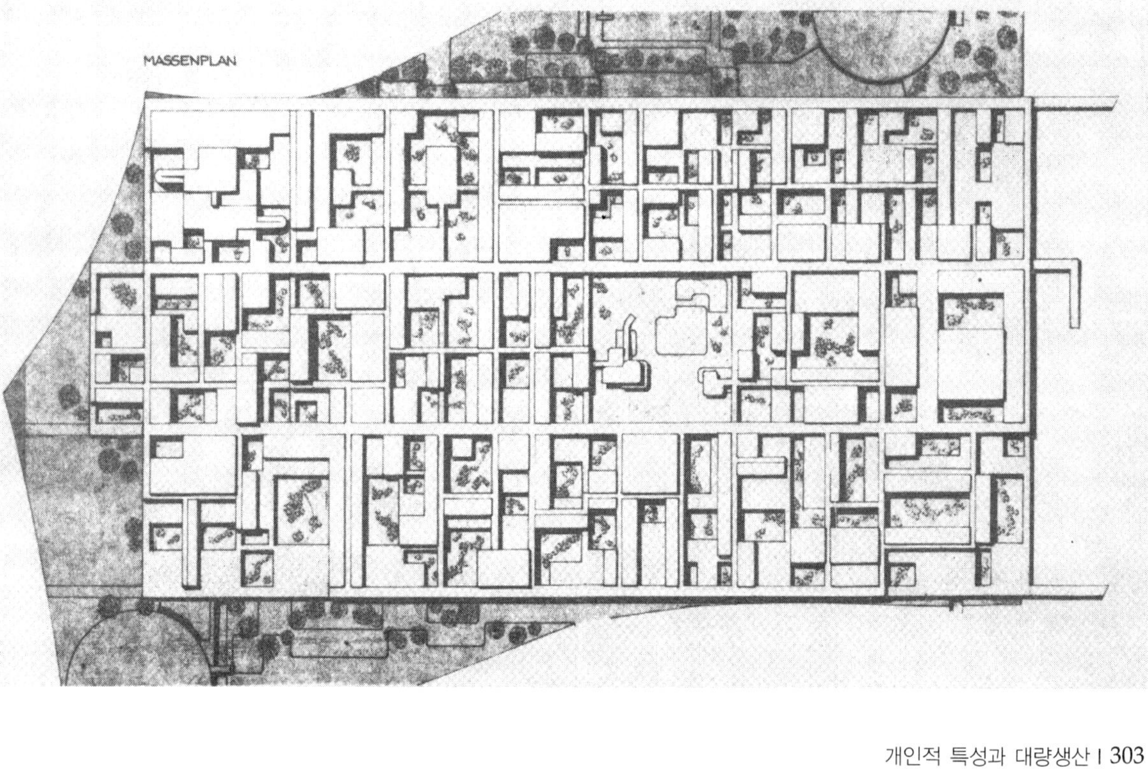
MASSENPLAN

그림 241. 자유대학교(Free University)의 기본 구조요소를 실물 크기로 만든 프로토타입(prototype). 지지체들의 설치 위치에 대한 여러 가능성을 통해, 망상조직 시스템 내에서 큰 변용 가능성을 만들어 내고 있다.

그림 242. 자유대학교(Free University) 기본 구조요소의 디테일. 상부 보에서는 최대 7.20m 경간을 지지하기 위해, 서로 다른 위치에 지지체를 설치할 수 있는 시스템을 볼 수 있다.

장 가능성의 여지를 확보한 것이다.

첫 번째 측면은 연구 활동을 위해 완전한 격리와 밀도 있는 집중력을 제공하고 있다. 이는 또한 교과과정과 연구 활동에서 예측되지 않는 변화들을 수용하기 위해, 평면의 가변성과 융통성 확보를 주장한 교수들의 요구를 수용한 것이기도 하다. 적당한 크기의 내부 정원(그림 239)은 격리와 집중에 많은 영향을 미치고, 이들의 교차 연결은 다른 시설들과의 직접적이고 밀접한 연관관계를 만들어 낸다. 게다가 이 계획안은 중세 수도원의 회랑과 유사한 역할을 하는 내부 정원들과 함께, 학교 공동체의 요구들과 밀접하게 연관되고 있다.

두 번째 요구는 가변적인 건축구조였는데, 이것은 모든 교사들에게 각자가 필요한 교육공간을 조직할 수 있는 가능성들을 만들어 주기 위한 것이었다. 내부 벽체는 자유롭게 설치하거나 또 없어질 수도 있으며, 창문 또한 개개의 요구에 맞추어 움직일 수 있다. 전력 공급시설의 조직망 역시 오로지 가변성에 초점이 맞추어져 있다.

이 건축가들은 엔지니어, 장 프루베(Jean Prouvé)*31)의 도움으로 수직 · 수평 방향에서 가변성을 갖을 수 있는 시공 요소 시스템의 건설 산업에 착수했다. 그 요소들은 조립과 분해가 쉽고 다시 사용될 수 있어야 하므로, 보강 콘크리트 보다는 강철이 더욱 적합했다. 이와 같은 건축가들의 의도에 가장 근접한 제안을 크루프

(Krupp)사에서 제시했다. 파사드는 르 꼬르뷔제의 선언적 작품인 인간의 집(maison d'Homme)과 같이, 전체적으로 독립적인 구조 시스템이 적용되었다.

건축가들은 산업적으로 생산된 요소들을 받아들여 적용하는 것이 불가능하다는 사실에 주목했고, 이 건축팀의 접근방법에서는 이것을 강조하였다. 그들은 필요에 따라 생산품들을 직접 관리해야만 했다. 그러나 이를 위해서는 프로젝트 진행과정상 적절한 단계에서의 협업이 필요했고, 건축가들은 "구조는 대학의 다목적성을 반영해야만 한다"라고 강조하였다.*32) 그들은 산업과의 협업을 통해 본래 상술했던 것보다 훨씬 더 가변성 있는 발전된 시스템을 만들 수 있었다.

1909년, 월터 그로피우스(Walter Gropius)는 피터 베렌스(Peter Behrens) 사무실에서 일하고 있었는데, 산업화된 주택 건설을 위한 회사 설립을 제안하는 편지를 베를린에 있는 제너럴 일렉트릭사(General Electric Company)의 사장인 에밀 라테나우(Emil Rathenau)에게 보냈다. 이 편지에서 그로피우스는 "표준화된 요소들을 다르게 조합함으로써, 평면 타입마다 수많은 변화가 가능하다"라고 언급하고 있다.*33) 그의 목적은 대량 생산된 조립식 주택들이 아니라, 표준화된 구성요소들을 생산하고 그들의 조립에 커다란 가변성을 주는 것에 있었던 것이다. 또한 1967년에는 "조립식 공정은 혁명이 아니라, 아직 그 결말에 도달하지 않은 매우 느린 발달과정에 있다"고 첨언하고 있다.*34)

이러한 언급에 근간이 되는 법칙이 건축역사 전체를 꿰뚫고 있다. 파르테논·판테온, 고딕 및 바로크 성당 또는 현대 건축물들에서의 표현 도구들이 무엇이든, 예술가들의 특권은 결정이다. 우리는 다른 시기에서 기술과 건축이 하나로 합쳐지면서 발생했던 동일한 상황에 지금 다시 다가가고 있다. 수요가 급증하는 상품들을 빠르게 생산하는데 초점을 맞춘 산업이라는 거짓된 신(神)을 추종했던 건축이, 지난 세기에 통합되면서 혼란에 빠졌다. 생산에 집중하는 것이 긍정적인 측면도 있으나, 좋은 건축에 대한 관심은 잊혀 지게 된 것이다. 우리의 태도에 근본적인 변화가 필요하다는 것을 인식하기 시작한 것은 바로 지난 몇 십 년간이었다. 즉, 인간의 삶과 인간의 권리는 우리의 모든 노력과 활동보다도 앞서야만 하는 것이기 때문이다.

1965~1967년, 취리히의 인간의 집(La Maison d'Homme). 공식적으로는 르 꼬르뷔제 센터(Centre Le Corbusier)라 불리지만, 그 자신이 간단하게 인간의 집(La Maison d'Homme)이라고 불렀던, 르 꼬르뷔제의 마지막 작품들 중 하나인 이 건축물은 그의 건축에서 지배적이었던 두 가지 의도를 명확하게 표현하고 있다. 즉 육중한 볼륨과 투명성 사이의 상호작용, 계획적인 구조의 강조가 그것이다. 이 작품은 그의 사망 2년 후에 완공되었는데, 그는 아마도 무의식적으로 수정 결정체와도 같은 기념물을 만들어 내려고 했던 것 같다. 이 건축물에서는 단순한 석재와 목재에서

부터 가장 최신식의 조립식 철골에 이르기까지, 르 꼬르뷔제가 창조적으로 재료를 다룬 증거들을 찾아볼 수 있다. 즉, 서로 다른 재료들을 병치하고 있지만 동시에 모든 것이 어우러져 불가분의 통일체로 만들어지는 특정한 긴장감을 볼 수 있는 것이다. 또한 그가 지속적으로 만들어 낸 많은 요소들이 담겨져 있기도 하다. 그가 항상 계획했던, 지하실(cellar)에서부터 옥상정원까지 연결하는 독립구조의 계단과 경사로는 물론, 르 꼬르뷔제의 226×226×226 모듈러 시스템(Modulor system)이 다시 나타난다. 특히 경사로는 르 꼬르뷔제 작품에 항상 사용되는 요소로, 지붕이 있는 2층의 북측면 콘크리트 복도에서 시작해, 빌라 사브와(Villa Savoie, 1929)와 같이 지붕이 없이 지붕층으로 연결된다.

내부 표면에 그림을 그리고 에나멜로 광택을 낸, 226×226㎝의 큰 오크(oak) 문들은 전체 외관을 빈틈없이 부드럽게 연결한다.(그림 245) 또한 지상층에는 르 꼬르뷔제가 지금까지 디자인한 것 중에서 가장 질서 있고 우아한 부엌을 가진 작은 방이 있다. 이 부엌은 1933년, 파리의 난제세르 에 코리가(the Rue Nungesser et Colli)에 있는 그의 주택에서 사용했던 것과 같은 육중한 대리석 테이블이 있는 식당 영역과 완전하게 열려있다.

그림 243. 1964~67년, 취리히(Zurich)에 위치한 르 꼬르뷔제(Le Corbusier)의 인간의 집(Maison d'Homme) 서측 전경. 지붕과 건물 몸체-콥스 두 로지스(corps du logis)＊-가 개별 요소가 되었다. 6면체의 콥스 두 로지스는 그림을 그리고 에나멜로 광택을 낸 패널로 마감되었다.

＊콥스 두 로지스(Corps du logis)는 보통 고전 주택이나 궁궐에서 주요한 건물을 나타낼 때 사용하는 건축용어이다. 이 단어에는 주요 방이나 저택 · 주출입구의 의미도 있으나, 보통 지상층 상부의 1층에 있는 가장 크고 좋은 방을 의미한다. 프랑스에서는 보통 중세시대 영주의 성이나 저택의 주요 건물을 지칭한다.(Wikipedia)

그림 244. 인간의 집(Maison d'Homme) 남측 전경. 떠 있는 지붕은 모서리에서 매우 자유롭다. 가운데에는 넓은 철제 기둥, 좌측에는 옆면이 좁은 또 다른 기둥, 우측에는 얇은 철제 파이프를 볼 수 있다. 경사로는 이 면의 반대쪽에 위치한다.

완성되지는 않았지만 1937년 벨기에 리에주(Liège)의 전시회 파빌리언을 디자인한 이후(공간 · 시간 · 건축*(Space, Time and Architecture, 1967)*의 그림 324 참고), 르 꼬르뷔제는 모서리가 아닌 각 면의 가운데에 기둥을 설치하여 지지하는, 한 쌍의 인접한 정사각형 지붕 아이디어에 지속적으로 관심을 가지고 있었다. 리에주 계획안에서 지붕들은 같은 수평면에 놓여 있었다. 떠 있는 지붕에 대한 기본적인 아이디어는 그 이후 프로젝트에서 계속해서 나타났고, 결과적으로 지붕 표면에 새로운 조각적 형태를 부여하게 되었다. 역시 지어지지 않은 4개의 지붕요소로 구성한 샌프란시스코(San Francisco)의 프랑스 파빌리온(French pavilion) 디자인에서는, 습관적으로 지붕 하나는 위쪽으로 경사졌고, 다른 하나는 아래쪽으로 경사졌다. 리에주와 샌프란시스코의 파빌리온, 이 두 프로젝트는 유리 벽체로 둘러싸지 않고 단순히 지붕 구조로만 이루어 졌다. 또한 1950년에 목재로 설계한 포르트마이요(Porte Maillot) 파빌리온, 1953년 도쿄 박물관 옆에 예술품 전시를 위해 임시 건물로 설계한 또 다른 파빌리온 역시 유사한 디자인의 완성되지 않은 수많은 작품들 중 하나이다. 여기에 메세나(Maecenas)가 현대 미술 박물관으로 건립하려고 했던, 1962년 스톡홀름(Stockholm) 파빌리온을 추가할 수 있다. 취리히 공공부지에 위치한 인간의 집 역시 수많은 반대에 부딪혀 완성되지 못 할 뻔 했으나, 르 꼬르뷔제의 독창성으로 인해 그의 마지막 디자인을 완성할 수 있었다.

인간의 집 지붕과 몸체는 두 개의 개별 요소로 디자인 되었지만, 226×226㎝ 모듈에 기초하고 있다. 이것은 오른팔을 들고 있는 사람의 키에 맞춘 인간의 척도를 기반으로 한 것이다. 르 꼬르뷔제는 이 척도를 1933년부터 염두에 두고 있었는데, 그 해에 그리스의 한 농가 2층을 측량하면서 천장의 높이가 226㎝임을 발견하고 매우 기뻐했다. 인간의 집의 정사각형 강철골조는 모두 226×226㎝에 맞춰져 있고, 부분적으로는 그림을 그리고 에나멜로 광택을 낸 패널들로 채워졌다. 이 패널의 절반은 흰색이고, 나머지는 빨간색 · 녹색 또는 노란색이며, 수직 · 수평으로 번갈아 설치했다.(그림 243) 따라서 이 에나멜 패널들은 대체적으로 90°로 배치되는데, 두 부분으로 구분되는 지붕 역시 두 개의 수직기둥 사이에 위치한 폭 226cm의 가운데 기둥과 90° 각도로 놓여져 있게 된다.

이와 같이 전체 구조가 엄격한 226×226㎝ 모듈에 기초하고 있지만, 이것은 현학적으로 강조된 것은 아니다. 정면에서 보면(그림 244) 중심에 위치한 넓은 철제기둥이 전체 인상을 지배하는 요소가 되고, 그 좌측에는 좁은 면으로 서 있는 기둥, 우측에는 얇은 철제 파이프 기둥을 볼 수 있다. 따라서 모서리에서는 어떤 지지체도 시야를 가로막는 것이 없게 되었다. 이 파빌리온의 최초 계획안에서는 지붕을 지지하는 기둥들이 콘크리트였으나, 1965년 최종 계획안에서는 조립식 강철로 다시 디자인되었다. 나무와 호수 그리고 하늘이 이루는 광활한 경관 속에, 마치 돛과 같이 자리 잡은 경사진 표면의 강철 지붕 아래에 위치한 테라스와, 그 곳에 있는 거의 고전적인 긴 벤치에 앉으면, 무의식적으로 르 꼬르뷔제가 그 자신을 기념하기 위해 이 수정과도 같은 주택을 디자인하였다는 것을 느끼게 된다. 그것은 단지 강철과 유리의 구조물이 아닌, 한층 높은 수준에서 무한함을 아우르고 있다.

엄격한 모듈에 기반을 둔 이 주택은, 동시에 위대한 본질적 자유도 가지고 있다. 산업에서 사용될 수 있는 정확한 치수를 통해 작업하여도 각각의 건축물 형태와 표현을 다르게 할 수 있다는 결과를 증명함으로써, 인간의 집은 미래를 위한 유산이라고 할 것이다.

그림 245. 인간의 집(Maison d'Homme). 크기 226×226㎝의 오크(oak)로 만든 남측면의 회전문.

주석

서론

1) 역자주 : 하바드 대학에서 시학(詩學)을 강의하였던 Charles Eliot Norton 교수가 1925년에 시작한 강연회로, 넓은 의미에서의 시(詩)라고 할 수 있는 회화 · 건축 · 음악을 포함한 예술분야의 유명하고 창의적인 인물들과 학자들을 초청하여 매년 6회 강연하는 프로그램이었다. (Wikipedia)
2) 역자주 : 막달레니앙 시대(Magdalenian Age)는 서부 유럽 후기 구석기시대의 마지막에 출현한 문화로, 후기 구석기시대의 전통인 석인기법(石刃技法) 외에, 새롭고 다양한 종류의 골각기(骨角器)가 있다. 골각기에는 작살 등이 있어, 사냥과 함께 물가에서 생활했음을 나타낸다. 주로 동굴이나 바위그늘에 살면서, 여러 가지 빛깔의 안료(顔料)를 사용하여 동굴 안에 사냥 장면을 생생하게 그리거나, 대나무나 뿔을 가공하여 사람이나 여러 조각을 만들었다. 프랑스를 중심으로 좁은 지역에 한정되어 있으나, 이와 유사한 문화는 유럽과 아시아 대륙에 널리 분포되어 있다.
3) *Space, Time and Architecture*(1967), 539~540쪽 도판 참고.
4) 역자주 : Giedion의 'Group Design' 용어는 시카고대학의 Robert L. Scranton 교수가 처음 사용한 것을 차용한 것으로, "독립적인 건축물들이 그 자신만의 개별적 형태 특성을 갖으면서, 동시에 각 건축물 사이에서 형성되는 공간적 조화를 의미"하는 것으로 정의하고 있다. 따라서 단순한 배치계획에서 더 나아가 개별 건축물들의 구체적인 디자인까지 상호연관성을 갖도록 계획하여 조화로움을 이루어 내는 개념까지 포괄하고 있으므로, 이 책에서는 Giedion이 사용한 '그룹디자인' 용어 그대로 사용한다.
5) *Space, Time and Architecture*(1967), 860쪽 도판 참고.

첫 번째 공간개념의 마지막 단계: 그리스

1) 역자주 : 에트루스칸(Etruscan)은 지금의 이탈리아 토스카나주에 해당하는데, 로마인은 이 지방 사람들은 투스치(Tusci)라 불렀고 그들이 살던 지방을 투스키아라 불러 오늘날 토스카나라는 지명이 생겼다. 또 그리스인은 그들을 티레니아(Tyrrhenia) · 티레니(Tyrrhenii)라고 불렀기 때문에 그들이 활약한 바다에서 유래되어 오늘날의 티레니아해(海)라는 이름이 남아 있다.
2) 이 주제에 대한 더욱 심층적인 논의는 *The Eternal Present*, II의 130~146쪽을 참고.
3) 역자주 : 시리우스(Sirius)는 밤하늘에서 가장 밝은 별로, 큰개자리 α성의 고유명이다. 한국과 중국에서는 천랑성(天狼星)이라고 부른다. (두산백과-네이버)
4) 역자주 : 아카드인(Akkadians)은 셈족의 한 갈래로 유목민이었던 아카드인이 눈부신 활동을 시작한 것은 기원전 2,350년경, 즉 사르곤 대왕 때부터이다. 그는 수메르인의 도시국가들을 정복하여 메소포타미아 최초의 통일국가를 건설하였다. 아카드 왕국이 수립되면서 바빌로니아(남부 메소포타미아)의 북반부를 아카드, 남반부를 수메르라고 부르게 되었다. (두산백과-네이버)
5) 역자주 : 플라톤(기원전 427~347)은 소크라테스가 죽은 후 기하학과 천문학이 발달한 이집트를 여행하였고, 기원전 387년에 아테네로 돌아와 서양 대학교의 시초인 아카데미아 학원을 열어 다양한 학문에 대한 연구와 강의를 했다. 따라서 플라톤 및 탈레스 등을 통해 이집트의 다양한 학문이 아테네에 전파되었다고 하며, 그리스는 이집트에 많은 영향을 받았다고 하는 사실을 뒷받침하고 있다.
6) 역자주 : 로버트 스크랜턴(Robert Lorentz Scranton, 1912~1993)은 시카고 대학의 예술역사 교수이자, 그리스 조각과 건축의 전문가였으며, 저서로는 『*Greek Architecture - the Great Ages of World Architecture*』(1967) 등이 있다. (Wikipedia)
7) "Group Design in Greek Architecture", *The Art Bulletin*, 31 (1949) : 247~268.
8) A. von Gerkan, in a review of Doxiadis' *Raumordnung im griechischen Städtebau* (Heidelberg, 1937), in Gnomen, 14 (1938) : 589~634. Doxiadis의 책은 영어로 번역되어

『*Architectural Space in Ancient Greece*』(Cambridge, Mass.:M.I.T. Press)라는 제목으로 1972년에 출판되었다.

9) 역자주 : 마르틴센(Rex Distin Martienssen, 1905~1942)은 Witwatersrand 대학에서 공부하고, 영국 왕립건축가협회 및 CIAM의 회원이었다. 르 꼬르뷔제에게 강한 영향을 받아 남아프리카 근대건축운동을 이끌었다고 평가받으며, 남아프리카 모더니즘의 대표작이라 할 수 있는 자택, Martienssen House로 유명하다. 특히 그리스와 르네상스, 모던건축과 관련한 40여 개의 논문을 작성하였고, 사후인 1956년에 『*The Idea of Space in Greek Architecture*』가 출판되었다.(Wikipedia)

10) *The Idea of space in Greek Architecture* (1956; 2nd ed., Johannesburg, 1964), p. 151.

11) 역자주 : 히로키티아(Khirokitia)는 사이프러스 섬의 신석기시대 유적지이다. 이 유적은 동 지중해의 역사시대 이전 유적지 중 가장 잘 보존된 중요한 유적으로, 집단 방어를 위해 주위를 요새화한 집단 주거지의 형태를 가진 체계화된 기능적 사회의 증거로서 더욱 중요하다. (Wikipedia)

12) 역자주 : 보이오티아(Boeotia)는 그리스, 아티카 북부에 펼쳐지는 지방명으로, 미케네 시대의 유명한 유적으로는 오르코메노스 · 테바이, 타나그라 인형의 이름으로 알려진 타나그라 등이 있다. 산과 호수로 둘러싸여 고래로 많은 신화와 전설을 낳았다. 또 이 지방에는 기원전 479년의 프라타이아이의 전투, 기원전 338년의 카이로네이아의 전투 등 역사적으로 중요한 몇 개의 옛 전쟁터가 있다. (미술대사전-네이버)

13) 역자주 : 오르코메노스(Orchomenos)는 그리스 보이오티아 지방의 고대도시 유적으로, 신석기시대부터 촌락이 발달해 왔으나, 미케네 시대에는 미케네 및 티린스와 함께 중심지가 되었다. (미술대사전-네이버)

14) *Ibid.*, p. 4.

15) 역자주 : 아르고스(Argos)는 코린토스의 남서쪽 약 37㎞, 아르골리스만에 면하며, 아르골리스 평야는 산기슭 부분을 포함해도 불과 300㎢ 밖에 안되는 협소한 지역이나, 비옥한 지역으로 청동기시대부터 발달된 곳이다. 북쪽에 있는 미케네, 남동쪽에 있는 티린스 등은 에게 문명시대의 후반기에 크게 번영하였다. 일찍부터 이집트 · 리비아 등 동방과의 교역이 있었것으로 추정된다. (두산백과-네이버)

16) 역자주 : 아이이나(Aegina)는 그리스 사로니크만에 있는 섬으로, 일찍이 상업적인 해상발전을 크게 이루어 널리 알려졌고, 기원전 7세기 중반에는 그리스에서 가장 오래된 화폐가 주조되었다. 기원전 600~400년이 전성기였고, 기원전 459년 아테나와의 전쟁에서 패하여 델로스 동맹에 강제로 가입되었다. (두산백과-네이버)

17) K. Kourouniotes and Homer A. Thompson, "The Pnyx in Athens", *Hesperia*, I (1932) : 215, 216.

18) 역자주 : 데모스테네스(Demosthenes, 기원전 384~322)는 고대 그리스 아테네의 저명한 정치가이자 웅변가였다. 그의 웅변을 통해 당대 아테네의 우수한 지성을 표현하였고, 기원전 4세기, 고대 그리스의 문화와 정치에 대한 통찰을 드러낸다. (Wikipedia)

19) 역자주 : 밀레투스(Miletus)는 소아시아 서안(西岸), 이오니아에 위치한 그리스의 고대도시로, 마이안도로스 강이 흘러들어가는 만(灣) 안에 돌출한 곶(串)에 건설된 항구도시였다. 기원전 11세기부터 도리스인에게 추방된 본토 그리스인을 맞아 이오니아 식민도시가 되나, 초기의 사정은 확실하지 않다. 기원전 8세기까지 이오니아의 중심지로서 해외무역이 번성하였고, 기원전 7세기 동지중해 · 흑해 연안에 70여 곳의 식민도시를 건설하였다. 이집트의 나일 델타에도 상업식민도시 나우크라티스의 기초를 쌓는 등, 그 재력과 인구는 그리스 세계에서 으뜸이었다. (두산백과-네이버)

20) 역자주 : 프리에네(Priene)는 고대 그리스의 도시로서, 소아시아 서안, 이오니아 지방의 그리스 식민지이고, 이오니아 12도시의 하나이다. 19세기 말에 발굴된 뮈카레 산 남쪽 기슭 사면의 시가는 기원전 4세기 후반에 도시계획에 의해 정연하게 재건된 신시(新市)로서, 그 이전의 구시(舊市)에 관해서는 정확한 위치조차 불명확하다. 신시는 전체가 견고한 성벽으로 둘러 싸이고 배후의 산이 아크로폴리스를 형성하고 있었다. 시가는 테라스 모양으로 단(段)을 이루고 중앙에는 광장(아고라)이 있으며, 상단(上段)에는 아테나 여신의 신전과 극장 · 민회장(民會場)

이 잇달아 서 있고, 아래쪽에는 경기장과 체육관 등이 있었다. 인구는 약 4,000명 정도로 추정되고 있다. (두산백과-네이버)

21) 역자주 : 페르가몬(Pergamum)은 소아시아의 북서부 미시아의 고대도시로, 현재 터키 서북부 베르가마(Bergama)이다. 로마시대에서도 소아시아의 유수한 도시로 번영을 계속했다. (미술대사전-네이버)

22) C. Legrain, *Les Temples de Karnak* (Brussels and Paris, 1929), p. 159.

23) 역자주 : 디오도루스(Diodorus Sikelos, ?~?)는 카이사르와 아우구스투스 시대의 사람으로, 기원전 60~30년에 그리스어로 『기념비적인 세계사(Bibliotheca historica, 40권)』를 저술하였다. 이 책은 세 부분으로 구성되어 있는데, 첫 번째는 트로이 멸망까지의 신화적 역사와, 이집트 · 인도 · 아라비아에서 그리스와 유럽지역까지의 지리적인 설명, 두 번째는 알렉산더 대왕이 죽은 트로이 전쟁, 세 번째는 기원전 60년경의 역사를 설명한다. 제목의 'Bibliotheca'는 library를 의미하는 것으로, 다른 많은 작가들의 사라져 버린 작품들을 포함하고 있다. (Wikipedia)

24) *The Eternal Present*, II의 그림 251 참고.

25) *The Eternal Present*, II의 그림 229 참고.

26) 역자주 : 페르세폴리스(Persepolis)는 고대 페르시아의 아케메네스 왕조의 수도로, 현재 이란 시라즈에서 북동쪽으로 70㎞ 떨어진 곳에 있는 고고유적지이다. 고대 페르시아인들은 이 도시를 페르시아인들의 도시라는 뜻의 '파르사'로 불렀는데, 이를 그리스인들이 그리스어로 옮기면서 '페르세'와 '폴리스'로 불렀고 그 이름이 지금까지 내려오고 있다. (Wikipedia)

27) H. Frankfort, *The Art and Architecture of the Ancient Orient* (London, 1954), p. 218.

28) 역자주 : 엘레우시스(Eleusis)는 아테네 북서쪽 약 20㎞ 지점에 있는 그리스 아티카 지방 엘레우시스만 연안에 있는 도시이다. 기원전 7세기까지는 독립국이었으나, 아테네와 합병했다고 전해진다. 땅 · 농경 · 수확의 여신 데메테르와 그의 딸 페르세포네의 성지이며, 신성한 밀의(密儀)가 이루어졌다. 봄 · 가을 2번에 걸친 축제에는 그리스 전체에서 신자들이 모였다. 5세기에 테오도시우스 황제에 의해 금지되기까지 로마시대에도 이 지역의 신앙은 쇠퇴하지 않았다. 따라서 데메테르 신전과 텔레스테리온이라고 일컫는 밀의용 건물 외에도 훌륭한 여러 건축물들이 있었다. (두산백과-네이버)

29) G. E. Mylonas, *Eleusis and the Eleusinian Mysteries* (Princeton, 1961), p. 117.

30) 역자주 : 키몬(Cimon, 기원전 515~449)은 아테네의 장군으로, 페르시아 전역에 공을 세워 이름을 떨쳤다. 테미스토클레스(Themistocles)에 대항하여 친 스파르타(Sparta) 주의를 주장하고 정권을 잡았으나, 기원전 461년에 반대당에 의해 추방되었다. (인명사전-네이버)

31) 역자주 : 페리클레스(Pericles, 기원전 495(?)~429)는 고대 아테네의 정치가 · 군인으로, 평의회 · 민중재판소 · 민회에 실권을 가지도록 하는 법안을 제출해 민주정치의 전성기를 이끌었다. 외교상으로는 강국과는 평화를 유지했고, 델로스동맹의 지배를 강화했다. 페리클레스의 시대는 아테네의 최성기였다. (두산백과-네이버)

32) 역자주 : 이크티노스(Ictinus, ?~?)는 기원전 5세기 중반에 활동하던 건축가로, 고대 문헌들에 의하면 칼리크라테스(Callicrates)와 함께 파르테논을 설계했다고 한다. 기원후 2세기경, 고대 그리스 유적을 연구하여 『그리스 안내기(Description of Greece)』를 저술한 지리학자 파우사니아스(Pausanias)는 밧세(Bassae)의 아폴로 신전을 이크티노스가 설계하였다고 저술하였다. 이 아폴로 신전 외부는 도리스 양식, 내부는 이오니아 양식, 뒷쪽 감실에는 혼합된 초기 코린티안 기둥을 사용하였다. (Wikipedia)

33) Frederick Noack, *Eleusis, Die Baugeschichtliche Entwicklung des Heiligtums* (Berlin, 1927), p. 149.

34) Mylonas, *Eleusis*, p. 115.

35) G. Gruben(and H. Berve), *Greek Temples, Theaters and Shrines* (New York, 1963), pp. 401~402.

36) Mylonas, *Eleusis*, p. 121.

37) Gruben, *Greek Temples*, p. 401.

38) 역자주 : 메가로폴리스(Megalopolis)는 고대 그리스의 아르카디아 지방에 있었던 도시이다. 기원전 370년, 레우크트라 전쟁 뒤에 에파메이논다스(Epam-dinondas)의 제안으로 아르카디아 동맹의 수도로 건설되었으며, 주민은 40개의 아르카디아 도시에서

선발해 스파르타에 대항했다. 기원전 234년, 아카디아 동맹에 참가했으나, 동년 스파르타 왕 클레오메네스(Kleomenes) 3세에게 파괴당했다. 극장과 대집회실인 테르실리온의 유적이 현존한다. (미술대사전-네이버)

39) R. E. Wycherley, *How the Greeks Built Cities* (London, 1949), p. 123.

40) E. Kirsten and W. Kraiker, *Griechenlandkunde : Ein Führer zu den klassischen Stätten* (5th ed., Heidelberg, 1967), p. 418.

전이현상: 원형(圓刑)

1) 역자주 : 할 사플리에니(Hal Saflieni) 지하신전(하이포지움:Hypogeum)은 기원전 2,500년 무렵에 지표층을 파서 만든 거대한 지하건축물로서, 청동기 시대의 유일한 지하건축물이다. 산호질 석회암으로 된 거대한 돌을 들어 올려 거석지붕으로 사용하였다. 원래 이곳은 신을 모시던 신성공간으로 추정되지만, 선사시대에 와서는 공동묘지로 사용된 것으로 보인다. 신전의 '미궁(labyrinth)' 은 여러 개의 타원형 방과 작은 공간들로 이루어져 있었다. 거대한 벽은 거석 축성물(Cyclopean masonry)로 쌓았는데, 이는 회반죽을 바르지 않은 백아질(白亞質)의 산호빛 돌로서, 흑요석과 부싯돌을 이용하여 서툴게 마감하였다. 중요한 방은 아치형 천장과 당대 지상 건축물의 창과 출입문을 본떠 만든 인조 베이(bay)의 정교한 구조로 차별화하였다. 이 지하신전은 원래 신탁을 받는 성소로 추정되었다. 그러나 1902년 발굴 당시 7,000구의 유골이 발굴되면서 선사시대부터 납골당으로 사용했던 것으로 보인다. 지하신전의 윗층은 중앙 통로에 연결된 큰 방과 양쪽 끝에 장례식을 위한 공간이 있다. 신전의 중간층은 벽돌로 쌓은 것 같은 느낌으로 부드럽게 마감한 여러 개의 방으로 이루어져 있다. 붉은 색 오커(ochre, 그림물감의 원료로 쓰이는 황토)로 색을 칠한 곡선과 나선형으로 된 그림은 아직도 일부 구역에서 선명하게 알아볼 수 있다. '신탁을 받는 곳' 에 있는 틈새 중 하나는 묵직한 반향(反響)을 내는 특징이 있다. 정면에서 본 조각은 웅장하고, 건축물의 보존 상태도 매우 양호하다. (유네스코한국위원회, 유네스코 세계유산)

2) 역자주 : 에반스(John Davies Evans, 1925~2011)는 지중해의 선사시대, 특히 몰타의 선사시대 문화를 연구하여 유명한 영국의 고고학자이다. 1940년대와 1950년대에 중요한 몰타의 거석 유적을 많이 발굴하였다. (Wikipedia)

3) 역자주 : 베르나보 브레아(Luigi Bernabo Brea, 1910~1999)는 이탈리아의 고고학자로, 시실리(Sicily)의 선사시대 및 고대 고고학 연구에 전념했다. (Wikipedia)

4) J. D. Evans, *Malta* (London, 1959), p. 42 ; L. Bernabò Brea, "Malta and the Mediterranean", *Antiquity*, 34 (1960) : 135.

5) 역자주 : 티린스(Tiryns)는 그리스의 아르고스 평야 거의 중앙이 있는 미케네 시대의 왕성 유적으로, 미케네 · 필로스 · 트로이아와 버금가는 미케네 시대의 대표적인 유적이다. 이른바 '키크로페스 성벽'의 전형적인 예라고 하는 거석구조는 여러 번 개축을 한 최후의 왕궁으로, 현존하는 것은 기원전 13세기의 것이라고 한다. (미술대사전-네이버)

6) Evans, *Malta*, p. 127.

7) H. Rieman, "J. D. Evans : Malta" (review), *Gnomon*, 33 (1961):652.

8) 루이지 우고리니(Luigi Maria Ugolini, 1895~1936)는 이탈리아 고고학자로, Albania의 Phoenice 발굴로 인해, 1931년부터 사망때까지 몰타에서 많은 발굴을 진행했다. (Wikipedia)

9) L. M. Ugolini, *Malta, origini della civiltà Mediterranea* (Rome, 1934), pp. 169, 160.

10) *The Eternal Present*, Ⅰ의 pp. 437~453을 참고할 것.

11) 역자주 : 자미트(Themistocles Zammit, 1864~1935)는 몰타의 고고학자, 역사학자이자 몰타 왕립 대학의 화학 · 의학 · 연구 · 저술 교수이며, 발레타 국립고고박물관의 초대 박물관장이었다. 특히 그는 몰타 섬의 역사를 저술하고, 할 사플리에니 지하신전 · 타르젠 거석사원 · 하가르 킴 · 므나이드라 등 중요한 발굴을 진행했으며, 그 이후 이 유적들은 유네스코 세계문화유산으로 등재되었다. (Wikipedia)

12) T. Zammit, *Guide to the Valletta Museum* (Valletta, Malta, 1931), p. 16 ; Evans, *Malta*, p. 129.

13) Evans, *Malta*, p. 130.

14) Zammit, *Valletta Museum*, p. 17.

15) *The Eternal Present*, II, 113.

16) T. Zammit, *Prehistoric Malta, The Tarxien Temples* (London, 1930), p. 65.

17) A. Mayr, " Die vorgeschichtlichen Denkmäler von Malta", *Abhandlungen der Bayerischen Akademie der Wissenschaften : Philosophisch-philologische Klasse*, 21 (1898~1901) : 692.

18) Evans, *Malta*, p. 98.

19) Evans, p. 103 ; T. Zammit, *The Neolithic Temples of Hajar Kim and Mnaidra* (Valletta, Malta, 1927), p. 18.

20) Mayr, "Die vorgeschichtlichen Denkmäler", p. 665.

21) Zammit, *Neolithic Temples*, p. 9.

22) Evans, *Malta*, pp. 102~103.

23) 역자주 : 워드 퍼킨스(John Bryan Ward-Perkins, 1912~1981)는 영국의 고전건축 역사가 및 고고학자이자 로마의 영국학교 교장이었다. 저술로는 『Etruscan and Roman Architecture-Pelican History of Art』 (Boëthius, Axel공저, Baltimore, Penguin, 1970), 『Cities of Ancient Greece and Italy-Planning in Classical Antiquity』(New York, G. Braziller, 1974), 『Studies in Roman and Early Christian Architecture』(London, Pindar Press, 1994) 등이 있다. (Wikipedia)

24) Evans, *Malta*, p. 117 ; J. B. Ward-Perkins, " Problems of Maltese Prehistory" , *Antiquity*, 14 (1942) : 26.

25) 역자주 : 트릴리톤(trilithon, 三石塔)은 두 개의 돌은 수직으로 세우고, 세 번째 돌은 그 위에 평평하게 횡으로 얹은 형태의 거석 기념물을 말하는데, 그리스어의 세 개의 돌(three-tri, stone-lithos)에서 유래한 용어다. Stonehenge와 Avebury 등 선사시대 기념물들을 고고학적으로 조사한, 영국의 선구적인 고고연구가 William Stukeley(1687~1765)가 처음 사용한 용어이다. (Wikipedia)

26) Zammit, *Prehistoric Malta*, p. 20.

27) Evans, *Malta*, p. 139.

28) *The Eternal Present*, II, 469.

29) T. Zammit, *The Copper Age Temples of Hal-Tarxien-Malta* (4th ed.; Malta, 1965), p. 11.

30) 역자주 : 라 페라시(La Ferrassie)유적은 프랑스 도르도뉴에 있는 구석기시대의 유적으로, 1905~20년의 발굴조사에서 페이로니(D. Peyrony)는 구석기시대 중기 및 후기의 문화를 나타내는 십수 층을 밝힘과 동시에 많은 미술적 유품을 발견하였다. 구석기시대 중기인 무스테리안(Mousterien)의 유해와 함께 출토한 3각형의 석회석에는 규칙적으로 뚫린 수십 개의 인공 배상(盃狀) 구멍이 있다. 또 오리냐크 2기 층에서 동물의 선각화가 있는 돌덩이, 오리냐크 3기와 4기 층 사이에서 동물과 기호를 채색 및 선각으로 나타낸 돌덩이가 출토되고 있다. (미술대사전-네이버)

31) D. Peyrony, "La Ferrassie", *Prehistoire* (Paris), 3 (1934) : 1~92.

32) *The Eternal Present*, I, 141~143.

33) Zammit, *Copper Age*, pp. 10~11.

34) E. Vuarnet, "Les Pierres à sculptures préhistoriques de la Savoi", *Congres préhistorique IV, Chambéry, 1909: Compte rendu* (Paris, 1909), p. 434.

35) 역자주 : 이탈리아 사르디니아 섬에 있는 돌을 원형으로 쌓아서 만든 고대 돌탑으로 누라게(Nuraghe)라고 한다. 기원전 2,000년부터 축조되어 기원전 1,000년경에 큰 발전을 이룩했고, 기원전 4~3세기까지 존속했다. 약 7,000개를 축조했는데, 상부를 없앤 원추형 돌탑은 대부분 1~2층으로 이루어졌고, 높이 20m 이상 되는 것도 있다. 내부에는 원형의 방이 있어 요새화된 가옥으로 사용되었다. (두산백과 · 미술대사전-네이버)

36) P. Dikaios, *Khirokitia: Final Report on the Excavations of a Neolithic Settlement in Cyprus* (London, 1953), p. 333 ; *The Eternal Present*, II, 182.

37) 역자주 : 오르코메노스(Orchomenus)는 그리스 중부에 있던 고대 보이오티아 지방의 도시이다. 기원전 3,000년의 신석기 시대부터 청동기 시대에 번영하였다. 특히 미케네 시대에 가장 번성하여 성채도시가 이루어졌는데, 그리스 본토의 미케네적인 성채 도시의 유적으로는 가장 북쪽에 있는 것이며, 왕궁 자리와 벌집형 분묘가 있다. 그리스인의 전설에 의하면 이 분묘는, '미뉴어스의 보고(寶庫)' 로 전해지고 있는데, '아트레우스왕의 보고' 로 불리는 것과 같은 계통의 것이다. (두산백과-네이버)

38) 역자주 : 누라게(Nuraghe)의 복수형

39) 역자주 : 제르보스(Christian Zervos, 1889~1970)는 그리스-프랑스의 예술역사가 · 비평가 · 수집가 · 작가 및 출판인으로, 그가 파리에서 설립한 「Cahiers d'art」(1926~1960) 잡지를 통해 예술비평가로 잘 알려져 있고, 예술 갤러리도 운영하였다. 현대 회화와 그리스 예술 및 선사시대 예술의 감정가였고, 몇 권의 책을 출판하였는데, 가장 중요한 것으로는 『The Art of Crete, The Art of the Cyclades』, 『L'art de l'epoque du Renne en France, a catalogue raisonne of the work of Pablo Picasso』 등이 있다. (Wikipedia)

40) Mayr, "Die vorgeschichtlichen Denkmaler", p. 685.

41) G. Pinza, "Monumenti Primitivi della Sardegna", *Accademia Nazionale dei Lincei, Roma: Monumenti Antichi*, II (1901) : 5~280.

42) 역자주 : 로스 미라레스(Los Millares)는 석기시대와 청동기시대로 변화하는 금석(金石) 병용기(Chalcolithic)에 속하는 거주지 유적으로, 스페인 안달루시아(Andalusia) 알메리아(Almeria)주 산타 페 데 몬두하르(Santa Fe de Mondújar)시에서 북쪽 17km에 위치한다. 이 유적은 기원전 4,000년부터 2,000년까지 사용되었고, 대략 천 여 명이 거주하였다. 1891년, 철도를 건설하면서 발견되어, 이 다음 해에 Luis Siret이 발굴했고, 지금까지도 발굴 중에 있다. (Wikipedia)

43) H. Soeder, *Urformen der abendländischen Baukunst Italien und dem Alpenraum* (Cologne, 1964), p. 35.

44) 역자주 : 한스 쉐더(Hans Soeder, 1891~1962)는 독일의 건축가이다. (Wikipedia)

45) 역자주 : 사살-메이슨(Sassal Masone)은 Lago Bianco와 Bernina Pass가 내려다보이는, 알프스 베르니나 산맥의 동쪽 끝에 위치한 스위스의 산 이름이다. (Wikipedia)

46) 역자주 : 베르니니 패스(Bernina Pass, 이탈리아어로는 Passo del Bernina)는 알프스 베르니나 산맥 2,328m에 위치한 산길로, 스위스 동쪽 Graubünden(Grisons)주에 있다. 리조트 타운으로 유명한 Engadin 계곡의 St. Moritz에서 시작하여, 이탈리아 Valtellina의 Tirano 마을까지 연결된다. (Wikipedia)

47) *The Eternal Present*, II의 178~189쪽을 볼 것.

48) 역자주 : 파이스토스(Phaistos)는 크레타 섬 중부, 메살라 평야의 남쪽 구릉상에 있는 미노스 문명의 대표적인 궁궐 유적 중 하나로, 기원전 1,700년경에 세워진 제1궁전이 붕괴된 후에 같은 곳에 재건된 제2궁전이 있다. (미술대사전-네이버)

49) 역자주 : 하인리히 슐리만(Heinrich Schliemann, 1822~1890)은 독일의 고고학자로, 미케네 문명과 트로이 문명의 발견자로 알려져 있으며, 그리스 선사 고고학의 시조로 간주된다. (두산백과-네이버)

50) 역자주 : 아가멤논(Agamemnon)의 황금 데드마스크로 알려져 있다.

51) G. Karo, *Die Schachtgräber von Mykenai*, vol. I (Munich, 1930~1933), p. 19.

52) M. Brion, *Pompeii and Herculaneum*, tr. J. Rosenberg (New York, 1960), p. 106.

53) 역자주 : 파우사니아스(Pausanias : ?~?)는 2세기경에 활약한 그리스의 여행가 및 지리학자로, 『그리스 안내(*Periegesis tes Hellados*)』, 10권을 저술했다. 미신 · 신화 등을 비롯하여 주요 도시와 그 역사를 개략적으로 기술했으며, 자연 현상 · 생산물 · 사회생활도 설명해 놓았다. 특히 종교적 · 역사적 기념물에 관심이 많았는데, 그에 대한 기술 또한 매우 정확하다. (두산백과-네이버)

54) 역자주 : 테페 가우라(Tepe Gawra)는 이라크 북부의 모슬 북북동 24km에 있는 높이 22m의 유적을 말한다. 1930~38년 미국의 스파이저(E.A. Speiser) 등이 발굴하여 20층임을 밝혔다. 중심지역은 19~12층의 우바이드기(기원전 4,000~3,500년경)에서부터 11~8층의 가우라기(기원전 3,500~3,000년경)에 해당한다. (미술대사전-네이버)

55) F. Robert, *Thyméle, Recherches sur la signification et la destination des monuments circulaires dans l'architecture religieuse de la Gréce* (Paris, 1939), p. 8.

56) August Pauly, *Real-Encyclopadie der classischen Altertumswissenschaft*, A. 11 (1936), pp. 311~312.

57) 역자주 : 프리타네움(Prytaneum 또는 Prytaneion)은 고대 그리스 도시국가의 시청사로서. '프리타니스(정부고관)의 건물'이라는 뜻이다. 옛 왕 또는 참주(僭主)의 주택 모양을 전하고 있으며, 나라의 '부뚜막' 헤스티아를 모신 방을 중심으로 공문서관 ·

연회실 등을 갖추고 있었다. 의원이나 국빈(國賓)에게는 국비로 식사가 제공되었기 때문에 식사용 침대가 나란히 놓여져 있었다. 공식적인 연회장이나 영빈관도 이렇게 말하며, 올림피아 · 프리에네 등에서 그 유구가 확인되고 있다. (미술대사전-네이버)

58) 역자주 : 칼 데오도르 필(Karl Theodor Pyl, 1826~1904)은 독일의 역사학자이다. (Wikipedia)

59) 역자주 : 티멜레(Thymele)는 아스클레피오스의 영광을 기리기 위해 조각가 폴뤼클리토스(Polyclitus)가 에피다우로스에 건설한 아스클레피오스 토로스를 지칭하며, 뒤에서 헤로움(heroum)으로 설명하고 있다.

60) 역자주 : 파이스토스(Phaestus)는 옛 그리스 문헌에 자주 등장하는 크레타의 고대 도시이다. 호메로스는 파이스토스 시에 대해 매우 많은 사람들이 살고 있다고 묘사하였으며, 그리스 연합국 자격으로 트로이 전쟁에도 참여했다고 기록했다. 파이스토스 시의 고대 유적은 지진으로 파괴되어 오랜 기간 땅 속에 묻혀 있다가 19세기 후반 이후에야 발굴되었다. 이곳에서는 궁전 유적과 점토에 문자가 새겨진 파이스토스 원반(Phaistos Disc) 등이 발견되었다. (두산백과-네이버)

61) M. S. F. Hood, "Tholos Tombs of the Aegean", *Antiquity*, 34 (1960): 166~176.

62) 역자주 : 뉴그레인지(New Grange)는 아일랜드의 수도 더블린 서북방에 있는 지명으로, 신석기시대 고분으로 유명하다. 지름 88m, 높이 15m의 이 고분은 원래 35개의 멘히르로 둘러싸였던 것으로, 현실로 통하는 연도는 20m의 길이다. 20개가 넘는 석판 또는 석괴의 면에 조각된 장식무늬는 와권 · 지그재그 · 평행선 무늬 등 많은 변화를 보여준다. 기원전 2,500년경으로 추정하고 있다. (미술대사전-네이버)

63) J. Durm, *Handbuch der Architektur, pt. 2, vol. 2 : Die Baukunst der Etrusker : Die Baukunst der Römer* (Stuttgart, 1905), p. 279.

64) Robert, *Thymélè*, p. 423.

65) H. V. Herrmann, Orbis Antiquus, vol. 13 : *Omphalos* (Münster, 1959), p. 23.

66) 역자주 : 바흐오펜(Johann Jakob Bachofen, 1815~1887)은 그리스 신화 속 선사인류의 모권적 사회조직을 통찰하고, 고대 로마법에서 부계출생에 선행하는 모계출생을 발견한 신화학자이자 로마법학자이다. 출생지인 바젤에서 공소심 판사(1845~66년)의 자리에 있으면서 고대사 연구에 몰두한 바흐오펜은 1861년에 주저 『모권론(*Das Mutterrecht*)』을 간행하고, 그 속에서 가장 오랜 인류의 혼인형태를 원초적 잡교(雜交)인 헤테리스무스(Hetärismus)라고 했다. (맑스사전-네이버)

67) J. J. Bachofen, *Gesammelte Werke*, vol. 4 : *Versuch über die Gräbersymbolik der Alten* (1859; Basel, 1954), pp. 107~108.

68) Herrmann, *Omphalos*, p. 46.

69) G. Gruben(and H. Berve), *Greek Temples, Theaters and Shrines* (New York, 1963), p. 339.

70) 역자주 : 타소스(Thasos, 라틴 Thasus)는 그리스 북동부, 카발라 주 남동부의 섬으로, 에게해 북부 · 카발라만 · 타소스 해협을 사이로 본토와 마주한다. 페니키아인이 개발한 금산지로 기원전 8세기에는 파로스인의 식민지였다. 기원전 7세기에서 초기 크리스트교 시대까지의 성곽과 아치 등이 산재하고, 고대의 아고라, 남동쪽 언덕 위에는 아크로폴리스가 있다. (세계인문지리사전-네이버)

71) 역자주 : 에피다우로스(Epidaurus)는 그리스 아르골리스(Argolis) 지방의 살로니카 만 가까이에 있는 작은 도시로, 기원전 6세기 이래 의학의 신 아스클레피오스의 성지로 알려졌다. 특히 기원전 4세기에 건립된 아스클레피오스 신전 · 화려한 토로스 · 목욕탕 · 요양실 · 음악당 · 경기장 등의 건물을 포함하는 넓은 성역이 발굴되었다. 보존이 잘되어 있는 극장은 각부의 아름다운 균형과 음향효과의 우수함으로 알려져 있다. (미술대사전-네이버)

72) J. E. Harrison, *Themis : A Study of the Social Origins of Greek Religion* (Cambridge, Mass., 1912), p. 381.

73) R. Herzog, "Die Wunderheilungen von Epidauros", *Philologus*, Supplement 22.3 (1931) : 66~67.

74) Harrison, p. 382 ; Herzog, p. 88.

75) K. Kerényi, *Asklepios, Archetypical Image of the Physician's Existence*, tr. R. Manheim, Bollingen Series, LXV.3 (New York, 1959), figs. 1 and 2.

76) 역자주 : 칼 케레니이(Karl Kerenyi, 1897~1973)는 헝가리 태생의 고전신화학자로, 학풍은 부르크하르트 · 니체 · W. F. 오토 등과 연결된다. 조국의 정치체제와 타협하지 못하고 1943년에 스위스로 이주, 융 · T. 만 · 호이징거 등과의 학문적 교류를 통해서 실존적 생의 입장에서 신화학을 전개하였다. (종교학대사전-네이버)

77) 역자주 : 오비디우스(Publius Ovidius Nasō, 기원전 43~기원후 17)는 중부 이탈리아 술모나에서 출생한 고대 로마의 시인이다. 기사 계급 집안 출신으로 로마에서 변론술 등 정치가가 되기 위한 교육을 받고, 그리스 등으로 유학하여 한때 관직에 올랐으나, 결국에는 시작(詩作)에 전념하였다. 작품에는 『사랑도 가지가지(*Amores*)』, 『여류의 편지(*Heroides*)』 등이 있으며 특히 가장 유명한 『변신이야기(*Metamorphoses* : 기원후 8년)』는 서사시의 형식으로 쓰여 진 15권의 작품으로, 케사르에 관한 이야기와 에로부터의 신화 · 전설 속의 변신이야기를 다루어, 하나의 신화로 집대성이 되고 있다. 풍부한 상상력에 의하여 회화적인 묘사로 넘쳐흐르고 있으나, 신화를 다루면서도 거기에 나오는 인물은 당시 상류사회의 남녀를 느끼게 한다. 그의 작품은 세련된 감각과 풍부한 수사(修辭)로 르네상스 시대에 널리 읽혔고, 후대에도 많은 영향을 끼쳤다. (두산백과-네이버)

78) *Ibid.*, p. 10.
오비디우스 저, 이윤기 옮김, 『변신이야기 2』 (1998, 민음사.), p.325.

79) 역자주 : 폴뤼클리토스(Polyclitus 또는 Polykleitos the Younger)는 기원전 4세기에 활동한 고대 그리스 조각가이다. 기원전 5세기에 활동한 고대 그리스의 (청동)조각가이며, 페이디아스(Pheidias) · 미론(Myron) · 프락시텔레스(Praxiteles) 등 아테네 조각가들과 함께 고대 조각가 중 가장 중요한 인물로 평가받는 폴뤼클리토스의 아들이다. 그러나 그의 가장 위대한 성과는 건축이었는데, 가장 잘 알려진 작품은 에피다우로스의 토로스와 극장이다. 기원전 약 360년에 건설을 시작한 토로스는 내부 기둥의 코린티안 주두 등 매우 정교한 디테일을 보여주는데, 이 기둥들은 이후의 오더 디자인에 가장 큰 영향을 미쳤다. 이후 많은 예술작품과 운동선수 조각 등을 남기기도 했다. (Wikipedia)

80) Gruben, *Greek Temples*, p. 361.

81) Robert, *Thymélè*, p. 353 ; Gruben, p. 361.

82) 역자주 : 포카이아(Phocaea)는 아나톨리아 서해 변에 위치한 고대 항구 도시이다. 이오니아 사람들이 개척한 최북단의 도시로서 해상교역으로 크게 번영했었다. (Wikipedia)

83) 역자주 : 레오카레스(Leochares)는 기원전 360~330년경에 활약한 아테네 출신의 고대 그리스 조각가이다. '벨베데레의 아폴로' 와 '가뉴메데스를 차는 독수리' (바티칸 미술관 소장)는 레오카레스 원작의 모작으로 추정된다. 기타 올림피아의 필리페이온에 필리포스, 알렉산더 대왕의 가족상, 아테네 및 페이라이우스(피레우스)의 제우스상 등, 문헌을 통해 많은 작품들이 전해지고 있다. (미술대사전-네이버)

84) H. A. Thompson, *The Athenian Agora, A Guide to the Excavations and Museums*, 2nd ed. (Athens, 1962), p. 8.

85) G. Ioppolo, "Due Monumenti Repubblicani" , *Bulletino della Commissione Archeologica Corammole di Roma*, 79 (1963~1964) : 68~90.

86) 역자주 : 오푸스 인케르툼(opus incertum)은 로마건축 벽체구축법의 하나로 콘크리트 벽의 표면을 불규칙한 크기로 자른 돌을 써서 마무리한 것이다. (미술대사전-네이버)

87) 술라(Lucius Cornelius Sulla, 기원전 138(?)~78)는 로마제국의 장군겸 정치가로, 보수적 성향의 인물이며, 로마의 정권을 장악한 후 종신 독재관이 되어 호민관 및 민회의 권한을 축소하고, 원로원 지배체제의 회복을 위한 각종의 개혁을 단행하였다. (두산백과-네이버)

88) 역자주 : 마르쿠스 비프사니우스 아그리파(Marcus Vipsanius Agrippa, 기원전 62~12)는 로마제국의 장군 · 정치가로, 아우구스투스의 정계 진출을 도왔고, 그의 군사적 · 외교적 성공에 크게 공헌했다. 수도 · 욕장 · 판테온 등을 신설하고, 로마제국을 측량하고 지리서를 저작하여 세계지도 작성의 기초를 닦았다. (두산백과-네이버)

89) Soeder, *Urformen der abendländischen Baukunst*, p. 261.

90) 역자주 : 체르베테리(Cerveteri)는 이탈리아

중부 라치오 지방의 도시로, 로마 북동쪽 45㎞에 위치한다. 기원전 7세기 이래 여러 공예품의 산지 · 교역지로 번영했고, 로마시대에는 로마와 우호관계를 가졌다. 교외에는 에트루리아 고분들이 있는데, 양쪽에서 다듬은 돌을 아치형으로 쌓아 올려 구성한 의사볼트 천장은 소아시아로부터 전래된 것으로, 그 이후의 에트루리아 건축과 로마건축에서 발달하는 아치구조의 원형이 된다. (미술대사전-네이버)

91) A. Boëthius, "The Etruscan Centuries in Italy", *Etruscan Culture : Land and People* (Malmo, Sweden, 1962), pp. 66~67.

92) *The Eternal Present,* II의 277~294쪽을 볼 것.

93) Robert, *Thymélè*, p. 79.

94) 역자주 : 아피아가도(Via Appia)는 고대 로마의 가장 중요한 도로로, 길이 50km, 너비 8m인 로마의 켄소르(감찰관) 아피우스 클라우디우스 카이쿠스가 기원전 312년에 건설을 시작한 도로이며, 도로명은 그의 이름을 따서 붙인 것이다. 처음에는 로마와 카푸아 사이였으나 기원전 240년경 브룬디시움(브린디시)까지 연장되었다. 도로는 돌로 포장을 했는데 로마와 남이탈리아를 연결하는데 그치지 않고 그리스의 간선도로이기도 하였으며, 오늘날도 일부가 사용되고 있다. (두산백과-네이버)

95) 역자주 : 메리온 엘리자베스 브레이크(M. E. Blake, 1892~1961)는 로마 건설기술에 대한 연구로 알려진 고전언어학 교수로, 『*Roman constrution in Italy from Nerva through the Antonines*』(1973) 등의 저서가 있다. (Wikipedia)

96) M. E. Blake, *Ancient Roman Construction in Italy from the Prehistoric Period to Augustus* (Washington, 1947), p. 294.

97) 이 영묘는 G. Q. Gigioli가 "Il Sepolcreto Imperiale", *Capitolium*, 6 (1930) : 551~552쪽에서 서술하였는데, 위에서 인용한 글은 그가 작성한 것이다.

98) 역자주 : 오푸스 레티쿨라툼(opus reticulatum)은 콘크리트 코어 겉면에 다이아몬드 모양의 응결응회암 벽돌을 쌓는 고대 로마 건축에서 이용된 벽돌쌓기이다. 벽돌은 45도 각도를 이루며, 벽돌의 정사각형 밑면과 모르타르 선들이 그물을 닮은 패턴을 만들어 냈다. '레티쿨라툼' 은 라틴어로 '그물' 을 뜻하며, 기원전 1세기 초반에 주로 사용되었다. (Wikipedia)

99) *The Eternal Present,* II의 272쪽을 볼 것.

100) *The Eternal Present,* II의 315~318쪽을 볼 것.

101) 역자주 : 로버트슨(Donald Struan Robertson, 1885~1961)은 그리스 로마 전문학자로 특히 아풀레이우스(Apuleius)에 대해 연구했고, 22년간 캠브리지 대학교에서 그리스 흠정강좌(欽定講座) 담당 교수로 재직했다. (Wikipedia)

102) D. S. Robertson, *A Handbook of Greek and Roman Architecture* (1929 ; 2nd ed., 1959), pp. 257~258.

103) M. Stettier, "Vom römischen zum christlichen Rundbau. Eine raumgeschichtliche Skizze", *Museum Helveticum*, vol. 8 (Basel, 1951), pp. 260~270.

104) R. Krautheimer, "Introduction to an Iconography of Mediaeval Architecture", *Journal of the Warburg and Courtauld Institutes*, 5 (1942) : 169~170, 161~162.

두 번째 공간개념

1) 역자주 : 크테시폰(Ctesiphon)은 고대 파르티아 제국의 유적지로, 바그다드 남동쪽 약 40㎞, 티그리스 강 좌안에 있다. 처음에는 티그리스 강 대안의 그리스 도시 셀레우키아에 대한 파르티아 측의 전진기지였으나, 파르키아가 메소포타미아에 패권을 확립한 후 왕궁이 건설되어 겨울철의 수도가 되었다. 그러나 2세기에 들어서서 확대되는 로마 세력의 침입을 받아, 화재로 폐허가 되었다. 지금은 당시의 건축을 전하는 돔이 부분적으로 남아있다. (두산백과-네이버)

2) *The Eternal Present,* II의 273, 515쪽을 참고할 것.

3) 아인하르트(Einhard, 770(?)~840)는 프랑크 왕국의 역사가 · 건축가이자 카를 대제(大帝)의 궁정에서 카롤링거 르네상스라 불리는 문화를 꽃피우며 신임을 받았다. 제리겐슈타트 성당 일부분의 건립에도 참가했고, 저서로 『카를대제전』이 있다. (두산백과-네이버)

4) 역자주 : 우루크(Uruk)는 이라크 남부 우르의 북서쪽 약 60㎞, 유프라테스강 부근에 있

는 수메르의 고대 도시유적이다. 남북 약 3.5㎞, 동서 약 2.5㎞이고, 우루크 기로부터 파르티아 시대까지 거주하고 있었으며, 우루크 제1~4왕조의 수도이기도 하다. 유적 중앙부에는 아누 신전과 에 안나 신전이 있었으나 아누 신전에는 지구라트의 원형인 우루크 기의 백색신전이, 에 안나 신역에는 젬데트 나스르 기의 적 · 흑 · 백의 모자이크로 장식된 원주가 있는 신전과 우르 제3왕조시대의 지구라트, 카시트 시대의 신전 등이 발굴되었다. 또한 파르티아 시대의 신전 · 궁전 · 묘지도 있었다. (미술대사전-네이버)

5) *The Eternal Present*, II의 193~197쪽, 203~206쪽 참고.

6) T. Ashby, *The Aqueducts of Ancient Rome*, ed. I. A. Richmond (Oxford, 1935), pp. 49~54, 308~315.

7) 역자주 : 파에스툼(Paestum)은 이탈리아 서해안, 나폴리 남쪽 약 80㎞ 지점에 있는 작은 촌락으로, 고대 그리스 명은 포세이도니아(Poseidonia)였다. 고대 그리스인들의 식민도시유적으로도 유명한데, 기원전 7세기 전반에 슈바리스인이 건설, 기원전 6~5세기에 번창했으나, 기원전 500년경에는 루키니아인에게 정복당했고, 기원전 273년에 로마 판도에 들었다. 그리스 시대의 유적으로는 세 개의 도리스식 신전, 즉 헤라 제1신전(통칭 바실리카, 기원전 540년경), 아테나 신전(통칭 케레스 신전, 기원전 510년경), 헤라 제2신전(통칭 포세이돈 신전, 460년경)을 비롯하여 포룸, 4.7㎞의 성벽, 동서남북 4개의 성문 등이 남아있다. (미술대사전-네이버)

8) 역자주 : 셀리누스(Selinus)는 기원전 7세기에 건설한 시칠리아 남서안의 고대 그리스 식민지로, 현재의 셀리눈테시 근교에 해당한다. 기원전 409년 카르타고에 의해 멸망되었으나, 시내의 아크로폴리스에는 신전A · B · C · D · O가 있고, 교외에는 신전 E · F · G가 남아 있다. 헬레니즘 시대의 소신전 B를 제외하고는 모두 아르카이크기의 도리스식 신전으로, 그 중에서도 G는 고대의 최대 신전의 하나이나, 모두 파손이 심하다. (두산백과-네이버)

9) 역자주 : 프라이네스테(Praeneste)는 팔레스트리나(Palestrina)의 고대 명칭으로, 이곳 출신의 작곡가 조반니 팔레스트리나를 기려 도시 이름을 지었다. 로마에서 동쪽으로 35㎞ 떨어진 고대도시이며, 프레네스티나 가도(Via Prenestina)에 의해 로마와 연결된다. 로마와의 전쟁에서 패배한 후 로마의 동맹국이 되었고, 기원전 90년, 로마의 시민권을 가진 자치도시가 되었다. 로마제국 시절에는 여름 휴양지로 인기 있었으며, 제2차 세계대전 당시 폭격으로 파괴되었으나, 운명의 여신인 포르투나 프리미게니아를 숭배하는 신전을 발견하는 계기가 되었다. 언덕 정상의 고대 성채 자리에 몇 채의 주택과 부서진 콜론나 가문의 성이 있다. (두산백과-네이버)

10) *The Eternal Present*, II의 436~492쪽을 참고할 것.

11) 역자주 : 브란켄하겐(Peter Heinrich von Blanckenhagen, 1909~1990)은 라트비아(Latvia) 출신으로 로마의 예술 및 고대 벽화를 연구했던 학자이다. (Wikipedia)

12) P. H. von Blanckenhagen, *Flavische Architektur und ihre Dekoration untersucht am Nervaforum* (Berlin, 1940), pp. 157~164.

13) 역자주 : 엑세드라(exedra)는 고대 그리스 · 로마건축에서 한쪽이 개방되어 있는 회합을 위한 큰 방을 말한다.

14) 역자주 :세베루스 지도(Severan Marble Plan)라고도 하는 포르마 우르비스 로마에(The Forma Urbis Romae)는 로마 황제 셉티미우스 세베루스(Septimius Severus)의 재위 기간 중인 203~211년에 제작한 거대한 대리석 지도이다. 본래 크기는 너비 18m, 높이 13m였다. 평화의 신전으로 알려진 산티 코스마 에 다미아노 교회(Basilica of Santi Cosma e Damiano)의 내부 벽 위로 150개의 대리석 석판에 지도가 새겨졌다. 중세시대에 점차 파괴되었으며 대리석 석판들은 건축 자재로 사용되거나 석회를 만드는 데 이용되었다. 1562년, 조각가 조반니 안토니오 도시오(Giovanni Antonio Dosio)가 이 교회터에서 지도 조각들을 발굴하였고, 토르콰토 콘티(Torquato Conti)가 추기경 알레산드로 파르네세(Alessandro Farnese)에게 지도 조각들을 선물로 주었다. 이후 약 1,000개의 대리석 조각으로 지도의 10% 정도를 복원하였으며, 현재 카피톨리니 박물관(Capitoline Museums)에 소장되어 있다. 축척은 약 1/240이며 로마 중심부의 거의 모든

신전 · 욕장 · 공동주택 등의 평면도가 상세하게 묘사되었는데, 현대 지도들의 지정학적 · 정치적 경계선과 달리, 대리석의 공간으로 경계를 표시했다. 르네상스 학자들이 250여 개의 조각으로 콜로세움이나 키르쿠스 막시무스(Circus Maximus) 같은 건물의 위치를 알아냈으며, 최근에는 스탠퍼드대학교가 디지털 복원작업을 진행했다. (두산백과-네이버)

15) 역자주 : 벨로리(Giovanni Pietro Bellori 또는 Giovan Pietro Bellori 또는 Gian Pietro Bellori, 1613~1696)는 이탈리아의 화가이자 골동품 수집가이며, 17세기 예술가들의 전기작가로서 더 유명하다. 1672년에 저술한 『Lives of the Artists(Vite de'Pittori, Scultori et Architetti Moderni)』는 예술에서의 고전 이상주의 연구를 촉발하는데 많은 영향을 주었다. (Wikipedia)

16) G. Carettoni et al., "La Pianta marmorea di Roma antica: Forma Urbis Romae", *Bolletino della Unione Storia ed Ante*, 6 (1960): 6.

17) Ernest Nash, *Pictorial Dictionary of Ancient Rome* (rev. ed., 2 vols.; New York, 1968), II, 439.

18) F. Castagnoli, *Ippodamo di Mileto e l'Urbanistica a Pianta Ortogonale* (Rome, 1965), p. 13.

19) P. Lacau and H. Chevrier, *Une Chapelle de Sesostris I a Karnak* (Cairo, 1956).

20) 역자주 : 알렉상드르 바릴(Alexandre Varille, 1909~1951)은 프랑스의 이집트학 학자였다. 1931년부터 수 년간 이집트에서 일하기 시작하였고, 카이로에 있는 프랑스 동양고고학 학회(the Institut Francais d'Archeologie Orientale)의 회원이었다. 1939년에는 메다머드(Medamud) 사원의 프톨레마이오스 3세와 4세(Ptolemy III and Ptolemy IV) 문을 발굴하였고, 리옹의 보자르 박물관(Musée des beaux-arts)에 소장되어 있다. 1944년에는 이집트 고대유물관리국(Service des Antiquités)의 전문위원이 되었다. (Wikipedia)

21) A. Varille, "Quelques characteristiques du temple pharaonique", *Le Musee vivant* (Paris), 1.2 (1954).

22) M. E. Blake, *Ancient Roman Construction in Italy from the Prehistoric Period to Augustus* (Washington, 1947), pp. 122~123.

23) Frederick Noack, "Triumph und Triumph bogen", *Vorträge der Bibliothek Warburg*, 26 (1925~1926): pp. 153~154.

24) A. Boëthius, *The Golden House of Nero* (Ann Arbor, Mich., 1960), p. 118.

25) 역자주 : 블레이크(Marion Elizabeth Blake, 1892~1961)는 고전어(古典語) 교수이자, 로마 건축기술 연구로 잘 알려져 있다. 1937년 Esther Boise Van Deman 박사의 사후에 로마 건축기술 관련 미완성 원고를 완성하여 『Ancient Roman Construction in Italy from the Prehistoric Period to Augustus』으로 출간하였고, 『Roman construction in Italy from Tiberius through the Flavians』(1959)에 이은 세 번째이자 마지막 책인 『Roman construction in Italy from Nerva through the Antonines』(1973)는 Doris Taylor Bishop에 의해 그녀의 사후에 완성되었다. (Wikipedia)

26) J. J. Winckelmann, *Studien zur deutschen Kunstgeschichte, vol.* 337: Anmerkungen uber die Baukunst der Alten (1762 ; reprint, Leipzig, 1964), p. 14.

27) 역자주 : 빈켈만(Johann Joachim Winckel mann, 1717~1768)은 독일의 미술사가로서 '근대의 그리스 인' 이라고 불릴 만큼 고대 그리스 미술에 깊은 애착을 보였다. 예술의 이상을 '고귀한 단순함과 고요한 위대함' 에서 구했던 것도 그것이야말로 고대 그리스 예술의 본질을 이룬다고 생각했기 때문이었다. 또한 빈켈만은 종래의 전기적 예술사를 대신하여 양식사로서의 미술사를 제시함으로써 예술학에 새로운 분야를 열었다. 『그리스 예술 모방론(*Gedanken uber die Nachahmung der griechischen Werke*, 1756)』과 『고대 예술사(*Geschichte der Kunst des Altertums*, 1764)』 등에서 제시된 빈켈만의 예술관 · 예술사상은 헤르더 · 레싱 · 괴테 · 헤겔 등에게 커다란 영향을 미쳤다. (헤겔사전-네이버)

28) Blake, *Ancient Roman Construction*, p. 308.

29) Natural History, X X X V, 47.

30) 역자주 : 알레산드로 알비니(Alessandro Albani, 1692~1779)는 로마 유물을 수집하는 선구자이자, 예술 작품의 커미셔너였다.

예술 역사가 빈켈만이 그를 지지하였고, 화가 Anton Raphael Mengs의 커미셔닝을 했다. 1721년부터 로마 가톨릭 추기경으로서 사보이(Savoy) 왕가와 브리튼(Britain), 오스트리아 정부의 이익을 확대하기 위해 프랑스와 스페인 정부에 맞섰다. 18세기 중반 Giuseppe Vasi가 설계한 로마의 Villa Albani로도 유명하다. (Wikipedia)

31) C. Justi, *Winckelmann, sein Leben, seine Werke, seine Zeitgenossen* (Leipzig, 1866~1872), II, 348.

32) C. L. Ziegler, *Beantwortung der Preisfrage uber die Ursachen der Festigheit alter Römischer und Gothischer Gebäude und die Mittel, gleiche Dauerhafigkeit bey neuer Mauerwerken zu erhalten* (Berlin, 1776), pp. 1, 14.

33) 역자주 : 존 스미턴(John Smeaton, 1724~1792)은 영국의 토목기사로, 증기기관과 교량 · 운하의 건설에서도 두각을 나타냈다. 항해 · 천문 용구를 제작하는 한편, 1753년 기계에 관한 논문을 왕립학회에 보고하여 회원으로 선출되었다. 왕립협회의 코플리상(1759)을 수상했고, 『동력으로서의 풍력 · 수력의 실험적 연구』(1759) 저서가 있다. 또한 스미턴은 영국해협에 있는 에디스톤 등대의 건설자로 유명한데, 여기서 오늘날 시멘트의 제조법을 처음 선보이기도 했다. 에디스톤 등대는 1689년 플리머스항 앞바다 약 21km의 해상 암석 위에 건설되었으나, 폭풍으로 붕괴 · 소멸되고, 그 후 재건되었으나 다시 화재로 소실되었기 때문에, 1759년 스미턴이 튼튼한 석조건축으로 재건하였다. 그때 접합제로서 점토와 석회를 구운 시멘트를 고안, 로먼시멘트로 명명한 것이 오늘의 시멘트 제조법의 기초가 되었다. (두산백과-네이버)

34) H. S. Goodhart-Rendel, "English Architecture during the Seventeenth Century", *Seventeenth Century Studies Presented to Sir Herbert Grierson* (Oxford, 1938), p. 311.

35) Justi, *Winckelmann*, II, 350.

36) Quoted by Justi, p. 350.

37) Winckelmann, pp. 6, 7, 8.

38) *Ibid.*, p. 9.

39) Ziegler, *Beantwortung*, pp. 18~19.

40) G. Lugli, *La Tecnica edilizia Romana* (Rome, 1957), vol. I, p. 542 and fig. 126.

41) 역자주 : 에스더 보이쉬 반 디맨(Esther Boise Van Deman, 1862~1937)은 19세기 말과 20세기 초의 선두적 고고학자였다. 1906~1910년에 카네기 연구소(Carnegie Institution)의 연구원으로서 로마에 거주하였고, 1925~1930년에는 미시건 대학에서 로마 고고학을 강의하였다. 그녀는 고대 유적들의 축조연대를 확인하기 위해 건축물 재료들을 분석하는 것에 초점을 맞추어 연구하였다. 1907년 로마의 베스타 아트리움(Atrium Vestae) 강연회에 참석하였다가, 구조 자체와는 별도로 출입구를 봉인한 벽돌들에 주목하였고, 건축물의 축조재료가 서로 다른 것이 고대 건축물들의 연대를 알려주는 핵심이라는 것을 알게되었다. 베스타 아트리움에 대한 그녀의 첫번째 연구 결과는 1909년에 카네기 연구소에서 출간되었다. 그녀는 연구 주제를 확장하여 콘크리트와 벽돌 구조에 대해 연구했고, 1912년에 논문 「Methods of Determining the Date of Roman Concrete Monuments」을 「The American Journal of Archaeology」에 발표하였다. 그녀의 기초적인 방법론이 로마 고고학에서 표준 절차가 되었고, 가장 중요한 연구결과는 은퇴 후 로마에 살면서 쓴 『The Building of the Roman Aqueducts』(1934)였다. 로마 건축물에 대해 계속해서 연구하다가 1937년 로마에서 사망하였고, 미완성 원고는 Marion Elizabeth Blake에 의해 『Ancient Roman construction in Italy from the prehistoric period to Augustus』로 출간되었다. 연대기적 연구는 그녀와 Blake가 축적해 놓은 자료들에 기초하고 있다. (Wikipedia)

42) 역자주 : 쥬세페 루리(Giuseppe Lugli, 1890~1967)는 1933년부터 1961년까지, 로마대학교의 고대 로마 지형학 교수로 재직했다. (Wikipedia)

43) Vitruvius, *The Ten Books in Architecture*, tr. M. H. Morgan (London, 1914), V, X.

44) Lugli, *La Tecnica edilizia Romana*, I, 532.

45) 역자주 : 오푸스 라테리쿰(opus latericum)은 라틴어로 벽돌작업(brick work)을 의미하는 것으로, opus caementicium 외부에 벽돌을 쌓는 고대 로마의 축조방법이다. 특히 로마제국시대에 지배적인 벽체 형식으로,

비트루비우스 시기에는 소성한 흙벽돌을 사용하여 축조한 구조가 지배적이었다. (Wikipedia)

46) 역자주 : 오푸스 캐멘티움(opus caementium)은 로마의 콘크리트를 의미하는 것으로, 로마제국 전체 역사 중 후기 로마 공화정 시기에 주로 사용되었다. 1세기 중반까지 외부는 대체로 벽돌로 마감했다. 철근을 사용하지 않은 세상에서 가장 큰 콘크리트 돔인 판테온 돔과 같이 복잡한 구조적 형태를 낳는데 기여했다. (Wikipedia)

47) Blake, *Ancient Roman Construction*, p. 254.

48) Winckelmann, *Anmerkungen uber die Baukunst der Alten*, p. 13.

49) 역자주 : 오푸스 믹스툼(opus mixtum)은 작은 화산암 블록 층과 벽돌 층을 번갈아 쌓아 벽체를 마감한, 4~6세기에 사용된 로마의 축조방법을 말한다. (Cyril M. Harris, Illustrated Dictionary of Historic Architecture, 1977, Dover Publication, Inc., 387쪽.)

50) Lugli, *La Tecnica edilizia Romana*, vol. II, plate CLVII.

51) P. Portoghesi, *Roma Barocca : Storia di una civilta architettonica* (Rome, 1966), plate 168.

52) 역자주 : 펜텔릭 대리석(Pentelic marble)은 아테네 북동쪽에 있는 펜텔리코 산에서 생산되는 치밀한 조직의 순백색 대리석으로, 대부분의 조각상과 아테네 건축에 사용되었다. 당시의 채석장은 현재도 보호되고 있으며, 파르테논 신전을 포함한 고대 유적지 복원용으로만 사용하고 있다.

53) 역자주 : 에리두(Eridu)는 이라크 남부의 유프라테스 강에서 가까운 아부 샤흐라인(Abu Shahrein)에 있는 고대 수메르의 도시국가로, 초기에는 종교상의 성지로서 중요한 역할을 하였다. 수메르 왕명표(王名表)에 의하면 왕권은 맨 처음에 하늘에서 에리두에 내려왔다고 되어 있다. 발굴조사결과 남부 메소포타미아에서 수메르 최고(最古)의 도시임이 확인되었다. 즉, 이 지방의 최초 정주자의 에리두기(期)에서 다음의 우바이드기를 거쳐 신전을 중심으로 촌락공동체에서 도시로 발전한 흔적이 밝혀졌다. 도시의 신은 물의 신 엔키(Enki 또는 Ea)였다. (두산백과-네이버)

54) *The Eternal Present*, II, 512~517 and figs. 136~139.

55) A. Boethius, "The Etruscan Centuries in Italy", *Etruscan Culture: Land and People* (Malmö, Sweden, 1962), p. 59.

56) 역자주 : 한프만(George Maxim Anossov Hanfmann, 1911~1986)은 유명한 고고학자이자 고대 지중해 예술 학자였다. (Wikipedia)

57) G. M. A. Hanfmann, "An Etruscan Terra-Cotta Early Urn", *Worcester Art Museum Annual*, 5 (1946): 2c.

58) Gugliemo Gatti, "Saepta Iulia e Porticus Aemilia nella Forma Severiana", *Bulletino della Commissione Archeologica Corammole di Roma*, 62 (1934): 134~139.

59) 역자주 : 맥도날드(William Lloyd Mac Donald, 1921~2010)는 고대 로마건축 역사가 및 스미스(Smith) 대학의 예술학 교수였다. (Dictionary of Art Historians)

60) W. L. MacDonald, *The Architecture of the Roman Empire* (New Haven, 1965), p. 6.

61) G. Lugli, "Anxur-Terracina", *Forma Italiae* (Rome), 1 (1926): 166~176.

62) H. Kähler, "Das Fortunaheiligtum von Palestrina-Praeneste", *Annales Universitatis Saraviensis* (Saarbrucken, 1958), p. 213.

63) 역자주 : 오푸스 콰드라툼(opus quadratum)은 일반적인 마름돌(채석장에서 떼어낸 돌을 소요 치수에 따라 대체로 긴 면에서 직육면체가 되도록 각 면을 다듬은 석재) 쌓기를 말하며 (Cyril M. Harris, *Illustrated Dictionary of Historic Architecture*, 1977, Dover Publication, Inc., 388쪽.), 그림 81의 아래 부분에서 볼 수 있다.

64) H. Wölfflin, "Die antiken Triumphbogen in Italien", *Repertorium fur Kunsturssenschaft*, 16 (1893): 11~27.

65) 역자주 : 불레우테리온(Bouleuterion)은 그리스 남부 펠로폰네소스 반도 북서쪽 엘리스 지방의 올림피아에 있는 옛 올림픽평의회의 회의장으로, 네모난 건물을 중심으로 말굽형 건물이 남북에 평형으로 서 있었다. 이오니아 양식의 주랑이 3개 건물을 연결하며, 중앙의 사각 건물에 '맹세의 제우스상' 대좌가 남아 있다. 올림픽 경기 첫날 선수와 가족들이 이 제우스상 부근에 서서, 10명의 심

판 앞에서 규칙에 따라 경기할 것을 맹세했다. (두산백과-네이버)

66) R. E. Wycherley, *How the Greeks Built Cities* (London, 1949), p. 73.

67) MacDonald, *Architecture of the Roman Empire*, p. 9.

68) L. Crema, "L'Archittetura Roman", *Encyclopedia Classica: Archeologia e Storia della Arte Classica*, vol. 12 (Turin, 1959), p. 92; and A. Maiuri, *Arte e civilità nell'Italia antica* (Milan, 1960), p. 212.

69) 역자주 : 프론티누스(Sextus Julius Frontinus, 30(?)~104(?))는 고대 로마의 군인 · 정치가 · 문인으로, 콘술을 3회 역임하고 수 년간 브리타니아 총독으로도 활약했으며, 수도감독관을 역임했다. 그의 저서 중 그리스 · 로마 병법을 해설한 『전술론』과 로마의 수도시설과 그 연혁을 서술한 『로마의 상수도론』이 현존하고 있다. (두산백과-네이버)

70) Ashby, *Aqueducts*, p. 190, quoting Frontinus.

71) Maiuri, *Storia di Pozzuoli e delle zona flegrea* (Pozzuoli, 1960), p. 199.

72) 역자주 : 님파에움(nymphaeum)은 고대 서양에서 님프에게 바쳐졌던 사당으로 자연 또는 인공으로 동굴모양을 만들어 식물 · 꽃 · 샘 · 개천 등을 곁들였으나, 점차 분수를 중심으로 한 건축물로 발달하여 프론스스카에나에의 형식을 모방했다. 신전이라기보다 여름철 더위를 피하여 서늘한 기운을 느끼기 위한 납량(納涼) 장소 또는 저수지의 성격이 강했다. 헬레니즘기에 기원하나 로마시대에 즐겨 만들어지고, 정원 · 궁궐 · 욕장 등으로 치장하였으며, 코린토스 · 말레토스 등이 유명하다. (미술대사전-네이버)

73) N. Neuerburg, "L'Architettura delle fontane e dei ninfei nell'Italia Antica", *Memorie dell'Accademia di Archaeologia di Napoli*, 5 (1965): 222.

74) Lugli, *La Tecnica edilizia Romana*, Ⅰ, 661.

75) *Ibid.*, Ⅰ, 663: Ⅱ, plate CXCVI-CCⅢ.

76) M. E. Blake, *Roman Construction in Italy from Tiberius through the Flavians* (Washington, 1959), pp. 162~163.

77) *Ibid.*, p. 109.

78) Noack, "Triumph und Triumphbogen", p. 168; J. Frazer, *The Golden Bough* (London, 1913), vol. 7.2, p. 176; Noack, p. 153.

79) 역자주 : 볼테라(Volterra)는 이탈리아 중북부 토스카나 지방 언덕 위의 도시로, 피렌체 동남쪽 약 100㎞에 위치한다. 본래 에트루리아의 도시국가로 당시는 부조가 있는 테라코타 뼈 항아리의 특산지였다. 현재 기원전 4세기경의 도시성벽이 남아 있고, 기원전 2세기의 아치문(Porta all'Arco)이 유명하다. (미술대사전-네이버)

80) Blake, *Ancient Roman Construction*, p. 199.

81) Noack, p. 152.

82) Wölfflin, "Die antiken Triumphbogen in Italien" (1893), and Noack, "Triumph und Triumphbogen" (1925~1926).

83) Wölfflin, p. 18.

84) Nash, *Pictorial Dictionary*, Ⅰ, fig 101.

85) Wölfflin, p. 25.

86) 역자주 : 로씨니(Luigi Rossini, 1790~1857)는 이탈리아의 예술가로, 고대 로마건축의 동판화(etching)로 유명하다. (Wikipedia)

87) A. Pauly, *Real-Encyclopadie der classischen Altertumswissenschaft*, suppl. Ⅲ (1894), p. 1182.

88) Crema, "L' Architettura Romana", p. 452.

89) 역자주 : 렙시스 마냐(Lepcis Magna)는 렙티스 마그나(Leptis Magna)로 잘 알려져 있는데, 리비아 수도 트리폴리에서 동쪽으로 130㎞ 떨어진 해안에 위치한 고대 도시 유적이다. 기원전 1,100년경 페니키아의 식민도시로 건설되었고, 193년 이곳 출신 루시우스 셉티미우스 세베루스가 로마 황제가 되면서 전성기를 맞았다. 북아프리카의 무역 중심지로 번영을 누렸으나, 무역이 쇠퇴하면서 그 중요성도 서서히 약화되, 4세기 중반에는 도시의 많은 부분이 버려졌다. 이곳의 로마시대 유적은 규모가 클 뿐만 아니라 보존상태가 무척 양호하다. 1세기 초에 건립된 1만 5천석 규모의 대형 원형극장은 거의 완벽한 모습으로 보존되어 있고, 화려한 거리와 광장 · 공회당 · 하드리아누스 공중목욕탕 · 사냥 목욕탕 등도 잘 보존되어 있다. (두산백과-네이버)

90) V. E. Caffarelli and G. Caputo, *Leptis Magna* (Rome, 1964), pp. 71~73.

91) A. Baumeister, *Denkmäler des klassischen Altertums zur Erläuterung des Lebens der*

Griechen und Romer in Religion (Munich, 1885~1889), III, 1890.

92) E. Kirsten and W. Kraiker, *Griechenland-kunde : Ein Führer zu den klassischen Stätten* (5th ed.; Heidelberg, 1967), p. 407.

93) V. H. Elbern, *Das erste Jahrtausend: Kultur und Kunst im werdenden Abendland an Rhein und Ruhr* (Dusseldorf, 1962), I, 432.

94) 역자주 : 모티프(Motif)는 문학작품 속에서 자주 반복되어 나타나는 동일한 요소로서의 사건 · 공식 등, 한 형태와 유사한 낱말 · 문구 · 내용을 말한다. (문학비평용어사전-네이버)

95) W. Paatz, *Die Kunst der Renaissance in Italien* (3rd ed.; Stuttgart, 1953), p. 117.

96) 역자주 : 야코피 벨리니(Jacopi Bellini)는 야코포 벨리니(Jacopo Bellini, 1400(?)~1470(1471))의 오기이다. 이탈리아 화가로 베네치아 派의 시조이다. 젠틸레다 파브리아노의 제자로 피렌체에서 수업하고, 베네치아에 차린 공방은 그의 아들 젠틸레 벨리니, 조반니 벨리니 등에 의해 베네치아 회화의 최대 중심이 된다. 비잔틴 미술의 영향을 남기지만, 새로운 사실과 고전성을 함께 가졌다. 특히 루브르박물관과 영국박물관이 소장한 2권의 소묘집이 중요하다. (미술대사전-네이버)

97) 역자주 : 안드레아 만테냐(Andrea Mantegna, 1431(?)~1506)는 이탈리아 파도바派 화가로, 조각가 도나텔로의 영향을 받아, 견고하고 조각적 성격의 작품을 그렸으며, 북 이탈리아 화파의 르네상스 양식을 대표하는 화가이다. (두산백과-네이버)

98) 역자주 : 알브레히트 뒤러(Albrecht Durer, 1471~1528)는 독일의 화가 · 판화가 · 미술이론가로, 독일 르네상스 회화의 완성자이다. 이탈리아 여행을 통해 표현기법을 터득하였고, 점차 독일 전통에 충실하였다. (두산백과-네이버)

99) Quoted by E. Panofsky, *Albrecht Dürer* (3rd ed.; Princeton, 1948), I, 176.

100) 역자주 : 아에밀리우스 파울루스(Lucius Aemilius Paulus Macedonicus, 기원전 229~160)는 로마 공화정에서 2번 집정관을 역임했고, 안티고노스(Antigonid) 왕조를 파멸로 이끈 마케도니아를 정복한 장군으로 기록되어 있다. (Wikipedia)

101) W. Weissbach, *Trionfi* (Berlin, 1919), p. 36.

102) Noack, "Triumph und Triumphbogen", p. 168.

103) 역자주 : 알란티카(all'antica : in the Antique style)는 주로 로마 및 로마가 지배했던 지역뿐만 아니라 고대 그리스를 포함하는, 고대의 글과 건축물 · 조각으로 부터 영감을 받아 만들어 낸 르네상스 예술 양식을 말한다. 이 양식의 뿌리는 훨씬 이르지만, 15세기 이탈리아에서 처음 발전하였다. (www.vam. ac.uk/content/articles/s/style-guide-allantica)

104) Wiessbach, *Trionfi*, pp. 58, 60.

105) 역자주 : 필리베르 드 로름(Philibert de l'Orme, 1514(?)~1570)은 프랑스 르네상스의 위대한 건축가 중 한명으로, De l'Orme, de L'Orme, Delorme이라고도 불린다. 대표적인 작품으로는 아네 성채(Chateau de Anet) · 튈르리 궁전(Palais des Tuileries) · 슈농소 성(Chenonceau Castle) 등이 있다. (Wikipedia)

106) P. de l'Orme, *Le Premier tome de l'architecture* (Paris, 1567), folio recto 247.

107) H. Sedlmayr, *Fischer von Erlach der Ältere* (Munich, 1925), fig. 21.

108) *Space, Time and Architecture*, 96~100쪽을 참고할 것.

109) 역자주 : 울리(Charles Leonard Woolley, 1880~1960)는 영국의 고고학자 및 탐험가였다. (Wikipedia)

110) C. L. Woolley, *Ur Excavations*, vol. II : *The Royal Cemetery* (New York, 1934), p. 233.

111) A. Badawy, *A History of Egyptian Architecture* (Giza, 1954), I, 18.

112) 역자주 : 에머리(Walter Bryan Emery, 1902~1971)는 영국의 이집트학자이다. (Wikipedia)

113) 역자주 : 라메세움(Ramesseum)은 테베의 나일강 서안에 있으며, 궁전과 이어져 있다. 테베의 최고신 아몬의 신전으로 그의 무덤이기도 하다. 외곽 벽화는 종교적인 장면과 더불어 람세스 2세가 시리아에서 히타이트족과 싸우는 장면이 그려져 있다. 현재는 그 일부분만 전해지고 있으나, 이집트 최대의 신전으로 추정된다. (두산백과-네이버)

114) *The Eternal Present*, II, 514~517.

115) W. B. Emery, *Excavations at Sakkara: Great Tombs of the First Dynasty* (London, 1954), II, 171.

116) 역자주 : 라우어(Jean-Philippe Lauer, 1902~2001)는 프랑스의 건축가이자 이집트 학자로, 피라미드의 축조기술에 대한 권위자였다. (Wikipedia)

117) 역자주 : 헤브 세드(Heb-Sed)는 고대 이집트 국왕의 왕위경신제로, 왕의 활력은 자연의 풍요와 관계가 있다는 오래된 왕권관(觀)에 기인하여, 왕의 활력 회복을 목적으로 했던 제례이다. 즉위 후 30년째에 제1회, 이후 3년마다 거행하는 것이 원칙이었으나, 불규칙적인 예도 적지 않다. (미술대사전-네이버)

118) 역자주 : 아흐마드 파크리(Ahmed Fakhry, 1905~1973)는 이집트의 고고학자로, 1940년 El Haiz와 Siwa 발굴을 포함한 이집트의 서측 사막과 다흐슈르의 necropolis(고대 도시 가까이에 있는 묘지)에 대해 조사하고 연구하였다. (Wikipedia)

119) A. Fakhry, *The Monuments of Snefru at Dashur*, vol. I : The Bent Pyramid (Cairo, 1959), p. 47.

120) 역자주 : 케옵스(Cheops)는 쿠푸(Khufu, 재위 기원전 2,589(?)~2,566) 왕의 그리스 명이다.

121) 역자주 : 제키에르(Gustave Jéquier, 1868~1946)는 Iran에 위치한 고대 페르시아 도시를 처음으로 발굴한 스위스 고고학자이자 이집트학자이다. (Wikipedia)

122) Gustave Jéquier, *Manuel d'archeologie égyptienne* (Paris, 1924), p. 311.

123) 역자주 : 콜데바이(Robert Koldewey, 1855~1925)는 독일의 고고학자로, 바빌로니아 문명 연구를 위해 수도 바빌론 발굴이 필요하다는 것을 역설하였고, 독일 오리엔트학회의 위탁을 받아 바빌론 발굴에 일생을 바쳤다. (두산백과-네이버)

124) R. Koldewey, *The Excavations at Babylon*, tr. A. S. Johns (London, 1914), p. 94.

125) *The Eternal Present*, I, 125~172.

126) F. Rakob, "E. Hansen : La Piazza d'Oro e la sua cupola" (review), *Gnomon*, 33 (1961): 114~149.

127) 역자주 : 슈와지(Auguste Choisy, 1841~1909)는 건축역사가이자 1899년 출판된 2권의 『건축역사(*Histoire de l'Architecture*)』의 저자로 유명하다. (Wikipedia)

128) A. Choisy, *L'Art de batir chez les Romains* (Paris, 1873), p. 83.

129) 역자주 : 세라페이온(Serapeum)은 알렉산드리아에 있었던 고대 이집트 및 그리스의 신, Serapis의 신전으로, 사카라 제세르 왕의 계단형 피라미드 북서쪽에서 발견된 것이 가장 유명하다. 하드리아누스는 이를 모방하여 아드리아나 빌라에 축조했다. (Wikipedia)

130) *Space, Time and Architecture*, fig. 51.

131) Lugli, *La Tecnica, Edilizia Romana*, II, 2~3.

132) 역자주 : 알로이스 리글(Alois Riegl, 1858~1905)은 오스트리아의 미술사가로, 오스트리아 미술공예 박물관의 직물부 주임과 빈대학 교수를 지냈으며 문화재 보존사업에 힘썼다. 주요 저서로는 『양식문제』, 『후기 로마시대의 공예』 등이 있다. (두산백과-네이버)

133) A. Riegl, *Die spätromische Kunst-Industrie* (2nd ed.; Vienna, 1927), p. 25.

134) 역자주 : 디오 카시우스(Cocceianus Dio Cassius, 150(?)~235(?))는 로마의 정치가 · 역사가로, 『로마사(史)』를 저술하였는데, 충분한 준비 · 조사를 거쳐 씌어졌고, 문체도 솔직하다. 제정기의 기술(記述)은 콘술의 경력을 살린 것으로 중요한 사료가 되고 있다. (두산백과-네이버)

135) Dio Cassius, *Dio's Roman History*, ed. T. E. Page and W. H. D. Rouse (1917), 53.27.2.

136) Pauly, *Real-Encyclopadie*, 36 (1949), 730.

137) 역자주 : 야곱 부르크하르트(Jacob Burckhardt, 1818~1897)는 19세기 스위스의 역사가로, 바젤대학 사학 · 미술사 교수였다. 대표작으로는 『이탈리아 르네상스의 문화(*Die Kultur der Renaissance in Italien*)』(1860)가 있으며, 르네상스사 연구에 결정적인 명저로서, 이후 '르네상스'라는 말은 역사상 일반 용어로 쓰이게 되었다. 특히 『명승지 안내(*Der Cicerone*)』는 이탈리아 예술에 대한 포괄적인 연구서로, 지리적으로 배열되어 여행안내서 형식을 취하고 있다. (두산백과-네이버)

138) J. Burckhardt, *Gesammelte Werke*, vol. 10 : *Der Cicerone* (1855 ; Berlin, 1933), p. 18.

139) Dio Cassius, *Dio's Roman History*, 53.27.3.

140) Pauly, *Real-Encyclopadie*, 36(1949), 730.

141) Choisy, *L'Art de batir*, pp. 85~86; J. Durm, *Handbuch der Architektur*, vol. 2, pt. 2: *Die Baukunst der Etrusker: Die Baukunst der Romer* (Stuttgart, 1905), pp. 275~280.

142) 역자주 : 루카 벨트라미(Luca Beltrami, 1854~1933)는 이탈리아 건축가이자 건축 역사가였으며, 특히 Castello Sforzesco 등 복원 프로젝트로 유명하다. (Wikipedia)

143) L. Beltrami, *Il Pantheon* (Milan, 1898) p. 26.

144) G. Cozzo, *Ingegneria Romana* (Rome, 1928), p. 272.

145) Durm, *Handbuch der Architektur*, p. 278.

146) Cozzo, pp. 275~277.

147) Pauly, *Real-Encyclopadie*, 36 (1936), 733, 738.

148) Burckhardt, *Der Cicerone*, p. 22.

149) G. Dehio and G. von Bezold, *Die kirchliche Baukunst des Abendlandes*, vol. I (Stuttgart, 1892), p. 20.

150) *Ibid.*, p. 50

151) R. Krautheimer, *Early Christian and Byzantine Architecture*, vol. 24 (London, 1965), pp. 56~57.

152) W. Braunfels, "Die Pfalzkapelle Karls des Großen in Aachen" , *Meilensteine europäischer Kunst*, ed. E. Steingräber (Munich, 1965), p. 100.

153) G. Vasari, *Lives of the Most Eminent Painters, Sculptors and Architects*, tr. Gaston de Vere, vol. II (London, 1912~1914), p. 202.

154) R. Wittkower, "S. Maria della Salute: Scenographic Architecture and the Venetian Baroque", *Journal of the Society of Architectural Historians*, 16.1 (1957): 6.

155) *Space, Time and Architecture*, pp. 121~127.

156) 역자주 : 14 성인 교회는 남독일의 바트 슈타펠슈타인(Bad Staffelstein) 근방에 있는 바로크의 순례교회당으로, '14구난성인순례(救難聖人巡禮)' 성당의 뜻이며, 피어첸하일리겐(Vierzehnheiligen)으로 더 알려져 있다. (미술대사전-네이버)

157) 역자주 : 파피에 마세(Papier-mâché)는 지점토 또는 지소(紙塑)의 일종 및 그 제품으로, 종이 펄프에 아교 · 석회 등을 섞어 형틀에 눌러 열을 가하고 옻칠 · 와니스 등을 발라 연마한 것이며 때로는 조개상감도 시공한다. 이 기법은 페르시아 · 동방제국에서는 이미 행해졌으나 18세기 중엽경 프랑스에 도입되고, 1775년경부터 영국에서 특히 애호되어, 분(盆) · 의자 · 테이블 등 소가구에 널리 적용되었다. (미술대사전-네이버)

158) E. D. Thatcher, "The Open Rooms of the Terme del Foro at Ostia", *Memoirs of the American Academy in Rome*, 24 (1956): 167~264,

159) Winckelmann, *Studien zur deutschen Kunstgeschichte*, p. 41.

160) 역자주 : 마우(August Mau, 1840~1909)는 유명한 독일 예술 사학자이자, 폼페이의 로마 회화를 연구 · 분류하면서 독일고고학연구소(Deutsches Archäologisches Institut)에서 일했던 고고학자이다. 마우는 처음으로 이 그림들을 폼페이의 4가지 스타일로 분류하였다. (Wikipedia)

161) 역자주 : 라우렌툼(Laurentum)은 Ostia와 Lavinium 사이에 있었던 고대국가이자, Latium 지역의 고대 로마도시로서, 이탈리아 반도의 서측, 로마의 남서측에 위치한다. (Wikipedia)

162) A. Mau, *Pompeii, Its Life and Art*, trans. W. Kelsey (New York and London, 1907, p. 358; Pliny the Younger, II. 17, trans. W. Melmoth, 1931; H. Ziller, *Künstler-Monographien*, vol. 27: *Schinkel* (Leipzig, 1897), p. 79 and figs. 104~105.

163) Mau, p. 357; A. Deville, *Histoire de l'art de la verrerie dans l'antiquite* (Paris, 1871), p. 96.

164) H. Bloch, "Sette Bassi Revisited", *Harvard Studies in Classical Philology*, 63 (1958): 401.

165) Lucian, *Hippias*, tr. A. M. Harmon (Loeb Classical Library, 1953), I , 41; Publius, Papinius Statius, *Silvae in Statius*, tr. J. H. Mozley (Loeb Classical Library, 1955), I , 63; Martial, *Epigrams*, tr. W. C. A. Ker, (Loeb Classical Library, 1956), I , 383; Seneca, *Epistulae Morales*, tr. R. M. Gummere (Loeb Classical Library, 1953), II, 315.

166) H. Sedlemayr, *Epochen und Werke*, vol.

Ⅰ: *Die Römischen Kaiserthermen* (Munich, 1959), p. 27.

167) Seneca, Epistulae Morales, LXXXVI, 4~8; Pliny the Younger, *Letters*, tr. W. Melmoth, vol. 2 (Loeb Classical Library, 1915), 17.4.

168) 역자주 : 플린더스 피트리(William Matthew Flinders Petrie, 1853~1942)는 영국의 고고학자로, 1875~1880년 스톤헨지 유적을 조사 · 발굴했고, 이집트로 가서 기제의 피라미드 및 각지의 유적을 조사하였다. 주요 저서로는 『고고학의 연구방법과 그 목적』(1905) 등이 있다.

169) R. J. Forbes, *Studies in Ancient Technology*, vol. Ⅴ (Leiden, 1957), pp. 113 and 120.

170) A. Kisa, *Das Glas im Altertume*, vol. 2 (Leipzig, 1908), pp. 580~582.

171) Forbes, pp. 147~148.

172) Haevernick, "Untersuchungen römischer Fenstergläser", *Saalburg Jahrbuch*, 14(1955): 66.

173) Seneca, *Questiones naturae* (London, 1910), Ⅰ, ⅩⅦ, 8; trans. John Clarke; Deville, *Histoire de l'art*, p. 90.

174) *Scriptores Historiae Augustae*, tr. D. Magie (Loeb Classical Library, 1953), Ⅰ, 418.

175) 역자주 : 셉티조디움(Septizodium, 소위 Septizonium 또는 Septicodium)은 셉티미우스 세베루스 황제가 203년에 건설한 고대 로마의 건축물로, 본래 이름이 Septizodium인지 불명확하다. 아마도 7개의 행성의 신(토성 · 태양 · 달 · 화성 · 수성 · 목성 · 금성) 또는 본래 7개의 부분으로 구분된 사실에 의해 이름지어 진 것으로 추측된다. 이 건축물의 실질적 건립목적은 알려지지 않았고, 아피아 가도에서 팔라티노 언덕으로 연결되는 장소에 건설되었다. (Wikipedia)

176) M. Rostovtzeff, *The Social and Economic History of the Roman Empire* (2nd ed., rev. by P. M. Fraser, 2 vols.; Oxford, 1957), Ⅰ, 409.

177) M. Rostovtzeff, "Pompeianische Landschafter und römische Villen", *Jahrbuch des Kaiserlich Deutschen Archaeologischen Instituts*, 19 (1904): 115, 114.

178) 역자주 : 뵈티우스(Axel Boëthius, 1889~1969)는 스웨덴 태생으로 에트루리아 문화에 대한 학자이자 고고학자이다. 그는 최초로 에트루리아와 이탈리아 건축을 연구하였고, 그의 아버지는 역사가인 Simon Boëthius이다. (Wikipedia)

179) Boëthius, The Golden House of Nero, pp. 117~118.

180) 역자주 : 쾰러(Heinz Kähler, 1905~1974)는 독일의 고대 역사가이자 고고학자로, 프라이부르크 대학에서 예술사와 고고학에 대해 연구했다. (Wikipedia)

181) H. Kähler, Hadrian und Seine Villa bei Tivoli (Berlin, 1950), p. 97.

182) 역자주 : 트리클리늄(triclinium)은 아래의 두 가지 의미가 있으며, 여기서는 두 번째 의미인 '식당' 에 해당한다.

1) 고대의 식사용 침대(그리스어로 kline, 영어로는 couch)로 여기에 비스듬히 누워서 왼쪽 팔꿈치를 짚고 식사한다. 보통 식탁은 세 방향으로 배치하고 한쪽은 시중을 받기 위해 비워둔다.

2) 고대 로마 저택의 식당으로 중앙에 낮은 식탁을 놓고 세 방향에는 식사용 침대를 배치한다. 각 침대에 세 사람이 모여 총 9명이 회식한다. (미술대사전-네이버)

183) *Ibid.*, pp. 101~102.

184) 역자주 : 로스토프체프(Michael Ivanovich Rostovtzeff, 1870~1952, 본명 Mikhail Ivanovich Rostovtsev)는 러시아 태생의 미국 고고학자이자, 위스콘신 및 예일대학 교수였다. 일체의 사료(史料)를 엄정한 실증적 입장에서 종합하였고, 경시되어왔던 고고학적 자료를 이용하여 고대 문화사 분야인 사회 경제사를 개척하는 업적을 남겼다. 고대 그리스, 로마시대의 사회 및 경제생활에 대하여 폭넓은 연구를 하였고, 유프라테스 강 유역 발굴조사대의 대장으로 활약하였으며, 『로마제국 사회경제사』(1926), 『헬레니즘 세계의 사회경제사』(1941) 등의 저서가 있다. (두산백과-네이버)

185) *Suetonius*, tr. J. C. Rolfe (Loeb Classical Library, 1939), Ⅱ, 345; Rostovtzeff, Social and Economic History, Ⅰ, 507.

186) Blake, *Roman Construction in Italy*, p. 122.

187) *Scriptores Historiae Augustae*, p. 79; K. M. Swoboda, *Römische und Romanische Paläste* (1919; 2nd ed., Vienna, 1924), p. 62.

188) L. Homo, *Le Siècle d'or de l'empire romain*

(Paris, 1947), pp. 63, 69.

189) *Scriptores Historiae Augustae*, Hadrian Ⅴ, 3.

190) F. Rakob, "Römische Architektur", in T. Kraus, *Das Römische Weltreich* (Frankfurt am Main and Berlin, 1967), pp. 190~191.

191) 역자주 : 안티누스(Antinous : ?~130)는 하드리아누스 황제의 총애를 받은 미모의 부티니아(소아시아 흑해연안 지방) 사람으로 기원후 130년, 이집트에서 사망하였다. 황제의 제물이 되었다고도 하며 스스로 나일 강에 투신자살하였다고도 한다. 황제는 그 곳에 안티누폴리스(Antinupolis)를 세워 많은 조각상을 봉납하였고, 이후 안티누스는 신격화되어 그 신앙은 이집트 소아시아에 퍼졌다. 감미로운 여성적 표정을 가진 그 상은 청년미의 한 전형으로서 유행하였고, 약 300점의 모작이 현존한다. (미술대사전-네이버)

192) Kähler, *Hadrian und seine* Villa bei Tivoli, p. 156.

193) G. M. A Hanfmann, *Roman Art* (New York, 1964), p. 20.

194) 역자주 : 게르칸(Armin von Gerkan, 1884~1969)은 독일의 건축학자이자 지형학자로, 1908~1913년까지 밀레투스 발굴에 참여하였다. 1924년에는 로마의 독일고고학연구소 부소장을 거쳐 1938년에 소장이 되었으며, 『밀레투스 발굴보고서(*Milet, Ergebnis der Ausgrabungen*)』(1933)를 집필하였다. (두산백과-네이버)

195) 역자주 : 헤르만 윈필드(Hermann Winnefeld, 1862~1918)는 독일의 고고학자로, 1887년 본 대학에서 박사학위를 받고, 1887~1889년에는 이탈리아와 그리스에서 고고학 연구를 진행했으며, 「티볼리 인근의 하드리아누스 빌라(Hadrian's villa near Tivoli)」(1895) 논문을 남겼다. (Wikipedia)

196) 역자주 : 에릭 핸슨(Erik Hansen, 1927~)은 덴마크 건축가로 고고학적 보존에 대한 공헌으로 국제적으로 명성을 쌓았다. 여러 해 동안 특히 그리스와 덴마크의 발굴현장에 참여했고, 언제나 고도의 체계적인 시스템적 접근방법 및 발굴품에 대한 그림으로 널리 호평을 받았으며, 1977년에는 Eckersberg Medal, 2010년에는 C. F. Hansen Medal을 수여받았다. (Wikipedia)

197) A. von Gerkan, "Heinz Kahler, Hadrian und seine Villa bei Tivoli" (review), *Bonner Jahrbucher des Rheinischen Landesmuseums*, 150 (1950), p. 117; Winnefeld, "Die Villa des Hadrian bei Tivoli", p. 6355; Kähler, *Hadrian und seine Villa bei Tivoli*, pp. 64~73; E. Hansen, La *"Piazza d'Oro" e la sua cupola*, Analecta Romana Instituti Danici, Supplement (Munksgaard, Copenhagen, 1960), pp. 44~46; S. Aurigemma, *Villa Adriana* (Rome, 1961), pp. 156~162; Rakob, "E. Hansen, La Piazza d'Oro e la sua cupola", *Gnomon*, 33 (1961): 243~250.

198) Rakob, p. 245.

199) N. Neuerburg, "L'Architettura delle fontane e dei ninfei nell'Italia Antica", *Memorie dell'Accademia di Archaeologia di Napoli*, 5 (1965): 29~102, 145~146.

200) 역자주 : 포르미아(Formia)는 이태리 라치오주의 가에타만 연안에 있는 도시로, 로마제국 통치때는 로마 귀족의 여름 휴양지로 이름을 얻었다. 선사시대 성벽유적과 기원전 43년, 이 지역에서 살해당한 고대 로마의 정치가 키케로(Marcus Tullius Cicero)의 저택과 무덤이 있다. (두산백과-네이버)

201) Boëthius, *The Golden House of Nero*, p. 114.

202) *Scriptores Historiae Augustae*, Severus, ⅩⅩⅢ, 1, trans. David Magie.

203) H. Jordan, *Die Kaiserpalaste in Rom* (Berlin, 1868), p. 21.

204) Rostovtzeff, "Pompeianische Landschafter und romische Villen", pp. 124~125.

205) 역자주 : 투스쿨룸(Tuschlum)은 로마의 남동쪽에 있던 고대 도시국가 라티움(Latium)의 도시로서, 주로 로마인의 별장지였으며, 키케로(Cicero)의 별장도 있었다.

206) Pliny, *Letters*, Ⅱ.17 and Ⅴ.6.

207) 역자주 : 보르 비콩트 성(Vaux le Vicomte)은 파리 남동쪽 55㎞ 떨어진 센 에 마른 지역에 위치한 성으로, 루이 14세 통치시기에 막강한 권력을 누리던 재무상 니콜라 푸케(Nicolas Fouquet, 1615~1680)를 위해 1661년에 완성된 화려한 건축물이다. 고전양식으로 잘 알려진 프랑스 건축가, 루이 르 보(Louis Le Vau, 1612~1690)가 전체적인 설계를 맡았고, 조경전문가 앙드레 르 노트르(André Le Notre, 1613~1700)의 손에서

탄생한 주변의 기하학적 정원은 일드프랑스 지역 최고의 정원으로 꼽히기도 한다. (두산백과-네이버)

208) *Space, Time and Architecture*, fig. 64.

209) Pliny, *Letters*, II . 17. 20, trans. W. Melmoth, I , 161.

210) Swoboda, *Römische und Romanische Paläste*, p. 74; T. Ashby, "Classical Topography of the Roman Campagna", *Papers of the British School at Rome*, 4 (1907): 102.

211) 역자주 : 페르시에(Charles Percier, 1764~1838)와 퐁텐(Pierre-Francois-Leonard Fontaine, 1762~1853)은 프랑스 건축가들로, 1794년 학창 시절부터 언제나 협력하여, 프랑스 혁명 시대에는 둘이서 학생들의 건축교육을 담당했고, 제정시대 · 왕정복고시대를 통해 다수의 건축가를 양성했다. 그 사이 퐁텐와 함께 고전양식의 무대장치를 설계하여, 화가 J.L.다비드에게 인정받아 나폴레옹의 건축가가 되었으며, 앙피르[帝國式] 양식을 대표하는 건축가가 되었다. 퐁텐와 함께 마르메종, 팔레 부르봉을 개장하고, 카루셀의 개선문(1806~1813)을 축조했으며, 루브르 궁의 증축, 리볼리 가(街) 북쪽편을 건조했다. (미술대사전-네이버)

212) R. Calza and E. Nash, *Ostia* (Florence, 1959), p. 28.

213) Boëthius, *The Golden House of Nero*, p. 156.

214) P. Harsh, "The Origins of the Insulae at Ostia", *Memoirs of the American Academy in Rome*, 12 (1935): 25~26."

215) Harsh, "The Origins of the Insulae at Ostia", p. 61.; G. Lugli, *Roma Antica, Il Centro Monumentale* (Rome, 1946), pp. 50~51, 53.

216) A. Boëthius, "Roman and Greek Town Architecture", *Goteborgs Hogskolas Arsskrift*, 53.4 (1948): 13.

217) H. Schaal, *Ostia* (Bremen, 1957), p. 106.

218) G. Calza, "Contributi alla storia della edilizia Imperiale Romana, Le Case ostiense a cortile porticato", *Palladio*, 5 (1941): 1.

219) 역자주 : 귀도 칼자(Guido Calza, 1888~1946)는 로마의 포룸 로마눔(Forum Romanum), 팔라티노 언덕 및 항구도시 오스티아를 발굴한 이탈리아 고고학자로, Isola Sacra Necropolis 발굴을 감독하기도 했다. (Wikipedia)

220) *Ibid.*, p. 31.

221) Nash, *Pictorial Dictionary of Ancient Rome*, I , 17; II , 170.

222) Burchhardt, *Gesammelte Werke*, IX, 41.

223) Blake, *Roman Construction in Italy*, p. 107.

224) 역자주 : 나우마키아(naumachia)는 투기장에 물을 넣고 그 위에서 상연하는 로마시대의 대규모 모의해전(模擬海戰)을 뜻한다. 르네상스 시대에도 이런 종류의 수상 스펙터클이 이탈리아에서 상연되었다. (두산백과-네이버)

225) Cozzo, *Ingegneria Romana*, plate LXIII, fig. 124.

226) Crema, "L'Architettura Romana", pp. 98~99.

227) Lugli, *La Tecnica edilizia Romana*, I , 646.

228) Crema, "L'Architettura Romana", p. 296.

229) A. M. Colini, "Notizario di scavi(Amphi theatrum Flavium)", *Bulletino della Commissione Archaeologica del Governatoriao di Roma*, 67 (1939): 188~191.

230) Blake, *Roman Construction in Italy*, p. 94.

231) J. H. Parker, *The Archaeology of Rome*, VII: The Flavian Amphitheatre (London, 1876), p. 19.

232) Blake, *Roman Construction in Italy*, p. 92.

233) 역자주 : 리카르도 모란디(Riccardo Morandi, 1902~1989)는 흥미로운 보강콘크리트 사용으로 잘 알려진 이탈리아의 토목기사로, 대표적인 작품으로는 특이한 기둥을 사용하여 7개의 사장교(cable-stayed bridge)를 통합, 8㎞의 Maracaibo 호수를 가로지르는 General Rafael Urdaneta Bridge와 Turin의 Subterranean Automobile Show room 등이 있다. (Wikipedia)

234) Crema, "L' Architettura Romana", pp. 439~440, 548~549.

235) *Space, Time and Architecture*, fig. 45.

236) 역자주 : 다마스쿠스의 아폴로도러스(Apollodorus of Damascus)는 Roman Syria의 Damascus에서 기원후 2세기에 주로 활동한, 그리스의 엔지니어 · 건축가 · 디자이너 · 조각가이다. (Wikipedia)

237) Boëthius, "Appunti sul Mercato di Traiano", *Roma*, 9 (1931): 501; Nash,

Pictorial Dictionary of Ancient Rome, Ⅰ, 106.
238) Boëthius, *Roma,* 9: 503, 506.
239) Lugli, *La Tecnica edilizia Romana,* Ⅰ, 566~567, 602.
240) A. Palladio, *The Architecture of Andrea Palladio,* vol. 2, Appendix: *The Antiquities of Rome,* tr. Giacomo Leoni (London, 1742), p. 67.
241) Le Corbusier, *The Radiant City* (1933; New York, 1964), p. 186.
242) 역자주 : 스칼(Hans Schaal, 1888~1963)은 독일의 교육자이자 고고학자이다. (Wikipedia)
243) Schaal, *Ostia,* p. 124.
244) 역자주 : 마사다(Masada)는 이스라엘의 사해(死海) 해안에 있는 배 모양의 구릉을 이용한 자연 요새지로, 이스라엘 왕국의 파멸, 이스라엘 민족과 로마군과의 전쟁과 관련된 상징물이다. 곳곳에 공격 램프와 같은 로마 포위 흔적이 남아 있다. (두산백과-네이버)
245) Y. Yadin, "The Excavation of Masada 1963~64", *Israel Exploration Journal,* 15.1~2 (1965): 15.
246) Pliny, *Letters,* Ⅱ, 17, trans. W. Melmuth.
247) Crema. "L'Architettura Romana", p. 185.
248) 역자주 : 삼늄족(Samnites)은 이탈리아 남중앙에 살았던 이탈리아인으로, 기원후 1세기까지 로마 공화정과 여러 차례의 전쟁에 연관되었다. (Wikipedia)
249) 역자주 : 한스 제들마이어(Hans Sedlmayr, 1896~1984)는 독일 미술사학자로, 빈대학 · 뮌헨대학 교수를 역임하고, 예술 의지설을 취하여 미술사 구조분석방법으로 유명하다. 저서로는 『근대 예술의 혁명』(1955), 『중심의 상실』(1965) 등이 있다. (두산백과-네이버)
250) 역자주 : 다니엘 크렌커(Daniel Krencker, 1874~1941)는 독일 건축 역사가로, 특히 소아시아 · 시리아의 사원 및 욕장에 대한 조사 등, 로마 건축에 대한 연구로 잘 알려져 있다. (Wikipedia)
251) H. Sedlmayr, *Epochen und Werke,* Ⅰ, 27.
252) 역자주 : 휠젠(Christian Karl Friedrich Hülsen, 1858~1935)은 독일 고전시대에 대한 건축 역사가로서, 후에는 중세와 르네상스로 연구를 확장했다. (Wikipedia)
253) C. Hülsen, *Die Thermen des Agrippa: Ein Beitrag zur Topographie des Marsfeldes in Rom* (Rome, 1910), pp. 20, 18.
254) *Ibid.,* pp. 32~33.
255) D. Krencker, *Die Trierer Kaiserthermen* (Augsburg, 1929), pp. 263~265.
256) Nash, *Pictorial Dictionary,* Ⅱ, 463.
257) G. Lugli, *The Classical Monuments of Rome and Its Vicinity,* vol. Ⅰ: The *"Zona Archaeologica"*, tr. G. Bagnani (Rome, 1929), 2p. 377.
258) G. Lugli, *Die Caracalla Thermen* (Rome, 1962), pp. 5~6.
259) Nash, *Pictorial Dictionary,* p. 434.
260) 역자주 : 루이지 반비텔리(Luigi Vanvitelli, 1700~1773)는 18세기 이탈리아의 가장 중요한 엔지니어이자 건축가로, Palace of Caserta, Royal Palace of Naples, Royal Palace of Milan 등, 신고전주의(Neoclassicism)로 변화되었던 순수한 고전풍의 후기 바로크 양식의 작품들을 남겼다. (Wikipedia)
261) Krencker, *Die Trierer Kaiserthermen,* p. 279.
262) S. Aurigemma, *Le Terme di Diocletiano e il Museo Nazionale Romano* (Rome, 1960), p. 11.
263) G. Zorzi, *I Disegni delle antichita di Andrea Palladio* (Venice, 1959), fig. 84.
264) *Mechanization Takes Command,* pp. 659~711.
265) A. Evans, *The Palace of Minos at Knossos* (London, 1921~1935), Ⅲ, figs. 255~256.
266) Seneca, *Epistulae Morales,* LXXXVI, 4.
267) Mau, *Pompeii, Its Life and Art,* p. 192.
268) 역자주 : 아레테(arete)는 일반적으로 사람이나 사물이 가지고 있는 탁월성 · 유능성 · 기량 · 뛰어남 등을 의미하는 말이다. 예를 들어 발이 빠른 것은 발의 아레테이고, 토지가 비옥한 것은 토지의 아레테이다. 플라톤 및 아리스토텔레스는 도덕적인 의미에서의 덕목이나 덕성(德性)에 이 말을 적용하였으나, 이 경우에도 일반적인 의미가 소멸된 것은 아니었다. (철학사전-네이버)
269) G, Dehio and G. von Bezold, *Die kirchliche Baukunst des Abendlandes* (Stuttgart, 1892), Ⅰ, 297.
270) Viollet-le-Duc, *Dictionnaire raisonnée, de*

l'architecture française du XIe au XVIe siécle (10 vols., Paris, 1853~1872), II, 67.

271) S. Giedion, *Bauen in Frankreich* (Berlin, 1928), p. 3.

272) 역자주 : 카를로 폰타나(Carlo Fontana, 1634~1714)는 이탈리아의 바로크 건축가로, 1655년경 로마로와 피에트로 다 코르토나, 라이나르디 밑에서 일하고, 1660년부터 10년간 베르니니의 조수가 되었다. 작품으로는 로마의 산 마르첼로 알코루소 성당 정면(1682~1683), 산타 마리아 델 포폴로 성당의 치보 예배당(1683~1687), 성 베드로 대성당의 세례 예배당(1692~1698)을 만들었고, 베르니니의 팔라쵸 디몬테치오토리오(1694~1697)를 완성했다. 또한 『바티칸의 성당(Templum Vaticanum)』(1694) 등 다수의 저작을 출판하고, 베르니니 사후 로마 건축계의 주도자가 되었으며, 18세기 초기의 유럽 각국 건축에 많은 영향을 미쳤다. (미술대사전-네이버)

273) Carlo Fontana, *Il Tempio Vaticano e sua origine con gli edifisci piu cospicui antichi e moderni*, IV (Rome, 1696), 213.

274) A. von Salis, *Antike und Renaissance* (Zurich, 1946), pp. 45~46.

275) 역자주 : 큐 왕립식물원(Royal Botanic Gardens, Kew)은 영국 런던 남서부의 교외에 있는 식물원이다. 1759년 개원한 이래 수세기에 걸쳐 수집한 식물과 광범위한 관련 자료들을 보유하여 식물 다양성과 실용식물학 연구에 공헌해온 곳으로, 2003년 유네스코 세계문화유산으로 등재되었다. (두산백과-네이버)

276) 역자주 : 안드레아 포초(Andrea Pozzo, 1964~1709)는 이탈리아의 화가로, 1681년 로마로 초청되어 산 이냐치오 성당의 장식을 시작했다. 피에트로 다 코르토나의 일루저니즘을 극단적으로 추진시켰고, 쿠아드라투라(quadratura) 기법에 의한 종교적 환상과 감각적 도취로 이뤄진 웅장한 천정화를 실현시켰다. 『회화와 건축의 원근법(*Perspectiva Pictorum et Architectorum*)』(1702)이라는 이론서도 저술했다. 1704년 빈으로 가서 예수회 성당이나 리히텐슈타인궁을 장식했고, 빈의 예술에도 깊은 영향을 주었다. (미술대사전-네이버)

277) *Mechanization Takes Command*, pp. 329~343.

전이현상: 재료의 사용

1) 역자주 : 카르카손(Carcassonne)은 프랑스 남부 랑그도크루시용 주(레지옹:Region) 오드 데파르트망(Department)의 중심도시이다.기원전에는 카르카소라고 불렸으며 1세기에는 로마제국의 식민도시가 되었다. 오드 강을 사이에 두고 왼쪽에는 13세기에 건설한 바둑판 모양의 상가가 있고, 오른쪽에는 5세기에 서고트족이 세운 시가지인 시테가 중세의 성벽에 둘러싸여 있다. 특히 시테에 있는 성은 유럽에서 손꼽히는 중세 성의 하나로서 내부 성벽은 서고트족의 왕 외리크 1세가 485년에 건설하였다. 1125년 무렵 성벽 안에 콩탈성이 세워졌고, 루이 9세 때부터 탑과 망루, 총안을 설치한 외부성벽이 만들어졌다. 19세기 중반에는 성의 대성당과 성벽을 재건하였는데, 성벽은 메리메가 착안하였고 비올레 르 뒤크가 복구한 것으로서 프랑스에서 가장 크다. (두산백과-네이버)

2) Viollet-le-Duc, *Dictionnaire raisonnée*, II, 206.

3) *Space, Time and Architecture*, pp. 322~323.

4) Pliny, *Natural History*, XXXIV, 40, tr. H. Rackham (Loeb Classical Library, 1952); Vitruvius, *The Ten Books on Architecture*, V, X, tr. M. H. Morgan (London, 1954), pp.153~159.

5) 역자주 : 일드프랑스(Îe-de-France)는 프랑스의 레지옹 중 하나로, 대략 파리의 대도시권에 해당한다. 파리를 중심으로 발두아즈 주, 센생드니 주, 센에마른 주, 에손 주, 오드센 주, 이블린 주 이렇게 7개 주가 파리 주변부를 감싸는 형태로 구성되어 있는데, 한국의 수도권과 달리 파리와 다른 7개 주의 면적과 인구수는 크게 차이나지 않는다. (Wikipedia)

6) Voillet-le-Duc, *Dictionnaire raisonnée*, I, 461.

7) Viollet-le-Duc, *Dictionnaire raisonnée*, II, 402.

8) Beltrami, *Il Pantheon* (Milan, 1898).

9) Viollet-le-Duc, *Dictionnaire raisonnée*, I, 462.

10) Viollet-le-Duc, *Dictionnaire raisonnée*, II,

67, and in Moniteur des architectures (Paris), Nov. 1867.

11) 역자주 : 블룸즈베리(Bloomsbury)는 런던 중앙부, 찰링크로스교(橋)의 약 2.5km 북쪽에 위치한다. 18세기 도시계획사업의 결과, 정연한 가로망과 많은 아름다운 소공원이 있으며, 런던대학 · 대영박물관을 비롯하여 런던경제대학 · 대학병원 · 의학협회 등이 집중되어 있다. 또한 많은 예술가 · 작가 · 학생 등이 거주하는 교육 · 주택지구로서 널리 알려져 있다. (Wikipedia)

12) J. Gloag and D. Bridgewater, *A History of Cast Iron in Architecture* (London, 1948), fig 76.

13) 역자주 : 빅토르 루이(Victor Louis, 1731~1800)는 프랑스의 건축가로, 1780년의 Grand Théâtre de Bordeaux는 물론 rue de Richelieu의 프랑세 극장(Comédie-Française)을 포함하여, 지금은 없어진 1793년의 Theatre National de la rue de la Loi를 설계했다. (Wikipedia)

14) *Space, Time and Architecture*, fig. 91.

15) F. Walch, *Das Gebäude der Pariser Weltausstellung, 1867* (diss.; Karlsruhe, 1967).

16) 역자주 : 베세머법(Bessemer process) 또는 전로제강법(轉爐製鋼法)은 1855년 H. 베서머가 개발한 노(爐) 밑바닥에서 바람을 불어넣는 산성 전로법으로, 베서머 제강법이라고도 한다. 이 제강법은 용융된 선철로부터 강의 대량생산을 위해 비용이 가장 적게 드는 산업 공정이었다. 장독 모양으로 된 기울일 수 있는 전로에 용선(鎔銑)을 주입하고, 노 밑에 있는 바람구멍으로 공기를 불어 넣어, 선철 중 규소 · 망간을 산화하여 정련한다. 이 방법은 인 · 황 등을 제거할 수는 없고, 이 두 원소의 함유량이 적은 원료가 필요해짐에 따라 20세기 초부터 쇠퇴하고, 새로운 방법인 토머스법(염기성 전로법)으로 바뀌었다. (자동차용어사전-네이버)

세 번째 공간개념

1) 역자주 : 알베르토 자코메티(Alberto Giacometti, 1901~1966)는 스위스의 조각가 · 화가로, 상상력에 의한 관념적 공간조형으로 추상적 · 환상적 · 상징적 · 전율적인 일련의 오브제들을 제작했다. 이러한 작품들로 초현실주의에 합류해 1929~1934년 중요 구성원으로서 권위적인 작품을 발표하였다. 1935년 이후에는 사생(寫生)적인 조각에 몰두하여 1948년, 가느다란 조상(彫像), 즉 철사와 같이 가느다랗게 깎이면서 그 주위에 날카로운 공간을 내포한 조상을 발표하였다. 이후 조각계의 제1인자로서 널리 인정받았으며, 주요 작품 중 하나인 '걷는 남자 I' 은 2010년 2월에 조각경매 사상 가장 비싼 가격인 1억 430만 달러에 팔렸다. (두산백과-네이버)

2) 역자주 : 에두아르도 카탈라노(Eduardo Catalano, 1917~2010)는 아르헨티나 건축가로, University of Pennsylvania 및 Harvard University에서 공부하고, 런던의 Architectural Association, North Carolina State University, MIT 등에서 가르쳤다. 구조와 공간 사이의 불가분한 관계의 이해를 바탕으로 부에노스아이레스 · Pretoria · 남아프리카의 미국 대사관, 뉴욕 Lincoln Center의 Juilliard 음대, MIT의 Stratton Student Center 등을 설계했다. 특히 1954년 건설된 Catalano House는 쌍곡포물선(hyperbolic paraboloid) 지붕으로 가장 잘 알려진 작품이다. (Wikipedia)

3) 역자주 : 펠릭스 칸델라(Felix Candela, 1910~1997)는 에스파냐의 마드리드 출생으로 마드리드 건축대학에서 공부하고, 에스파냐 내란에 말려든 후 1939년 멕시코로 귀화했다. 그의 건축은 구조체가 그대로 건축의 공간을 결정하는 타입으로서, 특히 철근콘크리트에 의한 쉘구조 디자인에 특출하였다. 멕시코시티의 성모교회(1954)는 그의 이름을 세계적으로 떨친 대표작이며, UIA의 오귀스트 페레와 런던의 구조기술가협회 금메달 등을 받았다. (두산백과-네이버)

4) 역자주 : 알렉산더 아키펜코(Alexander Archipenko, 1887~1964)는 우크라이나 출신 미국 조각가로, 키에프 · 모스크바에서 미학을 수학했다. 1908년 파리로 가서 큐비즘의 화가 및 조각가들과 친교하고, 1912년

이후 회화와 조각의 총합으로 채색조각을 전개하였다. 1948년에는 아크릴에 의한 투명한 입체에 착수하여 조각의 새로운 분야를 열었으며, '목욕하는 사람' (1915) 등의 대표작이 있다. (미술대사전-네이버)

5) F. Maki, *Investigations in Collective Form* (St. Louis, 1964), p. 14.

6) 역자주 : 미스트랄(mistral)은 프랑스 남부 지방에서 주로 겨울에 부는 춥고 거센 바람을 뜻한다.

7) Le Corbusier, *Complete Works*, 1952~1957 (Zürich, 1958), p. 118.

8) K. Tange, "A Plan for the Tokyo Tsukiji Area", *Japan Architect* (May, 1967), p. 70.

9) Tange, p. 70.

10) 역자주 : 산텔리아(Antonio Sant'Elia, 1888~1916)는 이탈리아의 건축가로, 1910년대에 이미 미래의 공업도시를 예측하였다. 1911년 밀라노에서 열린 '신경향 그룹전' 에 '신도시 계획'을 발표하며 '미래파 건축선언' 을 하기에 이른다. 제1차 세계대전 중 전사하였다. (Wikipedia)

11) 역자주 : 리차드 노이트라(Richard Neutra, 1892-1970)는 아돌프 로스의 설계사무실에서 수련을 쌓았고, 출생한 시기와 근대건축 문제에 대한 태도는 그가 제1세대 건축가와 제2세대 건축가의 중간에 위치하는 것을 알 수 있다. 카우프만 저택(Kaufmann House, Palm Spring, 1946~47), 트레마인 주택(Tremaine House, Santa Barbara, 1947~48), 벡스트란트 주택(Beckstrand House, Palos Verdes, 1937) 등에서 그만의 특유한 설계방법을 잘 나타내고 있다. (Wikipedia)

12) 역자주 : 바케마(Jacob Berend Bakema, 1914-1981)는 네델란드의 근대 건축가로, 세계 2차대전 이후 Rotterdam의 재건과 공공 주거 디자인으로 유명하다. 1946년에는 CIAM에 참석하기 시작하였고, 1948년부터는 Jo van den Broek과 함께 협업하기도 했으며, 1964년에는 Delft University의 교수가 되었다. (Wikipedia)

13) 역자주 : 반 덴 브룩(Johannes Hendrik ("Jo") van den Broek, 1898~1978)은 세계2차 대전 이후, Rotterdam을 재건하는데 큰 영향을 미친 네델란드의 건축가이다. 1948년부터 Bakema와 협업하여 네델란드 여러 지역과 Rotterdam의 공동주택 및 랜드마크 등을 설계하였고, 1957년에는 베를린의 Interbau 프로젝트에도 참가했다. (Wikipedia)

14) Maki, *Investigations*, p. 55, 77.

15) 역자주 : 소리아 이 마타(Arturo Soria y Mata, 1844~1920)는 현재까지도 많은 영감을 남긴 세계적으로 중요한 스페인 출신의 도시계획가로, 마드리드 및 다른 도시들에도 적용된 1882년의 Linear City(Ciudad Lineal)가 가장 잘 알려져 있다. 이 개념은 중심부와 주변부가 최적의 선형을 따라 기반시설을 선형으로 구간화하여 구축하고, 이 선의 길이에 따라 도시의 다른 요소들을 부가하는 개념으로, 전통적인 도시 개념을 대체하였다. 동 시대 Evenezer Howard의 중심화 된 다이어그램 등과 비교하여 소리아의 선형도시는 제멋대로 확장하는 것이 아닌, 성장하는 도시는 철도를 통해 다음 도시와 연결되는, 조절된 확장의 프로세스를 갖는 기반을 만들었다. (Wikipedia)

16) J. B. Bakema, "Stad op Pampus", *Forum voor Architectuur en daarmee verbonden Kunsten*, 19.3 (Rotterdam, 1965): 9.

17) 역자주 : 자위더르해(Zuider Zee)는 네덜란드 북서부, 북해로부터 내륙 깊숙이 들어온 만 모양의 바다로, 1932년 입구에서 길이 30km나 되는 둑을 쌓음으로써 담수의 에이설메이르 호수로 변환하였다. (세계인문지리사전-네이버)

18) 역자주 : 반 에스테렌(Cornelis van Eesteren, 1897~1988)은 네델란드 건축가이자 도시계획가로, 1929~1959년까지 암스텔담의 도시계획국에서 일하고, 1930~1947년에는 CIAM의 회장직을 역임했다. 암스텔담 확장 계획안을 포함하여 중요한 프로젝트로는 the Southern IJsselmeerpolders 개발계획 및 Lelystad 도시계획안 등이 있다. (Wikipedia)

19) C. van Eesteren, *Stedebouwkundig Plan voor Lelystad* (Le Hague, 1966), p. 104.

20) *Ibid.*, p. 105, 106.

21) *Space, Time and Architecture*, fig. 517.

22) 역자주 : 캔딜리스(Georges Candilis, 1913~1995)는 그리스 민족 건축가이자 도시계획전문가이다. (Wikipedia)

23) 역자주 : 조식(Alexis Josic, 1921~2011)은 프랑스 건축가로, 세르비아의 화가 Mladen

Josic의 아들이다. Belgrade에서 건축을 공부하고, Tito정권에 반대하여 프랑스로 이주했다. 프랑스에서는 Georges Candilis와 Shadrach Woods와 함께 practice Candilis-Josic-Woods를 설립하고, Le Mirail, Toulouse, Free University of Berlin 등의 프로젝트로 유명하다. 1965년에는 Atelier Josic을 설립하기도 했다. (Wikipedia)

24) 역자주 : 우즈(Sahdrach Woods, 1923~1973)는 미국의 건축가이자 도시 계획가 및 이론가였다. (Wikipedia)

25) 역자주 : 스코페(Skopje)는 마케도니아의 수도로, 바르다르(Vardar) 강 상류에 위치하고, 중부유럽과 아테네 사이를 잇는 중요한 통로역할을 한다. 마케도니아에서 제일 큰 도시이자 정치 · 문화 · 경제 및 학문의 중심지이며, 마케도니아 인구의 25% 이상이 거주한다. 제2차 세계대전 이후 빠르게 성장, 1963년 대지진으로 성장이 다소 주춤했지만 오늘날 다양한 문화유산을 보유한 근대도시로 성장해 왔다. (두산백과-네이버)

26) *L'Archtecture d'aujourd'hui*, no.130 (1967), p. CXIX.

27) 역자주 : John Wood the Younger가 설계한 Royal Crescent를 지칭한다.

28) *Space, Time and Architecture*, fig. 83.

29) K. Tange, *Japan Architect*, May 1967, p. 44.

30) *Space, Time and Architecture*, figs. 434, 435.

31) 역자주 : 장 프로베(Jean Prouvé, 1901~1984)는 프랑스의 건축가이자 금속 기술가로 낭시에서 출생했다. 화가 Victor Prouve(1858~1943)의 아들로, 금공(金工) 수업을 받은 후 건축으로 옮겨 커튼월 공법을 연구해 여러 건축가에게 협력, 건축의 금속 부분 설계를 담당하며 뛰어난 능력을 보였다. 제2차 대전 후, prefabrication에 의한 주택을 개발, 금속 건축이 갖는 통례의 단순성에서 벗어나 우아한 조형력을 잇달아 보여주어 근대건축의 유일한 존재가 되었다. 대표작은 크리시의 메종 드 푸플(Eugene Beaudouin, Marcel Lode와 협업, 1937~1939), 파리의 국립 기술센터(제르페스, 드 마이리와 협업, 1937~1957), 뫼동의 실험 주택(시바와 협업, 1954), 에비안의 리프레시먼트 룸(노바리나와 협업, 1957) 등이 있다. (미술대사전-네이버)

32) Deutsche *Bauzeitung*, no. 7 (1967), p. 551.

33) S. Giedion, *W. Gropius, Work and Teamwork* (New York, 1954), p. 74.

34) "A Conversation with Walter Gropius", *Connection*, 4 (1967): 63.

도판 및 그림목차

[도판]

[그림]